“十二五”职业教育国家规划教材
经全国职业教育教材审定委员会审定

U0740365

无机及分析化学

第四版 4

王永丽　主　编
李忠军　席会平　副主编

化学工业出版社
·北京·

内容简介

《无机及分析化学》（第四版）坚持党的教育方针，落实立德树人根本任务。本教材摒弃了传统的无机化学与分析化学两本教材独立编排的模式，实现了两者知识的有机融合，有效避免了内容的重复和交叉。全书结构清晰，主要分为两部分，第一部分为理论知识，包括物质的结构、化学反应速率与化学平衡、分散系与溶液、分析化学概论、酸碱平衡与酸碱滴定法、沉淀溶解平衡与沉淀滴定法、氧化还原平衡与氧化还原滴定法、配位平衡与配位滴定法、电化学分析法、紫外-可见分光光度法等；第二部分为实验部分，包括实验基础知识、实训内容和技能考核试题三个模块。本教材创新性地通过二维码植入方式融入了微课资源，覆盖了几乎所有理论知识点和实操项目，学生只需扫描二维码，即可轻松访问微课内容，为预习和复习提供了方便。

本书可作为高职高专应用化工类、轻化类专业的教材，也可供药学类、食品类、卫生检验类、生物类等专业选用。

图书在版编目（CIP）数据

无机及分析化学 / 王永丽主编；李忠军，席会平副主编. -- 4 版. -- 北京：化学工业出版社，2025.1（2025.9重印）.（"十二五"职业教育国家规划教材）. -- ISBN 978-7-122-47460-5

Ⅰ. O61；O65

中国国家版本馆 CIP 数据核字第 2025LK5279 号

责任编辑：刘心怡　旷英姿　　　　　装帧设计：王晓宇
责任校对：王　静

出版发行：化学工业出版社
　　　　　（北京市东城区青年湖南街 13 号　邮政编码 100011）
印　　装：北京云浩印刷有限责任公司
787mm×1092mm　1/16　印张 17½　彩插 1　字数 445 千字
2025 年 9 月北京第 4 版第 2 次印刷

购书咨询：010-64518888　　　售后服务：010-64518899
网　　址：http://www.cip.com.cn
凡购买本书，如有缺损质量问题，本社销售中心负责调换。

定　　价：48.00 元

《无机及分析化学》（第四版）
编写人员名单

主　　编　王永丽

副 主 编　李忠军　席会平

编写人员　（以姓氏笔画为序）

王永丽（广东食品药品职业学院）

孙雪娇（广东轻工职业技术大学）

李忠军（广东食品药品职业学院）

杨　梅（广东食品药品职业学院）

刘　榕（广东美妆品教育科技有限公司）

邹颖楠（广东食品药品职业学院）

张显策（广东食品药品职业学院）

席会平（河南质量工程职业学院）

夏泽敏（广州质量监督检测研究院）

主　　审　邰晓曦（广东食品药品职业学院）

第四版前言

　　无机及分析化学是高职高专应用化工类、轻化类等专业的一门很重要的专业基础课，本课程不但教授基本的化学理论知识，而且培养基本的操作技能，为后续专业课的学习，以及从事化学检验相关工作奠定了基础。

　　本书将无机化学和分析化学的内容优化整合、精心编写而成，科学地解决了化学类课程体系完整、重要知识点多与学时数少的突出矛盾。编写时，以化学的基本理论如原子和分子结构、分散系以及化学平衡（酸碱平衡、沉淀溶解平衡、氧化还原平衡、配位解离平衡）为主线，将四大平衡与相应的滴定分析方法融合在一起。考虑到仪器分析的重要性，本书涵盖了常用的仪器分析法，如电化学分析法和紫外-可见分光光度法。

　　本教材在编写过程中，紧密结合职业岗位群的实际需求，充分考虑了后续课程的衔接与可持续发展的需要，对教学内容进行了全面而细致的选取。教材编写遵循三个原则，即突出职业性、突出专业性、突出实践性。突出职业性，即根据高等职业教育的特点，教学内容做到"理论够用，技能强化"，以技能带动理论，注重技能的培训，适用于应用型人才的培养；突出专业性，即教学内容的设计针对专业的需求，做到"内容服务专业"，本教材主要针对应用化工类或轻化类专业，应用与示例与专业紧密相关；突出实践性，即高度重视实践技能的培养，将实践教学放在与理论教学同等重要的地位，通过强化实践教学环节，如实验操作、项目实训、实训技能考核等，使学生能够在实际操作中深化对理论知识的理解，提升解决实际问题的能力。这种编写方式不仅有助于培养实践能力，还能够为未来职业发展奠定坚实的基础。

　　教材第四版在第三版的基础上，进行了全面升级，配套了大量数字化资源，涵盖理论知识微课、实操基本技能微课、实操项目微课以及习题答案。只需扫描二维码，即可轻松观看，为预习、复习及操作技能训练提供了便捷高效的学习方式，不仅丰富了教材的内容形式，还极大地提升了学习的灵活性和互动性。本书坚持立德树人根本任务，将爱国情怀、绿色意识、创新精神、职业素养的培养融入教材中。此外，习题答案的提供也方便了进行自我检测和巩固练习，有助于提高学习效果。修订后，本教材更加贴近现代学习习惯，为培养具备实践能力和创新精神的高素质人才提供了有力支撑。

本书由王永丽主编，李忠军和席会平任副主编。具体编写分工为：王永丽编写绪论、第四章、第五章、第八～十章、部分实验、附录部分，同时负责全书数字化资源的制作；李忠军编写第六章；席会平编写第七章；张显策编写第一章和第二章；邹颖楠编写第三章；杨梅、刘榕、孙雪娇和夏泽敏编写部分实验。全书由王永丽负责统稿，邰晓曦审阅全书。

由于编者水平有限，书中不妥之处在所难免，请各位读者批评指正！

编者

2024 年 10 月

目录

第一部分 理论知识

绪论

第一章 物质的结构

第二章　化学反应速率与化学平衡

第三章　分散系与溶液

第四章　分析化学概论

第五章　酸碱平衡与酸碱滴定法

第六章　沉淀溶解平衡与沉淀滴定法

第七章　氧化还原平衡与氧化还原滴定法

第八章　配位平衡与配位滴定法

第九章　电化学分析法

第十章　紫外-可见分光光度法

第二部分　实验

模块一　实验基础知识

模块二　实训内容

模块三　技能考核试题

附　录

参考文献

元素周期表

第一部分

理论知识

绪　论

学习目标

知识目标

1. 了解无机及分析化学的任务和应用。

2. 理解分析方法的分类。

3. 理解常量分析、半微量分析、微量分析和超微量分析的区别。

能力目标

1. 会根据样品取样量选择分析方法。

2. 能区分化学分析和仪器分析。

素质目标——爱岗敬业

通过了解无机及分析化学在生活生产中的重要应用，培养爱岗敬业的职业道德。

学习任务

无机及分析化学主要学习什么知识？学习方法是什么？

第一节　无机及分析化学的任务和应用

一、无机及分析化学的任务

无机化学是研究除烃类化合物及其大多数衍生物以外的所有元素及其化合物的组成、性质、结构和反应的学科，是化学学科中发展最早的一个分支学科。无机化学研究的内容主要是性质和反应，具体包括三方面的内容：关于性质的理论解释；关于反应的实验研究；元素及化合物的性质和反应。

分析化学是研究物质化学组成及其分析方法的一门学科，主要包括定性分析、定量分析和结构分析三大内容。定性分析的任务是鉴定物质的化学组成（或成分），即解决物质是由哪些元素、离子、基团或分子组成；定量分析的任务是测定待测样品中有关组分的含量；结构分析的任务是确定物质的化学结构，如分子结构、晶体结构等。在分析物质时，一般先进行定性分析以确定物质的组成，然后选择合适的定量分析方法确定成分的含量。当然，若样品成分已知，可直接进行定量分析。

无机及分析化学是将无机化学、分析化学内容优化整合的课程具体来讲，本课程将无机化学和分析化学的知识有机结合起来，避免了内容的交叉和重复。

二、无机及分析化学的应用

无机及分析化学是一门重要的专业基础课，不但为后续专业课的学习奠定基础，也为以后从事精细化学品的配制、检验、管理和生产等实际工作奠定基础。无机及分析化学的应用范围几乎涉及国民经济、国防建设、资源开发及人们的衣、食、住、行等各个方面。这里简单介绍如下几个方面的应用。

1. 在工业生产中的应用

无机及分析化学可用于产品的研发、天然成分的提取、原料成分含量分析、生产过程的控制等。例如，分离有效成分；产品 pH 的测定；采用原子吸收分光光度法测定化妆品中的汞含量；油脂物理性能如熔点、凝固点等的测定等。

在专业教学中，无机及分析化学是一门重要的专业基础课，其他许多专业课都要应用本课程的知识解决学科中的某些问题。例如，精细化学品分析中分析方法的选择；化妆品有效成分的含量分析等；精细化学品原料、中间体及成分分析，理化性质和结构关系的探索等；一些重要有效成分的分离、鉴定和测定等。

2. 在药学中的应用

无机及分析化学的理论知识和实验技能在药物分析学、药物化学、天然药物化学、药剂学、药理学和中药学等各个学科都有广泛应用。随着我国药学事业的飞速发展，无机及分析化学课程显得愈加重要。目前，无机及分析化学在生命科学、环境科学、材料科学等学科前沿领域发挥极大的作用。在医药科学中，无机及分析化学在药物成分含量、药物作用机制、药物代谢与分解、药物动力学、疾病诊断以及滥用药物等的研究中，是不可缺少的手段；此外，无机及分析化学在新药的寻找、药品质量控制、病因调查等方面也发挥着重要作用。

3. 在食品中的应用

无机及分析化学在食品中的应用主要体现在储藏加工技术、食品新能源开发、食品质量控制等方面。例如，分析食品的组成成分，以指导合理饮食；新加工工艺的研究；新的食品添加剂如保鲜剂的研发以及用无机及分析化学的理论和方法控制食品质量等。

4. 在农业科学中的应用

在农业科学方面，病虫害防治、土壤肥料开发、农业环境保护等都离不开无机及分析化学。例如，为保证农产品高产，需要对肥料、农药和杀虫剂进行配制、检测等；为避免农业环境污染，需经常对水、土壤和植物进行分析测定。

第二节　分析方法的分类

根据分析任务、分析对象、测定原理、操作方法和基本要求的不同，分析方法的分类如下几类。

一、结构分析、定性分析和定量分析

结构分析的主要任务是研究物质的分子结构或晶体结构。分析化学中常通过紫外光谱、红外光谱、核磁共振波谱和质谱等进行结构分析。定性分析的任务是测定物质的组成，即物质是由哪些元素、原子团、官能团或分子组成。定量分析的任务是测定物质的含量，通常采用滴定分析、色谱分析、光谱分析和电化学分析等方法进行定量分析。

二、化学分析和仪器分析

1. 化学分析

化学分析是建立在物质的化学反应基础上的分析方法。由于化学分析法历史悠久，因此又称为经典分析法。它包括定性分析和定量分析，定性分析根据试样与试剂化学反应的现象和特征来鉴定物质的化学组成；定量分析则根据试样中被测组分与试剂定量进行的化学反应来测定该组分的相对含量。例如，被测组分 C 与试剂 R 进行定量反应：

$$mC+nR \Longrightarrow C_mR_n$$

若通过称量得到生成物的质量，进而求待测组分 C 的量，这种方法称为重量分析法。若根据与组分 C 反应的试剂 R 的浓度和体积求组分 C 的量，这种方法称为滴定分析或容量分析。

化学分析法所用仪器简单，结果准确，应用范围广泛，但对于试样中极微量的杂质的定性或定量分析不够灵敏。

2. 仪器分析

仪器分析是以物质的物理和物理化学性质为基础的分析方法。由于仪器分析要采用精密的仪器，因此具有灵敏、快速、准确等特点。仪器分析发展很快，主要分为以下几种方法。

（1）电化学分析　按照电化学原理分为电导分析、电位分析、电解分析等。

（2）光学分析　主要有吸收光谱分析法（包括紫外-可见分光光度法、红外分光光度法、原子吸收分光光度法和核磁共振波谱法等）、发射光谱分析法（包括荧光分光光度法、火焰分光光度法等）、旋光分析法和折光分析法等。

（3）色谱分析　主要有液相色谱法和气相色谱法等。其中液相色谱法包括柱色谱法、薄层色谱法、纸色谱法、高效液相色谱法等。

三、常量分析、半微量分析、微量分析和超微量分析

根据被测试样的用量及操作方法不同，可分为常量分析、半微量分析、微量分析和超微量分析，见表 0-1。在经典定量分析中，一般采用常量分析法；在无机定性化学分析中，一般采用半微量分析方法；在仪器分析中，一般采用微量分析或超微量分析。

表 0-1　各种分析方法的试样用量

方法	试样质量/g	试液体积/mL
常量分析	＞0.1	＞10
半微量分析	0.01～0.1	1～10
微量分析	0.0001～0.01	0.01～1
超微量分析	＜0.0001	＜0.01

第三节　无机及分析化学的学习方法

无机及分析化学是一门非常重要的专业基础课，不但培养学生基本的化学理论知识，而且培养学生基本的操作技能。学好本课程，有利于后续课程的学习。要学好该课程需做到以下几点。

一、重视课堂，认真听讲

本课程内容比较多，课时又比较紧张，因此学习难度比较大。需要课前预习，上课认真听讲，并多做练习。学习时，不要死记硬背，着重理解，善于发现规律并总结规律，实现由"点的记忆"到"线的记忆"。

二、重视实验，实事求是

无机及分析化学是一门实践性很强的课程，单单死记硬背很难学好，需要加强实验。在实验课上，应态度端正，实验前做好预习，实验中实事求是地记录实验数据。实验一方面可加深理论知识的理解和掌握，另一方面，也可熟练掌握实验操作技能。实验也能潜移默化地培养独立思考的习惯。

三、培养自学和独立解决问题的能力

进入大学，要改变学习方法，变被动为主动，即主动地去获取知识，这就要提高自学能力。应积极地思考，主动配合教学，并独立自主地去解决一些问题，使自学能力不断提高。

习题

一、单项选择题

1. 按任务分类的分析方法是（　　　）。
   A. 无机分析与有机分析　　　B. 定性分析、定量分析和结构分析
   C. 常量分析与微量分析　　　D. 化学分析与仪器分析
2. 常量分析的称样量是（　　　）。
   A. $>1g$　　　B. $>0.1g$　　　C. $0.01\sim0.1g$　　　D. $>10mg$
3. 鉴定物质的化学组成是属于（　　　）。
   A. 定性分析　　B. 定量分析　　C. 结构分析　　　D. 化学分析

二、简答题

1. 无机及分析化学的任务是什么？
2. 简单阐述无机及分析化学在工业生产、药学、食品及农业科学中的应用。
3. 如何区分化学分析和仪器分析？

习题答案

第一章
物质的结构

学习目标

知识目标

1. 理解描述核外电子运动状态的四个量子数的意义，并掌握相互之间的关系。
2. 理解原子轨道能级图。
3. 掌握核外电子的排布规律，并能根据原子序数写出电子排布式。
4. 理解现代价键理论。
5. 掌握共价键的极性与分子的极性。
6. 掌握分子间作用力及氢键的判断。

能力目标

1. 能熟练写出原子序数36号前任意元素的电子排布式。
2. 会根据原子序数判断元素所在的周期、族和区。
3. 会根据结构判断常见分子的极性。
4. 会判断分子间是否存在氢键。
5. 能判断常见的两种分子间存在哪些分子间力。

素质目标——远大理想

通过学习原子结构的认知发展史及多位作出重大贡献的科学家的生平事迹和科研成就，树立对科学的尊重以及正确的价值观和远大理想。

学习任务

某元素的原子序数已知，如何判断这个元素在哪个周期？哪个族？哪个区？

第一节　原子结构

自然界的物质种类繁多，性质各异。不同物质在性质上的差异是由于物质内部结构不同而引起的。化学反应中，原子核不变，变化的只是核外电子。要了解物质的性质及其变化规律，有必要先了解原子结构，特别是核外电子的运动状态。

一、原子核外电子的运动状态

（一）电子云的概念

化学变化的特点是核外电子运动状态发生变化。电子具有很小的质量和体积，在原子核外高速运动，其速度接近光速（$3 \times 10^8 \, m \cdot s^{-1}$）。光电效应实验证实电子具有粒子性。1927年 C. J. Davisson 和 L. H. Germen 通过电子衍射实验又证实电子具有波动性。具有波粒二象性的微观粒子的运动状态与宏观物体的运动状态不同。宏观物体如人造卫星、地球的运动可根据经典力学理论，准确地确定任何瞬间物体的位置和速度，并能精确预测物体的运动轨道。但微观粒子的运动没有确定的轨道，任何瞬间的位置和速度不能准确地同时测定。因此经典力学理论无法描述电子的运动状态。但是通过对大量的或一个电子的千百万次运动，用统计学的方法来判断电子在核外空间某区域出现的概率，发现其具有明显的统计规律性。电子在原子核外空间单位体积内

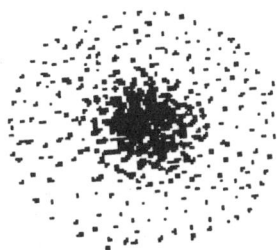

图 1-1 氢原子电子云示意图

出现的概率，称为概率密度。为了形象地表示电子在原子核外的概率密度分布情况，常用密度不同的小黑点来表示，得到的图像称为"电子云"，如图 1-1 所示。图 1-1 中，黑点的疏密并不代表电子数目的多少，而是表明电子出现的概率大小。也就是说黑点越密集，表示电子出现的概率密度越大；黑点越稀疏，表示电子出现的概率密度越小。

（二）四个量子数

核外电子运动状态常用四个量子数来描述：主量子数（n）；副量子数（l）；磁量子数（m）；自旋量子数（m_s），分别表示原子轨道或电子云离核的远近、形状及其在空间伸展方向、电子自旋状态。

四个量子数

1. 主量子数（n）

主量子数表示原子轨道离核的远近，又称为电子层数。n 的取值是从 1 开始的正整数（$n=1,2,3,\cdots$）。n 相同的电子离核平均距离比较接近，因此称其处于同一电子层；n 越大，电子离核平均距离越远，电子的能量越高。即电子能量随 n 增大而升高。n 是决定电子能量的主要量子数，通常用 K、L、M、N、O、P、Q 等光谱符号表示。主量子数、光谱符号、离核距离、电子能量之间的关系见表 1-1。

表 1-1 主量子数、光谱符号、离核距离、电子能量之间的关系

项目名称	相互关系							
主量子数(n)	1	2	3	4	5	6	7	…
光谱符号	K	L	M	N	O	P	Q	…
离核距离	近 ←————————→ 远							
电子能量	低 ←————————→ 高							

2. 副量子数（l）

根据光谱实验及理论推导得出：即使在同一电子层中，电子能量也有所差异，原子轨道（或电子云）的形状也不相同。即一个电子层又可分为若干个能量稍有差异、原子轨道（或电子云）形状不同的亚层。副量子数是描述不同亚层的量子数，也称角量子数，它是决定电子能量的次要因素。

l 取值受 n 的限制，可以取从 0 到 $n-1$ 的正整数，即 $l \leqslant n-1$。每个 l 值表示一个亚层，分别用 s、p、d、f 等光谱符号表示，见表 1-2。当 $n=1$ 时，l 只能取 0，即 s 亚层，表示为 1s；当 $n=2$ 时，l 可取 0、1，即 s、p 亚层，分别表示为 2s、2p；当 $n=3$ 时，l 可取 0、1、2，分别表示为 3s、3p、3d 亚层；$n=4$ 时，l 可取 0、1、2、3，分别表示为 4s、4p、4d、4f 亚层。目前人类已知的元素原子中，电子层中亚层数最多的是四个亚层。

表 1-2　主量子数、副量子数取值与亚层

项目	取值									
n	1	2		3			4			
l	0	0	1	0	1	2	0	1	2	3
亚层	1s	2s	2p	3s	3p	3d	4s	4p	4d	4f
能量变化	同层亚层能量依次升高									

相同电子层，l 值越大，电子能量越高，即 $E_{ns}<E_{np}<E_{nd}<E_{nf}$。因此从能量角度讲，不同亚层有不同的能量，称之为相应的能级。

多电子原子中，电子的能量决定于主量子数 n 和副量子数 l。n 和 l 一定，则亚层是确定的，电子的能量也是确定的。与主量子数决定的电子层间的能量差别相比，副量子数决定的亚层间的能量差别要小得多。

3. 磁量子数（m）

光谱实验和统计学推算表明，电子云不仅有确定的形状，而且在核外空间有一定的伸展方向。磁量子数 m 是描述电子云的空间伸展方向的量子数。

当 n、l、m 有确定值时，电子在核外运动的空间区域就已确定，因此将 n、l、m 有确定值的核外电子运动状态称为一个原子轨道。

磁量子数 m 的取值受副量子数 l 的限制，其取值是从 $-l$ 到 $+l$ 的整数，即 $m=0,\pm 1,\pm 2,\pm 3,\cdots,\pm l$。因此，$m$ 取值个数为 $2l+1$。

m 的每个取值表示该亚层中的一个有一定空间伸展方向的轨道。所以一个亚层 m 有几个取值，表示该亚层就有几个不同空间伸展方向的轨道。这些同一亚层的不同伸展方向的轨道的能量相同，因此称为等价轨道。当副量子数 $l=0$ 时，$m=0$，即 s 亚层只有 1 个轨道；当 $l=1$ 时，$m=-1，0，+1$，即 p 亚层有 3 个轨道；当 $l=2$ 时，$m=-2，-1，0，+1，+2$，即 d 亚层有 5 个轨道；当 $l=3$ 时，f 亚层有 7 个轨道。m、l、n 三个量子数与原子轨道的关系如表 1-3 所示。

表 1-3　m、l、n 三个量子数与原子轨道的关系

项目	取值									
n	1	2		3			4			
l	0	0	1	0	1	2	0	1	2	3
亚层符号	1s	2s	2p	3s	3p	3d	4s	4p	4d	4f
m	0	0	$0,\pm 1$	0	$0,\pm 1$	$0,\pm 1,\pm 2$	0	$0,\pm 1$	$0,\pm 1,\pm 2$	$0,\pm 1,\pm 2,\pm 3$
该亚层等价轨道数	1	1	3	1	3	5	1	3	5	7
电子层轨道数	1	4		9			16			

4. 自旋量子数（m_s）

自旋量子数 m_s 代表电子的自旋状态。原子光谱研究表明，原子核外电子不仅高速绕核运动，而且本身还做自旋运动。电子有两种自旋状态：顺时针和逆时针。所以 m_s 有两个取值，$+\dfrac{1}{2}$ 或 $-\dfrac{1}{2}$，通常用向上箭头"↑"或者向下箭头"↓"来表示。

综上所述，电子的核外运动状态需要用主量子数、副量子数、磁量子数及自旋量子数四个量子数才能准确描述。即原子轨道的分布区域、轨道形状、轨道空间伸展方向及电子的自

旋方式共同决定了电子的运动状态。

其中，主量子数 n、副量子数 l、磁量子数 m 三者之间的关系为：

$$n > l \geqslant |m|$$

【例 1-1】判断下列各组量子数合理吗？

(1) $n=3$，$l=3$，$m=+2$，$m_s=+\dfrac{1}{2}$

(2) $n=2$，$l=1$，$m=+1$，$m_s=-\dfrac{1}{2}$

(3) $n=1$，$l=1$，$m=-1$，$m_s=+\dfrac{1}{2}$

(4) $n=4$，$l=3$，$m=0$，$m_s=-\dfrac{1}{2}$

(5) $n=2$，$l=3$，$m=+1$，$m_s=+\dfrac{1}{2}$

解 根据主量子数 n、副量子数 l、磁量子数 m 三者之间的关系可知：

(1)、(3)、(5) 不合理；(2)、(4) 合理。

【例 1-2】某一多电子原子，讨论其第二电子层中：

(1) 电子的运动状态有几种？分别用四个量子数表示。

(2) 有几个亚层？分别用符号表示。

(3) 各亚层上的轨道数是多少？该电子层轨道总数是多少？

解 (1) 第二电子层中电子的运动状态共有 8 种，用四个量子数分别表示为：

$$n=2,\ l=0,\ m=0,\ m_s=-\dfrac{1}{2};$$

$$n=2,\ l=0,\ m=0,\ m_s=+\dfrac{1}{2};$$

$$n=2,\ l=1,\ m=0,\ m_s=-\dfrac{1}{2};$$

$$n=2,\ l=1,\ m=0,\ m_s=+\dfrac{1}{2};$$

$$n=2,\ l=1,\ m=+1,\ m_s=-\dfrac{1}{2};$$

$$n=2,\ l=1,\ m=+1,\ m_s=+\dfrac{1}{2};$$

$$n=2,\ l=1,\ m=-1,\ m_s=-\dfrac{1}{2};$$

$$n=2,\ l=1,\ m=-1,\ m_s=+\dfrac{1}{2}.$$

(2) 亚层数由副量子数 l 决定，$n=2$ 时，$l=0$，1。所以有两个亚层，分别是 2s，2p。

(3) 亚层中的轨道数由磁量子数 m 决定。

$n=2$，$l=0$，$m=0$，即 2s 亚层有一个轨道；

$n=2$，$l=1$，$m=0$，$+1$，-1，即 2p 亚层有三个轨道；

因此，第 2 电子层共有 4 个轨道。其中 2p 亚层上的三个轨道为等价轨道。

👥 课堂练习

1. 3d 电子云的空间伸展方向有（ ）种。

A. 1　　　　　　　　B. 3　　　　　　　　C. 5　　　　　　　　D. 7

2. 主量子数 $n=2$ 的电子层有（ ）个亚层。

A. 1　　　　　　　　B. 2　　　　　　　　C. 5　　　　　　　　D. 7

3. d 亚层的原子轨道数是（ ）个。

A. 1　　　　　　　　B. 3　　　　　　　　C. 5　　　　　　　　D. 7

4. 3d 的含义是（ ）。

A. 3 个 d 亚层　　　　　　　　　　　B. 3 个 d 轨道

C. 第 3 电子层 d 亚层　　　　　　　　D. 都不对

5. 下列各组量子数中，不可能存在的是（ ）。

A. 3，2，2，$-1/2$　　　　　　　　B. 3，1，-1，$-1/2$

C. 3，2，0，$+1/2$　　　　　　　　D. 3，3，0，$-1/2$

6. $2s^1$ 电子的四个量子数分别为 _____、_____、_____、_____。

7. 补齐下列各组中缺少的量子数。

(1) n _____，$l=2$，$m=1$，$m_s=-1/2$

(2) $n=2$，$l=$ _____，$m=-1$，$m_s=-1/2$

(3) $n=4$，$l=2$，$m=$ _____，$m_s=-1/2$

8. 判断下列各组量子数是否合理。

(1) $n=1$，$l=0$，$m=-1$，$m_s=+1/2$　　(2) $n=4$，$l=3$，$m=1$，$m_s=-1/2$

(3) $n=2$，$l=1$，$m=+1$，$m_s=+1/2$　　(4) $n=3$，$l=2$，$m=2$，$m_s=+1/2$

二、原子轨道能级图

（一）屏蔽效应和钻穿效应

如何理解原子轨道能级图中能级高低的顺序呢？可以从屏蔽效应和钻穿效应加以说明。

1. 屏蔽效应

除氢原子以外，其他元素的核外电子数目都不止一个。它们统称为多电子原子。多电子原子中电子不仅受到原子核的吸引作用，而且同时受到内层电子和同亚层电子的相互排斥作用，就相当于抵消了一部分核电荷对该电子的吸引作用。这种在多电子原子中，其余电子削弱核电荷对该电子的吸引作用称为屏蔽效应。实际起到吸引作用的核电荷称为有效核电荷，用 Z^* 表示，屏蔽效应的程度用屏蔽常数 δ 来衡量，核电荷数 Z、有效核电荷数 Z^* 和屏蔽常数 δ 三者的关系为：

$$Z^*=Z-\delta \tag{1-1}$$

实验结果表明，屏蔽常数 δ 的大小与电子所处的电子层、电子亚层和电子总数有关。

当电子所处的电子亚层相同，而所处的电子层不同时，有如下规律：电子层序数 n 越大，电子所受屏蔽效应越大，有效核电荷数相应越小，对应的原子轨道能级越高，即：

$$E_{1s}<E_{2s}<E_{3s}<E_{4s}<\cdots$$
$$E_{2p}<E_{3p}<E_{4p}<\cdots$$
$$E_{3d}<E_{4d}<\cdots$$

当电子所处的电子层相同，而所处的电子亚层不相同时，电子所受的屏蔽效应随 s、p、d、f 的顺序增大，有效核电荷数随 s、p、d、f 的顺序减少，对应的原子轨道能级越高，即：

$$E_{ns}<E_{np}<E_{nd}<E_{nf}<\cdots$$

2. 钻穿效应

原子轨道上的每一个电子可以屏蔽其余电子，当然它也会被其余电子所屏蔽或回避其余电子的屏蔽。当电子在原子核附近运动时，受到原子核的吸引力强一些，可更多地回避其余电子的屏蔽作用，这种外层电子穿过内层电子空间，钻入原子核附近使屏蔽效应减弱的效应，称为钻穿效应。由于钻穿效应的影响，造成某些电子层序数较大的原子轨道能级反而比某些电子层序数小的原子轨道能级小，这种现象称为能级交错。能级交错现象出现于第四能级组及之后各能级组中。如 $E_{4s}<E_{3d}$，$E_{5s}<E_{4d}$，$E_{6s}<E_{4f}<E_{5d}$ 等。

我国科学家徐光宪从大量的光谱数据中，总结出能级规律，称为徐光宪定律。对于原子的外层电子来说，$n+0.7l$ 值越大，则电子所处的原子轨道能级越高。

（二）原子轨道近似能级图

1939 年，鲍林从大量的光谱实验出发，通过理论计算，总结出了多电子原子中原子轨道能量的高低顺序，如图 1-2 所示。

原子轨道的
近似能级图

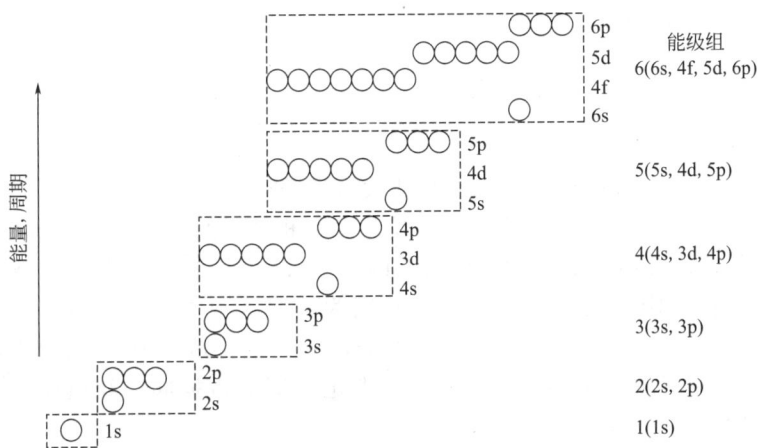

图中标注：
6p
5d
4f
6s
能级组
6(6s, 4f, 5d, 6p)

5p
4d
5s
5(5s, 4d, 5p)

4p
3d
4s
4(4s, 3d, 4p)

3p
3s
3(3s, 3p)

2p
2s
2(2s, 2p)

1s
1(1s)

能量，周期

图 1-2　鲍林原子轨道近似能级图

该图中每个小圆圈表示一个原子轨道，小圆圈位置高低，表示轨道能级高低；处于同一水平高度的小圆圈，表示能级相同的等价轨道。箭头所指方向表示轨道能量升高的方向。根据轨道能量的大小将能量接近的若干轨道划为一组，并用虚线方框框出，这样的能级组共有七组（图中第七能级组未画出）。第一能级组也称 1s 能级；第二能级组包括 2s 和 2p 能级；第三能级组包括 3s 和 3p 能级；第四能级组包括 4s、3d、4p 能级；第五能级组包括 5s、4d、5p 能级；第六能级组包括 6s、4f、5d、6p 能级；第七能级组包括 7s、5f、6d、7p 能级。相邻能级组之间的能量差较大。

三、原子核外电子排布

原子核外电子
的排布

根据光谱实验结果分析，原子核外电子的排布遵循三个基本规律。

1. 能量最低原理

多电子原子核外电子排布时，电子总是优先占据能量最低的轨道，以使原子处于能量最低的状态，只有能量最低的轨道占满后，电子才依次进入能量较高的轨道，这称为能量最低原理。根据鲍林原子轨道近似能级图和能量最低原理，原子核外电子填入原子轨道时遵循下列次序：1s, 2s, 2p, 3s, 3p, 4s, 3d, 4p, 5s, 4d, 5p, 6s, 4f, 5d, 6p, 7s, 5f, 6d,

7p，…。

2. 泡利不相容原理

1925 年，奥地利物理学家泡利（W. Pauli）提出，同一个原子中不存在四个量子数完全相同的电子，或者说同一个原子中不存在运动状态完全相同的电子，这就是泡利不相容原理。也就是说，当量子数 n、l、m 完全相同时（电子处于同一层、同一亚层和同一轨道），第四个量子数 m_s，就不可能再相同，只能分别取 $+\dfrac{1}{2}$ 和 $-\dfrac{1}{2}$。换句话说，同一原子轨道上最多容纳两个自旋方向相反的电子。

由泡利不相容原理和 n、l、m 量子数之间的关系，可推算出各电子层、电子亚层的最大容量，并得到各电子层所能容纳电子数的最大容量为 $2n^2$。如表 1-4 所示。

表 1-4　各电子层最多所能容纳的电子数

电子层符号	电子层序数	原子轨道	最多容纳电子数
K	1	1	2
L	2	4	8
M	3	9	18
N	4	16	32
⋮	n	n^2	$2n^2$

3. 洪德规则

1925 年，德国科学家洪德（F. Hund）从大量光谱实验中得出，当电子进入能量相同的等价轨道时，总是尽可能地以自旋平行（自旋量子数相同）的方式占据不同的轨道，使得原子的能量最低，这就是洪德规则。如 N 原子的三个 2p 电子，分别占据三条 2p 等价轨道，并且自旋方向相同。如图 1-3（a）所示。这是因为按照这种方式排布电子，原子的能量最低，系统最稳定。如果按图 1-3（b）的方式填充电子，也就是一个 2p 轨道上出现两个自旋方向相反的电子，则必须提供额外的能量以克服电子间因占据同一轨道而产生的相互排斥力，使系统能量升高。

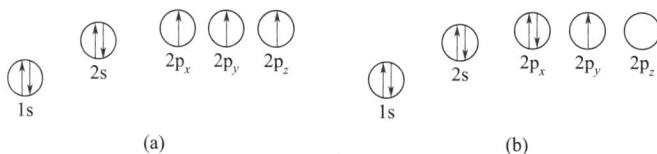

图 1-3　N 原子核外电子的不同排布方式

此外，在等价轨道处于全充满（s^2、p^6、d^{10}、f^{14}）、半充满（s^1、p^3、d^5、f^7）或全空（s^0、p^0、d^0、f^0）时，原子体系的能量相对较低，原子结构比较稳定。这是洪德规则的特例。例如，24 号元素 Cr 和 29 号元素 Cu，它们的原子核外电子排布式分别为：

$$_{24}Cr \quad 1s^2 2s^2 2p^6 3s^2 3p^6 3d^5 4s^1$$
$$_{29}Cu \quad 1s^2 2s^2 2p^6 3s^2 3p^6 3d^{10} 4s^1$$

而不是：

$$_{24}Cr \quad 1s^2 2s^2 2p^6 3s^2 3p^6 3d^4 4s^2$$
$$_{29}Cu \quad 1s^2 2s^2 2p^6 3s^2 3p^6 3d^9 4s^2$$

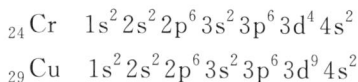

上述三个规律是从大量的事实概括出来的，它适用于大多数基态原子核外电子的排布，但不能解释所有元素的原子核外电子排布的所有问题。例如部分副族元素不能用上述三个规

律予以圆满的解释，这说明电子排布规律还有待于进一步发展和完善。

课堂练习

1. 电子排布式 $1s^2 2s^2 2p^6 3s^2 3p^6 3d^4 4s^2$ 违背了（　　）。

A. 能量最低原理　　　　　　　　　　B. 洪德规则

C. 洪德规则特例　　　　　　　　　　D. 泡利不相容原理

2. 电子排布式 $1s^2 2s^2 2p^6 3s^2 3p^6 3d^2$ 违背了（　　）。

A. 能量最低原理　　　　　　　　　　B. 泡利不相容原理

C. 洪德规则　　　　　　　　　　　　D. 洪德规则特例

3. 电子排布式 $1s^2 2s^3$ 违背了（　　）。

A. 能量最低原理　　B. 洪德规则　　　C. 洪德规则特例　　D. 泡利不相容原理

4. 完成下表：

原子序数	电子排布式	电子层数
15		
26		
30		
29		
35		

四、元素周期律和元素周期表

基态原子电子层结构随原子序数递增而呈现周期性的变化，这不仅反映了元素性质的周期性，而且揭示了元素从量变到质变的规律。1869 年，俄国化学家门捷列夫（Mendeleev）首先提出了元素的性质随原子量的增加而呈周期性的变化，并根据此规律将当时已发现的 63 种元素排列成一张图表，这就是元素周期表的雏形。随着原子结构的研究不断深入，人们认识到元素周期律的本质原因是原子核外电子排布呈周期性的变化，并按原子序数的递增将具有相同电子层数的元素排成横行，将具有相同价电子结构的元素排成纵列，绘制成现代通用的元素周期表。

（一）周期

周期表中的七个周期对应于七个能级组。各个周期所含的元素数目分别是：第一周期 2 种，第二、三周期各 8 种，这三个周期含有元素数目较少，称为短周期；第四、五周期各有 18 种，第六周期、第七周期各有 32 种，这四个周期含有的元素数目较多，称为长周期。

周期与能级组的关系为：

周期序数＝最外层电子层序数＝核外电子所处的最高能级组序数

各周期元素的数目＝对应能级组内各轨道所能容纳的电子数

（二）族

周期表中共有 18 个纵列分为 16 个族。族的序数用罗马数字表示，分为 8 个主族和 8 个副族，主族和副族分别用符号 A 和 B 代表。即：ⅠA～ⅧA；ⅠB～ⅧB。其中ⅧB占有三个纵列，其余每一个纵列为一个族。

第 1～2 列和第 13～18 列共 8 列为主族元素，以符号ⅠA～ⅧA 表示。主族元素的最后一个电子填入 ns 或 np 轨道上，其价层电子构型为 $nsnp$，族序数等于其价电子总数。

第 3～12 列共 10 列为副族元素，以符号ⅠB～ⅧB 表示。副族元素价层电子构型不仅包括最外层的 s 亚层，还包括 $(n-1)d$ 亚层，甚至 $(n-2)f$ 亚层。因此族序数同价层电子总数关系可分为三种情况。

（1）当价电子层上电子总数少于 8 时，族序数＝价电子总数。

例如，$_{24}$Cr　$1s^2 2s^2 2p^6 3s^2 3p^6 3d^5 4s^1$，价电子构型为 $3d^5 4s^1$，价电子总数为 6，故其族序数为ⅥB族。

（2）当价电子层上电子总数等于 8～10 时，族序数为ⅧB。

例如，$_{27}$Co　$1s^2 2s^2 2p^6 3s^2 3p^6 3d^7 4s^2$，价电子构型为 $3d^7 4s^2$，价电子总数为 9，故其族序数为ⅧB族。

（3）当价电子层上电子总数超过 10 时，族序数＝价电子总数的个位数值。

例如，$_{29}$Cu　$1s^2 2s^2 2p^6 3s^2 3p^6 3d^{10} 4s^1$，价电子构型为 $3d^{10} 4s^1$，价电子总数为 11，其个位数值为 1，故其族序数为ⅠB族。

（三）区

根据元素原子中最后一个核外电子填充的轨道（或亚层）不同，把周期表中元素所处的位置分为 s、p、d、ds、f 五个区。如表 1-5 所示。

表 1-5　元素的分区

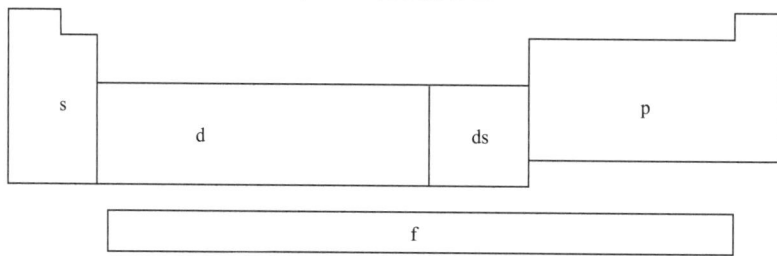

1. s区

元素原子核外电子排布时，最后一个电子填充在 ns 轨道上的所有元素。其价电子构型是 ns^1 或 ns^2，包括ⅠA 和ⅡA 族元素。

2. p区

元素原子核外电子排布时，最后一个电子填充在 np 轨道上的所有元素。其价电子构型是 ns$^2 n$p$^{1\sim6}$，包括ⅢA～ⅧA 族元素。

3. d区

元素原子核外电子排布时，最后一个电子基本都是填充在 $(n-1)$d 轨道上的元素。其价电子构型是 $(n-1)$d$^{1\sim9} n$s$^{1\sim2}$，包括ⅢB～ⅧB 族元素。这些元素大都是金属元素，常有多变化合价。

4. ds区

元素原子核外电子排布时，次外层 d 轨道是充满的，最外层 s 轨道有 1～2 个电子，它们既不同于 s 区，又不同于 d 区，故归为 ds 区。其价电子构型是 $(n-1)$d$^{10} n$s$^{1\sim2}$，包括ⅠB 和ⅡB 族元素。

5. f区

元素原子核外电子排布时，最后一个电子通常填充在 f 轨道上的元素。其价电子构型是 $(n-2)$f$^{0\sim14} (n-1)$d$^{0\sim2} n$s^2，包括镧系和锕系元素。

由上述可知，元素在周期表中的位置，与其原子的电子层构型密切相关，元素周期表实际上是各元素原子电子层构型周期性变化的反映。掌握了这种关系，就可以从元素原子的电子层构型推知元素在周期表中的位置（周期、族和区）；反之，从元素在周期表中的位置可以推算出原子的电子构型。

【例 1-3】已知某元素的原子序数为 21，试写出该元素原子的电子排布式，并判断它属于哪个周期，哪个族，哪个区？

解 该元素的原子核外有 21 个电子，它的电子排布式为 $1s^2 2s^2 2p^6 3s^2 3p^6 3d^1 4s^2$。

由电子排布式可知，其最外层电子层序数 $n=4$，故它应属于第四周期的元素；价电子构型为 $3d^1 4s^2$，价电子总数为 3，故它应位于 ⅢB；最后一个电子落在 3d 轨道上，且 3d 轨道未充满，故属于 d 区元素。

课堂练习

1. $_{20}Ca$ 在哪个周期？哪个族？哪个区？
2. $_{24}Cr$ 在哪个周期？哪个族？哪个区？

第二节 分子结构

分子是组成物质并决定物质化学性质的微粒。分子的性质是由分子结构决定的，分子结构主要研究分子内原子与原子间的结合方式、各原子在空间的相对位置以及分子与分子间的相互作用。

一、化学键

原子结合成分子时，相邻原子或离子间的强烈相互作用称为化学键。按照原子或离子间的相互作用方式不同，化学键分为离子键、共价键、金属键三种类型。

（一）离子键

当电负性相差较大的两种元素的原子相互作用时，电负性小的原子容易失去电子，电负性大的原子容易得到电子，分别形成阳离子和阴离子。例如，金属钠在氯气中点燃生成离子型化合物氯化钠。带有反相电荷的阴、阳离子之间通过静电吸引作用而形成的化学键，称为离子键。离子键的本质是静电作用。离子的电荷越多，阴、阳离子间的静电作用越强，离子键越牢固。

离子键的特点是既无方向性又无饱和性。离子的电荷分布是球形对称的，静电吸引力无方向性，阴、阳离子可从任一方向吸引带反电荷的离子，因此离子键无方向性；在空间条件及距离允许的情况下，每个离子对任何一个带异种电荷的离子都可产生静电作用，因此，离子键无饱和性。

（二）共价键

1. 现代共价键理论

离子键理论能很好地解释离子化合物的形成和特性，但不能解释由单质及化学性质相近的元素组成的化合物。1923 年，美国化学家路易斯（G. N. Lewis）提出共价键的概念。他认为：一个原子的一个电子与另一个原子的一个电子以共用电子对的形式形成化学键，即最早提出的"电子配对理论"。这种原子间通过共用电子对而形成的化学键称为共价键。利用共用电子对这一概念，能很好地解释 H_2、HCl 的形成。

（1）电子配对理论的量子力学解释 1927 年，海特勒（Heitler）和伦敦（London）

能量

0

核间距

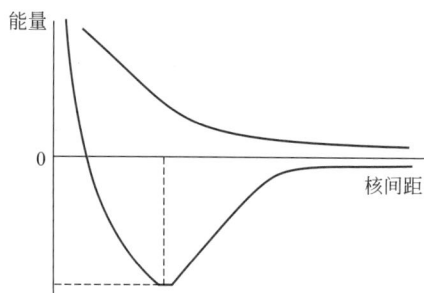

图 1-4 氢分子形成过程
能量随核间距的变化

应用量子力学处理两个氢原子形成氢分子的过程，计算求得 H_2 能量曲线（见图 1-4）。从能量曲线图可看出，若两个 H 原子的核外单电子自旋方向相同，当它们相互靠近时，即核间距离逐渐变小时，系统能量逐渐升高，不能形成稳定分子；若两个 H 原子的核外单电子自旋方向相反，当它们相互靠近的时候，系统能量逐渐降低，核间距离小于某一值 R_0 时，系统能量达到最低。再继续减小核间距，系统能量迅速增大，这说明形成了稳定的 H_2 分子。实验测得 H_2 分子的核间距为 74pm，而 H 原子的玻尔半径为 53pm。

量子力学原理可以解释两个 H 原子核外单电子配对形成共价键的过程：形成 H_2 分子的两个 H 原子核外单电子自旋方向相反时，随着核间距的减小，到一定距离时会发生相互作用。每个 H 原子核除了吸引自己核外的 1s 电子外，还吸引另外一个 H 原子的 1s 电子，使原来的两个原子轨道发生变化而相互重叠，整个体系的能量降低。当两个 H 原子的核间距（d）为 74pm 时，体系能量（E_0）最低。此时两 H 原子的核间距小于两 H 原子的半径之和，说明 H_2 分子中两个 H 原子的 1s 轨道必然发生重叠，核间形成一个电子出现概率密度较大的区域。这一区域既可以降低两核间的排斥力，又可以增加两原子核对核间电子云的吸引，体系能量降低，形成稳定的共价键。可见，共价键是由成键电子的原子轨道重叠而形成的。把量子力学处理 H_2 分子的形成和结论推及一般共价分子，就发展为现代共价键理论。

（2）价键理论的基本要点　价键理论的基本要点如下：

① 具有自旋方向相反的价层单电子的原子相互接近时，才能形成稳定的共价键。

② 共价键数目取决于原子中单电子的数目。即两原子间配对一对电子的称为共价单键；配对两对的称为共价双键；配对三对的称为共价三键。所以，共价键具有饱和性。

③ 在形成共价键时，遵循原子轨道最大重叠原理，即成键电子的原子轨道重叠越多，形成的共价键越牢固。在形成共价键时，只有成键原子轨道对称性相同的部分沿着一定方向，才能发生最大程度的重叠，形成的共价键才牢固，分子的能量才最低。所以，共价键具有方向性。

（3）共价键的类型　根据是否有极性，共价键可分为极性共价键和非极性共价键。

同一元素的原子间形成共价键时（如 H—H 键、Cl—Cl 键等），由于两个原子对电子云的吸引能力相等，共用电子对可看作均等地分布于成键原子的两核之间，不偏向任何一个原子，成键的原子都不显电性，这样形成的共价键称为非极性共价键（又称非极性键）。

不同元素的原子之间形成共价键时（如 H—Cl 键、H—O 键等），由于成键原子双方对电子云的吸引能力不同，共用电子对偏向吸引电子能力较强的一方，使该原子部分地带有负电荷，而吸引电子能力较弱的原子则部分地带有正电荷，这样形成的共价键称为极性共价键（又称极性键）。

根据成键方式不同，共价键可分为 σ 键和 π 键。

① σ 键　若成键原子轨道对称性相同部分沿着键轴（两核间连线）方向以"头碰头"的方式发生轨道重叠，重叠部分绕键轴呈现圆柱形对称性分布。这样的共价键称为 σ 键。

② π 键　若成键原子轨道对称性相同部分以平行或"肩并肩"的方式发生轨道重叠，这样的共价键称为 π 键。

（4）共价键参数　凡能表征共价键性质的物理量统称为共价键参数，主要有键长、键能和键角。

① **键长** 分子中两成键原子核间的平均距离称为键长，单位为 pm。一般情况下，成键原子间的键长越短，键强度越大，键越牢固。表 1-6 列出了一些常见共价键的键长。

表 1-6 一些共价键的键长和键能

共价键	键长/pm	键能/kJ·mol^{-1}	共价键	键长/pm	键能/kJ·mol^{-1}
H—H	74.2	436	F—F	141.8	154.8
H—F	91.8	569	Cl—Cl	198.8	239.7
H—Cl	127.4	431.2	Br—Br	228.4	190.16
H—Br	140.8	362.3	I—I	266.6	148.95
H—I	160.8	294.6	C—C	154	345.6
O—H	96	458.8	C=C	134	623
S—H	134	368	C≡C	120	835.1
N—H	101	376	O=O	120.7	493.59
C—H	109	418	N≡N	109.8	941.69

② **键能** 键能是表征化学键强弱的物理量，键能越大，表明共价键越牢固。共价键的键能定义为：在标准大气压和 298.15K 时，气态物质断开 1mol 共价键生成气态原子所需要的能量称为键能（E），单位为 kJ·mol^{-1}。表 1-6 列出了一些常见共价键的键能。

③ **键角** 分子中两个相邻化学键之间的夹角称为键角，是表征分子空间构型的重要参数。对于双原子分子，其空间构型总是直线型的；对于多原子分子，原子在空间的排列方式不同，各键之间的夹角不同，分子的空间构型也不同。表 1-7 列出一些分子的键长、键角和空间构型。

表 1-7 一些分子的键长、键角和空间构型

分子	键长/pm	键角 α	空间构型	分子	键长/pm	键角 α	空间构型
$HgCl_2$	234	180°	直线形	SO_3	143	120°	三角形
CO_2	234	180°	直线形	BF_3	131	120°	三角形
H_2O	96	104.5°	角形	NH_3	101.5	107.3°	三角锥形
SO_2	143	119.5°	角形	CH_4	109	109.5°	四面体形

2. 杂化轨道理论

现代价键理论说明了分子中共价键的形成和特点，但却不能解释多原子分子的形成和分子的空间构型。例如，C 原子的核外电子排布为 $1s^2 2s^2 2p^2$，根据现代价键理论，C 原子只能形成两个共价键，但实验测定，CH_4 分子中有 4 个完全相同的 C—H 键，键角为 109°28′，分子空间构型为正四面体。1931 年鲍林（Pauling）和斯莱托（Slater）提出了杂化轨道理论，很好地解释了像甲烷分子的形成和空间构型，补充和发展了现代价键理论。

（1）**杂化轨道理论要点** 在形成分子过程中，由于原子间的相互影响，同一原子能量相近的几个原子轨道可以"混合"起来，重新分配能量和空间取向，这个过程称为杂化。杂化后所形成的新轨道，称为杂化轨道。杂化后轨道的分布角度和形状都发生了变化。

杂化轨道理论的基本要点如下。

① 只有同一原子中能量相近的轨道，才能形成杂化轨道。新的杂化轨道与杂化前的轨道相比，形状、能量和方向都有改变，但总的轨道数目不变。

② 通过原子轨道的杂化，组合成能量和成分都相同的杂化轨道，这样的杂化称为等性杂化；当有孤对电子参与原子轨道的杂化时，组合成不完全等同的杂化轨道，这样的杂化称为不等性杂化。

③ 杂化轨道成键时，要满足最大重叠原理和化学键间最小排斥原理。即原子轨道重叠越多，形成的化学键越稳定；杂化轨道之间的夹角越大，形成的化学键的键角越大，化学键之间的排斥力越小，生成的分子越稳定。

（2）杂化轨道类型　根据参加杂化的原子轨道的种类和数目不同，可组成不同类型的杂化轨道。这里仅介绍等性杂化中的 s-p 杂化和非等性杂化中的 sp^3 杂化。等性杂化中的 sp 杂化通常有三种类型，即 sp、sp^2、sp^3 杂化。

① 等性 sp^3 杂化　同一原子的 1 个 ns 轨道和 3 个 np 轨道杂化形成 4 个 sp^3 杂化轨道，每个 sp^3 杂化轨道含有 $\frac{1}{4}$s 和 $\frac{3}{4}$p 轨道成分，称为等性 sp^3 杂化。例如，CH_4 分子形成过程中，C 原子的价电子结构为 $2s^2 2p^2$，形成 CH_4 分子过程中，C 原子的 1 个 2s 电子被激发到一个空的 2p 轨道上，形成含有 4 个未成对电子的激发态。C 原子的 1 个 2s 轨道和 3 个 2p 轨道杂化，形成 4 个等价的 sp^3 杂化轨道。

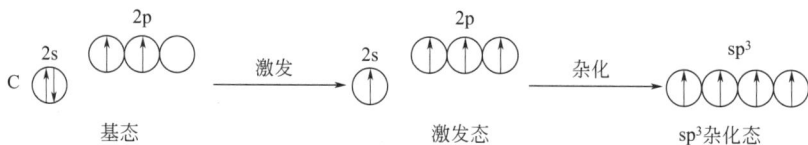

sp^3 杂化轨道呈正四面体形，如图 1-5 所示，轨道夹角为 $109°28'$。每个 sp^3 杂化轨道与 H 原子的 1s 轨道重叠形成 4 个 σ 键，即形成了 CH_4 分子。

② 等性 sp^2 杂化　同一原子的 1 个 ns 轨道和 2 个 np 轨道杂化形成 3 个 sp^2 杂化轨道，每个 sp^2 杂化轨道含有 1/3s 和 2/3p 轨道成分，称为等性 sp^2 杂化。例如，BF_3 形成过程中，B 原子的价电子结构为 $2s^2 2p^1$，在形成 BF_3 分子过程中，基态 B 原子的 1 个 2s 电子被激发到一个空的 2p 轨道上，形成含有 3 个未成对电子的激发态。B 原子的 1 个 2s 轨道和 2 个 2p 轨道杂化，形成 3 个等价的 sp^2 杂化轨道。

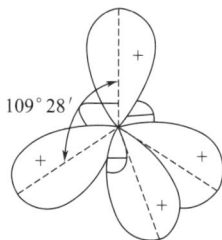

图 1-5　sp^3 杂化轨道夹角

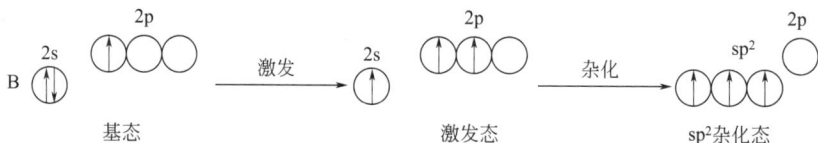

sp^2 杂化轨道呈平面三角形结构。如图 1-6 所示，轨道夹角为 $120°$。3 个 sp^2 杂化轨道分别与 3 个 F 原子的 2p 轨道重叠，也就形成了 BF_3 分子。

③ 等性 sp 杂化　同一原子的 1 个 ns 轨道和 1 个 np 轨道杂化形成 2 个 sp 杂化轨道，每个 sp 杂化轨道含有 1/2s 和 1/2p 轨道成分，称为等性 sp 杂化。例如，$BeCl_2$ 分子形成过程中，Be 原子的价电子结构为 $2s^2 2p^0$，在形成 $BeCl_2$ 分子过程中，基态 Be 原子的 1 个 2s 电子被激发到一个空的 2p 轨道上，形成含有 2 个未成对电子的激发态。然后，Be 原子的 1 个 2s 轨道和 1 个 2p 轨道杂化，形成 2 个等价的 sp 杂化轨道。

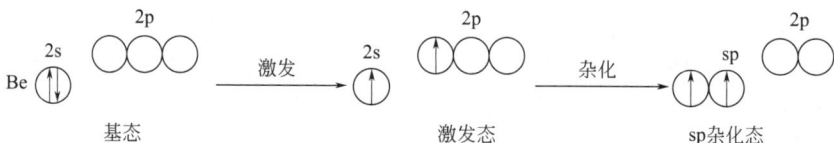

形成的两个 sp 杂化轨道呈直线形结构，如图 1-7 所示，轨道夹角为 $180°$。每个 sp 杂化轨道分别与 Cl 原子的 3p 轨道重叠，则形成了 $BeCl_2$ 分子。

图 1-6 sp² 杂化轨道夹角

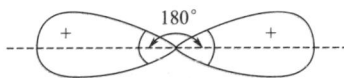

图 1-7 sp 杂化轨道夹角

④ 不等性 sp^3 杂化 原子轨道杂化后形成的各轨道成分不完全相同，为不等性杂化。例如，在 NH_3 中，N 原子的价电子结构为 $2s^2 2p^3$，当 N 与 H 原子形成分子时，N 原子采用 sp^3 杂化方式，形成 4 个 sp^3 杂化轨道中有一个被成对电子占有，这种有孤对电子参与形成的杂化轨道，其能量和成分不完全相同。由于孤对电子不参与成键，离核较近，对其余成键轨道有较大的排斥作用，所以 N—N 键之间的夹角为 107.3°，分子的空间构型为三角锥形。如图 1-8 所示。

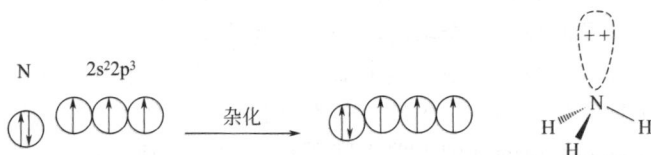

图 1-8 NH_3 分子杂化及空间结构示意图

类似的还有 H_2O、H_2S、PH_3、NF_3 等分子，其中心原子都采用不等性 sp^3 杂化。

二、分子间作用力和氢键

（一）分子的极性

任何以共价键结合的分子中，都存在带正电荷的原子核和带负电荷的电子。尽管整个分子呈电中性，但可设想分子中两种电荷的中心分别集中于一点，分别称为负电荷中心和正电荷中心。根据正、负电荷中心是否重合将分子分为极性分子和非极性分子。正、负电荷中心重合的分子为非极性分子，如 H_2、N_2、Cl_2 等；正、负电荷中心不重合的分子为极性分子，如 HCl、H_2O 等。

双原子分子的极性与其化学键的极性一致。由非极性键结合的双原子分子称为非极性分子，由极性键结合的双原子分子称为极性分子。如 H_2、O_2、N_2、Cl_2 等为非极性分子，HF、HCl、H_2O 等为极性分子。

多原子分子是否为极性分子除了与键的极性有关外，还与分子的空间构型有关。若分子构型对称，则为非极性分子；若分子构型不对称，则为极性分子。例如，CO_2 和 CH_4 分子，分子中化学键 C—O 键和 C—H 键都是极性键，但是由于它们的分子空间结构分别是直线形和正四面体形的对称结构，各个键的极性相互抵消，使分子中的正、负电荷中心重合，所以都是非极性分子（CO_2 分子的正、负电荷分布如图 1-9 所示）。H_2O 和 NH_3 分子中化学键 O—H 键和 N—H 键都是极性键，由于它们的分子空间结构分别是角形和三角锥形，呈不对称结构，各个键的极性不能相互抵消，分子中的正、负电荷中心不重合，所以都是极性分子（H_2O 分子的正、负电荷分布如图 1-10 所示）。

分子极性的大小通常用偶极矩来衡量。偶极矩为分子中正电荷中心或负电荷中心的电量与正、负电荷中心间距离的乘积。即

$$\mu = qd \tag{1-2}$$

式中，μ 为偶极矩，$C \cdot m$；q 为分子中正、负电荷中心的电量，C；d 为正、负电荷中心的距离，m。

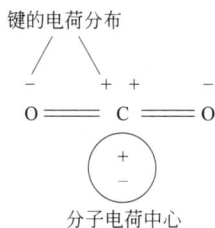

图 1-9　CO_2 分子的正、负电荷分布

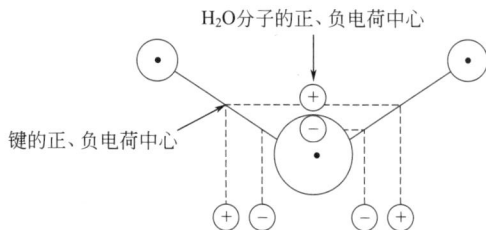

图 1-10　H_2O 分子的正、负电荷分布

偶极矩是矢量，规定方向由正电荷指向负电荷中心。偶极矩可由实验测定，根据 μ 的大小，可判断分子的极性。当 $\mu = 0$，为非极性分子；当 $\mu \neq 0$，为极性分子。并且 μ 越大，分子的极性越大。

当分子处于外加电场中时，在外电场的作用下，分子中的正、负电荷中心会发生相对位移，分子发生变形。分子的极性也会随之改变，称为分子的极化。

非极性分子在电场中被极化，正、负电荷中心发生相对位移而产生偶极，这种在外电场的诱导下产生的偶极称为诱导偶极。极性分子本身就存在的偶极，称为固有偶极。极性分子在电场中被极化，在固有偶极的基础上偶极间距离增大，即产生诱导偶极，分子极性增大。当外电场消失时，诱导偶极也随之消失。

（二）分子间作用力

物质三态转化时的能量变化表明分子之间存在一种相互吸引的作用力，这种分子间作用力称范德瓦尔斯力。分子具有极性和变形性是产生分子间作用力的根本原因。分子间力可分为以下三种类型。

分子间作用力

1. 取向力

当极性分子与极性分子相互靠近时，由于固有偶极而发生异极相吸、同极相斥的取向排列，如图 1-11 所示。这种由固有偶极的取向而产生的分子间作用力，称为取向力。

图 1-11　极性分子间的相互作用

取向力只存在于极性分子之间，取向力的大小取决于极性分子的偶极矩，偶极矩越大，极性越强，取向力越大。

2. 诱导力

极性分子的固有偶极是一个微小电场，当非极性分子与极性分子靠近时，极性分子的固有偶极会诱导非极性分子产生诱导偶极。同时此诱导偶极又反过来作用于极性分子，使其也产生诱导偶极，如图 1-12 所示。极性分子之间也会互相诱导，产生诱导偶极。这种由诱导偶极而产生的分子间作用力称为诱导力。诱导力存在于极性分子之间、极性分子与非极性分子之间。

3. 色散力

分子内的电子和原子核在不断运动，瞬间会出现正、负电荷中心发生相对位移而产生偶极，称为瞬时偶极。非极性分子和极性分子都能产生瞬时偶极。由于瞬时偶极，相邻分子会

图 1-12 极性分子与非极性分子间的相互作用力

在瞬间产生异极相吸的作用力，这种由于瞬时偶极而产生的分子间作用力称为色散力。色散力存在于极性分子之间、非极性分子之间及极性分子与非极性分子之间。尽管瞬时偶极存在的时间极短，但它不断地重复，因此，色散力是始终存在的。

综上所述，非极性分子之间只有色散力；极性分子和非极性分子之间有诱导力和色散力；极性分子和极性分子之间取向力、诱导力、色散力三种都有。

（三）氢键

当 H 原子与电负性较大而半径较小的原子（如 F、O、N 等）形成共价键氢化物时，由于原子间共用电子对强烈移动，H 原子几乎呈"裸"质子状态。这个 H 原子可和另一个电负性大且含有孤对电子的原子产生静电吸引作用，这种吸引力称为氢键。通常用 X—H⋯Y 表示。氟化氢分子间的氢键如图 1-13 所示。X、Y 为电负性大而原子半径小的非金属原子（一般为 F、O、N 等原子），X 和 Y 可以是同种元素，也可是不同元素。

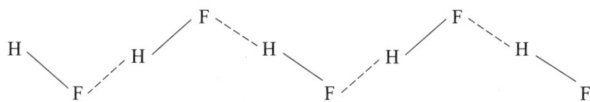

图 1-13 氟化氢分子间的氢键示意图

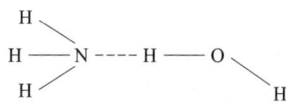

图 1-14 氨分子与水分子间的氢键

氢键既可在同种分子（如 H_2O、NH_3、HF、$HCOOH$、HAc 等分子）间又可在不同种分子间形成，还可在分子内（如 H_3PO_4、HNO_3 分子）形成。如氨分子与水分子间的氢键如图 1-14 所示。

课堂练习

1. 下列物质中，由非极性键形成的非极性分子是（   ），由极性键形成的极性分子是（   ），由极性键形成的非极性分子是（   ）。

A. CO_2 B. Br_2 C. H_2O D. HCl   E. CH_4

2. 下列分子中属于极性分子的是（   ）。

A. NH_3 B. CH_4 C. CO_2 D. O_2

3. 下列物质沸腾，只需克服色散力的是（   ）。

A. O_2 B. HF   C. HCl   D. H_2O

4. H_2O 的沸点比 H_2S 高，主要因为其存在（   ）。

A. 取向力   B. 诱导力   C. 色散力   D. 氢键

5. 下列化合物分子间存在氢键的是（   ）。

A. HF   B. CH_4 C. CO_2 D. HCl

6. 下列分子中分子间力最大的是（   ）。

A. F_2 B. Cl_2 C. Br_2 D. I_2

7. 下列分子间存在哪些分子间力？

（1）CCl_4 和 I_2 （2）HCl 和 NH_3

拓展窗

门捷列夫元素周期表

门捷列夫对化学这一学科发展最大贡献在于发现了化学元素周期律。他在批判地继承前人工作的基础上，对大量实验事实进行了订正、分析和概括，总结出这样一条规律：元素（以及由它所形成的单质和化合物）的性质随着原子量的递增而呈周期性的变化，既元素周期律。他根据元素周期律编制了第一个元素周期表，把已经发现的 63 种元素全部列入表里，从而初步完成了使元素系统化的任务。他还在表中留下空位，预言了类似硼、铝、硅的未知元素（门捷列夫叫它类硼、类铝和类硅，即以后发现的钪、镓、锗）的性质，并指出当时测定的某些元素原子量的数值有错误。而他在周期表中也没有机械地完全按照原子量数值的顺序排列。若干年后，他的预言都得到了证实。门捷列夫工作的成功，引起了科学界的震动。人们为了纪念他的功绩，就把元素周期律和周期表称为门捷列夫元素周期律和门捷列夫元素周期表。

本章小结

一、原子核外电子的运动状态

（1）电子云是电子在核外空间出现概率密度的形象描述，黑点的疏密表明电子出现的概率大小。黑点越密集，表示电子出现的概率密度越大；黑点越稀疏，表示电子出现的概率密度越小。

（2）核外电子运动状态常用四个量子数来描述，即主量子数（n）、副量子数（l）、磁量子数（m）和自旋量子数（m_s），分别表示原子轨道或电子云离核的远近、形状及其在空间伸展方向、电子自旋状态。

二、原子轨道能级

（1）多电子原子中电子不仅受到原子核的吸引作用，同时受到内层电子和同亚层电子的相互排斥作用，这种多电子原子中，其余电子削弱核电荷对该电子的吸引作用称为屏蔽效应。

（2）外层电子穿过内层电子空间，钻入原子核附近使屏蔽效应减弱的效应，称为钻穿效应。

（3）原子轨道从低到高的能级顺序为：1s，2s，2p，3s，3p，4s，3d，4p，5s，4d，5p，6s，4f，5d，6p，7s，5f，6d，7p，…。

三、原子核外电子排布

原子核外电子的排布遵循三个基本规律，即"两原理""一规则"。

1. 能量最低原理

多电子原子核外电子排布时，电子总是优先占据能量最低的轨道，只有能量最低的轨道占满后，电子才依次进入能量较高的轨道。

2. 泡利不相容原理

同一原子轨道上最多容纳自旋方向相反的两个电子。

3. 洪德规则

当电子进入能量相同的等价轨道时，总是尽可能地以自旋相同的方式占据不同的轨道，使得原子的能量最低。

四、元素周期律和元素周期表

1. 周期

周期序数＝最外层电子层序数＝核外电子所处的最高能级组序数

2. 族

周期表中共有 18 个纵列分为 16 个族，族的序数用罗马数字表示，分为 8 个主族和 8 个副族，主族和副族分别用符号 A 和 B 表示。

3. 区

根据元素原子中最后一个核外电子填充的轨道（或亚层）不同，把周期表中元素所处的位置分为 s、p、d、ds、f 五个区。

五、化学键

按照原子或离子间的相互作用方式不同，分为离子键、共价键、金属键三种类型。

六、现代共价键理论

（1）具有自旋方向相反的价层单电子的原子相互接近时，才能形成稳定的共价键。

（2）共价键数目取决于原子中的单电子数目。共价键具有饱和性。

（3）在形成共价键时，只有成键原子轨道对称性相同的部分沿着一定方向，才能发生最大程度的重叠。共价键具有方向性。

七、杂化轨道理论

在形成分子的过程中，由于原子间的相互影响，同一原子能量相近的几个原子轨道可"混合"起来，重新分配能量和空间取向，这个过程称为杂化。

八、分子的极性

根据正、负电荷中心是否重合将分子分为极性分子和非极性分子。正、负电荷中心重合的分子为非极性分子；正、负电荷中心不重合的分子为极性分子。

九、分子间作用力

分子间力可以分为三种类型：取向力、诱导力和色散力。非极性分子之间只有色散力；极性分子和非极性分子之间有诱导力和色散力；极性分子和极性分子之间取向力、诱导力、色散力三种力都有。

十、氢键

当 H 原子与电负性较大而半径较小的原子（如 F、O、N 等）形成共价键氢化物时，这个 H 原子还可和另一个电负性大且含有孤对电子的原子产生静电吸引作用，这种吸引力称为氢键。

习题

一、单项选择题

1. 基态钠原子的最外层电子的四个量子数可能是（   ）。

A. 3，0，0，+1/2   B. 3，1，0，+1/2   C. 3，2，1，+1/2   D. 3，2，0，−1/2

2. 已知某元素+3 价离子的核外电子排布式为：$1s^2 2s^2 2p^6 3s^2 3p^6 3d^5$，该元素在周期表中属于（   ）。

A. ⅧB 族   B. ⅢA 族   C. ⅢB 族   D. ⅤA 族

3. 有 d 电子的原子，其电子层数至少是（   ）。

A. 1   B. 2   C. 3   D. 4

4. 某元素的价电子构型为 $3d^1 4s^2$，则该元素的原子序数为（   ）。

    A. 20   B. 21   C. 30   D. 25

5. 在 Mn(25) 原子的基态电子排布中，未成对电子数为（   ）。

    A. 2   B. 5   C. 8   D. 1

6. 最外层为 $5s^1$，次外层 d 轨道全充满的元素在（   ）。

    A. I A   B. I B   C. II A   D. II B

7. 下列分子中属于极性分子的是（   ）。

    A. O_2 B. CO_2 C. BBr_3 D. NF_3

8. 下列分子中中心原子采取 sp 杂化的是（   ）。

    A. NH_3 B. CH_4 C. BF_3 D. $BeCl_2$

9. 下列分子中，偶极矩为零的是（   ）。

    A. CH_3Cl B. NH_3 C. BCl_3 D. H_2O

10. 下列液体只需要克服色散力就能沸腾的是（   ）。

    A. CCl_4 B. H_2O C. NH_3 D. C_2H_5OH

11. 下列说法正确的是（   ）。

    A. sp^2 杂化轨道是指 1s 轨道与 2p 轨道混合而成的轨道

    B. 由极性键组成的分子一定是极性分子

    C. 氢键只能在分子间形成

    D. 任何分子都存在色散力

12. H_2O 的沸点高于 H_2S 的主要原因是（   ）。

    A. H—O 键的极性大于 H—S 键   B. S 的原子半径大于 O

    C. H_2O 的相对分子质量比 H_2S 小   D. H_2O 分子间氢键的存在

二、判断题

1. 共价键具有饱和性和方向性。   （   ）

2. 只要分子中有氢原子就可以形成氢键。   （   ）

3. 氢键是只存在于分子间的一种作用力。   （   ）

4. 只有同一原子能量相接近的轨道才能进行杂化。   （   ）

三、填空题

1. 原子间通过＿＿＿＿＿而形成的化学键叫做共价键。形成共价键的两个原子一定具有＿＿＿＿＿，共价键的本质是＿＿＿＿＿。

2. NH_3 分子的中心原子通过＿＿＿＿＿杂化，有＿＿＿＿＿对孤对电子，分子的空间构型为＿＿＿＿＿。

3. CO_2 和 H_2O 分子间作用力有＿＿＿＿＿，H_2 和 CO_2 分子间存在的分子间作用力有＿＿＿＿＿。

四、 具有下列外层电子构型的元素位于周期表哪一个区？哪个族？

（1）ns^2 （2）$ns^2 np^5$ （3）$(n-1)d^5 ns^2$ （4）$(n-1)d^{10} ns^2$

五、 已知某元素的价层电子构型是 $3d^{10} 4s^1$，试推算它的原子序数，它应属于哪一族？

六、 某元素的价层电子构型是 $3s^2 3p^4$，判断这个元素在哪个周期？哪个族？哪个区？并说明理由。

习题答案

第二章
化学反应速率与化学平衡

学习目标

知识目标

1. 了解化学反应速率的概念和表示方法。
2. 了解活化能和碰撞理论。
3. 掌握浓度、压力、温度、催化剂对化学反应速率的影响。
4. 理解可逆反应及化学平衡的定义。
5. 理解化学平衡常数的意义。
6. 掌握化学平衡的有关计算。

能力目标

1. 能判断浓度、压力、温度、催化剂对化学反应速率的影响。
2. 能写出任意一个平衡反应对应的平衡常数表达式。
3. 能进行化学平衡的有关计算。
4. 能判断浓度、压力、温度、催化剂对化学平衡的影响。

素质目标——团队合作

通过参与小组讨论、合作实验等活动，提升自身的团队协作能力和相互帮助的意识。在实践中学会如何与他人有效沟通、共同解决问题，从而培养出良好的合作精神与互助品质，为未来的学习和工作打下坚实的基础。

学习任务

对一个平衡反应，当改变外界条件如浓度、压力、温度或催化剂种类时，该反应向哪个方向移动呢？

第一节　化学反应速率

不同化学反应进行的快慢不同，有的反应瞬间即可完成，如酸碱中和反应、氢气在氧气中点燃的爆炸反应，而有的反应如金属生锈、塑料的分解要经过很长时间，还有石油的形成则要经过亿万年甚至更长时间。

一、化学反应速率的概念及其表示方法

衡量化学反应快慢的物理量称为化学反应速率。对于恒容反应来说，通常用单位时间内

任一反应物浓度的减少量或任一生成物浓度的增加量来表示,符号 v,单位为 $mol \cdot L^{-1} \cdot s^{-1}$;$mol \cdot L^{-1} \cdot min^{-1}$;$mol \cdot L^{-1} \cdot h^{-1}$ 等。化学反应速率可表示为:

$$化学反应速率 = \left| \frac{\Delta c_{某反应物或生成物}}{变化所需时间} \right| \tag{2-1}$$

即,

$$v = \left| \frac{\Delta c_{某反应物或某生成物}}{\Delta t} \right| \tag{2-2}$$

【例 2-1】 在密闭容器内合成氨的反应:$3H_2(g) + N_2(g) \Longrightarrow 2NH_3(g)$。反应开始时,氮气浓度为 $2mol \cdot L^{-1}$,氢气的浓度为 $4mol \cdot L^{-1}$,反应进行了 $2min$,测得容器中氮气的浓度为 $1.8mol \cdot L^{-1}$。(1)试分别用氮气、氢气和氨气表示 $2min$ 内的平均反应速率;(2)各物质表示的反应速率、浓度改变量和化学计量数有什么关系?

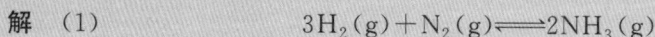

解 (1) $\qquad\qquad 3H_2(g) + N_2(g) \Longrightarrow 2NH_3(g)$

起始浓度/$mol \cdot L^{-1}$ $\qquad\qquad$ 4 $\qquad$ 2 $\qquad\quad$ 0

$2min$ 后浓度/$mol \cdot L^{-1}$ $\qquad$ 3.4 $\qquad$ 1.8 $\qquad$ 0.4

则,$v_{H_2} = \left| \dfrac{\Delta c_{H_2}}{\Delta t} \right| = \left| \dfrac{3.4 - 4}{2} \right| = 0.3 \, (mol \cdot L^{-1} \cdot min^{-1})$

$v_{N_2} = \left| \dfrac{\Delta c_{N_2}}{\Delta t} \right| = \left| \dfrac{1.8 - 2}{2} \right| = 0.1 \, (mol \cdot L^{-1} \cdot min^{-1})$

$v_{NH_3} = \left| \dfrac{\Delta c_{NH_3}}{\Delta t} \right| = \left| \dfrac{0.4 - 0}{2} \right| = 0.2 \, (mol \cdot L^{-1} \cdot min^{-1})$

(2) $\qquad v_{H_2} : v_{N_2} : v_{NH_3} = \Delta c_{H_2} : \Delta c_{N_2} : \Delta c_{NH_3} = 3 : 1 : 2$

从上面的计算可看出,同一化学反应的反应速率可以用不同物质的浓度变化来表示,而且它们之间存在一定的数量关系,即比值为反应方程式中相应物质的系数比。

实验表明,绝大多数化学反应是非匀速进行的,上面讨论的反应速率是指 Δt 时间内的平均速率。为准确地表示化学反应在某一时刻的真实反应速率,必须采用瞬时速率。

如果将 Δt 取无限小,即平均速率的极限值即为某时刻反应的瞬时速率。即

$$v_{瞬时} = \lim_{\Delta t \to 0} \left| \frac{\Delta c}{\Delta t} \right| = \left| \frac{dc}{dt} \right|$$

图 2-1 表示某反应物的浓度随时间的变化曲线。曲线上某一点切线斜率的绝对值,即为相应时刻反应的瞬时速率。

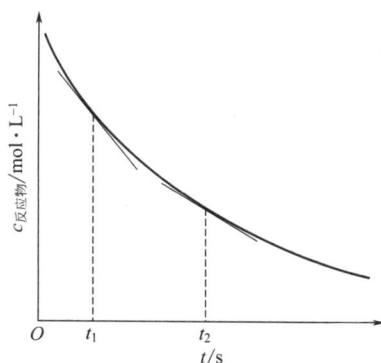

图 2-1 反应物浓度随时间的变化关系曲线

二、化学反应速率理论

化学反应速率千差万别,其本质原因在于物质本身的性质,是微观粒子相互作用的结果。为了阐述微观现象的本质,提出了各种揭示化学反应内在联系的理论。其中应用最广泛的是有效碰撞理论和过渡态理论。

1. 有效碰撞理论

1918 年,路易斯(Lewis)根据气体分子运动学说提出有效碰撞理论。气体反应的碰撞

化学反应
速率理论

理论认为：只有反应物分子发生相互碰撞，才能发生化学反应。如果反应物分子间互不碰撞接触就不会发生化学反应。但根据气体分子运动论，常温时，单位时间内气体分子的碰撞概率是很大的，则任何气体反应都将在瞬间完成。但事实并非如此，气体反应速率相差很大，反应快慢不均衡。因此，有效碰撞理论认为，碰撞只是发生反应的前提，并非所有碰撞都发生反应。在无数次碰撞中，大多数碰撞并没有导致反应的发生，只有少数分子的碰撞能发生反应。这种能够发生化学反应的碰撞，称为有效碰撞。

反应物分子发生有效碰撞有两个前提条件：

① 反应物分子碰撞必须具有一定的方向性；

② 反应物分子发生碰撞时必须具备最低的能量。

因为反应过程中，反应物分子必须要有足够的能量以克服分子相互接近时电子云之间和原子核之间的排斥。这种必须具备的最低能量称为临界能。具有等于或大于临界能、能够发生有效碰撞的分子称为活化分子。活化分子占分子总数的百分数称为活化分子百分数，用符号 f 表示。活化分子百分数越大，有效碰撞次数越多，反应速率也越大。

能量低于临界能的分子称为非活化分子或普通分子，活化分子具有的平均能量与反应物分子的平均能量之差称为反应的活化能，用符号 E_a 表示，单位 $kJ \cdot mol^{-1}$。相同条件下，E_a 越大，活化分子百分数（f）越小，反应越慢。反之，E_a 越小，f 越大，反应越快。活化分子百分数与活化能的关系如图 2-2 所示。

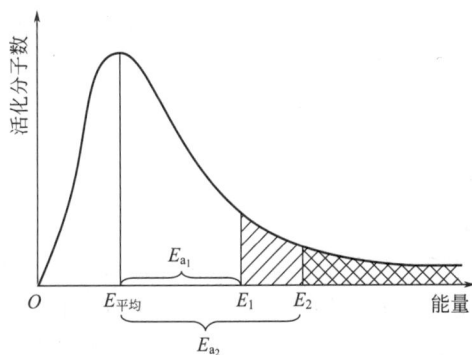

图 2-2 活化分子百分数与活化能的关系

2. 过渡态理论

20 世纪 30 年代，艾林和波兰尼在量子力学和统计学的基础上提出化学反应速率的过渡态理论。该理论认为：从反应物到产物的反应过程必须经过一种过渡状态，即反应物分子活化形成活化配合物的中间状态。活化配合物是不稳定的，既可以分解为原来的反应物，又可以转化为产物。

例如，反应物 AB 与 C，反应过程可以表示为：

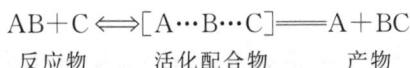

$$AB+C \Longleftrightarrow [A \cdots B \cdots C] == A+BC$$

反应物　　　活化配合物　　　产物

活化配合物的能量高于反应物的能量，也高于产物的能量，处于极为不稳定的高势能状态，反应进程中的能量关系如图 2-3 所示。

根据过渡态理论，由反应物转变成为产物必须越过活化配合物的能峰，这个能量差实质上就是活化配合物具有的最低能量与反应物分子的最低能量之差，相当于在碰撞理论里面提出的活化能概念。反应

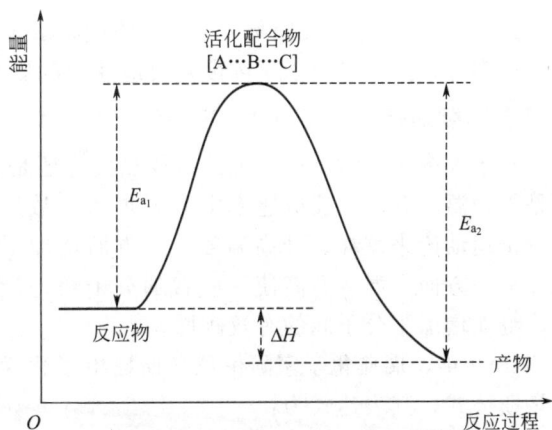

图 2-3 反应进程中的能量关系

的活化能越大，说明过渡状态的活化配合物能量越高，反应进行时需要越过的能峰越高，活化分子数就越少，反应速率就越慢；反之，反应的活化能越小，说明过渡状态的活化配合物能量越低，反应进行时需要越过的能峰越低，活化分子数就越多，反应速率就越快。

三、影响化学反应速率的因素

不同的化学反应有着不同的反应速率。反应速率大小主要取决于反应物的本性，如反应物结构、组成等；此外，反应速率还受外界因素影响，如反应物浓度、反应温度、催化剂等。

（一）浓度对化学反应速率的影响

1. 基元反应和非基元反应

实验证明，绝大多数化学反应实际上是分步进行的，总反应方程式只反映了反应物与终产物之间的化学计量关系，并不代表反应的实际历程。例如，氢气和碘蒸气合成气态碘化氢的反应：

$$H_2(g) + I_2(g) \Longrightarrow 2HI(g)$$

实际上分两步完成：

$$I_2(g) \longrightarrow 2I(g) \quad （第一步，快）$$
$$H_2(g) + 2I(g) \longrightarrow 2HI \quad （第二步，慢）$$

上述分步反应中的每一步反应都是由反应物直接反应转化成产物，这种反应称为基元反应，也称为简单反应。由两个或者两个以上的基元反应构成的化学反应称为非基元反应。在非基元反应中，各步反应速率是不相同的，其中最慢的一步反应决定了总反应的反应速率，称为定速步骤。

2. 质量作用定律

大量的实验表明：一定温度下，基元反应的反应速率与各反应物浓度幂的乘积成正比，幂指数等于化学方程式中相应反应物的系数。这一规律称为质量作用定律。

例如，恒温下，某基元反应：

$$aA + bB \Longrightarrow dD + eE$$

其反应速率可表示为：

$$v = kc_A^a c_B^b$$

式中，c_A、c_B 为反应物 A、B 的浓度，$mol \cdot L^{-1}$；k 为反应速率常数；v 为反应速率。速率方程式定量表示了浓度对反应速率的影响，增大反应物浓度，反应速率则增大。

（二）温度对化学反应速率的影响

对于大多数化学反应，无论是放热反应还是吸热反应，温度升高，反应速率明显增大。这是因为温度升高，反应速率常数 k 增大，故反应速率增大。温度对反应速率的影响还可由分子运动论来解释。升高温度，一方面增加了反应物分子间的碰撞频率使得反应速率加快；另一方面，温度升高使一些普通分子获得能量成为活化分子，增加了活化分子的百分率，继而增加了分子间的有效碰撞。

1889 年，瑞典化学家阿伦尼乌斯提出了化学反应速率与温度间的定量关系式——阿伦尼乌斯公式，其表达式为：

$$k = A e^{-\frac{E_a}{RT}} \tag{2-3}$$

两边取对数得：

$$\ln k = -\frac{E_a}{RT} + \ln A \tag{2-4}$$

式中，k 为反应速率常数；E_a 为反应活化能，$kJ \cdot mol^{-1}$；R 为摩尔气体常数，8.314 $J \cdot mol^{-1} \cdot K^{-1}$；e 为自然对数的底；$A$ 为给定反应的特征常数，称为指前因子。

不同温度下同一反应有着不同的反应速率常数，利用阿伦尼乌斯公式可得到两个不同温度 T_1、T_2 时的速率常数 k_1、k_2 之间的关系。

$T = T_1$ 时：

$$\ln k_1 = -\frac{E_a}{R} \times \frac{1}{T_1} + \ln A$$

$T = T_2$ 时：

$$\ln k_2 = -\frac{E_a}{R} \times \frac{1}{T_2} + \ln A$$

将两式相减：

$$\ln k_1 - \ln k_2 = -\frac{E_a}{R} \times \left(\frac{1}{T_1} - \frac{1}{T_2}\right)$$

$$\ln \frac{k_2}{k_1} = \frac{E_a}{R} \times \frac{T_2 - T_1}{T_1 T_2}$$

由上式可知，若温度升高即 $T_2 > T_1$，则 $\ln \dfrac{k_2}{k_1} > 0$，即 $\dfrac{k_2}{k_1} > 1$，$k_2 > k_1$，说明升高温度反应速率常数 k 增大，反应速率增大；反之，降低温度即 $T_2 < T_1$，则 $\ln \dfrac{k_2}{k_1} < 0$，即 $\dfrac{k_2}{k_1} < 1$，$k_2 < k_1$，说明降低温度反应速率常数 k 减小，反应速率减小。

（三）催化剂对化学反应速率的影响

催化剂是一种能够显著改变化学反应速率而本身在反应前后其组成、数量和化学性质都保持不变的物质。

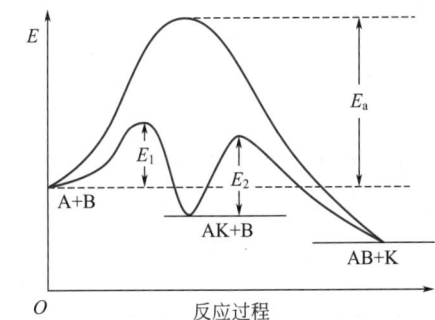

图 2-4　催化剂改变反应途径示意图

催化剂改变化学反应速率的机理，在于催化剂改变了原来反应的途径，降低了反应的活化能，从而使活化分子的百分数增加，分子间的有效碰撞次数增多。如图 2-4 所示。

从图中看出，反应 $A + B \longrightarrow AB$ 在没有催化剂的情况下，活化能为 E_a；当加入催化剂 K 时，其反应途径发生改变：

$$A + K \longrightarrow AK \qquad 活化能 \; E_1$$
$$AK + B \longrightarrow AB + K \qquad 活化能 \; E_2$$

加入催化剂 K 后，反应途径发生改变，反应的活化能（$E_1 + E_2$）比原先反应活化能 E_a 要小，所以反应速率增加。

课堂练习

一、选择题

1. 升高温度能使化学反应速率加快的原因是（　　）。

A. 降低了反应的活化能　　　　　　B. 增加了反应物分子数

C. 增加了活化分子百分数　　　　　D. 改变了反应历程

2. 下列说法正确的是（　　）。

A. 质量作用定律适用于一切化学反应

B. 反应物浓度越大，活化分子的百分数越大，反应速率也越大

C. 反应速率常数与温度有关，而与浓度无关

D. 催化剂能使不能反应的物质发生反应

二、判断题

1. 质量作用定律适用于所有反应。　　　　　　　　　　　　　　　　　　（　　）

2. 一定温度下，反应的活化能越小，其反应速率就越大。　　　　　　　　（　　）

3. 对于一个给定反应，升高温度时，活化能减小，活化分子数目增多，因此，反应速率增大。　　　　　　　　　　　　　　　　　　　　　　　　　　　　　　　（　　）

第二节　化学平衡

化学反应能否进行及进行到什么程度，即反应物可以转化为产物的最大限度是多少，这就要讨论化学平衡问题。研究化学平衡的规律对生产实践有重要的意义，生产实践中人们总是希望将原料尽可能转化成产品，以获得最大的经济效益。这就要研究化学反应的平衡问题，研究什么条件下能够获得最大的产率。

一、可逆反应与化学平衡

1. 可逆反应

可逆反应与
化学平衡

化学平衡的建立是以可逆反应为前提的。可逆反应是指在相同条件下既可以由反应物转化为产物，也可以由产物转化为反应物的反应。到目前为止，绝大多数反应都是可逆反应，只有少数反应为不可逆反应，如 $KClO_3$ 的分解反应。通常把按化学反应方程式从左到右进行的反应称为正反应，把从右向左进行的反应称为逆反应。为了表示化学反应的可逆性，通常在方程式中用符号"$\rightleftharpoons$"表示反应是可逆的。

2. 化学平衡

在可逆反应中，同时存在正、逆反应。当正、逆反应速率相等时，反应达到化学平衡状态。化学平衡状态是可逆反应进行的最大程度。例如，在一定条件下，将氢气和碘蒸气在密闭容器中混合。反应如下：

$$H_2(g) + I_2(g) \rightleftharpoons 2HI(g)$$

最初时刻，氢气和碘蒸气的浓度很大，正反应速率很大，此时容器中还没碘化氢，所以逆反应速率为零；随着正反应的进行，反应物不断消耗，氢气和碘蒸气的浓度逐渐减小，根据反应速率同浓度的关系，正反应速率逐渐减小，同时，碘化氢浓度逐渐增加，逆反应速率逐渐增大。经过一段时间后，正、逆反应速率相等。可逆反应在一定条件下，正、逆反应速率相等时体系所处的状态称为化学平衡。达到平衡状态时，各物质的浓度称为平衡浓度，用符号"〔　〕"表示。图 2-5 表示可逆反应的反应速率变化。

化学平衡具有以下特征：正反应速率等于逆反应速率且不等于 0；化学平衡是一种动态平衡；一定条件下，各物

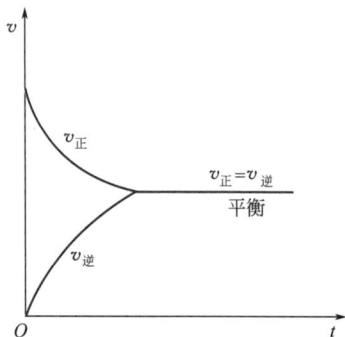

图 2-5　表示可逆反应
的反应速率变化

质的浓度保持不变；化学平衡是有条件的平衡，外界条件改变时，原有的平衡就被破坏，平衡发生移动，重新建立新的平衡。

二、化学平衡常数

（一）化学平衡常数表达式

可逆反应达到平衡时，各物质的浓度之间存在着定量关系。以 1200℃时，在 1L 密闭容器中进行的化学反应：$CO_2(g)+H_2 \rightleftharpoons CO(g)+H_2O$ 为例来说明达到平衡时各物质的浓度之间存在着一定的定量关系。有关实验数据见表 2-1。

表 2-1　反应 $CO_2(g)+H_2 \rightleftharpoons CO(g)+H_2O$ 的实验数据 （1200℃）

实验序号	初始浓度/mol·L^{-1}				平衡浓度/mol·L^{-1}				$\dfrac{[CO][H_2O]}{[CO_2][H_2]}$
	CO_2	H_2	CO	H_2O	CO_2	H_2	CO	H_2O	
1	0.010	0.010	0	0	0.0040	0.0040	0.0060	0.0060	2.3
2	0.010	0.020	0	0	0.0022	0.0122	0.0078	0.0078	2.4
3	0.010	0.010	0.0010	0	0.0041	0.0041	0.0069	0.0059	2.4
4	0	0	0.020	0.020	0.0078	0.0078	0.0122	0.0122	2.4

从表 2-1 中可以看出：在一定温度下，虽然起始浓度不同，达到平衡时各物质的浓度也不同。但把平衡浓度代入 $\dfrac{[CO][H_2O]}{[CO_2][H_2]}$ 中，其结果是一个常数。

总结大量实验得出结论：在一定温度下，可逆反应达到平衡时，生成物浓度幂的乘积与反应物浓度幂的乘积之比为一个常数。这一平衡常数称为化学平衡常数，用符号 K 表示。以浓度表示的平衡常数，称为浓度平衡常数，用 K_c 表示。

对于任意可逆反应：
$$aA+bB \rightleftharpoons cC+dD$$

在一定温度下达到平衡时，有：
$$K_c = \frac{[C]^c[D]^d}{[A]^a[B]^b} \tag{2-5}$$

式中，$[A]$、$[B]$、$[C]$、$[D]$ 分别表示 A、B、C、D 各物质的平衡浓度。该式称为平衡常数表达式，适用于一切可逆反应。

对于气相反应：
$$aA+bB \rightleftharpoons cC+dD$$

在一定温度下达到平衡时，有：
$$K_p = \frac{p_C^c p_D^d}{p_A^a p_B^b} \tag{2-6}$$

式中，p_A、p_B、p_C 和 p_D 分别表示反应物和产物的平衡分压；K_p 称为压力平衡常数。

（二）化学平衡常数的意义

（1）平衡常数是表征可逆反应进行程度的特征常数。一定温度下，对于不同的反应，K 越大，表示反应（正反应）进行的程度越大，即反应进行得越完全。

（2）平衡常数只与温度有关，与物质的初始浓度和反应的途径无关。对一指定的反应，温度一定，K 值一定；温度变化，K 值变化。

（三）化学平衡常数书写时应注意的事项

（1）平衡常数表达式中各组分的浓度（或分压）必须为系统达到平衡时的浓度（或

分压）。

（2）如果在反应物或生成物中有固体或纯液体，不要把它们写入平衡常数表达式中，如：

$$CaCO_3(s) \Longleftrightarrow CaO(s) + CO_2(g)$$

$$K_p = p_{CO_2}$$

（3）同一化学反应，反应方程式写法不同，K 的表达式也不同。

例如合成氨反应：

$$N_2 + 3H_2 \Longleftrightarrow 2NH_3(g) \qquad K_p = \frac{p_{NH_3}^2}{p_{N_2} p_{H_2}^3}$$

$$\frac{1}{2}N_2 + \frac{3}{2}H_2 \Longleftrightarrow NH_3(g) \qquad K_p = \frac{p_{NH_3}}{p_{N_2}^{1/2} p_{H_2}^{3/2}}$$

三、化学平衡计算

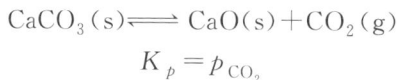

化学平衡的计算

（一）有关平衡常数的计算

1. 利用平衡体系中各物质的浓度，求平衡常数及初始浓度

【例 2-2】某温度下，在密闭容器中加入 $SO_2(g)$ 和 $O_2(g)$ 可发生如下反应：

$$2SO_2(g) + O_2(g) \Longleftrightarrow 2SO_3(g)$$

当达到平衡时，SO_2、O_2 和 SO_3 浓度分别为 $0.08 mol \cdot L^{-1}$、$0.84 mol \cdot L^{-1}$ 和 $0.32 mol \cdot L^{-1}$，求 SO_2 和 O_2 的初始浓度和化学平衡常数 K_c。

解　假设 SO_2 的初始浓度为 x；O_2 的初始浓度为 y。

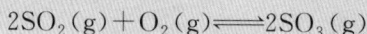

	$2SO_2(g)$	$+O_2(g)$	$\Longleftrightarrow 2SO_3(g)$
初始浓度/mol·L^{-1}	x	y	0
转化浓度/mol·L^{-1}	0.32	0.16	0.32
平衡浓度/mol·L^{-1}	0.08	0.84	0.32

在反应中，SO_2、O_2 和 SO_3 反应系数比为 $2:1:2$，即在反应过程中，SO_3 生成的浓度为 $0.32 mol \cdot L^{-1}$，则反应消耗的 SO_2、O_2 浓度为 $0.32 mol \cdot L^{-1}$ 和 $0.16 mol \cdot L^{-1}$。

所以，SO_2 初始浓度为 $x = 0.08 + 0.32 = 0.40$（$mol \cdot L^{-1}$）

O_2 初始浓度为 $y = 0.84 + 0.16 = 1.00$（$mol \cdot L^{-1}$）

$$K_c = \frac{[SO_3]^2}{[SO_2]^2[O_2]} = \frac{0.32^2}{0.08^2 \times 0.84} = 19.05$$

答：SO_2 的初始浓度为 $0.40 mol \cdot L^{-1}$；O_2 的初始浓度 $1.00 mol \cdot L^{-1}$；该温度下的化学平衡常数 K_c 为 19.05。

2. 利用平衡常数，求体系中各物质的浓度及反应物的转化率

化学平衡常数表示反应向正方向进行的程度，仅与温度有关，而与反应物或生成物浓度无关。实际应用中，常用"转化率"来表示化学反应进行的程度。某反应物的转化率是指该反应物已转化为产物的百分数，即：

$$某反应物转化率 = \frac{反应物的转化浓度}{反应物的初始浓度} \times 100\%$$

【例 2-3】 已知某温度时，反应 $Fe^{2+}(aq) + Ag^+(aq) \rightleftharpoons Fe^{3+}(aq) + Ag(s)$ 的平衡常数 K_c 为 2.99。若溶液中 Fe^{2+} 和 Ag^+ 的初始浓度为 $0.1000\,mol \cdot L^{-1}$，Fe^{3+} 的初始浓度为 $0.0010\,mol \cdot L^{-1}$。当反应达平衡时，Ag^+ 的转化率为多少？

解　设 Ag^+ 转化浓度为 $x\,mol \cdot L^{-1}$，则：

$$Fe^{2+}(aq) + Ag^+(aq) \rightleftharpoons Fe^{3+}(aq) + Ag(s)$$

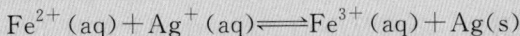

	Fe^{2+}	Ag^+	Fe^{3+}
初始浓度/$mol \cdot L^{-1}$	0.1000	0.1000	0.0010
转化浓度/$mol \cdot L^{-1}$	x	x	x
平衡浓度/$mol \cdot L^{-1}$	$0.1000-x$	$0.1000-x$	$0.0010+x$

达到平衡时，$K_c = \dfrac{[Fe^{3+}]}{[Fe^{2+}][Ag^+]} = \dfrac{0.0010+x}{(0.1000-x)^2} = 2.99$

$$x = 0.0187$$

所以，Ag^+ 的转化率 $= \dfrac{0.0187}{0.1000} \times 100\% = 18.70\%$

（二）有关可逆反应进行方向的判断

对于任一可逆反应：

$$a\,A + b\,B \rightleftharpoons d\,D + e\,E$$

任意状态下，生成物浓度幂的乘积与反应物浓度幂的乘积之比称为浓度商 Q_c，可表示为：

$$Q_c = \frac{c_D^d c_E^e}{c_A^a c_B^b} \tag{2-7}$$

式中，c_A、c_B、c_D、c_E 分别表示各个物质在任意状态下的浓度。

根据 Q_c 与 K_c 之间的大小关系，可判断可逆反应进行的方向：

(1) $Q_c = K_c$，反应处于平衡状态；

(2) $Q_c > K_c$，反应向逆方向自发进行；

(3) $Q_c < K_c$，反应向正方向自发进行。

课堂练习

1. 有平衡反应：$3Fe(固) + 4H_2O(气) \rightleftharpoons Fe_3O_4(固) + 4H_2(气)$，写出该反应的平衡常数表达式。

2. 反应 $2HI(g) \rightleftharpoons H_2(g) + I_2(g)$ 在某温度的平衡常数 $K_c = 1.82 \times 10^{-2}$，如果将 $HI(g)$ 放入反应器中，问当 HI 的平衡浓度为 $0.01\,mol \cdot L^{-1}$ 时：(1) $[H_2]$ 和 $[I_2]$ 各为多少？(2) $HI(g)$ 的初始浓度是多少？(3) 达到平衡时，HI 的转化率是多少？

第三节　化学平衡的移动

化学平衡是相对的、有条件的，一旦维持平衡的外界条件发生改变，原来的平衡状态就会被破坏，正、逆反应的速率就不再相等，直到正、逆反应速率再次相等，建立起新的平衡。像这种受外界条件的影响而使化学反应从一种平衡状态转变为另一种平衡状态的过程称为化学平衡的移动。

影响化学平衡的外界因素主要有浓度、压力、温度等。

化学平衡
的移动

一、浓度对化学平衡的影响

　　某反应在一定温度下达到平衡，则有 $Q_c = K_c$；若不改变其他条件，仅改变系统内物质的浓度，则会导致 $Q_c \neq K_c$，平衡会发生移动，其移动方向由 Q_c 与 K_c 之间的关系决定。

　　例如，增加反应物浓度或减少生成物浓度，都会使浓度商变小，$Q_c < K_c$，原平衡被破坏，平衡向正方向移动。随着反应的进行，生成物浓度不断增加，反应物浓度不断减少，Q_c 不断增加，直到 Q_c 重新与 K_c 相等，达到新的平衡。反之，若减少反应物浓度或者增加生成物浓度，则 $Q_c > K_c$，平衡向逆方向移动，直到达到新的平衡。

　　结论：增加反应物浓度或减少生成物浓度，平衡向正方向移动；减少反应物浓度或增加生成物浓度，平衡向逆方向移动。

二、压力对化学平衡的影响

　　压力变化对于固体或液体物质的体积改变影响很小，可以不考虑，但是对于气体体积的变化影响较显著。对于有气体物质参与的可逆反应，在其他条件不变时，改变体系的压力，可能引起化学平衡的移动。压力对化学平衡的影响分两种情况。

　　1. 反应前后气体分子数不变化

　　例如：

$$A(g) + B(g) \rightleftharpoons D(g) + E(g)$$

　　反应前后气体分子数不变，设某温度下平衡时：$[A] = a\, mol \cdot L^{-1}$，$[B] = b\, mol \cdot L^{-1}$，$[D] = d\, mol \cdot L^{-1}$，$[E] = e\, mol \cdot L^{-1}$。

$$K_c = \frac{[D][E]}{[A][B]} = \frac{de}{ab}$$

　　如果改变体系压力，使体系总压力增大一倍，则各物质浓度都增大为原来的 2 倍，即 $c_A = 2a\, mol \cdot L^{-1}$、$c_B = 2b\, mol \cdot L^{-1}$、$c_D = 2d\, mol \cdot L^{-1}$、$c_E = 2e\, mol \cdot L^{-1}$。

$$Q_c = \frac{c_D c_E}{c_A c_B} = \frac{2d \cdot 2e}{2a \cdot 2b} = \frac{de}{ab}$$

　　此时，$Q_c = K_c$，平衡不发生移动。

　　结论：对于反应前后气体分子数不变化的反应，在其他条件不变的情况下，改变压力，平衡不移动。

　　2. 反应前后气体分子数变化

　　例如：

$$2A(g) + B(g) \rightleftharpoons D(g) + E(g)$$

　　设某温度下处于平衡时，$[A] = a\, mol \cdot L^{-1}$，$[B] = b\, mol \cdot L^{-1}$，$[D] = d\, mol \cdot L^{-1}$，$[E] = e\, mol \cdot L^{-1}$。

$$K_c = \frac{[D][E]}{[A]^2[B]} = \frac{de}{a^2 b}$$

　　如果改变体系压力，使体系总压力增大一倍，则各物质浓度都增大为原来的 2 倍，即 $c_A = 2a\, mol \cdot L^{-1}$、$c_B = 2b\, mol \cdot L^{-1}$、$c_D = 2d\, mol \cdot L^{-1}$、$c_E = 2e\, mol \cdot L^{-1}$。

$$Q_c = \frac{c_D c_E}{c_A^2 c_B} = \frac{2d \cdot 2e}{(2a)^2 \cdot 2b} = \frac{1}{2} \frac{de}{a^2 b}$$

此时，$Q_c < K_c$，原平衡破坏，平衡向正方向移动。随着反应的进行，生成物浓度不断增加，反应物浓度不断减少，Q_c 不断增加，直到 Q_c 重新与 K_c 相等，达到新的平衡。

结论：对于反应前后气体分子数变化的反应，在其他条件不变的情况下，增大压力，平衡向气体分子数减少的方向移动；减少压力，平衡向气体分子数增加的方向移动。

三、温度对化学平衡的影响

平衡常数是温度的函数，因此温度对化学平衡的影响与前面两种有着本质的不同。温度对化学平衡的影响主要是通过改变平衡常数 K_c，使得 $Q_c \neq K_c$，而使平衡发生移动。前面介绍的浓度、压力改变对平衡的影响，是通过改变 Q_c，使得 $Q_c \neq K_c$，而使平衡发生移动。

温度对化学平衡的影响，主要是通过化学反应速率的影响来体现。当温度升高时，可逆反应的正向反应速率和逆向反应速率都会增大，只是两个速率的增大程度不一样，吸热反应速率增大倍数比放热反应速率增大倍数大，平衡向吸热反应方向移动；当温度降低时，可逆反应的正反应速率和逆反应速率都会减少，两个速率减少的程度不一样，吸热反应速率减少比放热反应减少更大，平衡向放热反应方向移动。

结论：温度升高，化学平衡向吸热方向移动；温度降低，化学平衡向放热方向移动。

四、化学平衡的移动原理

通过讨论浓度、压力、温度的改变会导致平衡的移动，而且这种平衡的移动具有一定的方向性。1907 年，法国化学家勒夏特列在大量实验的基础上提出了一个更为概括的规律："对任何一个处于化学平衡的系统，当某一确定系统平衡的因素（如浓度、压力、温度）发生改变时，平衡将发生移动，平衡移动的方向总是向着减弱这个改变对系统影响的方向。"这就是普遍适用于动态平衡的勒夏特列原理。

课堂练习

1. 下列可逆反应达到平衡后，增大压力，平衡向正方向移动的是（　　）。

A. $4NH_3(g) + 5O_2(g) \rightleftharpoons 4NO(g) + 6H_2O(气)$

B. $N_2(g) + 3H_2(g) \rightleftharpoons 2NH_3(g)$

C. $CO_2(气) + C(固) \rightleftharpoons 2CO(g)$

D. $CaCO_3(固) \rightleftharpoons CaO(固) + CO_2(g)$

2. 下列反应升高温度有颜色变化，且不受压力影响的是（　　）。

A. $2CO_2(g) \rightleftharpoons 2CO(g) + O_2(g)$，$\Delta H > 0$

B. $N_2O_4 \rightleftharpoons 2NO_2$，$\Delta H > 0$

C. $2HI(g) \rightleftharpoons I_2(g) + H_2(g)$，$\Delta H > 0$

D. $2SO_3(g) \rightleftharpoons 2SO_2(g) + O_2(g)$，$\Delta H > 0$

3. 下列反应处于平衡状态时，在降温和升压后平衡都从右向左移动的是（　　）。

A. $2SO_3(g) \rightleftharpoons 2SO_2(g) + O_2(g)$，$\Delta H > 0$

B. $N_2(g) + O_2(g) \rightleftharpoons 2NO(g)$，$\Delta H > 0$

C. $CO(g) + H_2O(g) \rightleftharpoons CO_2(g) + H_2(g)$，$\Delta H < 0$

D. $CaO(s) + CO_2(g) \rightleftharpoons CaCO_3(s)$，$\Delta H < 0$

拓展窗

勒·夏特列

　　勒·夏特列（1850—1936年），法国化学家，研究过水泥的煅烧和凝固、陶器和玻璃器皿的退火、磨蚀剂的制造以及燃料、玻璃和炸药的发展等问题。从勒·夏特列研究的内容可看出他对科学和工业之间的关系以及怎样从化学反应中得到最高的产率特别感兴趣。勒·夏特列还发明了热电偶和光学高温计，高温计可顺利地测定3000℃以上的高温。此外，他对乙炔气的研究，致使他发明了氧炔焰发生器，迄今还用于金属的切割和焊接。

本章小结

一、化学反应速率的概念

1. 化学反应速率通常用单位时间内任一反应物浓度的减少量或任一生成物浓度的增加量来表示。

2. 同一化学反应的反应速率可用不同物质的浓度变化表示，而且它们之间的比值等于反应方程式中相应物质的系数比。

二、化学反应速率理论

1. 根据碰撞理论，只有能量较高的活化分子相互发生的定向有效碰撞才可发生化学反应。

2. 根据过渡态理论，从反应物到产物的反应过程必须经过一种过渡状态。

三、影响化学反应速率的因素

1. 浓度对化学反应速率的影响

其他条件不变时，增大反应物浓度，化学反应速率增大；减小反应物浓度，化学反应速率减小。

2. 温度对化学反应速率的影响

化学反应速率与温度间的定量关系可以用阿伦尼乌斯公式表示：

$$k = A\,\mathrm{e}^{-\frac{E_a}{RT}}$$

两边取对数得：

$$\ln k = -\frac{E_a}{RT} + \ln A$$

利用阿伦尼乌斯公式可以得到，升高温度反应速率常数 k 增大，反应速率增大；降低温度反应速率常数 k 减小，反应速率减小。

3. 催化剂对化学反应速率的影响

催化剂能显著改变化学反应速率，而其本身的组成、数量和化学性质在反应前后都保持不变。催化剂改变化学反应速率的机理在于改变了原来的反应途径，降低了反应的活化能，从而使活化分子百分数增加，分子间有效碰撞次数增多。

四、化学平衡

1. 化学平衡的概念

可逆反应在一定条件下，正、逆反应速率相等时体系所处的状态称为化学平衡。

2. 化学平衡的特征

（1）正反应速率等于逆反应速率；

（2）化学平衡是一种动态平衡；

（3）一定条件下达到平衡时，反应混合物中各组分的浓度保持不变；

（4）化学平衡是有条件的平衡，外界条件改变时，原有的平衡就被破坏，平衡发生移动直到建立新的平衡。

五、化学平衡常数

1. 化学平衡常数表达式

一定温度下，可逆反应达到平衡时，生成物浓度幂的乘积与反应物浓度幂的乘积之比为一个常数，这一常数称为平衡常数，用符号 K 表示。以浓度表示的平衡常数，称为浓度平衡常数，用 K_c 表示。

对于任意可逆反应：

$$a\mathrm{A}+b\mathrm{B} \Longrightarrow c\mathrm{C}+d\mathrm{D}$$

在一定温度下达到平衡时有：

$$K_c=\frac{[\mathrm{C}]^c[\mathrm{D}]^d}{[\mathrm{A}]^a[\mathrm{B}]^b}$$

2. 化学平衡常数的意义

（1）平衡常数是表征可逆反应进行程度的特征常数。在一定温度下，对不同的反应，K 越大，表示反应（正反应）进行的程度越大，即反应进行得越完全。

（2）平衡常数只与温度有关，与物质的初始浓度和反应途径无关。对一指定反应，温度一定，K 值一定；温度变化，K 值变化。

六、化学平衡有关计算

（1）利用平衡体系中各物质的浓度，求平衡常数及初始浓度；

（2）利用平衡常数，求体系中各物质的浓度及反应物的转化率；

（3）利用平衡常数，判断可逆反应进行的方向。

七、化学平衡的移动

1. 浓度对化学平衡的影响

增加反应物浓度或减少生成物浓度，平衡向正方向移动；减少反应物浓度或增加生成物浓度，平衡向逆方向移动。

2. 压力对化学平衡的影响

对于反应前后气体分子数不变的反应，其他条件不变，改变压力，平衡不移动。

对于反应前后气体分子数变化的反应，其他条件不变，增大压力，平衡向气体分子数减小的方向移动；减少压力，平衡向气体分子数增大的方向移动。

3. 温度对化学平衡的影响

当温度升高时，平衡向吸热方向移动；当温度降低时，平衡向放热方向移动。

习题

一、单项选择题

1. 下列通过提高反应物的能量来使活化分子的百分数增大，从而达到速率加快的目的的选项是（　　　）。

  A. 增大某一组分的浓度   B. 增大体系的压力

  C. 使用合适的催化剂   D. 升高体系的温度

2. 某基元反应 $a\mathrm{A}+b\mathrm{B} \Longrightarrow c\mathrm{C}+d\mathrm{D}$，其反应速率 $v=$（　　　）。

  A. kc_A^a B. kc_B^b C. $kc_\mathrm{A}^a c_\mathrm{B}^b$ D. $kc_\mathrm{A}^a+kc_\mathrm{B}^b$

3. 当可逆反应处于平衡时，下列说法正确的是（　　　）。

A. 正、逆反应已经停止　　　　　　B. 各物质的浓度不随时间而改变

C. 反应物和生成物的平衡浓度相等　　D. 反应物和生成物的消耗量相等

4. 对于一定温度下的反应 $3A(g)+2B(g)\Longleftrightarrow4C(g)$，随着反应的进行，下列叙述正确的是（　　　　）。

A. 正反应速率常数 k 变小　　　　B. 逆反应速率常数 k 变大

C. 正、逆反应速率常数 k 相等　　D. 正、逆反应速率常数 k 均不变

5. 已知反应 $2NH_3\Longleftrightarrow N_2+3H_2$ 在等温条件下，标准平衡常数为 0.25，那么，在此条件下，氨的合成反应 $\frac{1}{2}N_2+\frac{3}{2}H_2\Longleftrightarrow NH_3$ 的标准平衡常数为（　　　　）。

A. 4　　　　　B. 0.5　　　　　C. 2　　　　　　D. 1

6. 恒温下，反应 $2NO_2(g)\Longleftrightarrow N_2O_4(g)$ 达到平衡后，改变下列条件能使平衡向右移动的是（　　　　）。

A. 增加压力　　B. 减小压力　　C. 增加 N_2O_4 浓度　D. 都不对

7. 对于密闭容器中进行的反应 $CO+H_2O(g)\Longleftrightarrow CO_2(g)+H_2(g)$，达平衡时，其他条件不变，增大 CO 的浓度，下列说法不正确的是（　　　　）。

A. 正反应速率增大　　　　　　　　B. 化学平衡常数不变

C. 达新平衡时，逆反应速率比原平衡要大　D. 逆反应速率先减小

8. 对于可逆反应：$2SO_2+O_2\Longleftrightarrow2SO_3$（气）$+Q$（$Q>0$），升高温度后，下列说法正确的是（　　　　）。

A. $v_正$ 增大，$v_逆$ 减小　　　　B. $v_正$ 减小，$v_逆$ 增大

C. $v_正$ 和 $v_逆$ 不同程度的增大　　D. $v_正$ 和 $v_逆$ 同等程度的增大

9. 平衡体系：$CO(g)+2H_2(g)\Longleftrightarrow CH_3OH(g)+Q$，为了增加 CH_3OH 的产量，工厂应采取的正确措施是（　　　　）。

A. 高温、高压　　　　　　　　　　B. 适宜的温度、高压、催化剂

C. 低温、低压　　　　　　　　　　D. 低温、低压、催化剂

二、判断题

1. 对于任何反应，改变压力都能使化学平衡发生移动。　　　　　　　　（　　　）

2. 转化率越大，反应进行的程度越大，平衡常数就越大。　　　　　　　（　　　）

3. 对达平衡的放热反应，升高温度生成物的浓度减少，逆反应速率增大，正反应速率减小。　　　　　　　　　　　　　　　　　　　　　　　　　　（　　　）

4. 催化剂能降低反应的活化能，从而增大了反应速率。　　　　　　　　（　　　）

5. 化学平衡发生移动时，平衡常数一定改变。　　　　　　　　　　　　（　　　）

6. 浓度、压力、温度的变化都会引起化学平衡常数的改变，从而引起化学平衡的移动。　　　　　　　　　　　　　　　　　　　　　　　　　　　　　　（　　　）

7. 可逆反应达到平衡时，各组分的浓度相同。　　　　　　　　　　　　（　　　）

8. 对于可逆反应 $A(s)+B(g)\Longleftrightarrow2C(g)$，因反应前后分子数目相等，所以增加压力对化学平衡没有影响。　　　　　　　　　　　　　　　　　　　　（　　　）

三、填空题

1. 某一化学反应 $3A+2B\Longleftrightarrow C$，A 的起始浓度为 $3mol\cdot L^{-1}$，B 的起始浓度为 $4mol\cdot L^{-1}$。1s 后，A 的浓度下降为 $1.5mol\cdot L^{-1}$，该反应用 B 表示的反应速率为＿＿＿＿＿＿。

2. 平衡常数越小，则平衡时生成物的浓度＿＿＿＿＿，该反应的＿＿＿＿＿方向进行得越完全。

3. 一定条件下，可逆反应达到平衡时，_____和_____速率相等，反应物和生成物的浓度_____；化学平衡是一种_____。

4. 反应 $Al_2O_3(s)+3H_2(g)\rightleftharpoons 2Al(s)+3H_2O(g)$ 的平衡常数表达式为_____。

5. 可逆反应 $2NO_2(g)\rightleftharpoons N_2(g)+2O_2(g)+Q$，在密闭容器中进行，在平衡体系中加入 O_2 后，NO_2 的物质的量将_____，升高温度，平衡向_____方向移动，NO_2 的物质的量_____，转化率_____。

四、计算题

1. 反应 $CO(g)+H_2O(g)\rightleftharpoons CO_2(g)+H_2(g)$，在某温度下将一定量的 $CO(g)$ 和 $H_2O(g)$ 充入一密闭容器中，反应达平衡时体系中各物质浓度为：CO 的浓度为 $0.4mol \cdot L^{-1}$，H_2O 的浓度为 $0.9mol \cdot L^{-1}$，H_2 的浓度和 CO_2 的浓度均为 $0.6mol \cdot L^{-1}$。求：

（1）此温度下反应的平衡常数？CO 的转化率为多少？

（2）若在此平衡体系中加入 $H_2O(g)$，使其浓度增大为 $1.5mol \cdot L^{-1}$，反应达新平衡时各物质浓度为多少？CO 的转化率为多少？

2. 在 523K 时，将 $0.110mol \cdot L^{-1}$ 的 $PCl_5(g)$ 引入 1L 容器中建立以下平衡：

$$PCl_5(g)\rightleftharpoons PCl_3(g)+Cl_2(g)$$

平衡时，$PCl_3(g)$ 的浓度是 $0.050mol \cdot L^{-1}$，求：

（1）平衡时 $PCl_5(g)$ 和 $Cl_2(g)$ 的浓度各是多少？

（2）在 523K 时，K_c 是多少？

习题答案

第三章

分散系与溶液

学习目标

知识目标

1. 了解分散系的概念和分散系的分类。
2. 掌握溶液浓度的几种表示方法。
3. 掌握稀溶液的依数性。
4. 掌握胶体的重要性质，了解胶体的一些用途。
5. 认识表面现象，了解表面张力和表面活性剂的有关概念。

能力目标

1. 会用不同的方法表示溶液的浓度。
2. 会根据依数性解答生活中的问题。
3. 能用胶体知识解释日常生活和自然现象。

素质目标——学以致用，服务生活

通过学习分散系与溶液相关案例，培养将所学知识应用于实际生产的意识。在学习中，能时时把理论知识与现实生活紧密联系起来，运用所学科学知识去分析和解决实际问题。这样不仅能加深对知识的理解，还能提升自身的实践应用能力和创新思维，实现自身知识价值的最大化。

学习任务

1. 在严寒的冬天，为了防止汽车水箱冻裂，常在水箱的水中加入甘油或乙二醇以降低水的凝固点。为什么？

2. 临床上，人体静脉输液所用的营养液（葡萄糖液、盐水等）为什么都需经过细心调节以使它与血液具有相同的渗透压（约 780kPa），否则，血细胞均将被破坏？

第一节　分散系

溶液和胶体在自然界中普遍存在，与工农业生产及人类生命活动过程有着密切的联系。广大的江河湖海就是最大的水溶液，生物体和土壤中的液态部分大都为溶液或胶体。溶液和胶体是物质在不同条件下所形成的两种不同状态。例如 NaCl 溶于水就成为溶液，把它溶于酒精则成为胶体。那么，溶液和胶体有什么不同呢？它们各自又有什么样的特点呢？要了解上述问题，首先需要了解有关分散系的概念。

一、分散系的概念

一种或几种物质分散在另一种介质中所形成的体系称为分散体系。例如黏土分散在水中成为泥浆；水滴分散在空气中成为云雾；奶油分散在水中成为奶液等都是分散系。被分散的物质称为分散相（或分散质），而容纳分散质的物质称为分散剂（分散介质）。在水溶液中，溶质是分散质，水是分散剂，溶质在水溶液中以分子或离子状态存在。例如食盐水溶液，食盐是分散质，水是分散介质。上述例子中，黏土、水滴、奶油等是分散质，水、空气是分散介质。

二、分散系的分类

1. 根据分散质和分散介质的聚集状态分类

按分散质或分散剂聚集状态的不同分散系可分为 9 种类型，分类见表 3-1。

表 3-1　分散系的分类（一）

分散质	分散介质	实　例	分散质	分散介质	实　例
气	气	空气	固	液	糖水、涂料
液	气	云、雾	气	固	泡沫塑料
固	气	烟灰尘	液	固	珍珠（包藏着水的碳酸钙）
气	液	泡沫	固	固	有色玻璃、合金
液	液	牛奶、酒精的水溶液			

2. 根据分散质粒子的大小分类

按分散相质点的大小分散系可分为分子或离子分散系、胶体分散系和粗分散系三类。见表 3-2。

表 3-2　分散系的分类（二）

分散系类型	粒子直径/nm	分散系名称	主　要　特　征	
分子、离子分散系	<1	真溶液	最稳定，扩散快，能透过滤纸及半透膜，对光散射极弱	单相系统
胶体分散系	1～100	高分子溶液	很稳定，扩散慢，能透过滤纸及半透膜，对光散射极弱，黏度大	
		溶胶	稳定，扩散慢，能透过滤纸，不能透过半透膜，光散射强	多相系统
粗分散系	>100	乳状液、悬浊液	不稳定，扩散慢，不能透过滤纸及半透膜，无光散射	

第二节　溶液浓度的表示方法

表示溶液的浓度有多种方法，可归纳成两大类。一类是质量浓度，表示一定质量的溶液（或溶剂）里溶质和溶剂的相对量，如质量分数、质量摩尔浓度等。另一类是体积浓度，表示一定量体积溶液（或溶剂）中所含溶质的量，如：物质的量浓度、体积比浓度、质量体积浓度等。质量浓度的值不随温度的变化而变化，而体积浓度的值则随温度变化而相应变化。

有些浓度表示方法已被淘汰或逐渐被替代，如当量浓度、克分子浓度、质量百分比浓度等，目前常见的溶液浓度的表示方法有以下几种。

一、物质的量浓度

物质的量是国际单位制 SI 规定的一个基本物理量，用符号"n"表示，其单位为摩尔（简称摩），符号 mol。1mol ^{12}C 所含的原子数，称为阿伏伽德罗常数，其数值为 6.02×10^{23}。因此，1mol 任何物质，均含有 6.02×10^{23} 个基本单元。使用物质的量表示的基本单元可以是分子、原子、离子、电子等，应阐述清楚。

物质的量浓度是一种重要的浓度表示法，是以单位体积溶液中所含溶质 B（B 表示各种溶质）的物质的量来表示溶液组成的物理量，以符号 c_B 表示，表示溶质 B 的物质的量浓度，表达式为：

$$c_B = \frac{n_B}{V} \tag{3-1}$$

物质的量浓度常用的单位为 $mol \cdot L^{-1}$。

【例 3-1】将 36g HCl 溶于 64g H_2O 中配制成溶液，所得溶液的密度为 $1.19g \cdot mL^{-1}$。求该溶液的物质的量浓度。

解 溶液的体积为：

$$V = \frac{m}{\rho} = \frac{36+64}{1.19} = 84.03 \ (mL)$$

该溶液的物质的量浓度为：

$$c_{HCl} = \frac{n}{V} = \frac{m_{HCl}/M_{HCl}}{V} = \frac{36/36.46}{84.03} \times 1000 = 11.75 \ (mol \cdot L^{-1})$$

二、质量摩尔浓度

用 1kg 溶剂 A 中所含溶质 B 的物质的量来表示的浓度称为溶质 B 的质量摩尔浓度。用符号 b_B 表示，单位为 $mol \cdot kg^{-1}$，表达式为：

$$b_B = \frac{n_B}{m_A} = \frac{m_B/M_B}{m_A} \tag{3-2}$$

质量摩尔浓度

【例 3-2】50g 水中溶解 0.585g NaCl，求该溶液的质量摩尔浓度（$M_{NaCl} = 58.44g \cdot mol^{-1}$）。
解

$$b_{NaCl} = \frac{n_{NaCl}}{m_{H_2O}} = \frac{m_{NaCl}/M_{NaCl}}{m_{H_2O}} = \frac{0.585/58.44}{50 \times 10^{-3}} = 0.2 \ (mol \cdot kg^{-1})$$

三、摩尔分数

溶液中，某物质 i 的物质的量 n_i 占整个物系总的物质的量 n 的分数称为该物质 i 的摩尔分数，符号为 x_i，表达式为：

$$x_i = \frac{n_i}{n} \tag{3-3}$$

对于双组分系统的溶液来说，若溶质的物质的量为 n_B，溶剂的物质的量为 n_A，则其摩尔分数分别为：

$$x_B = \frac{n_B}{n_B + n_A} \tag{3-4}$$

$$x_A = \frac{n_A}{n_B + n_A} \tag{3-5}$$

四、质量分数

溶液中，溶质 B 的质量（m_B）与溶液的质量（m）之比，称为组分 B 的质量分数，用符号 w_B 表示，表达式为：

$$w_B = \frac{m_B}{m} \tag{3-6}$$

五、质量浓度

溶液中，溶质 B 的质量（m_B）与溶液的体积（V）之比，称为组分 B 的质量浓度，用符号 ρ_B 表示，常用单位 $g \cdot L^{-1}$，表达式为：

$$\rho_B = \frac{m_B}{V} \tag{3-7}$$

【例3-3】常温下，取 NaCl 饱和溶液 10.00mL，测得其质量为 12.0030g，将溶液蒸干，得 NaCl 固体 3.1730g。求：（1）饱和溶液中 NaCl 和 H_2O 的摩尔分数；（2）物质的量浓度；（3）质量摩尔浓度；（4）NaCl 饱和溶液的质量分数；（5）质量浓度。

解 （1）摩尔分数为：

$$n_{NaCl} = m_{NaCl} / M_{NaCl} = 3.1730/58.44 = 0.0542 \text{（mol）}$$

$$n_{H_2O} = m_{H_2O} / M_{H_2O} = (12.0030 - 3.1730)/18 = 0.491 \text{（mol）}$$

$$x_{NaCl} = \frac{n_{NaCl}}{n_{NaCl} + n_{H_2O}} = \frac{0.0542}{0.0542 + 0.491} = 0.10$$

$$x_{H_2O} = 1 - 0.10 = 0.90$$

（2）物质的量浓度为：

$$c_{NaCl} = \frac{n_{NaCl}}{V} = \frac{0.0542}{10.00 \times 10^{-3}} = 5.42 \text{（mol} \cdot L^{-1}\text{）}$$

（3）质量摩尔浓度为：

$$b_{NaCl} = \frac{n_{NaCl}}{m_{H_2O}} = \frac{0.0542}{(12.0030 - 3.1730) \times 10^{-3}} = 6.14 \text{（mol} \cdot kg^{-1}\text{）}$$

（4）质量分数为：

$$w_{NaCl} = \frac{m_{NaCl}}{m_{溶液}} = \frac{3.1730}{12.0030} = 0.2644$$

（5）质量浓度为：

$$\rho_{NaCl} = \frac{m_{NaCl}}{V} = \frac{3.1730}{10.00 \times 10^{-3}} = 317.3 \text{（g} \cdot L^{-1}\text{）}$$

课堂练习

1. 将 3.09g Na_2CO_3 溶于 100g H_2O 中配制成溶液，所得溶液的密度为 $1.03 \cdot mL^{-1}$。求该溶液的物质的量浓度。（已知：$M_{Na_2CO_3} = 105.99g \cdot mol^{-1}$）

2. 25℃时，100g 水中最多能溶解 36gNaCl，则此溶液中 NaCl 的质量分数为多少？

第三节　稀溶液的依数性

　　溶质溶解时发生了特殊的物理化学变化，表现在溶质和溶剂的某些性质发生了变化，这些性质变化可分为两类：一类是溶质本性不同所引起的，如溶液的密度、体积、导电性、酸碱性和颜色等的变化，溶质不同则性质各异。另一类是当溶液的浓度较稀时，溶液的性质只与溶质的粒子数目（粒子浓度）有关，而与溶质的本性无关，称其为稀溶液的"依数性"。稀溶液的依数性包括溶液的蒸气压下降、沸点上升、凝固点下降和渗透压。例如本性不同的葡萄糖、甘油配成相同浓度的稀的水溶液，它们的沸点上升、凝固点下降、渗透压等几乎都相同。溶液的依数性只有在溶液的浓度较稀时才有规律，而且溶液越稀，其依数性的规律性越强。

一、溶液的蒸气压下降

　　物质的分子在不断地运动着，如果将纯液体或溶剂置于密闭的容器中，如图3-1所示。液体表面能量较高的分子会克服其他分子对它的引力而逸出，成为蒸气分子，此过程称为"蒸发"，又叫"汽化"。液面附近的蒸气分子又可能被吸引或受外界压力的作用回到液体中，重新凝结成液体分子，这个过程叫做"凝聚"。开始时，因空间没有蒸气分子，蒸发速率较快，凝聚速率较小。随着蒸发的进行，液面上方的蒸气分子逐渐增多，凝聚速率随之加快。当蒸发速率和凝聚速率相等时，该液体和它的蒸气处于动态平衡状态（即在单位时间内，由液面蒸发的分子数和由气相返回液体的分子数相等），此时的蒸气称为饱和蒸气，饱和蒸气所产生的压力称为饱和蒸气压，简称蒸气压，单位为 Pa 或 kPa。

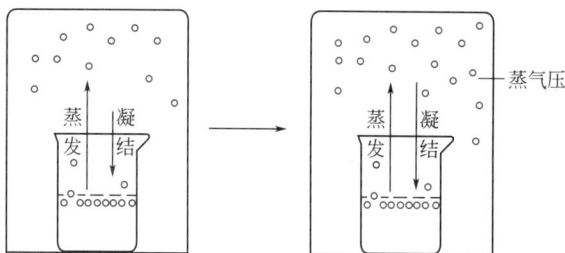

图 3-1　纯液体的蒸气压

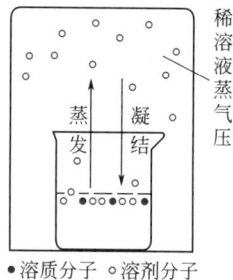

图 3-2　稀溶液的蒸气压

　　密闭容器中，若向溶剂中加入少量难挥发非电解质即构成稀溶液，如图3-2所示。在同一温度下，稀溶液的蒸气压总是低于纯溶剂水的蒸气压，这种现象称为溶液的蒸气压下降。产生此现象的原因是由于在溶剂中加入难挥发非电解质后，每个溶质分子与若干个溶剂分子相结合，形成了溶剂化分子，溶剂化分子一方面束缚了一些能量较高的溶剂分子，另一方面又占据了溶液的一部分表面，相应地使得在单位时间内逸出液面的溶剂分子减少了，所以达到平衡时，溶液的蒸气压必定低于纯溶剂的蒸气压。

　　1887年法国物理学家拉乌尔（Raoult）通过研究得到溶液的蒸气压下降与溶质的量的关系：在一定温度下，难挥发非电解质稀溶液的蒸气压（p），等于纯溶剂的蒸气压（p^*）乘以溶剂在溶液中的摩尔分数（x_A），这称为拉乌尔定律。即：

$$p = p^* x_A \tag{3-8}$$

　　式中，p 表示溶液的蒸气压；p^* 表示纯溶剂的蒸气压，因为 $x_A + x_B = 1$，则：

$$p = p^*(1 - x_B) = p^* - p^* x_B$$

$$\Delta p = p^* - p = p^* x_B \tag{3-9}$$

因此，拉乌尔定律也可表述为：在一定温度下，难挥发非电解质稀溶液的蒸气压下降（Δp）与溶质的摩尔分数（x_B）成正比。

因溶液为稀溶液时，n_A 远远大于 n_B，上式可换算为：

$$\Delta p = p^* x_B = p^* \frac{n_B}{n_A + n_B} \approx p^* \frac{n_B}{n_A} \tag{3-10}$$

假设溶剂为水且质量为 1000g，则 $n_B = b_B$，又 $n_A = \dfrac{m_A}{M_A} = \dfrac{1000}{18} = 55.51$（mol），代入式(3-10)：

$$\Delta p = p^* \frac{b_B}{55.51}$$

其中，$\dfrac{p^*}{55.51}$ 为常数，用 K 表示，则可得：

$$\Delta p = K b_B \tag{3-11}$$

上式表明，在一定的温度下，难挥发非电解质稀溶液的蒸气压下降，与溶液的质量摩尔浓度成正比，而与溶质的种类无关。

二、溶液的沸点升高

液体的蒸气压随温度的升高而增大，当液体的蒸气压等于外界大气压时，液体开始沸腾，此时的温度称为沸点。如水的沸点是 373.15K（100℃），此时水的饱和蒸气压等于外界大气压 101.325kPa。

对于难挥发非电解质的溶液，由于蒸气压下降，要使溶液蒸气压达到外界压力，就得使其温度超过纯溶剂的沸点，如图 3-3 所示。所以这类溶液的沸点总是比纯溶剂的沸点高，这种现象称为溶液的沸点升高。

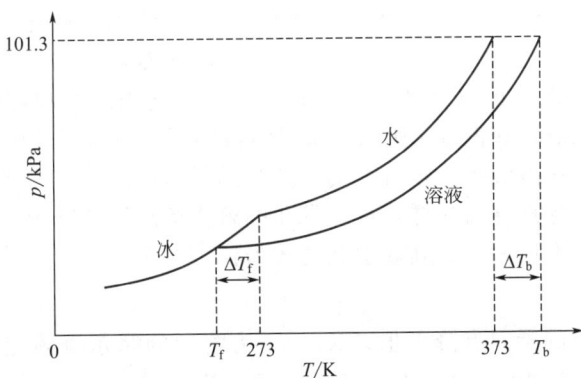

图 3-3 溶液的沸点升高和凝固点降低

根据拉乌尔定律，难挥发非电解质稀溶液沸点上升与溶液的质量摩尔浓度成正比，而与溶质的本性无关，即：

$$\Delta T_b = T_b - T_b^0 = K_b b_B \tag{3-12}$$

式中，ΔT_b 为溶液的沸点升高值；K_b 为溶剂的摩尔沸点升高常数，该常数取决于溶剂的性质，而与溶质的本性无关，单位为 $K \cdot kg \cdot mol^{-1}$。

常用溶剂的 K_b 见表 3-3。

表 3-3　常用溶剂的 K_b 和 K_f

溶剂	T_b/K	$K_b/K \cdot kg \cdot mol^{-1}$	T_f/K	$K_f/K \cdot kg \cdot mol^{-1}$
水	373.15	0.512	273.15	1.86
乙酸	391.25	3.07	289.85	3.90
苯	353.35	2.53	278.15	5.12
乙醚	307.85	2.02	156.95	1.8
四氯化碳	349.85	5.03	250.25	32
樟脑	481.40	5.95	451.55	37.7

【例 3-4】将 2.69g 萘溶于 100g 苯中配制溶液。测得溶液的沸点升高了 0.531K，求萘的摩尔质量。

解　查表 3-3 得：苯的 $K_b=2.53$

$$\Delta T_b = K_b b_B = K_b \times \frac{m_B}{M_B m_A} \times 1000$$

$$M_B = \frac{K_b m_B \times 1000}{m_A \Delta T_b} = \frac{2.53 \times 2.69 \times 1000}{100 \times 0.531} = 128.2 \ (g \cdot mol^{-1})$$

三、溶液的凝固点降低

物质的凝固点是指在一定的外界压力下，该物质的液相和固相蒸气压相等、固液两相能够平衡共存时的温度。凝固点与外界压力有关，若没有特别说明，表示外界大气压为一个标准大气压。如水的凝固点在标准大气压（101.325kPa）下是 273.15K（0℃），此时，液相水和固相冰的蒸气压相等，冰和水能够平衡共存。当溶液中两相的蒸气压不相等时，两相不能共存。如在 273.15K 以下时，水的蒸气压高于冰的蒸气压，水将转化为冰；在 273.15K 以上时，冰的蒸气压高于水的蒸气压，冰将融化为水。

溶液的凝固点是指从溶液中开始析出溶剂晶体时的温度。这时体系是由溶液（液相）溶剂固相和溶剂气相所组成。对于水溶液，溶剂固相即纯冰。由于溶液蒸气压下降，当 273.16K 时，冰的蒸气压仍为 610.6Pa，而溶液蒸气压必然低于 610.6Pa，这样，溶液和冰就不能共存，只有在 273.15K 以下某个温度时，溶液蒸气压才能和冰的蒸气压相等，这时的温度才是溶液的凝固点，如图 3-3 所示。所以溶液的凝固点总是比纯溶剂的低，这种现象称为凝固点下降。在同一溶液中，随着溶剂不断结晶析出，溶液浓度将不断增大，凝固点也将不断下降。与溶液的沸点升高一样，难挥发非电解质稀溶液的凝固点下降值与溶液质量摩尔浓度成正比，与溶质本性无关，其数学表达式为：

$$\Delta T_f = K_f b_B \tag{3-13}$$

式中，ΔT_f 为溶液的凝固点降低值，K；K_f 为溶剂的摩尔凝固点降低常数，$K \cdot kg \cdot mol^{-1}$，该常数取决于溶剂的性质，与溶质的性质无关。

常用溶剂的 K_f 见表 3-3。

【例 3-5】计算例 3-4 所得溶液的凝固点。

解　查表 3-3 得：苯的 $K_f=5.12$，$T_f^0=278.15$。

$$\Delta T_f = T_f^0 - T_f = K_f b_B = K_f \frac{m_B}{M_B m_A} \times 1000$$

$$T_f = T_f^0 - \frac{K_f m_B}{M_B m_A} \times 1000 = 278.15 - \frac{5.12 \times 2.69 \times 1000}{128.2 \times 100} = 277.08 \ (K)$$

【例 3-6】 溶解 2.76g 甘油于 200g 水中，所得溶液的凝固点为 272.87K。计算甘油的摩尔质量。

解 查表 3-3 得：水的 $K_f = 1.86$，$T_f^0 = 273.15$。

$$\Delta T_f = K_f \frac{m_B}{M_B m_A} \times 1000$$

$$M_B = \frac{K_f m_B}{m_A \Delta T_f} \times 1000 = \frac{1.86 \times 2.76 \times 1000}{200 \times (273.15 - 272.87)} \approx 92 \ (g \cdot mol^{-1})$$

课堂练习

1. 将 0.2g 难挥发物溶于 10.0g 水，测得其凝固点降低值 $\Delta T_f = 0.207℃$，求此物的摩尔质量 M_B。（$K_f = 1.86K \cdot kg \cdot mol^{-1}$）

2. 下列溶液：①0.1mol·L^{-1} 蔗糖；②0.2mol·L^{-1} KCl；③0.1mol·L^{-1} 氨水；④0.02mol·L^{-1} BaCl$_2$，沸点由高到低的排列顺序为：_____；凝固点由高到低的排列顺序为：_____；渗透压由高到低的排列顺序为：_____。

四、渗透压

1. 渗透现象

如图 3-4 所示，用一半透膜把某一稀溶液和溶剂隔开，因为半透膜只允许溶剂分子透过而不允许溶质分子透过，过一段时间，将看到溶液的液面上升了一定高度 h。

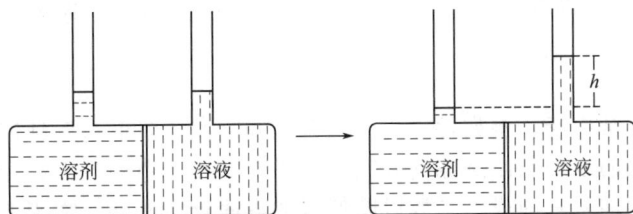

稀溶液的依数性——渗透压

图 3-4 溶液的渗透压

半透膜是一种特殊的多孔性薄膜，只允许溶剂分子通过而不允许大的溶质分子通过。溶液的液面上升是因为溶剂分子通过半透膜进入溶液导致的，当然，溶剂分子也可从稀溶液进入浓溶液，这种现象称为渗透现象。

可见渗透现象产生的条件为：

（1）有半透膜存在；

（2）膜的两侧液体存在浓度差。

2. 渗透压

实验结果表明，大量溶剂分子将透过半透膜进入溶液，使溶液的液面不断上升，直到两液面达到相当大的高度差时才能达到平衡。要使两液面不发生高度差，可在溶液液面上施加一额外的压力，假定在一定温度下，当溶液的液面上施加压力为 π 时，两液面可持久保持同样水平，即达到渗透平衡，这个 π 值叫溶液的渗透压。根据实验证明：难挥发非电解质稀溶液的渗透压 π 与溶质 B 的浓度 c_B 成正比，即：

$$\pi = c_B RT \approx b_B RT \tag{3-14}$$

【例 3-7】人体的血浆在 272.59K 时结冰，计算在体温为 310K（37℃）时人体血浆的渗透压和物质的量浓度。

解 水的 $K_f = 1.86$，$T_f^0 = 273.15$。

$$\Delta T_f = T_f^0 - T_f = K_f b_B$$

$$b_B = (T_f^0 - T_f)/K_f = (273.15 - 272.59)/1.86 = 0.301 \ (\text{mol} \cdot \text{kg}^{-1})$$

稀溶液中，$c_B \approx b_B = 0.301 \text{mol} \cdot \text{L}^{-1}$

$$\pi = b_B RT = 0.301 \times 8.314 \times 310 = 776 \ (\text{kPa})$$

课堂练习

1. 27℃ 时，$0.1\text{mol} \cdot \text{L}^{-1}$ NaCl 溶液的渗透压为（　　　）。

A. 498.8kPa　　　　　B. 249.4kPa　　　　　C. 22.4kPa　　　　　D. 44.8kPa

2. 下列 4 种物质的量浓度相同的溶液，渗透压最大的是（　　　）。

A. 蔗糖溶液　　　　　B. 葡萄糖　　　　　C. 乙醇溶液　　　　　D. NaCl 溶液

3. 欲使被半透膜隔开的两种溶液处于渗透平衡，则必须有（　　　）。

A. 两溶液物质的量浓度相等　　　　　B. 两溶液体积相同

C. 两溶液的质量浓度相同　　　　　　D. 两溶液渗透浓度相同

4. 在 37℃ 时，NaCl 溶液与葡萄糖溶液的渗透压相等，则两溶液的物质的量浓度的关系是（　　　）。

A. $c(\text{NaCl}) = c(\text{葡萄糖})$　　　　　B. $c(\text{NaCl}) = 2c(\text{葡萄糖})$

C. $2c(\text{NaCl}) = c(\text{葡萄糖})$　　　　　D. $c(\text{NaCl}) = 3c(\text{葡萄糖})$

五、应用与实例

依数性的应用非常广泛，例如常采用沸点升高和凝固点降低这两种依数性来测定摩尔质量。也可利用依数性的原理制作防冻剂和制冷剂，例如在严寒的冬天，为了防止汽车水箱冻裂，常在水箱的水中加入甘油或乙二醇以降低水的凝固点。此外，临床上可用于配制等渗输液，如人体静脉输液所用的营养液（葡萄糖液、盐水等）都需经过细心调节以使它与血液具有相同的渗透压（约 780kPa），否则，血细胞均将破坏。

第四节　胶体

胶体又称胶状分散体。如前介绍，是分散质粒子直径在 1～100nm 之间的分散系。

一、胶体的性质

1. 丁达尔效应（胶体的光学性质）

如图 3-5 所示，将一束聚光光束照射到胶体时，在与光束垂直的方向上可观察到一个发光的圆锥体，这种现象称为丁达尔现象（或丁达尔效应）。当光束照射到大小不同的分散相粒子上时，除发生光的吸收外，还可能产生两种情况：①若分散质粒子的直径大于入射光波长，光就在粒子表面按一定的角度反射，粗分散系属于这种情况。②若粒子直径小于入射光波长，就产生光的散射。这时粒子本身就好像是一个光源，光波绕过粒子向各个方向散射出去，散射出的光称为乳光。

　　由于溶胶粒子的直径在 $1\sim100$nm 之间，小于入射光的波长（$400\sim760$nm），因此发生了光的散射作用而产生丁达尔现象。分子或离子分散系中，由于分散质粒子太小（<1nm），散射现象很弱，基本上发生的是光的透射作用，故丁达尔效应是溶胶所特有的光学性质，利用丁达尔效应可以区别溶液和胶体。

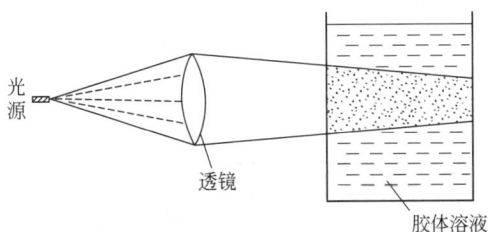

图 3-5　丁达尔现象

2. 布朗运动（胶体的动力学性质）

　　如图 3-6 所示，在超显微镜下观察溶胶，可以看到代表溶胶粒子的发光点在不断地作无规则的运动，这种现象称为布朗（Brown）运动。

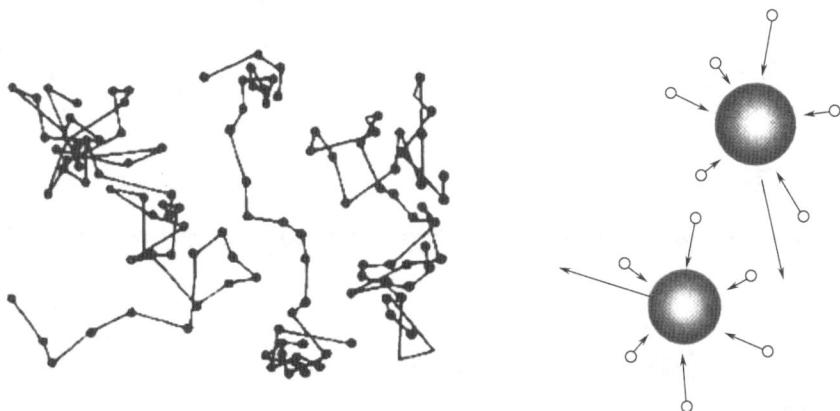

图 3-6　布朗运动

　　布朗运动是分散介质的分子由于热运动不断地由各个方向同时撞击胶粒时，其合力未被相互抵消引起的，因此在不同时间，指向不同的方向，形成了曲折的运动。当然，溶胶粒子本身也有热运动，我们所观察到的布朗运动，实际上是溶胶粒子本身热运动和分散介质对它撞击的总结果。

　　溶胶粒子的布朗运动导致其具有扩散作用，它可自发地从粒子浓度大的区域向粒子浓度小的区域扩散。但由于溶胶粒子比一般的分子或离子大得多，因此它的扩散速率比一般的分子或离子要慢得多。此外，溶胶粒子由于本身的重力作用会逐渐沉降，沉降导致粒子浓度不均匀，即下部较浓上部较稀。而布朗运动会使溶胶粒子由下部向上部扩散，因而一定程度上抵消了由溶胶粒子的重力作用引起的沉降，使溶胶具有一定的稳定性，这种稳定性称为动力学稳定性。

3. 电泳现象（胶体的电学性质）

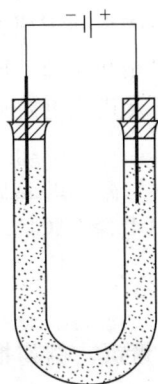

图 3-7　电泳

　　如图 3-7 所示，在 U 形电泳仪内装入红棕色的 $Fe(OH)_3$ 溶胶。接通电源后，可看到红棕色的 $Fe(OH)_3$ 溶胶向负极移动，这表明 $Fe(OH)_3$ 溶胶胶粒带正电荷，称之为正溶胶。如果在电泳仪中装入黄色的 As_2S_3 溶胶，通电后，发现黄色 As_2S_3 溶胶向正极移动，这表明 As_2S_3 胶粒带负电荷，为负溶胶。溶胶粒子在外电场作用下定向移动的现象称为电泳。通过电泳实验，可以判断溶胶粒子所带的电性。

胶体粒子带有电荷，一般说来，是由于胶体粒子具有相对较大的表面积，能吸附离子等原因引起的。某些胶体粒子所带电荷情况见表 3-4。

表 3-4 某些胶体粒子所带电荷情况

带正电荷的胶体	带负电荷的胶体	带正电荷的胶体	带负电荷的胶体
氢氧化铁	硫化砷、硫化锑	氧化铁	蛋白质在碱性溶液中
氢氧化铝	硅酸、锡酸	蛋白质在酸性溶液中	酸性染料
氢氧化铬	土壤	卤化银($AgNO_3$ 过量时形成的胶体)	

二、胶体的分类

按照分散剂状态的不同，胶体可分为气溶胶、液溶胶和固溶胶。气溶胶是以气体作为分散介质的分散体系，其分散相可以是气相、液相或固相，如 SO_2 扩散在空气中。液溶胶是以液体作为分散介质的分散体系，其分散相可以是气相、液相或固相，如 $Fe(OH)_3$ 胶体。固溶胶是以固体作为分散介质的分散体系，其分散相可以是气相、液相或固相，如有色玻璃、烟水晶等。

三、胶体的稳定性

胶体的稳定性介于溶液和浊液之间，在一定条件下能稳定存在。胶体稳定的原因主要有以下两方面。

1. 布朗运动

布朗运动的结果，使胶粒克服地球引力，不易沉降。

2. 胶粒带电

胶体粒子可以通过吸附而带有电荷，同种胶粒带同种电荷，相互排斥，阻止了胶粒间的碰撞而减少了胶粒聚集成较大颗粒而沉降的可能，从而使胶体具有一定的稳定性。

四、聚沉

要使胶粒聚沉，其方法有如下几种。

1. 加入电解质

在胶体溶液中加入少量电解质会引起聚沉，因为电解质的加入，增加了溶液中离子的总浓度，而给带电荷的胶体粒子提供了吸引相反电荷离子的有利条件，从而减少或中和了原来胶粒所带的电荷，使它们的稳定性降低。这时在粒子布朗运动的作用下，发生相互碰撞，就可以聚集起来，并迅速沉降。例如用豆浆制作豆腐时，在豆浆中加入 $CaSO_4$ 或其他电解质溶液，豆浆中的胶体粒子带的电荷即可被中和，并很快聚集形成胶冻状的豆腐。

电解质对胶体的聚沉能力，主要取决于和胶粒电荷相反的离子的总价数：反离子的总价数越高，则聚沉能力越强。例如，对于负溶胶，聚沉能力大小顺序为：$FeCl_3 > CaCl_2 > NaCl$；而对于正溶胶，聚沉能力的大小顺序为：$H_3PO_4 > CaCl_2 > NaCl$。

2. 加入带相反电荷的胶体

在胶体溶液中加入带相反电荷的胶体，可以中和原胶粒的电荷而使胶体聚沉。例如把 $Fe(OH)_3$ 胶体加入硅酸胶体中，两种胶体均会发生凝聚。

3. 加热

加热使胶粒运动加剧，增加了它们之间的碰撞机会，而使胶核对离子的吸附作用减弱，即减弱胶体的稳定因素，导致胶体凝聚。例如长时间加热时，Fe(OH)₃胶体会发生凝聚而出现红褐色沉淀。

第五节　表面现象

在自然界中，可以看到很多表面张力的现象，比如，露水总是尽可能地呈球形，而某些昆虫则利用表面张力漂浮在水面上。

多相体系中相之间存在着界面。习惯上人们仅将气-液、气-固界面称为表面。

一、表面张力与表面能

表面张力是指液体表面层由于分子引力不均衡而产生的沿表面作用于任一界线上的张力。通常，由于环境不同，处于界面的分子与处于相本体内的分子所受力是不同的。在液体内部，分子受到周围分子的作用力是对称的，所受合力为零。对于在表面的液体分子，因上层空间气相分子对它的吸引力小于内部液相分子对它的吸引力，因此该分子所受合力不等于零，其合力方向垂直指向液体内部，结果导致液体表面具有自动缩小的趋势，这种收缩力称为表面张力。

若要将液体内部的分子拉到界面上，需要克服向内的压力对体系做功，即表面功。这表明液体表面层的分子具有的能量比液体内部的分子高，高出的能量称为表面能。

二、表面活性剂

凡是溶于水后能显著降低水的表面自由能的物质，称为表面活性物质或表面活性剂。例如肥皂就是一类应用最广最普遍的表面活性物质。表面活性物质有天然的，如磷脂、胆碱、胆酸、蛋白质等，但更多是人工合成的。表面活性剂的分子结构具有两亲性：一端为亲水基团（极性基团），另一端为亲油基团（非极性基团）。亲水基团常为极性的基团，如羧酸、磺酸、硫酸、氨基或胺基及其盐，也可是羟基、酰胺基、醚键等；而亲油基团常为非极性烃链，如8个碳原子以上烃链。当向溶液中加入表面活性剂后，一部分分子自动地聚集于界面，根据"相似相溶"原理，亲水基团指向水相，而亲油基团则指向油相或气相，形成一层定向排列的分子膜而使表面能显著降低，溶液的表面张力显著降低；另一部分分子分散在溶液中，三三两两地聚集在一起，形成亲油基团向里、亲水基团向外的聚集体，称为胶束，如图3-8所示。

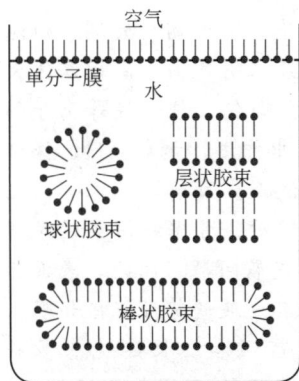

图 3-8　胶束示意图

表面活性剂具有润湿、乳化或破乳、起泡或消泡及增溶、分散、洗涤、防腐、抗静电等作用，广泛应用于日常生活、工农业生产和科研中，成为一类灵活多样、用途广泛的精细化工产品。表面活性剂在日常生活中可作为洗涤剂，其应用几乎覆盖了所有的精细化工领域。

第六节　高分子溶液

高分子溶液是胶体的一种，在合适的介质中高分子化合物能以分子状态自动分散成均匀的溶液。高分子溶液的本质是真溶液，属于均相分散系。高分子溶液的黏度和渗透压较大，分散相与分散系亲和力强，但丁达尔现象不明显，加入少量电解质无影响，加入多时引起盐析。

一、高分子溶液的形成

　　高分子化合物在形成溶液时，与低分子量的物质明显不同的是要经过溶胀的过程，即溶剂分子慢慢进入卷曲成团的高分子化合物分子链空隙中去，导致高分子化合物舒展开来，体积成倍甚至数十倍的增长。不少高分子化合物与水分子有很强的亲和力，分子周围形成一层水合膜，这是高分子化合物溶液具有稳定性的主要原因。因此高分子溶液是稳定系统。

二、高分子溶液的溶解

　　高聚物的溶解比小分子化合物要慢得多。溶解过程分为两个阶段。

1. 高聚物的溶胀

　　由于非晶高聚物的分子链段的堆砌比较松散，分子间的作用力又弱，溶剂分子比较容易渗入非晶高聚物内部，使高聚物体积膨胀；而非极性的结晶高聚物的晶区分子链堆砌紧密，溶剂分子不易渗入，只有将温度升高到结晶的熔点附近，才能使结晶转变为非晶态，溶解过程得以进行。在室温下，极性的结晶高聚物能溶解在极性溶剂中。

2. 高分子分散

　　即以分子形式分散到溶剂中去形成均匀的高分子溶液。交联高聚物只能溶胀，不能溶解，溶胀度随交联度的增加而减小。

拓展窗

表面活性剂的发展趋势

　　表面活性剂给人们的生活、工农业生产带来了极大方便，但也带来一个世界性的问题——环境污染。据有关报道，我国的江湖，如淮河、辽河、松花江、巢湖、太湖、滇池已遭到严重污染。其中，滇池污染造成水质严重富营养化，现已经证明是由于附近居民大量使用含磷洗涤剂造成的。三聚磷酸钠是洗涤剂常用的助洗剂，能与钙、镁、铁等离子结合，起到软化水的作用，而且 pH 在 4.3～14 范围内具有强的缓冲作用，调解 pH，保证好的洗涤效果。如果不带来污染，应该说三聚磷酸钠是理想的助洗剂。目前，环保部门已限制含磷洗涤剂的生产、销售，已有厂家用 4A 沸石代替三聚磷酸钠。考虑到污染的危害性，表面活性剂带来的污染应引起重视，因这关系到我国的可持续发展问题。因此，表面活性剂和其他助剂的发展应该满足环保、对人安全和节能几个要求，其发展趋势可概括如下。

　　（1）表面活性剂应易于生物降解，对环境无污染，对人、畜温和。长链烷基多苷（APG）和直链十二烷基苯磺酸钠（LAS）满足此条件，是很有希望的两种表面活性剂。APG 是新发展的表面活性剂，并且有很好的生物降解性。LAS 是一种老产品，生物降解度为 98%，达到了环保要求。

　　（2）表面活性剂应高效、多功能，不但有清洁作用，还应有抑菌、杀菌、滋润皮肤等作用。近年新开发出了化妆品用表面活性剂，用于抗衰老、皮肤保湿、去皱、增白等方面。吡咯烷酮羧酸钠（PCA）是化妆品天然保湿因子，有抗衰老、去皱的作用，因此被广泛应用于高档化妆品中。作为乳化剂的表面活性剂，主要是一些非离子表面活性剂和高分子乳化剂，主要用于化妆品的乳液中，如洗面奶、润肤露、清洁乳等。

（3）耐硬水、耐低温效果好，浓缩的表面活性剂洗涤用品也是一个发展方向，包括浓缩洗衣粉和浓缩液体洗涤剂等。目前，一些发达国家已大力推广并取得了成效，我国厂家也正朝这个方向努力。此外，提高冷水的洗涤效果也是厂家和科研部门要着力解决的问题。

❋ 本章小结

一、分散系

1. 分散系的概念

一种或几种物质分散在另一种介质中所形成的体系称为分散系。

2. 分散系的分类

按分散质或分散剂聚集状态的不同分为气-气、气-液、气-固、液-气、液-液、液-固、固-气、固-液、固-固 9 种类型。

按分散相质点的大小分为分子或离子分散系、胶体分散系和粗分散系三类。

二、溶液组成的表示方法

常用的溶液组成表示方法如下表：

表示方法	符号	定　义	表达式	常用单位
物质的量浓度	c_B	溶质的物质的量/溶液的体积	$c_B = n_B/V$	$mol \cdot L^{-1}$
质量摩尔浓度	b_B	溶质的物质的量/溶剂的质量	$b_B = n_B/m_A$	$mol \cdot kg^{-1}$
摩尔分数	x_B	溶质的物质的量/溶液的总物质的量	$x_B = n_B/n$	
质量分数	w_B	溶质的质量/溶液的质量	$w_B = m_B/m$	
质量浓度	ρ_B	溶质的质量/溶液的体积	$\rho_B = m_B/V$	$g \cdot L^{-1}$

三、稀溶液的依数性

稀溶液的依数性包括溶液的蒸气压下降、沸点上升、凝固点下降和渗透压。难挥发非电解质溶解在溶剂中形成溶液后，溶剂的蒸气压随之下降，并引起沸点升高和凝固点降低；同时，溶液具有一定的渗透压。

一定温度下，溶液的蒸气压下降值、沸点升高值、凝固点降低值、渗透压仅与溶液中溶质质点的浓度（c_B 或 b_B）成正比，而与溶质的本性无关，它们之间的关系为：

蒸气压下降：　　$\Delta p = K b_B$　　式中，$K = p° M_A/1000$

沸点升高：　　$\Delta T_b = K_b b_B$　　式中，K_b 为摩尔沸点升高常数

凝固点降低：　　$\Delta T_f = K_f b_B$　　式中，K_f 为摩尔凝固点降低常数

溶液的渗透压　　$\pi = c_B RT$　　式中，R 为气体常数（$8.31kPa \cdot L \cdot mol^{-1} \cdot K^{-1}$），$T$ 为热力学温度（$273 + t℃$，K）

四、胶体溶液

1. 胶体的定义

胶体是物质在一定条件下被分散到粒径在 $1 \sim 100nm$ 的一种分散体系。溶胶是固体分散在液体中所形成的高度分散的多相体系，具有很大的表面能，体系不稳定。

2. 溶胶的性质

（1）光学性质——丁达尔现象

（2）动力学性质——布朗运动

（3）电学现象——电泳

3. 溶胶稳定的原因

（1）布朗运动——具有能量

（2）胶粒带电——同性排斥

4. 常用的使溶胶聚沉的方法

（1）加入少量的电解质　电解质对溶胶的聚沉，主要是由电解质中的电荷符号和胶粒相反的离子引起的，即负离子使正溶胶聚沉，正离子使负溶胶聚沉。

同价离子的聚沉能力几乎相同，不同价态离子的聚沉能力则随价数的增加而增大。

（2）加入带相反电荷的胶体。

（3）加热。

五、表面现象

1. 表面张力与表面能

（1）表面张力与表面能　液体表面层分子由于内外受力不均匀，存在着使液体表面紧缩的力，这种力称为表面张力。表面分子比内部分子多出的能量称为表面能。表面能的大小与表面张力和表面积有关，表面能越大，体系越不稳定。

（2）表面吸附现象产生的原因　表面吸附现象产生的原因，是由于界面的存在，处于表面层的分子比其内部分子具有过剩的能量。

2. 表面活性剂

表面活性剂一般分为离子型表面活性剂和非离子型表面活性剂两种。

表面活性剂的分子在结构上都是由亲水基（极性基）和亲油基（非极性基）组成，是一种两亲分子。

六、高分子溶液

分子量在 10^4 以上的化合物称为大分子（高分子）化合物。

1. 高分子溶液的特征

（1）稳定　原因：分子中含了强亲水基团，形成厚的水化膜，不易聚沉。

（2）黏度大　原因：大分子化合物的链状结构牵引着大量溶剂分子，移动困难。

2. 高分子溶液的形成

高分子化合物在形成溶液时，经过溶胀。

3. 高分子溶液的溶解

高分子溶液的溶解分为高聚物的溶胀和高分子分散两个阶段。

习题

一、单项选择题

1. 稀溶液的依数性的本质是（　　　　）。

　　A. 蒸气压下降　　　　B. 沸点升高　　　　C. 凝固点下降　　　　D. 渗透压

2. 已知甲溶液为 $0.01 mol \cdot L^{-1}$ NaOH，乙溶液为 $0.01 mol \cdot L^{-1}$ $CaCl_2$，丙溶液为 $0.025 mol \cdot L^{-1}$ 葡萄糖，丁溶液为 $0.02 mol \cdot L^{-1}$ NaCl，它们凝固点降低值由大到小的顺序为（　　　　）。

　　A. 甲、乙、丙、丁　　　　　　　　B. 丁、丙、乙、甲

　　C. 甲、丙、乙、丁　　　　　　　　D. 丁、乙、丙、甲

3. 将浓度均为 $0.1 mol \cdot mL^{-1}$ 的下列溶液同时加热，首先沸腾的是（　　　　）。

    A. 葡萄糖   B. 氯化钠   C. 氯化钡   D. 氯化铝

    4. 将上述四种溶液同时冷却，最后结冰的是（   ）。

    A. 葡萄糖   B. 氯化钠   C. 氯化钡   D. 氯化铝

    5. 在 $Fe(OH)_3$ 溶胶（正溶胶）中加入等体积、等浓度的下列电解质溶液，使溶胶聚沉最快的是（   ）。

    A. KCl   B. $MgCl_2$ C. $AlCl_3$ D. $K_4[Fe(CN)_6]$

二、判断题

    1. 因为 NaCl 和 $CaCl_2$ 都是强电解质，所以两者对 As_2O_3 溶胶（负溶胶）的聚沉能力相同。   （   ）

    2. 胶核优先吸附与自身有相同成分的离子。   （   ）

三、简答题

    1. 物质的量浓度与质量摩尔浓度有什么相同？有什么不同？

    2. 稀溶液的依数性包括哪些？

    3. 渗透现象产生的必要条件有哪些？

    4. 胶体的性质有哪些？

    5. 胶体稳定的因素有哪些？

    6. 要使胶体聚沉有何方法？

    7. 表面活性剂的分子结构中具有什么基团？

四、计算题

    1. 临床上使用的葡萄糖等渗液的凝固点降低值为 0.543K。求葡萄糖等渗液的质量摩尔浓度和血浆的渗透压（葡萄糖的摩尔质量为 $180g \cdot mol^{-1}$，血浆的温度为 310K）。

    2. 为防止水在仪器中结冰，可在水中加入甘油降低凝固点。如果将凝固点降至 −2℃，每 100g 水中应加入甘油多少克？（甘油的摩尔质量为 $92g \cdot mol^{-1}$，水的 $K_f = 1.86K \cdot kg \cdot mol^{-1}$）

习题答案

第四章
分析化学概论

📖 学习目标

知识目标

1. 掌握误差的分类。
2. 掌握准确度与精密度的表示方法及两者之间的关系。
3. 理解减少误差的方法。
4. 掌握有效数字的概念、修约规则及运算规则。
5. 理解滴定分析法对化学反应的要求。
6. 理解滴定分析法的有关概念和术语，如滴定、标准溶液、化学计量点、滴定终点、指示剂、滴定误差等。
7. 掌握标准溶液的配制和标定。
8. 掌握滴定分析中浓度、质量分数的计算。

能力目标

1. 工作中，能利用误差的知识以减少误差。
2. 会判断有效数字的位数，并能进行有效数字的运算。
3. 能根据反应的特点，选择合适的滴定方法。
4. 能正确判断常见指示剂如酚酞、甲基橙和甲基红等的滴定终点。
5. 能选择合适的方法配制标准溶液。
6. 能熟练进行滴定分析中浓度和质量分数的相关运算。

素质目标——实事求是，严谨细致

通过探究定量分析中因疏忽导致的真实损失案例，深刻体会到实事求是和严谨细致的科学态度对于避免错误、保障研究成果准确性的重要性，进而在日常化学学习与实践中，主动强化并培养这种科学严谨性。

📖 学习任务

化学分析工作最常用的玻璃仪器是滴定管、移液管和电子天平等，要很好地掌握其操作技能，首先学习本章理论知识，再扫描第二部分模块二"实验内容"中的二维码，完成"减量称量法称取基准物质""移液管的操作技术""滴定管的操作技术""容量瓶的操作技能"等微课的学习，然后进入实验室完成相应的实训项目。

第一节 误差和分析数据的处理

一、误差的类型

在实际分析中测量值与真实值之间的差值称为误差。根据误差的性质及产生的原因不同，误差可分为系统误差和偶然误差。

（一）系统误差

系统误差又称为可测误差，是由某些固定因素造成的，对分析结果的影响比较固定。系统误差具有单向性、重现性和可测性。单向性即指测定结果总是偏大或偏小；重现性是指在同样条件下重复测定时系统误差重复出现；可测性指系统误差的大小、正负可以测定或估计，因此可采取办法消除或校正。根据系统误差的性质和产生的原因，系统误差可分为如下几类。

1. 方法误差

指分析方法本身不够完善或有缺陷造成的误差。例如，重量分析中因沉淀溶解损失造成的误差；滴定分析中，反应未能定量完成或有副反应发生、滴定终点与化学计量点不一致引起的误差等，都将导致测定结果偏高或偏低。

2. 仪器误差

仪器误差是由于仪器本身不够精确或未经校准引起的误差。例如，砝码、滴定管、容量瓶等未经校准引起的误差。

3. 试剂误差

试剂误差是由于所使用的化学试剂或蒸馏水中含有杂质或待测组分引起的。此误差可通过空白试验进行消除。

4. 主观误差

正常操作情况下，由于操作人员的主观原因造成的误差称为主观误差。例如滴定管读数时总习惯性地偏高或偏低；判断滴定终点时，有的人习惯颜色偏深，而有的人则习惯偏浅。

（二）偶然误差

偶然误差是由于测定过程中某些偶然性的因素引起的，具有不可测性，又称为随机误差。如环境温度、湿度及气压的微小波动及仪器性能的微小变化等这些偶然因素都将引起偶然误差，偶然误差时大时小，时正时负，即偶然误差大小和正负不固定，单次操作无法避免。但是引起偶然误差的各种偶然因素是相互影响的，在同样条件下进行多次测定发现偶然误差服从统计学正态分布规律：即小误差出现的概率大，大误差出现的概率少，特别大的误差出现的机会极小；绝对值大小相等的正、负误差出现的概率相等；测量的次数越多，则测量值的平均值越接近真实值，因此可通过做平行试验减小偶然误差。

除上述两类误差之外，还有一类"过失"误差。是由于分析工作者粗心大意或违反操作规程所引起的，例如加错试剂、读错刻度、看错砝码、溶液溅失等。"过失"误差是错误操作引起的，其测量结果应该弃去。

二、误差和偏差

（一）准确度与误差

误差分为绝对误差和相对误差。绝对误差 E_i 是指测量值 x_i 与真实值 x_t 之间的差值。误差越小，表示测定结果与真实值越接近，准确度越高。

$$E_i = x_i - x_t \qquad (4\text{-}1)$$

误差为正值，表示测定值大于真实值，测定结果偏高；误差为负值，则表示测定值小于真实值，测定结果偏低。

相对误差 E_r 是指绝对误差 E_i 在真实值中所占的比率：

$$相对误差 = \frac{绝对误差}{真实值} \times 100\%$$

$$E_r = \frac{E_i}{x_t} \times 100\% \qquad (4\text{-}2)$$

> **【例 4-1】** 在分析天平上称得物质甲和乙的质量各为 1.6830g 和 0.1637g，若两者的真实质量分别为 1.6381g 和 0.1638g，试计算其绝对误差和相对误差。
>
> **解** 物质甲：
>
> $$绝对误差 \ E_i = 1.6380 - 1.6381 = -0.0001$$
>
> $$相对误差 \ E_r = \frac{-0.0001}{1.6381} \times 100\% = -0.006\%$$
>
> 物质乙：
>
> $$绝对误差 \ E_i = 0.1637 - 0.1638 = -0.0001$$
>
> $$相对误差 \ E_r = \frac{-0.0001}{0.1638} \times 100\% = -0.06\%$$

上例说明，两个物质的绝对误差都是 −0.0001g，但相对误差相差 10 倍。质量大的甲对应的相对误差较小，表示其测得的准确度也较高。因此，用相对误差更能准确地反映测定结果的准确度。

（二）精密度与偏差

实际分析中，并不知道真实值，常通过多次平行测定，取多次测定值的平均值作为分析结果。精密度的高低可用偏差 d 来衡量，偏差越小，则测定结果的精密度越高。偏差分为绝对偏差和相对偏差，绝对偏差 d_i 是指测量值 x_i 与相应算术平均值 $\bar{x}$ 之差，即：

$$绝对偏差 = 单次测定值 - 平均值$$

$$d_i = x_i - \bar{x} \qquad (4\text{-}3)$$

相对偏差 d_r 指绝对偏差在平均值中所占的百分率，相对偏差的正负取决于绝对偏差的符号。

$$相对偏差 = \frac{绝对偏差}{平均值} \times 100\%$$

$$d_r = \frac{d_i}{\bar{x}} \times 100\% \qquad (4\text{-}4)$$

各次测量结果偏差绝对值的平均值称为平均偏差，用 $\bar{d}$ 表示

$$\overline{d} = \frac{\sum\limits_{i=1}^{n} |d_i|}{n} = \frac{\sum\limits_{i=1}^{n} |x_i - \overline{x}|}{n} = \frac{|d_1| + |d_2| + \cdots + |d_n|}{n} \tag{4-5}$$

相对平均偏差是指平均偏差在平均值中所占的比例，用 $\overline{d_r}$ 表示。

$$相对平均偏差 = \frac{平均偏差}{平均值}$$

$$\overline{d_r} = \frac{\overline{d}}{\overline{x}} \times 100\% \tag{4-6}$$

用平均偏差和相对平均偏差衡量精密度虽比较简单，但当分散程度比较大时，若按测定次数求平均值，将使得测定结果偏小，大偏差将得不到应有的反映，可使用标准偏差 S 来衡量精密度。标准偏差比平均偏差能更好地反映测定结果的精密度。

$$标准偏差 = \sqrt{\frac{绝对偏差平方之和}{测定次数-1}}$$

$$S = \sqrt{\frac{\sum\limits_{i=1}^{n} (x_i - \overline{x})^2}{n-1}} = \sqrt{\frac{d_1^2 + d_2^2 + d_3^2 + \cdots + d_n^2}{n-1}} \tag{4-7}$$

标准偏差在平均值中所占的百分率称为相对标准偏差。

$$相对标准偏差 = \frac{标准偏差}{平均值} \times 100\%$$

$$RSD = \frac{S}{\overline{x}} \times 100\% \tag{4-8}$$

【例 4-2】平行标定某一溶液的浓度，共滴定 4 次，结果分别为：$0.2041 \text{mol} \cdot \text{L}^{-1}$、$0.2049 \text{mol} \cdot \text{L}^{-1}$、$0.2039 \text{mol} \cdot \text{L}^{-1}$ 和 $0.2043 \text{mol} \cdot \text{L}^{-1}$。请计算测定结果的平均值 $\overline{x}$、平均偏差 $\overline{d}$、相对平均偏差 $\overline{d_r}$、标准偏差 S 和相对标准偏差 RSD。

解　平均值　$\overline{x} = \dfrac{0.2041 + 0.2049 + 0.2039 + 0.2043}{4} = 0.2043 \ (\text{mol} \cdot \text{L}^{-1})$

平均偏差

$$\overline{d} = \frac{\sum\limits_{i=1}^{n} |d_i|}{n} = \frac{\sum\limits_{i=1}^{n} |x_i - \overline{x}|}{n} = \frac{|-0.0002| + |0.0006| + |-0.0004| + |0.0000|}{4}$$

$$= 0.0003 \ (\text{mol} \cdot \text{L}^{-1})$$

相对平均偏差 $\overline{d_r} = \dfrac{\overline{d}}{\overline{x}} \times 100\% = \dfrac{0.0003}{0.2043} \times 100\% = 0.15\%$

标准偏差

$$S = \sqrt{\frac{\sum\limits_{i=1}^{n} (x_i - \overline{x})^2}{n-1}} = \sqrt{\frac{d_1^2 + d_2^2 + d_3^2 + \cdots + d_n^2}{n-1}}$$

$$= \sqrt{\frac{0.0002^2 + 0.0006^2 + 0.0004^2 + 0.0000^2}{4-1}} = 0.0004 \ (\text{mol} \cdot \text{L}^{-1})$$

$$相对标准偏差\quad RSD=\frac{0.0004}{0.2043}\times100\%=0.2\%$$

课堂练习

1. 滴定管读数误差为±0.02mL，如果滴定时消耗标准溶液2.50mL，相对误差是多少？如消耗25.00mL，相对误差又是多少？

2. 平行测定某溶液浓度三次，测定结果分别为0.3950mol·L^{-1}、0.3954mol·L^{-1}、0.3949mol·L^{-1}，求平均值、绝对偏差、平均偏差和相对平均偏差。

（三）准确度和精密度

准确度是指测量值与真实值接近的程度，准确度的大小可用误差表示。测量值与真实值越接近，表示测量的准确度越高，则误差愈小。反之，则误差越大。

精密度是指各次测量结果相互接近的程度，精密度的大小可用偏差表示。精密度表现了测定结果的重现性。例如，在相同条件下对某试样平行测定几次，若所得结果互相比较接近则表示分析结果的精密度高。

那么，准确度和精密度之间有何关系呢？如图4-1所示。

从图4-1可见，甲的精密度很高，但准确度比较低，说明存在系统误差；乙的准确度与精密度均很好，结果最为可靠；丙的分析结果比较分散，精密度与准确度均很差，结果当然不可靠；丁的平均值虽接近于真实值，但精密度较差，只是偶然的巧合，结果并不可靠。

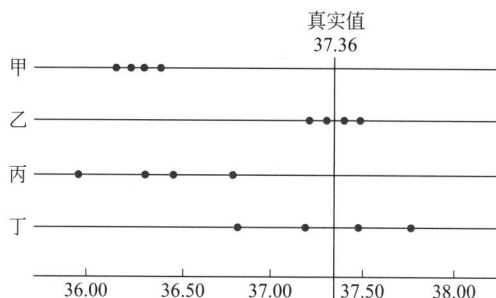

图4-1　不同工作者对同一药品分析的结果

由此可得出结论：准确度高则精密度一定高，精密度是保证准确度的先决条件，精密度差，则测定结果不可靠；精密度高，准确度不一定高，此时须考虑通过校正减免系统误差。

三、减少误差的方法

为提高分析结果的准确度，应设法减免分析过程中产生的误差。

（一）分析方法的选择

各种分析方法的准确度和灵敏度不同，在实际工作中应根据需要选择合适的分析方法。例如，重量分析法和滴定分析法灵敏度不高，无法测定微量或痕量组分，但却适于测定常量组分，测定常量组分时的相对误差不超过千分之几。仪器分析法因灵敏度比较高，可用于微量或痕量组分的测定，而对于常量组分却无法测准。因此，在对常量组分分析时，应选用化学分析法；若对微量或痕量组分分析，则应选用仪器分析法。

（二）减小测量误差

为保证分析结果的准确度，必须尽量减小测量误差。例如，分析天平的称量误差为±0.0001g，用减重法称两次的最大误差是±0.0002g，若要使称量的相对误差不超过0.1%，则试样称取量必须大于0.2g，即：试样质量=$\dfrac{绝对误差}{相对误差}=\dfrac{0.0002}{0.1\%}=0.2$（g）。同理，滴定管的读数误差为±0.01mL，一次滴定需读初、终两次读数，可能引起的最大误差为

$\pm 0.02mL$，为使滴定的相对误差小于 0.1%，则到终点时消耗滴定剂的体积必须大于 $20mL$，即：滴定剂的体积 $=\dfrac{绝对误差}{相对误差}=\dfrac{0.02}{0.1\%}=20$（mL）。

（三）减少测量过程中的系统误差

1. 仪器校正

仪器引起的系统误差可通过校准仪器来减免。例如对砝码、滴定管、容量瓶和移液管等进行校准。

2. 空白试验

化学试剂或蒸馏水中因含有杂质或待测组分引入的误差可通过空白试验进行校正：不加被测试样，按照试样分析的步骤和条件进行测定，所得结果称为空白值。然后从试样测定的结果中减去此空白值，即可得到比较可靠的分析结果。

3. 对照试验

对照试验是检验系统误差的一种有效方法，具体有三种。①用标准试样进行对照：选择已知准确结果的标准试样进行多次测定，将测定结果与标准值进行对比，若基本一致，说明所选测定方法可行，否则，应加以校正。②用标准方法进行对照：用国家颁布的标准方法（或公认的经典方法）和自行采用的方法同时测定某一试样，比较测定结果。③用回收试验进行对照：在试样中加入已知量的待测组分，然后进行对照试验，根据加入的量能否定量回收来判断分析过程是否有系统误差。

（四）减少测量过程中的偶然误差

偶然误差具有不确定性，无法消除，但可采用增加平行测定次数取其平均值的方法来减少偶然误差，一般平均测定 3~4 次即可。

四、有效数字及其运算规则

（一）有效数字

1. 有效数字的概念

有效数字是指实际能测量得到的数字。有效数字的最后一位为估计数字，其他为准确数字。例如 50mL 滴定管的最小刻度为 0.1mL，假设滴定终点读得消耗体积为 21.85mL（如图 4-2），其前三位都是准确数字，而最后一位是估计得到的，但无论准确数字还是估计数字都属于有效数字。有效数字不但反映了数量大小，同时也反映了数据的准确程度，例如上述滴定管的读数 21.85mL 不仅表示消耗滴定液的体积为 21.85mL，同时也反映了滴定管的精度为 $\pm 0.01mL$，其对应的相对误差为：$\dfrac{0.02}{21.85}=$ 0.09%。因此，有效数字的位数包括所有准确数字和最后一位可疑数字。

2. 有效数字的位数

判断有效数字位数应遵循以下原则。

（1）注意"0"这个特殊数字。"0"既可以是有效数字，也可以是无效数字，应根据"0"的位置判断。若"0"出现在中间或最后时为有效数字，例如 12.20 有 4 位有效数字，第 3 位上的"2"是准确读得的数字，第 4 位上的"0"是估计数字。如将此数写成 12.2，就只有 3 位有效数字，表示前面 2 位是可靠数字，第 3 位数"2"是可疑的，这样测量的精确度就降低了。

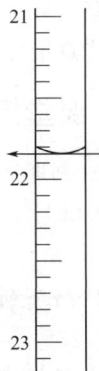

图 4-2　滴定管的读数 21.85mL

若"0"位于前面或者说"0"前面无非零数字，则此"0"不是有效数字。例如 0.0530g 的有效数字位数为 3 位，5 前的两个"0"不是有效数字，但 3 后面的"0"为有效数字。

（2）单位发生变换时，有效数字位数不变。例如 23.65mL 可转换为 0.02365L。

（3）对于 pH、lg$K$ 等对数值，其有效数字的位数只取决于小数部分数字的位数，因整数部分代表该数的方次。如 pH＝10.03，其有效数字为 2 位。

（4）对于特别大或特别小的数字应采用科学记数法书写，例如 2.230×10^{-3} 代表有效数字位数为 4 位。

（二）有效数字的修约

在对有效数字运算前，首先对其按照一定的规则舍去多余数字，这个过程称为有效数字的修约。对数字修约的原则是"四舍六入五成双（五后无非零数字），五后有数要进位"，具体就是：当被修约数≤4 时，舍去；被修约数≥6 时，则进位。当被修约数为 5（5 后面无非零数字）时，若进位后末位数为偶数，则应进位，若进位后为奇数，则应舍去；当被修约数为"5"并且"5"后面还有非零数字时，则无论进位后是偶数还是奇数都要进位。注意数据的修约应一次修约到位，不能连续多次修约。

有效数字
的修约

【例 4-3】 将下列数据修约为 4 位有效数字：0.53676、0.206540、5.56650、5.5635、5.56354。

解 可修约为：0.5368、0.2065、5.566、5.564、5.564

（三）有效数字运算规则

1. 加减法

几个数据相加减时，应以小数点后位数最少的数字为标准，先对其他数字一次修约到位，然后再进行计算。

例如：　　　　　　　　　　12.182＋1.06－1.8502

先修约为：　　　　　　　　＝12.18＋1.06－1.85

再计算：　　　　　　　　　＝11.39

2. 乘除法

几个数相乘除时，应以有效数字位数最少的数为依据，因为其相对误差最大。

例如：$\dfrac{0.0325 \times 6.103 \times 10.065}{12.2832} = \dfrac{0.0325 \times 6.10 \times 10.1}{12.3} = 0.163$

有效数字位数最少的是 0.0325（三位），首先把其他数字也修约为 3 位，然后进行计算，注意最终结果也应修约为 3 位有效数字。

👥 课堂练习

1. 判断下列有效数字的位数：

| 0.001 | 0.0010 | 0.010 | 0.1001 | pH＝0.02 | 1.20×10^{-3} |

| 10.98% | 0.0382 | 1.98×10^{-10} | 0.0040 | pH＝11.20 | 0.50% |

2. 将下列数据修约为 3 位有效数字。

1.235　　2.4351　　3.435　　3.425　　3.432　　3.437　　2.4350

3. 根据有效数字运算规则计算下列各式：

（1）1.23＋0.254＋10.1252

(2) $\dfrac{0.0125 \times 20.53 \times 1.257}{1.225}$

(四)有效数字在定量分析中的应用

1. 用于正确记录原始数据

有效数字是指实际能测量到的数字。记录原始数据时，保留几位数字应根据测定方法和测量仪器的准确程度来确定。例如：用万分之一的分析天平进行称量时，称量结果必须记录到以克为单位小数点后第四位。例如：12.3500g 不能写成 12.35g，也不能写成 12.350g。

2. 用于正确称取试剂的用量和选择适当的测量仪器

例如：万分之一的分析天平，其绝对误差为 ±0.0001g。为了使称量的相对误差在 0.1% 以下，所称量不能少于 0.1g。常量滴定管的绝对误差为 ±0.02mL，如果要求相对误差在 0.1% 以下，在滴定分析中，一般要求消耗滴定液（标准溶液）体积为 20～25mL。

3. 用于正确表示分析结果

一般来说，表示准确度和精密度时，大多数情况下，只取一位有效数字即可，最多取两位有效数字。

组分含量大于 10%，结果要求 4 位有效数字；组分含量在 1%～10%，要求 3 位有效数字；组分含量小于 1%，要求 2 位有效数字。

> 【例 4-4】 甲、乙两人用同样方法同时测定样品中某组分的含量，称取样品 0.2000g，测定结果：甲报告含量为 16.300%，乙报告含量为 16.30%，应采用哪种结果？
>
> 　解　甲分析结果的准确度：±0.001/16.300×100% = ±0.006%
>
> 　乙分析结果的准确度：±0.01/16.30×100% = ±0.06%
>
> 　称样的准确度：±0.0001/0.2000×100% = ±0.05%
>
> 　乙报告的准确度和称样的准确度一致，而甲报告的准确度与称样的准确度不相符，是没有意义的，因此应采用乙的结果。一般定量分析的结果，只要求准确到四位有效数字即可。

第二节　滴定分析法

一、滴定分析法的概念

滴定分析法是将已知浓度的溶液（标准溶液）通过滴定管滴加到待测溶液中，直到所加标准溶液与被测溶液恰好完全反应，然后根据标准溶液的浓度和消耗的标准溶液的体积，即可根据两者的计量关系求出待测物质的含量。滴定分析法又称为容量分析法，是一种重要的化学分析法，该方法主要用于常量组分的分析。将标准溶液通过滴定管滴加到待测溶液中的操作过程称为滴定。通过滴定管滴加的标准溶液与待测溶液恰好完全反应的这一点称为化学计量点。滴定时从外观无法判断是否到达化学计量点，通常借助一种在化学计量点附近会发生颜色突变的试剂指示终点，该试剂称为指示剂，指示剂发生颜色变化的这一点称为滴定终点。指示剂不一定刚好在化学计量点改变颜色，即滴定终点与化学计量点不一定完全吻合，则由于滴定终点与化学计量点不一致造成的误差称为滴定误差。

二、滴定分析法的分类

根据化学反应的类型不同，滴定分析法可分为以下几类。

1. 酸碱滴定法

酸碱滴定法是以酸碱反应为基础的一种滴定分析法。如：

$$OH^- + H^+ \rightleftharpoons H_2O$$

2. 沉淀滴定法

沉淀滴定法是以沉淀反应为基础的一种滴定分析法。如：

$$Ag^+ + Cl^- \rightleftharpoons AgCl\downarrow$$

3. 配位滴定法

配位滴定法是以配位反应为基础的一种滴定分析法。例如，用 EDTA 标准溶液滴定 Ca^{2+}：

$$Y^{4-} + Ca^{2+} \rightleftharpoons CaY^{2-}$$

4. 氧化还原滴定法

氧化还原滴定法是以氧化还原反应为基础的滴定分析法。例如用 $KMnO_4$ 标准溶液滴定 Fe^{2+}（高锰酸钾法）：

$$MnO_4^- + 5Fe^{2+} + 8H^+ \rightleftharpoons Mn^{2+} + 5Fe^{3+} + 4H_2O$$

三、滴定分析法对化学反应的要求

并不是所有的化学反应都可用于滴定分析，能用于滴定分析的化学反应必须具备下列条件：

（1）反应能定量地完成，即反应必须按一定的化学反应方程式进行，而且反应要完全（完全程度要高于 99.9%）。

（2）反应速率要快，对于速率慢的反应可通过加热或加入催化剂等方法加快反应速率。

（3）有合适的确定滴定终点的方法，例如有合适的指示剂可选择。

（4）若被测溶液中有干扰物质，应预先分离或掩蔽。

四、滴定方式

滴定分析法中常用的滴定方式有四种：直接滴定法、返滴定法、置换滴定法和间接滴定法。

1. 直接滴定法

凡能符合滴定分析要求的化学反应，都可用标准溶液直接滴定待测物质，这种滴定方式称为直接滴定法。例如用 HCl 溶液滴定 NaOH 溶液等。

2. 返滴定法

返滴定法也称剩余滴定法或回滴法。返滴定法适用于反应速率慢或反应物是固体的反应，因为若直接在其中加入滴定剂，不能立即定量完成反应。此外，返滴定法也适用于没有合适指示剂的反应。返滴定法是先在待测溶液中加入定量而且过量的一种标准溶液，待测物质完全反应后，再用另一种标准溶液滴定剩余的前一种标准溶液。例如固体 $CaCO_3$ 含量的测定即可采用返滴定法，首先在待测试样 $CaCO_3$ 中加入过量的 HCl 标准溶液，加热使 $CaCO_3$ 完全溶解，然后，再用 NaOH 标准溶液返滴定剩余的 HCl 标准溶液。反应为：

$$CaCO_3 + 2HCl(过量) \rightleftharpoons CaCl_2 + H_2O + CO_2$$
$$HCl(剩余) + NaOH \rightleftharpoons NaCl + H_2O$$

3. 置换滴定法

对于不按化学计量关系进行或伴有副反应的反应可采用置换滴定法，即在待测物质中加入可以和待测物质发生置换反应的一种化学试剂，然后再用标准溶液滴定置换出的物质。例如，$K_2Cr_2O_7$ 在酸性溶液中可将 $Na_2S_2O_3$ 部分氧化为 $S_4O_6^{2-}$，部分氧化为 SO_4^{2-}，反应无定量的关系，无法直接滴定。可在 $K_2Cr_2O_7$ 溶液中加入一定量并且过量的 KI，反应置换出 I_2，然后用 $Na_2S_2O_3$ 标准溶液滴定生成的 I_2。反应如下：

$$Cr_2O_7^{2-}+14H^++6I^-==2Cr^{3+}+3I_2+7H_2O$$
$$2S_2O_3^{2-}+I_2==2I^-+S_4O_6^{2-}$$

4. 间接滴定法

当待测物质不能与标准溶液发生反应时，可采用间接滴定法。即先将待测物质通过一定的化学反应后，再用适当的标准溶液滴定反应产物。例如，用 $KMnO_4$ 测定试样中 Ca^{2+} 含量时，Ca^{2+} 不能与 $KMnO_4$ 反应，可先加过量的 $(NH_4)_2C_2O_4$ 使 Ca^{2+} 定量沉淀为 CaC_2O_4，然后加 H_2SO_4 使生成的沉淀溶解，再用 $KMnO_4$ 标准溶液滴定与 Ca^{2+} 结合的 $C_2O_4^{2-}$，从而可间接求出 Ca^{2+} 的含量，具体反应为：

$$Ca^{2+}+C_2O_4^{2-}==CaC_2O_4\downarrow$$
$$CaC_2O_4+H_2SO_4==CaSO_4+H_2C_2O_4$$
$$2MnO_4^-+5C_2O_4^{2-}+16H^+==2Mn^{2+}+10CO_2\uparrow+8H_2O$$

则 Ca^{2+} 与 MnO_4^- 的关系为：$5Ca^{2+}\sim2MnO_4^-$，即可算出 Ca^{2+} 的含量。

五、标准溶液的配制和标定

（一）试剂的规格及基准物质

1. 试剂的规格

依据所含杂质的多少，化学试剂一般可分为以下四个等级。

（1）一级品　即优级纯（G.R.），此类试剂纯度较高，主要用于精密的分析及科研工作。

（2）二级品　即分析纯（A.R.），此类试剂比一级品稍差，主要用于一般的分析及科研工作。

（3）三级品　即化学纯（C.P.），纯度比前面低很多，主要用于企业日常生产及教学工作。

（4）四级品　即实验试剂（L.R.），杂质含量较多，主要用于辅助试剂，如配制洗液。

2. 基准物质

可用直接配制法配制标准溶液的物质称为基准物质，基准物质必须符合下列条件。

（1）纯度高（一般纯度不能低于99.9%），杂质含量很少（0.02%以下），可以忽略。

（2）性质稳定，在配制及储存过程中组成不变，如加热干燥时不分解，称量时不吸湿，储存时不吸收空气中的 CO_2、不被空气氧化等。

（3）组成应与化学式完全相符，若含结晶水，其含量也应与化学式相符。例如：硼砂（$Na_2B_4O_7\cdot10H_2O$），所含结晶水的量应与化学式一致。

（4）具有较大的摩尔质量，可减小称量误差。

（二）标准溶液的配制

标准溶液的配制分为直接配制法和间接配制法（又称标定法）。

1. 直接配制法

只有基准物质才能采用直接配制法。根据所需配制溶液的浓度和体积计算出所需基准物质的质量，然后准确称取该质量的基准物质，溶解后定量转移至容量瓶中，用蒸馏水定容至刻度，即可得到所需浓度的标准溶液。

例如，需配制 1000mL 浓度为 0.01000mol·L^{-1} 的 $K_2Cr_2O_7$ 溶液，通过计算应称取 $K_2Cr_2O_7$ 2.9420g，准确称量后放于烧杯中，加水溶解后定量转移至 1000mL 容量瓶，再加蒸馏水稀释至刻度即可。

2. 间接配制法（标定法）

很多物质因纯度不够或不稳定等原因不具备基准物质的条件，不能采用直接法配制标准溶液，应采用间接法配制，即先配制成近似浓度的溶液，然后用基准物质或另一种标准溶液标定粗配的溶液，从而求出其准确浓度，此操作过程称为"标定"。例如配制 NaOH 标准溶液，因 NaOH 易吸收空气中的 CO_2 和水，因此应采用间接配制法；此外，盐酸容易挥发也应采用间接法配制。

（1）用基准物质进行标定　精密称取一定量的基准物质于锥形瓶中，溶解后用粗配的近似浓度的待标定溶液进行滴定。根据所消耗溶液的体积及基准物质的质量，即可算出待标定溶液的准确浓度。公式如下：

$$c_A V_A = \frac{a}{b} \times \frac{m_B}{M_B} \times 10^3 \tag{4-9}$$

式中，B 代表基准物质；A 代表待标定物质；c_A 为待标定溶液 A 的浓度，mol·L^{-1}；V_A 为终点时消耗的待标定溶液 A 的体积，mL；m_B 为基准物质 B 的质量，g；M_B 为基准物质 B 的摩尔质量，g·mol^{-1}；a 和 b 分别为标定反应式中 A 物质和 B 物质的系数。

（2）用标准溶液进行标定　准确吸取一定量的待标定溶液放入锥形瓶，用标准溶液滴定锥形瓶中的待标定溶液，反之，用待标定溶液滴定标准溶液也可，根据滴定至终点时消耗的溶液的体积，即可算出待标定溶液的准确浓度。公式如下：

$$c_A V_A = \frac{a}{b} c_B V_B \tag{4-10}$$

式中，B 代表标准溶液；A 代表待标定溶液。

课堂练习

1. 标准溶液的配制分为 ＿＿＿＿＿＿＿＿＿＿＿＿ 和 ＿＿＿＿＿＿＿＿＿＿＿＿ 。

2. 滴定分析的方式包括 ＿＿＿＿＿＿＿＿ 、 ＿＿＿＿＿＿＿＿ 、 ＿＿＿＿＿＿＿＿ 和 ＿＿＿＿＿＿＿＿ 。

3. 滴定分析法要求相对误差为 ±0.1%，若称取试样的绝对误差为 ±0.0002g，则一般至少称取试样的质量为 ＿＿＿＿＿＿ g。

4. 已知准确浓度的溶液称为 ＿＿＿＿＿＿＿＿＿＿＿＿ 。

5. 滴定过程中，指示剂恰好发生颜色变化的转变点称为 ＿＿＿＿＿＿＿＿＿＿＿＿ 。

六、滴定分析法的计算

（一）滴定分析计算的依据

滴定分析的依据是当两物质完全反应时，两物质的物质的量之间的比恰好等于化学反应式表示的两物质的系数比。假设滴定反应中待测物质 A 与标准溶液 B（滴定剂 B）的反应方程式为：

$$a A + b B == c C + d D$$

滴定分析计算

则化学计量点时：
$$n_A : n_B = a : b \tag{4-11}$$

其中，n_A 表示 A 物质的物质的量，mol；n_B 代表 B 物质的物质的量，mol；a 和 b 分别为标定反应式中 A 物质和 B 物质的系数。

根据式（4-11）可得：

$$n_A = \frac{a}{b} \times n_B \text{ 或 } n_B = \frac{b}{a} \times n_A \tag{4-12}$$

（二）滴定分析计算实例

1. 利用基准物质标定待测溶液

由式（4-12）
$$n_A = \frac{a}{b} \times n_B$$

得：
$$c_A V_A = \frac{a}{b} \times \frac{m_B}{M_B} \times 10^3$$

则：
$$c_A = \frac{a}{b} \times \frac{m_B}{M_B V_A} \times 10^3 \tag{4-13}$$

【例4-5】 称取 0.1240g 无水碳酸钠基准物质，溶解后加入甲基橙为指示剂，标定 HCl 溶液的浓度，当滴至溶液呈橙色时，消耗盐酸溶液 23.12mL。计算盐酸溶液的准确浓度（已知 $M_{Na_2CO_3} = 106.0g \cdot mol^{-1}$）。

解 该滴定反应为：$2HCl + Na_2CO_3 = 2NaCl + CO_2 + H_2O$

根据式（4-12）有：
$$n_{HCl} = \frac{2}{1} n_{Na_2CO_3}$$

$$c_{HCl} V_{HCl} \times 10^{-3} = 2 \times \frac{m_{Na_2CO_3}}{M_{Na_2CO_3}}$$

$$c_{HCl} = \frac{2m_{Na_2CO_3}}{M_{Na_2CO_3} V_{HCl} \times 10^{-3}} = \frac{2 \times 0.1240 \times 10^3}{106.0 \times 23.12} = 0.1012 \ (mol \cdot L^{-1})$$

2. 利用标准溶液标定待测溶液的浓度

由式（4-12）可得：
$$c_A V_A = \frac{a}{b} c_B V_B$$

则：
$$c_A = \frac{a}{b} \times \frac{c_B V_B}{V_A} \tag{4-14}$$

【例4-6】 准确吸取 NaOH 溶液 25.00mL，用浓度为 0.1000mol·L^{-1} H$_2$SO$_4$ 标准溶液滴定，终点时消耗 H$_2$SO$_4$ 22.35mL，求 NaOH 溶液的浓度。

解 滴定反应为：
$$H_2SO_4 + 2NaOH = Na_2SO_4 + H_2O$$

根据式（4-12）有：
$$n_{NaOH} = \frac{2}{1} n_{H_2SO_4}$$

$$c_{NaOH} V_{NaOH} = 2c_{H_2SO_4} V_{H_2SO_4}$$

$$c_{NaOH} = \frac{2c_{H_2SO_4} V_{H_2SO_4}}{V_{NaOH}} = \frac{2 \times 0.1000 \times 22.35}{25.00} = 0.1788 \ (mol \cdot L^{-1})$$

3. 待测组分质量分数的计算

假设试样的质量为 m_s，则被测组分 B 在试样中的质量分数为：

$$w_B = \frac{m_B}{m_s} \times 100\% \tag{4-15}$$

又因为：

$$c_A V_A = \frac{a}{b} \times \frac{m_B}{M_B} \times 10^3$$

则：

$$m_B = \frac{b}{a} \times c_A V_A M_B \times 10^{-3} \tag{4-16}$$

经过换算得：

$$w_B = \frac{b}{a} \times \frac{c_A V_A M_B \times 10^{-3}}{m_s} \times 100\% \tag{4-17}$$

> **【例 4-7】** 用浓度为 $0.1000\,mol \cdot L^{-1}$ 的 HCl 标准溶液滴定 Na_2CO_3 试样，已知 Na_2CO_3 试样的质量为 $0.1756g$，滴定至终点消耗 HCl $32.06mL$。计算试样中 Na_2CO_3 的质量分数。
>
> **解**　该滴定反应为：$2HCl + Na_2CO_3 \Longrightarrow 2NaCl + CO_2 + H_2O$
>
> 根据式(4-17) 有：$w_{Na_2CO_3} = \frac{1}{2} \times \dfrac{c_{HCl} V_{HCl} M_{Na_2CO_3} \times 10^{-3}}{m_s} \times 100\%$
>
> $$\frac{1}{2} \times \frac{0.1000 \times 32.06 \times 106.0 \times 10^{-3}}{0.1756} \times 100\%$$
>
> $$= 96.76\%$$

4. 以滴定度计算被测物质的量

(1) 滴定度的概念　滴定度是指 1mL 标准溶液相当于被测物质的质量（g），以 $T_{A/B}$ 表示。A 代表标准溶液，B 代表被测物质。例如，$T_{HCl/NaOH} = 0.01358g \cdot mL^{-1}$，表示用 HCl 为标准溶液，滴定 NaOH 溶液时，每消耗 1mL HCl 标准溶液可与 $0.01358g$ NaOH 完全反应。又如，$T_{HCl} = 0.001562g \cdot mL^{-1}$，表示 1mL 盐酸标准溶液含 HCl $0.001562g$。因此，只要知道消耗标准溶液的体积，就很方便求出被测物质的质量。

> **【例 4-8】** 已知 $T_{HCl/NaOH} = 0.01105g \cdot mL^{-1}$。用该 HCl 标准溶液滴定 NaOH 溶液时消耗 HCl 标准溶液 $22.03mL$。求 NaOH 的质量。
>
> **解** 　　　　　　$m_{NaOH} = T_{HCl/NaOH} V_{HCl}$
>
> $$= 0.01105 \times 22.03$$
>
> $$= 0.2434 \text{（g）}$$

(2) 滴定度与物质的量浓度的换算　从式(4-13) 可得到：

$$m_B = \frac{b}{a} \times c_A V_A M_B \times 10^{-3}$$

当 $V_A = 1mL$ 时，则 $m_B = T_{A/B}$，即：

$$T_{A/B} = \frac{b}{a} \times c_A M_B \times 10^{-3} \tag{4-18}$$

【例4-9】试计算浓度为 $0.1206mol \cdot L^{-1}$ HCl 溶液对 Na_2CO_3 的滴定度。

解 根据 HCl 与 Na_2CO_3 反应的物质的量比为 2：1。

则：
$$T_{HCl/Na_2CO_3} = \frac{1}{2}c_{HCl}M_{Na_2CO_3} \times 10^{-3}$$
$$= \frac{1}{2} \times 0.1206 \times 105.99 \times 10^{-3}$$
$$= 0.006391 \ (g \cdot mL^{-1})$$

（3）根据滴定度求被测组分的质量分数

【例4-10】用 $0.1020mol \cdot L^{-1}$ HCl 标准溶液滴定碳酸钠试样。已知碳酸钠试样的质量为 0.1200g，滴定时消耗 HCl 标准溶液 22.10mL。求 HCl 对 Na_2CO_3 的滴定度为多少？Na_2CO_3 的质量分数为多少？

解 根据反应：$2HCl + Na_2CO_3 \longrightarrow 2NaCl + CO_2 + H_2O$

则 HCl 对 Na_2CO_3 的滴定度为：
$$T_{HCl/Na_2CO_3} = \frac{1}{2}c_{HCl}M_{Na_2CO_3} \times 10^{-3}$$
$$= \frac{1}{2} \times 0.1020 \times 105.99 \times 10^{-3}$$
$$= 0.005405 \ (g \cdot mL^{-1})$$

则 Na_2CO_3 的质量分数为：
$$w_{Na_2CO_3} = \frac{0.005405 \times 22.10}{0.1200} \times 100\% = 99.54\%$$

课堂练习

1. 用 H_2SO_4（$0.09904mol \cdot L^{-1}$）标准溶液滴定 20.00mL NaOH 溶液时，用去 H_2SO_4 溶液 22.40mL，计算该 NaOH 溶液的浓度。

2. $T_{NaOH/HCl} = 0.003646g \cdot mL^{-1}$，若用该标准溶液滴定盐酸，用去该标准溶液 22.00mL，则试样中 HCl 的质量为多少克？

拓展窗

分析化学的起源与发展

分析化学这一名称虽然创自玻意耳，但其实践运用有着与化学工艺一样古老的历史。古代冶炼、酿造等工艺的发展都与鉴定、分析、制作过程的控制等手段密切相关。东、西方兴起的炼丹术、炼金术等都可视为分析化学的前驱。

早在公元前 3000 年，埃及人已经掌握了一些称量技术。最早出现的分析用仪器是等臂天平，这在公元前 1300 年的《莎草纸卷》上有记载。火试金法是一种古老的分析方法。远在公元前 13 世纪，巴比伦王致书埃及法老阿门菲斯四世称："陛下送来之金经入炉后，重量减轻……"这说明 3000 多年前人们已知道"真金不怕火炼"这一事实。公元 60 年左右，老普林尼将五倍子浸液涂在莎草纸上，用以检出硫酸铜的掺杂物铁，这是最早使用的有机试剂，也是最早的试纸。古代阿基米德在判断叙拉古王喜朗二世的金冕的纯度时，即利用了金、银的密度之差，这是无伤损分析的先驱。

1663 年玻意耳报道了用植物色素作酸碱指示剂，这是容量分析的先驱。但真正的容量分析应归功于法国盖·吕萨克。1824 年他发表了漂白粉中有效氯的测定，用磺化靛青作指示剂。随后他用硫酸滴定草木灰，又用氯化钠滴定硝酸银。这三项工作分别代表氧化还原滴定法、酸碱滴定法和沉淀滴定法。络合滴定法创自李比希，他用银滴定氰离子。

另一位对容量分析作出卓越贡献的是德国莫尔，他设计的可盛强碱溶液的滴定管至今仍在沿用。他推荐草酸作碱量法的基准物质，硫酸亚铁铵（也称莫尔盐）作氧化还原滴定法的基准物质。

18 世纪的瑞典化学家贝格曼可称为无机定性、定量分析的奠基人。他最先提出金属元素除金属态外，也可以其他形式离析和称量，特别是以水中难溶的形式，这是重量分析中湿法的起源。

色谱法也称层析法。1906 年俄国茨维特将绿叶提取汁加在碳酸钙柱顶部，然后用纯溶剂淋洗，从而分离出叶绿素。此项研究当时并未引起人们的注意，直到 1931 年德国的库恩和莱德尔再次发现本法并显示其效能，人们才从文献中追溯到茨维特的研究。

气体吸附层析始于 20 世纪 30 年代的舒夫坦和尤肯。40 年代，德国黑塞利用气体吸附分离挥发性有机酸。英国格卢考夫在 1946 年分离空气中的氢和氖，并在 1951 年制成气相色谱仪。第一台现代气相色谱仪研制成功应归功于克里默。

✸ 本章小结

一、误差的分类

误差分为系统误差和偶然误差。

系统误差：具有单向性、重现性和可测性，包括方法误差、仪器误差、试剂误差和主观误差。

偶然误差：由某些偶然因素引起，具有不可测性，可采用平行测定几次取平均值的方法减免。

二、准确度、精密度及其相互关系

准确度的大小用误差衡量，误差分为绝对误差和相对误差。

绝对误差 E_i 是指测量值 x_i 与真实值 x_t 之间的差值。误差越小，表示测定结果与真实值越接近，准确度越高。

精密度的高低可用偏差 d 来衡量，偏差分为绝对偏差和相对偏差。偏差越小，则测定结果的精密度越高。

准确度高则精密度一定高；精密度高，准确度不一定高。

三、有效数字及其运算规则

有效数字是指实际测量得到的数字，由若干准确数字和一位可疑数字组成。

有效数字的修约原则：四舍六入五成双（5 后无非零数字），五后有数要进位。

有效数字的运算：加减法以小数点后位数最少的数字为标准先修约，再计算；乘除法以有效数字位数最少的数字为标准先修约，再计算。

四、滴定分析法的有关概念和术语

标准溶液：已知准确浓度的溶液称为标准溶液。

滴定：将标准溶液通过滴定管滴加到待测溶液中的操作过程称为滴定。

化学计量点：滴加的标准溶液与待测溶液恰好完全反应的这一点称为化学计量点。

滴定终点：指示剂发生颜色变化的这一点称为滴定终点。

滴定误差：滴定终点与化学计量点不一致所引起的误差称为滴定误差。

指示剂：能借助颜色的变化而指示滴定终点的化学试剂称为指示剂。

五、滴定分析法的分类

主要的滴定分析方法有酸碱滴定法、沉淀滴定法、配位滴定法和氧化还原滴定法等。

六、滴定分析法的条件及主要的滴定方式

反应要定量、迅速、有合适的确定滴定终点方法，此外，无干扰物质。

常用的滴定方式有：直接滴定法、返滴定法、置换滴定法和间接滴定法四种。

七、标准溶液的配制

分为直接配制法和间接配制法：符合基准物质条件的试剂都可采用直接配制法配制标准溶液；不满足基准物质条件的试剂应采用间接法配制，即先粗略配制近似浓度的溶液，再用基准物质或另一种标准溶液标定。

八、反应物之间的化学计量关系

假设滴定反应为：$a\mathrm{A}+b\mathrm{B}=\!\!=\!\!=c\mathrm{C}+d\mathrm{D}$，则：

$$n_\mathrm{A} : n_\mathrm{B} = a : b$$

九、滴定分析的有关计算公式

1. 利用基准物质标定待测溶液

$$c_\mathrm{A} = \frac{a}{b} \times \frac{m_\mathrm{B}}{M_\mathrm{B}V_\mathrm{A}} \times 10^3$$

2. 利用标准溶液标定待测溶液的浓度

$$c_\mathrm{A} = \frac{a}{b} \times \frac{c_\mathrm{B}V_\mathrm{B}}{V_\mathrm{A}}$$

3. 求待测组分的质量分数

$$w_\mathrm{B} = \frac{m_\mathrm{B}}{m_\mathrm{s}} \times 100\%$$

$$w_\mathrm{B} = \frac{b}{a} \times \frac{c_\mathrm{A}V_\mathrm{A}M_\mathrm{B} \times 10^{-3}}{m_\mathrm{s}} \times 100\%$$

习题

一、单项选择题

1. 消除测量过程中的偶然误差的方法是（　　）。

    A. 空白实验　　　　B. 对照实验　　　　C. 增加平行测定次数　　　　D. 校正仪器

2. 下列物质可采用直接法配制标准溶液的是（　　）。

    A. NaOH　　　　B. HCl　　　　C. 无水 Na_2CO_3　　　　D. $KMnO_4$

3. 下列说法错误的是（　　）。

    A. 系统误差又称为可测误差　　　　B. 系统误差具有单向性

    C. 方法误差属于系统误差　　　　D. 偶然误差可完全消除

4. 下列属于偶然误差的是（　　）。

    A. 使用生锈的砝码称量　　　　　　　B. 标定 HCl 时所用 Na_2CO_3 不纯

    C. 所用试剂含待测组分　　　　　　　D. 滴定管读数时最后一位估计不准

5. $\dfrac{0.1250 \times 0.010}{2.05}$ 的有效数字位数为（　　）。

    A. 4　　　　　　　　B. 2　　　　　　　　C. 3　　　　　　　　D. 1

6. pH＝10.02 的有效数字位数为（　　）。

    A. 4　　　　　　　　B. 2　　　　　　　　C. 3　　　　　　　　D. 无法确定

7. 用失去结晶水的 $Na_2B_4O_7 \cdot 10H_2O$ 标定 HCl 溶液，则测得的浓度会（　　）。

    A. 偏高　　　　　　B. 偏低　　　　　　C. 与实际浓度一致　　　　D. 无法确定

8. 滴定分析中，指示剂颜色发生突变的这一点称为（　　）。

    A. 化学计量点　　　　　　　　　　　B. 滴定终点

    C. 既是化学计量点，也是滴定终点　　D. 以上都不对

9. 测定 $CaCO_3$ 含量时，先加入一定量并且过量的 HCl 溶液，然后用 NaOH 标准溶液滴定剩余的 HCl 溶液，此滴定方式属于（　　）。

    A. 直接滴定　　　　B. 返滴定　　　　　C. 置换滴定　　　　　　　D. 间接滴定

10. 常量分析的试样用量为（　　）。

    A. 大于 1.0g　　　　B. 1.0～10g　　　　C. 大于 0.1g　　　　　　　D. 小于 0.1g

11. 滴定分析中，滴定管的读数误差为 ±0.01mL，滴定管的一次滴定需读初、终两次读数，可能引起的最大误差为 ±0.02mL，为使滴定的相对误差小于 0.1%，终点时消耗的滴定剂的体积至少为（　　）。

    A. 10mL　　　　　　B. 15mL　　　　　　C. 20mL　　　　　　　　D. 无法确定

12. 用 25mL 常量酸碱滴定管进行滴定，结果记录正确的是（　　）。

    A. 18.2　　　　　　B. 18.20　　　　　　C. 18　　　　　　　　　D. 18.000

13. 已知 $T_{HCl/NaOH} = 0.004000 g \cdot mL^{-1}$，则 c_{HCl} 为（　　）。

    A. $0.1000 mol \cdot L^{-1}$　　　　　　　　B. $0.004000 g \cdot mL^{-1}$

    C. $0.003600 g \cdot mL^{-1}$　　　　　　　D. $0.1097 mol \cdot L^{-1}$

14. 滴定管的读数误差为 ±0.02mL，若滴定时用去滴定液 20.00mL，则相对误差是（　　）。

    A. ±0.1%　　　　　B. ±0.01%　　　　　C. ±1.0%　　　　　　　D. ±0.001%

15. 在标定 NaOH 溶液浓度时，某同学的四次测定结果分别为 $0.1023 mol \cdot L^{-1}$、$0.1024 mol \cdot L^{-1}$、$0.1022 mol \cdot L^{-1}$、$0.1023 mol \cdot L^{-1}$，而实际结果应为 $0.1088 mol \cdot L^{-1}$，该学生的测定结果（　　）。

    A. 准确度较好，但精密度较差　　　　B. 准确度较差，但精密度较好

    C. 准确度较差，精密度也较差　　　　D. 系统误差小，偶然误差大

16. 在定量分析结果的一般表示方法中，通常要求（　　）。

    A. $\bar{d}_r \leqslant 2\%$　　　B. $\bar{d}_r \leqslant 0.02\%$　　　C. $\bar{d}_r \geqslant 0.2\%$　　　　　D. $\bar{d}_r \leqslant 0.2\%$

17. $T_{A/B}$ 表示的意义是（　　）。

    A. 100mL 滴定液中所含溶质的质量　　B. 1mL 滴定液中所含溶质的质量

    C. 1L 滴定液相当于被测物质的质量　　D. 1mL 滴定液相当于被测物质的质量

18. $T_{HCl/NaOH} = 0.003000 g \cdot mL^{-1}$，终点时消耗 HCl 40.00mL，试样中 NaOH 的质量为（　　）。

　A. 0.1200g　　　　B. 0.01200g　　　　C. 0.001200g　　　　　　D. 0.1200mg

19. 欲配制 1000mL 0.1mol·L^{-1} HCl 溶液，应取浓盐酸（12mol·L^{-1} HCl）（　　）。

　A. 0.84mL　　　　B. 8.4mL　　　　C. 1.2mL　　　　　　D. 12mL

20. 在滴定分析中，化学计量点与滴定终点间的关系是（　　）。

　A. 两者含义相同　　　　　　　　B. 两者必须吻合

　C. 两者互不相干　　　　　　　　D. 两者愈接近，滴定误差愈小

二、计算题

1. 物质 A 和 B 的真实质量分别为 1.7766g 和 0.1777g，而用分析天平称得 A 和 B 的质量分别为 1.7765g 和 0.1776g。分别计算两者的绝对误差和相对误差并比较两者准确度的大小。

2. 根据有效数字修约规则，将下列数据修约成 3 位有效数字：

2.1432，0.5252，8.045，2.535，3.5501，5.45，7.823

3. 根据有效数字运算规则计算下列各式：

(1) 3.345＋3.3＋2.558

(2) 0.0130×32.25×0.0124560

(3) $\dfrac{2.20 \times 12.15 \times 2.10}{0.0023535}$

4. 用基准物质 Na_2CO_3 标定 HCl 溶液。已知称取 Na_2CO_3 的质量为 0.2550g，滴定终点时消耗 HCl 溶液的体积为 25.40mL，求 HCl 溶液的浓度。（已知 $M_{Na_2CO_3} = 106.0$g·mol^{-1}）

5. 要配制浓度为 0.1000mol·L^{-1} 的 Na_2CO_3 标准溶液 1000mL，则应称取 Na_2CO_3 基准物质多少克？

6. 用草酸（$H_2C_2O_4·2H_2O$）作基准物质标定浓度约为 0.1000mol·L^{-1} 的 NaOH 溶液。若欲消耗 NaOH 的体积在 18.00～22.00mL 之间，则应称取草酸的质量范围是多少？（已知 $M_{H_2C_2O_4·2H_2O} = 126.07$g·mol^{-1}）

7. 称取 $CaCO_3$（含杂质）0.3000g，加入 25.00mL 浓度为 0.2000mol·L^{-1} 的 HCl 溶液。然后用浓度为 0.2500mol·L^{-1} 的 NaOH 溶液返滴定剩余的酸，消耗 NaOH 4.56mL。计算试样中 $CaCO_3$ 的质量分数。（已知 $M_{CaCO_3} = 100.09$g·mol^{-1}）

第四章
计算题讲解

习题答案

第五章
酸碱平衡与酸碱滴定法

学习目标

知识目标

1. 掌握酸碱质子理论。

2. 掌握一元弱酸、弱碱在水溶液中的质子转移平衡和近似计算；熟悉多元酸、多元碱、两性物质的质子转移平衡和近似计算。

3. 理解同离子效应和盐效应。

4. 掌握缓冲溶液的作用和组成、缓冲作用机制；能熟练计算缓冲溶液 pH。

5. 掌握缓冲溶液的配制原则、方法及计算。

能力目标

1. 会根据酸碱质子理论判断某物质是酸还是碱。

2. 会计算一元弱酸和弱碱的 pH。

3. 能判断多元酸能否准确滴定及能否分步滴定。

4. 能根据需要选择共轭缓冲对配制缓冲溶液，并能准确配制。

5. 能配制常用的标准溶液。

6. 能根据实际情况选择合适的指示剂。

素质目标——职业道德，爱岗敬业；精益求精，工匠精神

通过学习溶液的配制技能，理解溶液配制在化学工作中的基础性和重要性，认识到分析检测每一环节都关乎产品的质量，培养对每个工作细节精益求精的严谨态度，从而树立爱岗敬业的责任感；同时，在学习与实践过程中，坚持诚实守信的原则，确保操作规范、数据真实，为将来步入职场奠定良好的职业道德基础。

学习任务

问题 1. 如何自行选择共轭酸碱对配制一个一定 pH 的缓冲溶液？

学习本章理论知识后，预习第二部分模块一"实验基础知识"中酸度计的相关知识，然后完成实训项目：缓冲溶液的配制和酸度计的使用。

问题 2. 如何配制一定浓度的酸碱标准溶液？

学习本章理论知识后，先预习第二部分模块一"实验基础知识"中称量仪器的使用和滴定分析仪器的使用等相关知识，然后完成实训项目：$0.1mol \cdot L^{-1}$ HCl 标准溶液的配制与标定；$0.1mol \cdot L^{-1}$ NaOH 标准溶液的配制与标定。

问题 3. 如何自行选择指示剂，设计实验测定物质的含量？

学习本章理论知识后，先预习第二部分模块一"实验基础知识"中称量仪器的使用和滴

定分析仪器的使用，然后完成实训项目：混合碱中各组分含量的测定；硬脂酸酸值的测定。

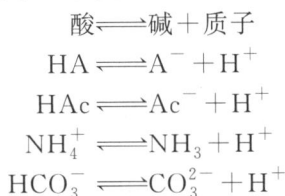

第一节 酸碱质子理论

一、酸碱质子理论

酸碱质子理论是由丹麦化学家布朗斯特提出的，酸碱质子理论认为：凡是能给出质子（H^+）的物质称为酸；凡能接收质子（H^+）的物质称为碱。按照酸碱质子理论，HAc、HCl、HCO_3^-、NH_4^+、H_2O 等能给出质子，所以为酸；而 Ac^-、OH^-、NH_3、CO_3^{2-}、HS^- 等能接受质子，所以为碱。它们之间的关系为：

$$酸 \rightleftharpoons 碱 + 质子$$
$$HA \rightleftharpoons A^- + H^+$$
$$HAc \rightleftharpoons Ac^- + H^+$$
$$NH_4^+ \rightleftharpoons NH_3 + H^+$$
$$HCO_3^- \rightleftharpoons CO_3^{2-} + H^+$$

酸碱质子理论

酸 HA 给出质子后剩余的部分 A^- 能接受质子，为碱；而碱 A^- 接受质子后变成相应的酸 HA。HA 与 A^- 之间只差一个质子，称为一对共轭酸碱对，HA 称为 A^- 的共轭酸，A^- 称为 HA 的共轭碱。

从酸碱关系可看出：

（1）酸和碱可以是中性分子，也可以是阳离子或阴离子；

（2）酸碱质子理论中，酸碱具有相对性，同一物质在某对共轭酸碱体系中是碱，但在另一共轭酸碱对中是酸。例如：

$$H_2CO_3 \rightleftharpoons HCO_3^- + H^+，HCO_3^- 为碱$$
$$HCO_3^- \rightleftharpoons CO_3^{2-} + H^+，HCO_3^- 为酸$$

（3）质子理论中不存在盐的概念，它们分别是离子酸或离子碱。

课堂练习

1. 按照酸碱质子理论，在水溶液中只可作为碱的是（ ）。
A. CO_3^{2-} B. HCO_3^- C. H^+ D. HS^-

2. HCO_3^- 的共轭酸是（ ）。
A. H_2CO_3 B. H^+ C. CO_3^{2-} D. H_2O

3. 已知某溶液的 $[H^+] = 1.0 \times 10^{-3} mol \cdot L^{-1}$，则 pOH=（ ）。
A. 4   B. 3   C. 11   D. 12

4. 下列物质中既可以作酸也可以作碱的是（ ）。
A. S^{2-} B. HCO_3^- C. PO_4^{3-} D. H_3PO_4

5. $H_2PO_4^-$ 的共轭酸是（ ）。
A. $H_2PO_4^-$ B. H_3PO_4 C. PO_4^{3-} D. H^+

二、酸碱反应的实质

酸碱反应的实质是质子的传递过程，即质子从酸传递给碱。每个酸碱反应都是由两个共轭酸碱对的半反应组成，酸 1 传递质子给碱 2 后，生成了碱 1；而碱 2 得到质子后生成了相应的酸2。

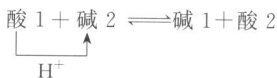

例如：$HAc+OH^- \rightleftharpoons Ac^- + H_2O$，酸1（HAc）把质子传递给碱2（$OH^-$）后生成了碱1（$Ac^-$）。

按照酸碱反应的实质是质子的传递，解离、中和反应和水解反应也可看作质子传递的酸碱反应。

第二节　溶液的酸碱平衡及 pH 计算

一、水的质子自递平衡

水既能给出质子，又能接受质子，因此两分子水分子间存在水的质子自递反应：

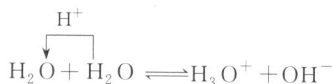

可简写为：$H_2O \rightleftharpoons OH^- + H^+$（$H_3O^+$ 简写为 H^+）

达到平衡时：

$$K_i = \frac{[H^+][OH^-]}{[H_2O]}$$

水的解离很弱，因此 $[H_2O]$ 可看作常数，故：

$$[H^+][OH^-]=K_i[H_2O]=K_w$$

K_w 称为水的离子积常数，简称水的离子积。常温（25℃）时，纯水中 $[H^+]=[OH^-]=10^{-7}\ mol \cdot L^{-1}$

则：

$$K_w=[H^+][OH^-]=10^{-14} \tag{5-1}$$

水的离子积适用于所有的稀溶液，即常温（25℃）下任何水溶液中 $[H^+]$ 和 $[OH^-]$ 的乘积都是 10^{-14}。

溶液的酸碱性常用 pH 表示：$pH=-lg[H^+]$，可根据 pH 的大小判断酸碱性：pH<7，溶液为酸性；pH=7，溶液呈中性；pH>7，溶液呈碱性。

二、弱电解质溶液的酸碱平衡

强电解质在水溶液中完全解离，不存在解离平衡。而弱电解质在水溶液中是部分解离，存在解离平衡。

1. 一元弱酸的解离平衡

一元弱酸在水溶液中的解离过程为：

$$HA+H_2O \rightleftharpoons H_3O^+ + A^-$$

可简写为：

$$HA \rightleftharpoons H^+ + A^-$$

在一定温度下，达到解离平衡时，有：

$$K_a = \frac{[H^+][A^-]}{[HA]} \tag{5-2}$$

K_a 称为弱酸的解离常数，简称酸常数。K_a 越大，平衡向正方向的趋势越大，给出质

弱电解质溶液
的酸碱平衡

子的能力越强，则酸性也越强。

2. 一元弱碱的解离平衡

一元弱碱（A^-）在水溶液中的解离过程为：

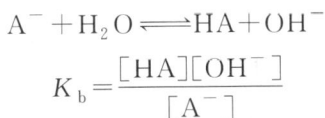

$$A^- + H_2O \rightleftharpoons HA + OH^-$$

$$K_b = \frac{[HA][OH^-]}{[A^-]}$$

K_b 称为弱碱的解离常数，简称碱常数。K_b 越大，平衡向正方向的趋势越大，接受质子的能力越强，则碱性也越强。

3. 共轭酸碱对 K_a 与 K_b 的关系

弱酸 HA 在水溶液中的解离反应为：$HA + H_2O \rightleftharpoons H_3O^+ + A^-$

$$K_a = \frac{[H^+][A^-]}{[HA]}$$

HA 对应的共轭碱 A^- 在水溶液中的解离反应为：$A^- + H_2O \rightleftharpoons HA + OH^-$

$$K_b = \frac{[HA][OH^-]}{[A^-]}$$

则：

$$K_a K_b = \frac{[H^+][A^-]}{[HA]} \frac{[HA][OH^-]}{[A^-]} = [H^+][OH^-] = K_w$$

常温（25℃）时：
$$K_a K_b = 10^{-14} \tag{5-3}$$

因此，酸碱解离常数只要知道一个，就可得到另一个。

【例 5-1】 已知 25℃时，NH_4^+ 的 $K_a = 5.59 \times 10^{-10}$，求 NH_4^+ 共轭碱的 K_b。

解 常温（25℃）时：$K_a K_b = K_w = 10^{-14}$

故：$K_b = \dfrac{10^{-14}}{K_a} = \dfrac{10^{-14}}{5.59 \times 10^{-10}} = 1.79 \times 10^{-5}$

课堂练习

计算 25℃时，$0.1\,mol \cdot L^{-1}$ NH_3 溶液的 pH。（已知 NH_3 的 $K_b = 1.76 \times 10^{-5}$）

三、弱电解质溶液 pH 的计算

（一）一元弱酸（碱）溶液

如果忽略 H_2O 产生的 H^+，设某一元弱酸 HA 的初始浓度为 $c(mol \cdot L^{-1})$，在水中解离平衡时 $[H^+] = x$，如下：

弱电解质溶液
pH 的计算

$$HA + H_2O \rightleftharpoons H_3O^+ + A^-$$

初始浓度/$mol \cdot L^{-1}$	c	0	0
平衡浓度/$mol \cdot L^{-1}$	$c-x$	x	x

则：

$$K_a = \frac{[H^+][A^-]}{[HA]} = \frac{x^2}{c-x} \tag{5-4}$$

当 $c/K_a \geqslant 500$ 时，x 远远小于 c，此时：$c-x \approx c$，则上式可转化为：

$$K_a = \frac{x^2}{c}$$

故：
$$[H^+] = x = \sqrt{cK_a} \tag{5-5}$$

按照同样的方法，对一元弱碱，当 $c/K_b \geqslant 500$ 时，$[OH^-] = \sqrt{cK_b}$ （5-6）

【例5-2】 计算25℃时，$0.1mol \cdot L^{-1}$ HAc 溶液的 pH。（已知 HAc 的 $K_a = 1.76 \times 10^{-5}$）

解 HAc 为一元弱酸，并且满足 $c/K_a = \dfrac{0.1}{1.76 \times 10^{-5}} \geqslant 500$

故：$[H^+] = \sqrt{cK_a} = \sqrt{0.1 \times 1.76 \times 10^{-5}} = 1.3 \times 10^{-3}$ $(mol \cdot L^{-1})$

$$pH = -lg[H^+] = -lg(1.3 \times 10^{-3}) = 2.89$$

【例5-3】 计算25℃时，$0.10mol \cdot L^{-1}$ NaAc 溶液的 pH（已知 HAc 的 $K_a = 1.76 \times 10^{-5}$）。

解 NaAc 为一元弱碱，又 $c/K_b = \dfrac{0.1}{10^{-14}/K_a} = \dfrac{0.1}{(10^{-14}/1.76 \times 10^{-5})} \geqslant 500$

则：$[OH^-] = \sqrt{cK_b} = \sqrt{0.1 \times \dfrac{10^{-14}}{K_a}} = \sqrt{0.1 \times \dfrac{10^{-14}}{1.76 \times 10^{-5}}} = 7.5 \times 10^{-6}$ $(mol \cdot L^{-1})$

$$[H^+] = \frac{10^{-14}}{[OH^-]} = \frac{10^{-14}}{7.5 \times 10^{-6}} \; (mol \cdot L^{-1})$$

$$pH = -lg[H^+] = -lg\left(\frac{10^{-14}}{7.5 \times 10^{-6}}\right) = 8.88$$

（二）多元弱酸（碱）溶液

多元弱酸（碱）在水溶液中是分步解离的。对于多元弱酸，一般 $K_{a_1} > K_{a_2} > \cdots > K_{a_n}$，可将溶液中的 H^+ 看成主要由第一级解离生成，因此可按照一元弱酸的方法计算 pH。

【例5-4】 计算25℃时，$0.10mol \cdot L^{-1}$ H_2S 水溶液中的 H^+ 和 S^{2-} 的浓度。（$K_{a_1,H_2S} = 9.5 \times 10^{-8}$，$K_{a_2,H_2S} = 1.3 \times 10^{-14}$）

解
$$H_2S \rightleftharpoons H^+ + HS^-$$

$$HS^- \rightleftharpoons H^+ + S^{2-}$$

因为：$c/K_{a_1} = \dfrac{0.1}{9.5 \times 10^{-8}} \geqslant 500$

故：$[H^+] = \sqrt{cK_{a_1}} = \sqrt{0.1 \times 9.5 \times 10^{-8}} = 9.7 \times 10^{-5}$ $(mol \cdot L^{-1})$

由于第二步解离的 H^+ 与第一步解离的相比，可忽略不计，所以 $[H^+] \approx [HS^-]$，所以根据第二步解离平衡得到：$[S^{2-}] \approx K_{a_2} = 1.3 \times 10^{-14} mol \cdot L^{-1}$。

与多元弱酸相同，多元弱碱 pH 的计算可按照一元弱碱计算。

课堂练习

1. 已知某溶液中 $[H^+] = 0.01 \; mol \cdot L^{-1}$，求该溶液的 pH，并判断该溶液的酸碱性。

2. 已知 25℃时，H_2S 的 $K_{a_1} = 8.9 \times 10^{-8}$，$K_{a_2} = 1.1 \times 10^{-12}$，求 S^{2-} 的 K_{b_1} 和 K_{b_2}。

（三）同离子效应和盐效应

解离平衡和其他平衡一样，当维持平衡体系的外界条件改变时，会引起解离平衡的移动。

1. 同离子效应

在弱电解质溶液中，加入含有与弱电解质具有相同离子的易溶的强电解质，使弱电解质解离度降低的现象称为同离子效应。

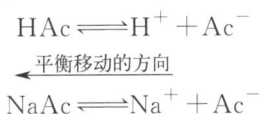

$$HAc \rightleftharpoons H^+ + Ac^-$$

平衡移动的方向

$$NaAc \rightleftharpoons Na^+ + Ac^-$$

例如在 HAc 溶液中加入 NaAc，将使得 HAc 的解离度降低。原因是加入的 NaAc 与 HAc 含有相同离子（Ac^-），使溶液中 Ac^- 的浓度增大，会导致 HAc 解离平衡向逆方向移动。因此达到新的平衡时，溶液中 HAc 的浓度比原平衡中 HAc 的浓度大，即 HAc 的解离度降低了。

2. 盐效应

在弱电解质溶液中，加入一种与弱电解质不含相同离子的某一强电解质，使弱电解质解离度增加的现象称为盐效应。这是由于加入强电解质后，溶液离子浓度增大，相互制约作用增大，一定程度上阻碍了离子间结合为分子，间接导致了平衡向右移动，使解离度增加。

四、缓冲溶液

1. 缓冲溶液的概念

做一个实验：取两个容器，一个装纯水，另一个装 HAc-NaAc 溶液（HAc 和 NaAc 的浓度均为 $0.1 mol \cdot L^{-1}$），分别测得其 pH 为 7.00 和 4.75；若在两容器中分别加入 0.05mL 1mol $\cdot$ L^{-1} HCl 溶液后，测得 pH 分别为 3.00 和 4.75；同理，若分别加入 0.05mL 1mol $\cdot$ L^{-1} NaOH 溶液，pH 分别为 11.00 和 4.76。

从实验可发现，与纯水相比较，在 HAc 和 NaAc 混合溶液中外加少量酸碱其 pH 几乎不变。此外，若分别加入少量水，HAc 和 NaAc 混合溶液的 pH 也基本不变。我们把这种能够抵抗外加少量酸碱或适当稀释 pH 基本不变的作用称为缓冲作用，具有缓冲作用的溶液称为缓冲溶液。

缓冲溶液一般都由一对共轭酸碱对组成，主要有三种类型：

（1）弱酸及其盐 如 HAc-NaAc、H_2CO_3-$NaHCO_3$。

（2）多元弱酸的酸式盐及其次级盐 如 $NaHCO_3$-Na_2CO_3、NaH_2PO_4-Na_2HPO_4。

（3）弱碱 如 $NH_3 \cdot H_2O$-NH_4Cl。

常见的缓冲对见表 5-1。

表 5-1 常用缓冲对的 pK_a

缓冲对	pK_a(25℃)	缓冲对	pK_a(25℃)
HAc-NaAc	4.76	NaH_2PO_4-Na_2HPO_4	7.21
H_2CO_3-$NaHCO_3$	6.35	Na_2HPO_4-Na_3PO_4	12.67
H_3PO_4-NaH_2PO_4	2.16	NH_4Cl-NH_3	9.25
$NaHCO_3$-Na_2CO_3	10.25		

2. 缓冲溶液的作用原理

缓冲溶液为什么具有缓冲作用呢？这里以 HAc-NaAc 组成的缓冲溶液为例，说明缓冲作用的原理。HAc-NaAc 组成的缓冲溶液中同时含有大量的 HAc 和 Ac^-，并存在着 HAc 的解离平衡：

$$HAc(大量) \longrightarrow H^+(极小量) + Ac^-(大量)$$

根据平衡移动原理，当外加少量强酸时，溶液中的 Ac^- 立即与外加 H^+ 结合成 HAc，使平衡向左移动，因此，部分抵消了外加的少量 H^+，保持了溶液的 pH 基本不变，Ac^- 则为抗酸成分；当外加少量强碱时，OH^- 与溶液中的 H^+ 结合生成水，H^+ 浓度减少，平衡向右移动，HAc 解离产生的 H^+ 补充了 H^+ 的消耗，从而使溶液的 pH 基本不变，HAc 则为抗碱成分。当外加少量水时，因稀释使得 H^+ 浓度降低，但另一方面，HAc 解离度增加，平衡向右移动，一定程度上补充了降低的 H^+，使得溶液的 pH 基本不变。

3. 缓冲溶液 pH 的计算

缓冲溶液一般由一对共轭酸碱对组成，由弱酸及其共轭碱组成的缓冲溶液存在下列平衡：

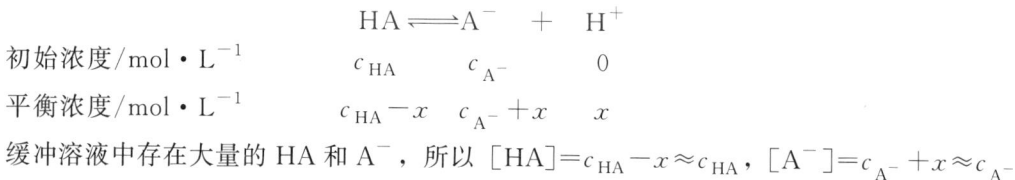

$$HA \Longrightarrow A^- + H^+$$

初始浓度/$mol \cdot L^{-1}$ c_{HA} c_{A^-} 0

平衡浓度/$mol \cdot L^{-1}$ $c_{HA}-x$ $c_{A^-}+x$ x

缓冲溶液中存在大量的 HA 和 A^-，所以 $[HA]=c_{HA}-x \approx c_{HA}$，$[A^-]=c_{A^-}+x \approx c_{A^-}$

则

$$K_a = \frac{[A^-][H^+]}{[HA]} = \frac{c_{A^-}[H^+]}{c_{HA}}$$

两边取负对数得：

$$-\lg K_a = -\lg \frac{c_{A^-}}{c_{HA}} - \lg[H^+]$$

整理后得：

$$pH = pK_a + \lg \frac{c_{A^-}}{c_{HA}} \tag{5-7}$$

可得到缓冲溶液的 pH 计算公式为：

$$pH = pK_a + \lg \frac{c_{共轭碱}}{c_{共轭酸}} \tag{5-8}$$

式中，$c_{共轭碱}$ 代表组成缓冲溶液的共轭碱的浓度；$c_{共轭酸}$ 代表组成缓冲溶液的共轭酸的浓度。

【例 5-5】 用 $0.10 mol \cdot L^{-1}$ 的 HAc 溶液和 $0.20 mol \cdot L^{-1}$ 的 NaAc 溶液等体积混合配成 50mL 缓冲溶液，求此缓冲溶液的 pH。（已知 HAc 的 $pK_a=4.75$）

解 组成该缓冲溶液的共轭酸碱对为 HAc-NaAc

因为

$$c_{Ac^-} = \frac{0.20 \times 25 \times 10^{-3}}{50 \times 10^{-3}} = 0.1 \ (mol \cdot L^{-1})$$

$$c_{HAc} = \frac{0.10 \times 25 \times 10^{-3}}{50 \times 10^{-3}} = 0.05 \ (mol \cdot L^{-1})$$

所以：$pH = pK_a + \lg \frac{c_{共轭碱}}{c_{共轭酸}} = pK_a + \lg \frac{c_{Ac^-}}{c_{HAc}} = 4.75 + \lg \frac{0.1}{0.05} = 5.05$

缓冲溶液的缓冲作用有一定的限度，超过此限度，缓冲溶液会失去缓冲能力。缓冲溶液的缓冲能力决定于缓冲对的浓度和缓冲对浓度的比值（又称为缓冲比）。缓冲比相同，缓冲对浓度越大，缓冲能力越强；同一缓冲对，总浓度一定，缓冲比为 1 时，缓冲能力最强。

一般缓冲比控制在 0.1～10 之间，此时缓冲溶液的缓冲范围为：$(pK_a-1)\sim(pK_a+1)$。

4. 缓冲溶液的选择和配制

配制缓冲溶液的主要步骤如下。

（1）选择合适的缓冲对。选择缓冲对的原则是缓冲对的 pK_a 与所需配制缓冲溶液的 pH 越接近越好。例如若配制 pH=5 的缓冲溶液，则应选择 HAc-NaAc 缓冲对（$pK_a=4.75$），因为 HAc-NaAc 缓冲对的 pK_a 最接近要配制缓冲溶液的 pH。

（2）选择合适的总浓度。为了保证足够的缓冲能力，浓度一般在 $0.05\sim0.2\,mol\cdot L^{-1}$，同时保持共轭酸碱对的浓度比接近于 1。

（3）根据缓冲溶液 pH 计算公式算出所需共轭酸和共轭碱的体积。配制缓冲溶液时一般选择相同浓度的共轭酸和共轭碱配制，此时：

$$pH=pK_a+lg\frac{c_{共轭碱}}{c_{共轭酸}}=pK_a+lg\frac{V_{共轭碱}}{V_{共轭酸}} \tag{5-9}$$

（4）配制缓冲溶液，并用酸度计校正。

【例 5-6】如何配制 500mL pH=5.0 的具有中等缓冲能力的缓冲溶液？

解 ① 选择缓冲对：因 HAc 的 $pK_a=4.75$，与 pH=5.0 最接近，所以选择 HAc-NaAc 缓冲对配制此缓冲溶液。

② 要求配制中等缓冲能力的缓冲溶液，可选用 $0.1\,mol\cdot L^{-1}$ HAc 和 $0.1\,mol\cdot L^{-1}$ 的 NaAc 来配。

③ 计算：设所需 $0.1\,mol\cdot L^{-1}$ NaAc 为 VmL，则所需 HAc 的体积为 （500－V）mL

$$pH=pK_a+lg\frac{c_{共轭碱}}{c_{共轭酸}}=pK_a+lg\frac{V_{共轭碱}}{V_{共轭酸}}$$

$$5.0=4.75+lg\frac{V}{500-V}$$

$$V=320 （mL）$$

$$500-V=500-320=180 （mL）$$

将 320mL $0.1\,mol\cdot L^{-1}$ NaAc 和 180mL $0.1\,mol\cdot L^{-1}$ HAc 溶液混合即可得到 500mL pH=5.0 的具有中等缓冲能力的缓冲溶液。

课堂练习

将 200mL $0.1\,mol\cdot L^{-1}$ NaH_2PO_4 和 100mL $0.1\,mol\cdot L^{-1}$ Na_2HPO_4 溶液混合，求该溶液的 pH（已知 H_3PO_4 的 $pK_{a_2}=7.21$）。

第三节 酸碱滴定法

酸碱滴定法是以酸碱中和反应为基础的滴定分析方法。在酸碱滴定法中所用标准溶液一般为强酸或强碱，该方法可用于酸碱的测定以及间接产生酸碱的物质。

一、酸碱指示剂

（一）酸碱指示剂

滴定分析法的关键在于能否准确地指出到达化学计量点的时刻。由于一般酸碱反应在化学计量点时无明显外观变化，因此通常需加入在化学计量点附近发生颜色变化的物质来指示终点。这种随溶液 pH 变化而发生颜色改变的物质称为酸碱指示剂。

酸碱指示剂一般是有机弱酸或有机弱碱，其共轭酸碱对具有不同的颜色。当溶液 pH 改变时，指示剂可能得到质子由碱式变为酸式，也可能失去质子由酸式变为碱式，引起溶液颜色变化，进而可确定滴定终点。

例如甲基橙是一种有机弱碱，在水中存在如下平衡：

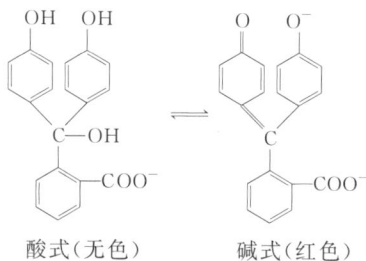

酸式（红色）　　　　　　　　　　　　　碱式（黄色）

甲基橙碱式具有偶氮结构，呈黄色，酸式具有醌式结构，呈红色。

由平衡关系可看出，溶液的 H^+ 浓度增大时（pH$\leq$3.1），平衡向左移动，甲基橙主要以酸式形式存在，溶液呈红色；溶液 H^+ 浓度降低时（pH$\geq$4.4），平衡向右移动，甲基橙主要以碱式形式存在，溶液呈黄色。

再如酚酞是一种有机弱酸，在水中存在如下平衡：

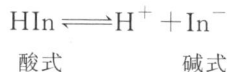

酸式（无色）　　　　　碱式（红色）

酚酞在酸性溶液中为无色，在碱性溶液中（pH$\geq$8.0），溶液显红色。

（二）酸碱指示剂的变色范围

酸碱指示剂颜色的改变是 pH 发生改变时，指示剂的酸碱式结构随之发生互变，从而导致溶液呈现不同的颜色。指示剂变色是在一定的 pH 范围内进行的，这个能够使指示剂颜色发生变化的 pH 范围叫做指示剂的变色范围。

以 HIn 代表一种有机弱酸型指示剂，它在水溶液中的解离平衡为：

$$HIn \rightleftharpoons H^+ + In^-$$

酸式　　　　碱式

平衡时指示剂的解离平衡常数为：

$$K_{HIn} = \frac{[H^+][In^-]}{[HIn]}$$

$$\frac{[In^-]}{[HIn]} = \frac{K_{HIn}}{[H^+]}$$

［In^-］和［HIn］分别表示指示剂的碱式色和酸式色离子的浓度。溶液的颜色决定于

$\dfrac{[In^-]}{[HIn]}$ 比值，又由于在一定温度下，K_{HIn} 是常数。因此 $\dfrac{[In^-]}{[HIn]}$ 仅与 $[H^+]$ 或 pH 有关，即溶液颜色随 pH 改变而改变。但由于受人眼对颜色分辨能力的限制，通常只有当一种类型浓度超过另一种类型浓度的 10 倍以上时，人们才能观察到它呈现的颜色，而在此范围以内，人们看到的只是它们的混合色。因此当 $\dfrac{[In^-]}{[HIn]}<0.1$ 时，指示剂呈现酸式（HIn）色，此时 pH$<$p$K_{HIn}-1$；当 $\dfrac{[In^-]}{[HIn]}>10$ 时，指示剂呈现碱式（In^-）色，此时 pH$>$p$K_{HIn}+1$；当 $0.1<\dfrac{[In^-]}{[HIn]}<10$ 时，指示剂呈混合色；当 $\dfrac{[In^-]}{[HIn]}=1$ 时，两者浓度相等，此时 pH$=$pK_{HIn}，称为指示剂的理论变色点。因此，指示剂的变色范围为：pH$=$p$K_{HIn}\pm1$。

从指示剂变色范围推算，指示剂的变色范围有 2 个 pH 单位，但实际测得的指示剂变色范围并不是 2 个 pH 单位。这是因为指示剂的实际变色范围不是计算得到，而是根据人的目测确定的，人眼睛对不同颜色敏感程度不同，造成实际变色范围与理论值有差异。例如甲基橙指示剂的 p$K_a=3.4$，理论变色范围为 2.4～4.4，但实际范围是 3.1～4.4，这是因为人眼对深色红色比较敏感，使得酸式范围一侧变窄。常用的酸碱指示剂见表 5-2。

表 5-2　常用酸碱指示剂

指示剂	pH 变色范围	颜色		pK_{HIn}	浓度
		酸式	碱式		
百里酚蓝	1.2～2.8	红	黄	1.7	1g·L^{-1}乙醇溶液
甲基黄	2.9～4.0	红	黄	3.3	1g·L^{-1}的 90%乙醇溶液
甲基橙	3.1～4.4	红	黄	3.4	1g·L^{-1}水溶液
溴酚蓝	3.0～4.6	黄	紫	4.1	1g·L^{-1}乙醇溶液或其钠盐水溶液
溴甲酚绿	4.0～5.6	黄	蓝	4.9	1g·L^{-1}乙醇溶液和 1g·L^{-1}水加 0.05mol·L^{-1}NaOH 2.9mL
甲基红	4.4～6.2	红	黄	5.0	0.1%的 60%乙醇溶液或其钠盐水溶液
溴百里酚蓝	6.0～7.6	黄	蓝	7.3	1g·L^{-1}的 20%乙醇溶液或其钠盐水溶液
中性红	6.8～8.0	红	黄	7.4	1g·L^{-1}的 60%乙醇溶液
酚红	6.8～8.4	黄	红	8.0	1g·L^{-1}的 60%乙醇溶液或其钠盐水溶液
酚酞	8.0～9.6	无	红	9.1	1g·L^{-1}乙醇溶液
百里酚酞	9.4～10.6	无	蓝	10.0	1g·L^{-1}乙醇溶液

（三）酸碱指示剂变色范围的影响因素

1. 温度

指示剂变色范围为 pH$=$p$K_{HIn}\pm1$，决定于 K_{HIn}，而 K_{HIn} 随温度改变而改变。因此温度改变，指示剂变色范围也随之改变。

2. 指示剂用量

指示剂的用量一定要适量，由于指示剂本身是弱酸或弱碱，若过量会消耗滴定剂，引起滴定误差。

此外，对于单色指示剂，指示剂用量偏少，终点变色敏锐。用量偏多时，溶液颜色的深度随指示剂浓度的增加而加深。例如 50mL 溶液中加入 2～3 滴 0.1%的酚酞，当 pH$=9$ 时即出现微红色，而同样条件下，加入 10～15 滴酚酞，则在 pH$=8$ 时就出现微红色。

3. 滴定程序

一般来讲，溶液的颜色由浅色变深时，肉眼的辨认比较敏感。如用碱滴定酸时，一般采用酚酞为指示剂，因为终点时，酚酞由无色变为红色，比较敏锐易于观察。当用酸滴定碱时，多采用甲基橙为指示剂，因为终点时，甲基橙由黄变成橙红色，比较明显易于观察。

为了更好地辨别滴定终点的颜色变化，有时可采用混合指示剂，利用颜色间的互补，使指示剂的变色范围变窄，终点更敏锐。

二、酸碱滴定曲线及指示剂的选择

酸碱滴定中，以标准溶液的加入量为横坐标，以溶液的 pH 为纵坐标作图，所绘制的曲线称为酸碱滴定曲线。酸碱滴定曲线描述了滴定过程中溶液 pH 的变化情况，可利用此曲线正确选择指示剂，使滴定终点与化学计量点尽量接近，以减少滴定误差。

（一）强酸强碱的滴定

以 $0.1000mol \cdot L^{-1}$ NaOH 溶液滴定 20.00mL $0.1000mol \cdot L^{-1}$ HCl 溶液为例，讨论滴定曲线和指示剂的选择。

1. 滴定曲线

$$HCl + NaOH = H_2O + NaCl$$

（1）滴定前　　$[H^+] = 0.1000mol \cdot L^{-1}$，则 pH = 1.00。

（2）滴定到化学计量点前　　此时溶液的酸度取决于剩余盐酸的浓度。

设 HCl 的原始浓度为 c_{HCl}，体积为 V_{HCl}，加入的 NaOH 的浓度为 c_{NaOH}，体积为 V_{NaOH}

$$[H^+] = \frac{n_{HCl(剩余)}}{V_{溶液}} = \frac{c_{HCl}V_{HCl} - c_{NaOH}V_{NaOH}}{V_{溶液}}$$

当滴入 19.98mL NaOH 溶液时，溶液中：

$$[H^+] = \frac{0.1000 \times 20.00 - 0.1000 \times 19.98}{20.00 + 19.98} = 5.0 \times 10^{-5}(mol \cdot L^{-1})$$

$$pH = 4.3$$

（3）化学计量点时　　化学计量点时，NaOH 与 HCl 刚好完全反应，pH = 7.0。

（4）化学计量点后　　溶液中 NaOH 过量，酸度根据过量 NaOH 计算。

$$[OH^-] = \frac{n_{NaOH(剩余)}}{V_{溶液}} = \frac{c_{NaOH}V_{NaOH} - c_{HCl}V_{HCl}}{V_{溶液}}$$

当滴入 NaOH 溶液 20.02mL 时（相当于 0.1% 的相对误差），

$$[OH^-] = \frac{0.1000 \times 20.02 - 0.1000 \times 20.00}{20.00 + 20.02} = 5.0 \times 10^{-5}(mol \cdot L^{-1})$$

$$pOH = 4.30$$

$$pH = 14.00 - 4.30 = 9.70$$

按照上述方法可逐一计算出滴定过程中各阶段溶液的 pH，并将数据汇集到表 5-3。

表 5-3　用 $0.1000mol \cdot L^{-1}$ NaOH 滴定 20.00mL $0.1000mol \cdot L^{-1}$ HCl

滴入 V_{NaOH}/mL	剩余 V_{HCl}/mL	过量 V_{NaOH}/mL	pH	滴入 V_{NaOH}/mL	剩余 V_{HCl}/mL	过量 V_{NaOH}/mL	pH
0.00	20.00	—	1.00	20.02	—	0.02	9.70
18.00	2.00	—	2.28	20.20	—	0.20	10.70
19.80	0.20	—	3.30	22.00	—	2.00	11.70
19.98	0.02	—	4.30	40.00	—	20.00	12.50
20.00	化学计量点		7.00				

以溶液 pH 为纵坐标，以 NaOH 的加入量为横坐标作图，即可得到强碱滴定强酸的滴定曲线如图 5-1。

由表 5-3 和图 5-1 可见，从滴定开始到加入 NaOH 19.98mL，溶液的 pH 从 1 增加到 4.3，$\Delta pH = 3.3$。而在化学计量点附近，NaOH 从 $19.98 \sim 20.02$mL，滴入的 NaOH 大约为半滴，但 pH 却从 4.3 增加到 9.7，$\Delta pH = 5.4$，变化了 5.4 个 pH 单位。这种在化学计量点附近加一滴标准溶液所引起 pH 的突变称为滴定突跃。滴定突跃所在的 pH 范围称为滴定突跃范围。此后，pH 主要由过量的 NaOH 决定。

2. 指示剂的选择

最理想的指示剂是恰好在化学计量点变色，实际上是不可能的。滴定突跃范围是指示剂选择的依据，指示剂的选择原则是：指示剂的变色范围全部或部分落在滴定突跃范围内。

如上例中用 0.1000mol·L^{-1} NaOH 溶液滴定 20.00mL 0.1000mol·L^{-1} HCl 溶液，滴定突跃范围的 pH 为 $4.3 \sim 9.70$，酚酞、甲基红、甲基橙等指示剂都可选为指示剂，但以甲基红和酚酞为最好。

同理，如用 0.1000mol·L^{-1} HCl 滴定 20.00mL 0.1000mol·L^{-1} 的 NaOH 溶液，滴定曲线的形状相同，但方向相反，见图 5-1 中虚线部分。此时可选甲基红、酚酞、甲基橙作为指示剂，但以甲基红指示剂为最佳。

3. 影响滴定突跃范围的因素

滴定突跃范围的大小与酸碱溶液的浓度有关。如图 5-2，为不同浓度的 NaOH 与 HCl 的滴定曲线。从图 5-2 看出：酸碱溶液浓度越大，滴定突跃范围也越大，可供选择的指示剂越多；浓度越小，突跃范围越小，可供选择的指示剂越少。但一般滴定时为避免较大的滴定误差，通常要求标准溶液的浓度在 $0.01 \sim 1$mol·L^{-1} 之间。

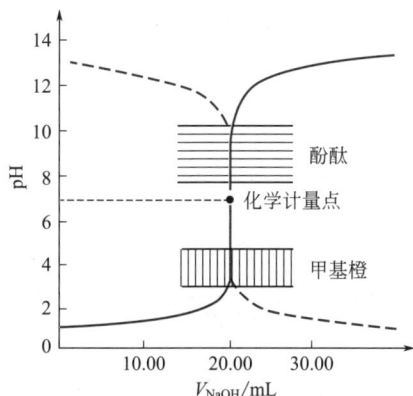

图 5-1　0.1000mol·L^{-1} NaOH 滴定 20mL 0.1000mol·L^{-1} HCl 溶液的滴定曲线

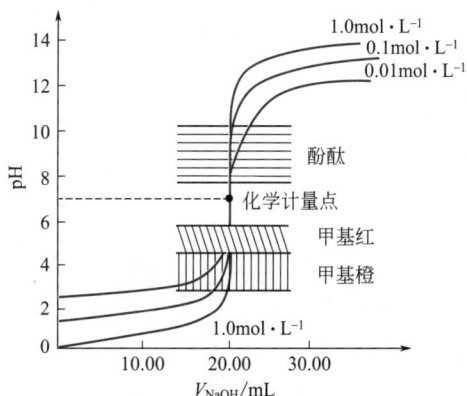

图 5-2　不同浓度的 NaOH 溶液滴定不同浓度的 HCl 溶液的滴定曲线

（二）一元弱酸（碱）的滴定

以 0.1000mol·L^{-1} NaOH 标准溶液滴定 20.00mL 0.1000mol·L^{-1} HAc 溶液为例，讨论强碱滴定一元弱酸的滴定曲线和指示剂的选择。

滴定反应：$\qquad HAc + OH^- \Longrightarrow Ac^- + H_2O$

酸碱滴定曲线

1. 滴定曲线

（1）滴定前　滴定前，溶液酸度取决于 $0.1000\,\text{mol·L}^{-1}$ HAc 中的 $[H^+]$。由于满足 $c/K_a \geqslant 500$，可用近似公式计算：

$$[H^+] = \sqrt{K_a c} = \sqrt{1.76 \times 10^{-5} \times 0.1000} = 1.34 \times 10^{-3} \ (\text{mol·L}^{-1})$$
$$pH = 2.87$$

（2）滴定到化学计量点前　生成的 NaAc 和溶液中剩余的 HAc 组成缓冲体系，溶液的 pH 为：

$$pH = pK_a + \lg \frac{c_{Ac^-}}{c_{HAc}} = pK_a + \lg \frac{c_{NaOH}V_{NaOH}}{c_{HAc}V_{HAc} - c_{NaOH}V_{NaOH}}$$

当滴入的 NaOH 19.98mL 时：

$$pH = 4.75 + \lg \frac{0.1000 \times 19.98}{0.1000 \times 20.00 - 0.1000 \times 19.98} = 7.75$$

（3）化学计量点时　HAc 刚好和 NaOH 完全反应生成 NaAc，NaAc 是一元弱碱。

因为

$$K_b = \frac{K_w}{K_a} = 5.7 \times 10^{-10}$$

$$\frac{c_{Ac^-}}{K_b} = \frac{0.05}{5.7 \times 10^{-10}} \geqslant 500$$

故

$$[OH^-] = \sqrt{5.7 \times 10^{-10} \times 0.05} = 5.3 \times 10^{-6} \ (\text{mol·L}^{-1})$$
$$pOH = 5.28$$
$$pH = 14 - pOH = 8.72$$

（4）化学计量点后　NaOH 过量，抑制了 Ac^- 的解离，溶液的 pH 根据过量的 NaOH 计算。

$$[OH^-] = \frac{n_{NaOH} - n_{HAc}}{V_{溶液}} = \frac{c_{NaOH}V_{NaOH} - c_{HAc}V_{HAc}}{V_{溶液}}$$

当加入 20.02mL NaOH 溶液时：

$$[OH^-] = \frac{0.1000 \times 20.02 - 0.1000 \times 20.00}{20.00 + 20.02} = 4.998 \times 10^{-5} \ (\text{mol·L}^{-1})$$
$$pOH = 4.30$$
$$pH = 14.00 - 4.30 = 9.70$$

按照上述方法逐一计算出滴定过程中溶液的 pH，见表 5-4，并绘制滴定曲线如图 5-3 所示。

表 5-4　用 0.1000mol·L⁻¹ NaOH 滴定 20.00mL 0.1000mol·L⁻¹ HAc

滴入 V_{NaOH}/mL	剩余 V_{HAc}/mL	过量 V_{NaOH}/mL	pH	滴入 V_{NaOH}/mL	剩余 V_{HAc}/mL	过量 V_{NaOH}/mL	pH
0.00	20.00		2.87	20.02		0.02	9.70
18.00	2.00		5.70	20.20		0.20	10.70
19.80	0.20		6.73	22.00		2.00	11.70
19.98	0.02		7.75	40.00		20.00	12.50
20.00	计量点		8.72				

观察 NaOH 滴定弱酸 HAc 的滴定曲线，并与 NaOH 滴定强酸 HCl 的滴定曲线相比较，

有以下特点。

① 滴定前，滴定 HAc 的 pH 比滴定 HCl 的 pH 大，因为 HAc 是弱酸，滴定前溶液中的 $[H^+]$ 比较低。

② 滴定开始后 pH 迅速升高，由于生成的 Ac^- 产生抑制了 HAc 的解离，$[H^+]$ 降低较快，pH 也随之迅速增加。

继续滴定，HAc 浓度不断降低，并不断生成 NaAc，生成的 NaAc 和剩余 HAc 形成 $HAc-Ac^-$ 缓冲体系，pH 变化缓慢，滴定曲线较平坦。接近化学计量点时，剩余 HAc 很少，缓冲作用减弱，溶液 pH 发生突变，形成滴定突跃。

③ 化学计量点时，由于滴定产物 NaAc 解离，溶液呈现碱性。

④ 滴定突跃范围为 7.75～9.7，比 NaOH 滴定 HCl 的突跃范围要小很多。

2. 指示剂的选择

滴定突跃范围为 7.75～9.7，在碱性区域，可选择酚酞、百里酚酞等。

3. 影响滴定突跃范围的因素及弱酸能被强碱溶液准确滴定的判据

在滴定弱酸时，滴定突跃范围的大小，除与溶液的浓度有关外，还与酸的强度有关。如图 5-4 为 $0.1000 mol \cdot L^{-1}$ NaOH 滴定 $20.00 mL$ $0.1000 mol \cdot L^{-1}$ 不同强度一元弱酸时的滴定曲线。

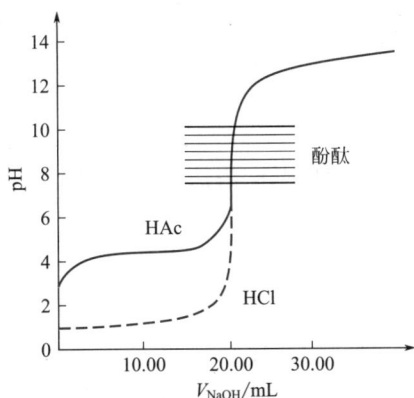

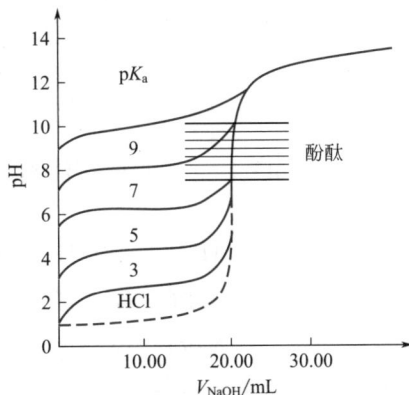

图 5-3 $0.1000 mol \cdot L^{-1}$ NaOH 滴定 20mL $0.1000 mol \cdot L^{-1}$ HAc 溶液的滴定曲线

图 5-4 $0.1000 mol \cdot L^{-1}$ NaOH 滴定不同强度 $0.1000 mol \cdot L^{-1}$ 一元弱酸溶液的滴定曲线

由图可见：

① 当 K_a 值一定时，浓度越大，滴定突跃范围越大。

② 当浓度一定时，K_a 越大，滴定突跃越大。即 cK_a 愈大时，滴定突跃范围愈大。

当 $K_a \leqslant 10^{-9}$ 时，滴定曲线上已无明显突跃，利用一般酸碱指示剂无法判断终点。

③ 综合溶液浓度和弱酸强度两因素对滴定突跃范围大小的影响，可得到一元弱酸（或弱碱）能否被准确滴定的判据：$cK_a \geqslant 10^{-8}$。

强酸滴定一元弱碱与强碱滴定一元弱酸相似，滴定曲线的形状正好相反。以 $0.1000 mol \cdot L^{-1}$ HCl 溶液滴定 $20.00 mL$ $0.1000 mol \cdot L^{-1}$ 氨水溶液为例，滴定反应为：

$$NH_3 + H_3O^+ \Longrightarrow NH_4^+ + H_2O$$

化学计量点时产物为 NH_4^+，呈酸性，并且滴定 pH 突跃范围是 6.30～4.30，可选择的指示剂有甲基红、甲基橙、溴甲酚绿或溴酚蓝等。同强碱滴定一元弱酸相似，弱碱被强酸准确滴定的判为：$cK_b \geqslant 10^{-8}$。

【例 5-7】 判断 $0.10 \text{mol} \cdot \text{L}^{-1}$ NH_4Cl 溶液能否直接准确滴定？（已知 $K_{\text{a,NH}_4^+} = 5.7 \times 10^{-10}$）

解　因 $cK_a = 0.1 \times 5.7 \times 10^{-10} = 5.7 \times 10^{-11} < 10^{-8}$

所以不能用强碱准确滴定 NH_4Cl。

👥 课堂练习

1. 某酸碱指示剂的 $pK_{\text{HIn}} = 5.6$，则该指示剂的理论变色范围为＿＿＿＿＿＿＿。

2. 用 $0.1 \text{mol} \cdot \text{L}^{-1}$ 的 NaOH 滴定 $0.1 \text{mol} \cdot \text{L}^{-1}$ 的 HCl，pH 突跃范围是 $4.3 \sim 9.7$，若改用 $0.01 \text{mol} \cdot \text{L}^{-1}$ NaOH 滴定 $0.01 \text{mol} \cdot \text{L}^{-1}$ 的 HCl，则 pH 突跃范围为＿＿＿＿＿＿＿。

3. 用 NaOH 滴定 HCl，已知 pH 突跃范围是 $5.7 \sim 7.4$，最好选用的指示剂是（　　）。

A. 甲基橙　　　　B. 甲基红　　　　C. 酚酞　　　　D. 百里酚酞

（三）多元酸（碱）的滴定

1. 多元弱酸的滴定

多元酸含多个质子，在水中是逐级解离的，因此滴定多元酸时首先要判断能否分步滴定；然后判断每一步解离的质子能否准确滴定，最后是选择合适的指示剂以指示滴定终点。判断多元酸能否准确滴定及能否分步滴定的两个原则是：

多元酸（碱）
的滴定

① 若 $cK_{a_i} \geqslant 10^{-8}$，则此步解离的 H^+ 能被准确滴定，有滴定突跃；

② 若 $\dfrac{K_{a_n}}{K_{a_{(n+1)}}} \geqslant 10^4$，则相邻两步能分步滴定。

以 $0.2000 \text{mol} \cdot \text{L}^{-1}$ NaOH 溶液滴定 $0.2000 \text{mol} \cdot \text{L}^{-1}$ H_3PO_4 溶液为例。如 H_3PO_4 的解离平衡如下：

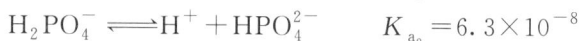

$$\text{H}_3\text{PO}_4 \rightleftharpoons \text{H}^+ + \text{H}_2\text{PO}_4^- \qquad K_{a_1} = 7.5 \times 10^{-3}$$
$$\text{H}_2\text{PO}_4^- \rightleftharpoons \text{H}^+ + \text{HPO}_4^{2-} \qquad K_{a_2} = 6.3 \times 10^{-8}$$
$$\text{HPO}_4^{2-} \rightleftharpoons \text{H}^+ + \text{PO}_4^{3-} \qquad K_{a_3} = 4.4 \times 10^{-13}$$

因为 $cK_{a_1} = 0.2000 \times 7.5 \times 10^{-3} = 1.5 \times 10^{-3} > 10^{-8}$，第一步解离的 H^+ 能被准确滴定；

$cK_{a_2} = 0.2000 \times 6.3 \times 10^{-8} = 1.3 \times 10^{-8} > 10^{-8}$，第二步解离的 H^+ 能被准确滴定；

$cK_{a_3} = 0.2000 \times 4.4 \times 10^{-13} = 8.8 \times 10^{-14} < 10^{-8}$，第三步解离的 H^+ 不能被准确滴定。

又因为：

$\dfrac{K_{a_1}}{K_{a_2}} = \dfrac{7.5 \times 10^{-3}}{6.3 \times 10^{-8}} = 1.2 \times 10^5 > 10^4$，第一步和第二步能分步滴定；

$\dfrac{K_{a_2}}{K_{a_3}} = \dfrac{6.3 \times 10^{-8}}{4.4 \times 10^{-13}} = 1.4 \times 10^5 > 10^4$，第二步和第三步能分步滴定。

多元碱的滴定曲线比较复杂，实际上只要计算化学计量点的 pH 即可根据此 pH 选择指示剂。用 NaOH 滴定 H_3PO_4，第一计量点产物为 H_2PO_4^-，此时溶液的 pH 可按照两性物质溶液计算 pH 的简式进行计算：

$$[\text{H}^+] = \sqrt{K_{a_1} K_{a_2}} = \sqrt{7.5 \times 10^{-3} \times 6.3 \times 10^{-8}} = 2.17 \times 10^{-5} \ (\text{mol} \cdot \text{L}^{-1})$$
$$\text{pH} = -\lg[\text{H}^+] = -\lg(2.17 \times 10^{-5}) = 4.66$$

可选择甲基红为指示剂；

第二计量点时，滴定产物是 HPO_4^{2-}：

$$[H^+]=\sqrt{K_{a_2}K_{a_3}}=\sqrt{6.3\times10^{-8}\times4.4\times10^{-13}}=1.67\times10^{-10}\ (mol\cdot L^{-1})$$
$$pH=-lg[H^+]=-lg(1.67\times10^{-10})=9.78$$

可选择酚酞为指示剂。

2. 多元弱碱的滴定

多元碱的滴定与多元酸的滴定类似，判断多元碱能否准确滴定及能否分步滴定的两个原则是：

① 若 $cK_{b_i}\geqslant10^{-8}$，则该步能准确滴定，有滴定突跃；

② 若 $\dfrac{K_{b_n}}{K_{b_{(n+1)}}}\geqslant10^4$，则相邻两步能分步滴定。

课堂练习

判断下列各酸碱能否直接滴定？能否分步滴定？有几个滴定突跃？

(1) 硼酸（H_3BO_3），$K_{a_1}=7.3\times10^{-10}$；$K_{a_2}=1.8\times10^{-13}$；$K_{a_3}=1.6\times10^{-14}$

(2) 蚁酸（HCOOH）$K_a=1.77\times10^{-4}$

(3) 琥珀酸（$H_2C_4H_4O_4$）$K_{a_1}=6.4\times10^{-5}$；$K_{a_2}=2.7\times10^{-6}$

第四节　酸碱滴定法的应用

一、酸碱标准溶液的配制和标定

酸碱滴定法中常用的标准溶液是 HCl 和 NaOH 溶液，标准溶液的浓度一般配制成 $0.1mol\cdot L^{-1}$。

（一）HCl 标准溶液的配制和标定

水溶液中酸碱滴定的酸标准溶液一般用 HCl 标准溶液。由于浓 HCl 易挥发，常采用间接法配制，即先用浓 HCl 配制成近似所需浓度的溶液，然后用基准物质或其他碱标准溶液标定。

1. 0.1mol·L⁻¹ HCl 溶液的配制

市售盐酸的密度 $\rho=1.19g\cdot mL^{-1}$，质量分数 $\omega_{HCl}=37\%$，其物质的量浓度大约为 12 $mol\cdot L^{-1}$。例如用市售浓 HCl 配制 1000mL $0.1mol\cdot L^{-1}$ 的稀 HCl，根据稀释前后盐酸的物质的量不变的原则，则需量取浓 HCl 的体积计算如下：

$$c_浓V_浓=c_稀V_稀$$
$$12mol\cdot L^{-1}\times V_浓=0.1mol\cdot L^{-1}\times1000mL$$
$$V_浓=8.3mL$$

量取 8.3mL 浓 HCl 加水稀释成 1000mL，所得溶液即是浓度约为 $0.1mol\cdot L^{-1}$ 的 HCl 溶液。

2. 0.1mol·L⁻¹ HCl 溶液的标定

标定 HCl 溶液常用的基准物质有无水碳酸钠和硼砂。

（1）无水碳酸钠（Na_2CO_3）　易制得纯品，价格便宜，但容易吸水，使用前应先于

270~300℃烘箱中干燥约 1h，密封于称量瓶内，保存于干燥器中备用。标定反应为：

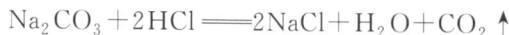

$$Na_2CO_3 + 2HCl == 2NaCl + H_2O + CO_2 \uparrow$$

用甲基橙作指示剂，用 HCl 溶液滴定 Na_2CO_3 溶液至橙色为滴定终点。

Na_2CO_3 作基准物的缺点是：易吸水、化学式量小、终点指示剂变色不太敏锐。

（2）硼砂（$Na_2B_4O_7 \cdot 10H_2O$）具有纯品易得、摩尔质量较大、不易吸水等特点，但当空气中相对湿度低于 39% 时易风化而失去结晶水，因此应将其保存于相对湿度为 60% 的恒湿器中。标定反应为：

$$Na_2B_4O_7 + 2HCl + 5H_2O == 4H_3BO_3 + 2NaCl$$

选甲基红作指示剂，滴定至橙色为终点。

（二）NaOH 标准溶液的配制和标定

NaOH 易吸潮，也容易吸收空气中的 CO_2 生成 Na_2CO_3，因此须采用间接配制法配制 NaOH 溶液。

1. 0.1mol·L^{-1} NaOH 溶液的配制

配制不含 Na_2CO_3 的 NaOH 溶液的方法是采用浓碱法，即先用 NaOH 配成饱和溶液，在此溶液中 Na_2CO_3 几乎不溶解而慢慢沉淀下来，取上层澄清液用新煮沸的冷蒸馏水稀释至所需浓度即可。

2. 0.1mol·L^{-1} NaOH 溶液的标定

标定 NaOH 溶液常用的基准物质是邻苯二甲酸氢钾（$KHC_8H_4O_4$）和草酸（$H_2C_2O_4 \cdot 2H_2O$）。

（1）用基准物质邻苯二甲酸氢钾（$KHC_8H_4O_4$）标定 邻苯二甲酸氢钾不含结晶水，在空气中不吸潮，易保存，摩尔质量较大，常用于标定 NaOH 溶液。标定反应为：

$$KHC_8H_4O_4 + OH^- == KC_8H_4O_4^- + H_2O$$

化学计量点时溶液 pH 为 9.11，可选酚酞作指示剂。

（2）用草酸作基准物标定 草酸固体比较稳定，在相对湿度 5%~95% 时不风化，也不吸水。标定反应为：

$$H_2C_2O_4 + 2NaOH == Na_2C_2O_4 + 2H_2O$$

化学计量点时溶液呈碱性，可选用酚酞作指示剂。

课堂练习

1. 同浓度、同体积的下列基准物质，称量的相对误差最小的是（ ）。

A. KIO_3 B. $KBrO_3$ C. Na_2CO_3 D. $Na_2B_4O_7 \cdot 10H_2O$

2. 下列溶液中，能用直接配制法配制的是（ ）。

A. HCl   B. NaOH   C. $K_2Cr_2O_7$ D. $KMnO_4$

3. 盐酸不能作为基准物质的主要原因是（ ）。

A. 容易挥发   B. 容易吸水   C. 溶液沉淀   D. 容易分解

二、酸碱滴定法的应用示例

（一）双指示剂法测定混合碱的含量

烧碱（NaOH）因吸收空气中的 CO_2 而含有部分 Na_2CO_3，形成 NaOH 和

双指示剂法
测定混合碱
的含量

Na_2CO_3 混合碱。常采用双指示剂法测定混合碱中 NaOH 和 Na_2CO_3 的含量，即选用酚酞和甲基橙两种指示剂。

首先在试样溶液中加入酚酞指示剂，用 HCl 标准溶液滴定至红色刚好消失，记录消耗的 HCl 体积为 V_1（mL），此时 NaOH 全部被中和，而 Na_2CO_3 仅被中和到 $NaHCO_3$；然后加入甲基橙指示剂，继续用 HCl 滴定至溶液由黄色恰好变为橙色，记录这部分消耗的 HCl 体积为 V_2。滴定过程如图 5-5 所示。

可看出，Na_2CO_3 被中和到 $NaHCO_3$ 和 $NaHCO_3$ 被中和到 H_2CO_3 时所消耗 HCl 体积相同，都是 V_2，而 NaOH 消耗的 HCl 体积为 (V_1-V_2)。

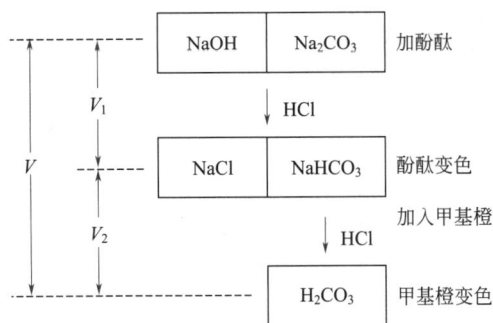

图 5-5　双指示剂法的滴定过程

可得到试样中 NaOH 和 Na_2CO_3 的质量分数计算公式为：

$$w_{NaOH} = \frac{c_{HCl}(V_1-V_2)M_{NaOH} \times 10^{-3}}{m_s} \times 100\% \qquad (5-10)$$

$$w_{Na_2CO_3} = \frac{1}{2} \times \frac{c_{HCl}2V_2M_{Na_2CO_3} \times 10^{-3}}{m_s} \times 100\% \qquad (5-11)$$

课堂练习

称取混合碱（$NaOH + Na_2CO_3$）试样 0.6422g，以酚酞为指示剂，用 $0.1994\,mol \cdot L^{-1}$ HCl 溶液滴定至终点，用去酸溶液 32.12mL；再加甲基橙指示剂，滴定至终点又用去酸溶液 22.28mL。求试样中各组分的含量。

（二）铵盐中氮的测定

蛋白质、生物碱及土壤、肥料、饲料、食品等含氮化合物中氮含量的测定也可采用酸碱滴定法。测定时，先将试样经适当处理使各种含氮化合物中的氮转化为铵盐（NH_4^+），然后再进行铵的测定。NH_4^+ 的酸性较弱（$K_a = 5.6 \times 10^{-10}$），不能用标准碱溶液直接滴定。常用的测定方法有蒸馏法和甲醛法两种。

1. 蒸馏法

把 $(NH_4)_2SO_4$ 或 NH_4Cl 铵盐试样溶液置于蒸馏瓶中，加过量的 NaOH 溶液使 NH_4^+ 转化为 NH_3，然后加热蒸馏，蒸出的 NH_3 用过量的已知浓度的 HCl 标准溶液吸收生成 NH_4Cl，然后再以 NaOH 标准溶液返滴过量的 HCl，即可间接求出 $(NH_4)_2SO_4$ 或 NH_4Cl 的含量。

蒸馏反应　$NH_4^+ + OH^- =\!\!= NH_3 + H_2O$

吸收反应　$HCl(过量) + NH_3 =\!\!= NH_4Cl$

滴定反应　$HCl(剩余) + NaOH =\!\!= NaCl + H_2O$

2. 甲醛法

利用甲醛与铵盐中的 NH_4^+ 反应生成 H^+、六亚甲基四胺（$K_a = 7.1 \times 10^{-6}$）和 H_2O：

$$4NH_4^+ + 6HCHO = (CH_2)_6N_4H^+ + 3H^+ + 6H_2O$$

　　然后以酚酞为指示剂，用 NaOH 标准溶液滴定生成的酸［包括生成的 H^+ 和 $(CH_2)_6N_4H^+$］，至溶液呈微红色。

拓展窗

酸碱指示剂的发明

　　酸碱指示剂是检验溶液酸碱性的常用化学试剂，像科学上的许多其他发现一样，酸碱指示剂的发现是化学家善于观察、勤于思考、勇于探索的结果。

　　300 多年前，英国年轻的科学家波义耳（1627—1691 年）在化学实验中偶然捕捉到一种奇特的实验现象，有一天清晨，波义耳正准备到实验室去做实验，一位花木工为他送来一篮非常精美的紫罗兰，喜爱鲜花的波义耳随手取下一支带进了实验室，把鲜花放在实验桌上开始了实验，当他从大瓶里倾倒出盐酸时，一股刺鼻的气味从瓶口涌出，倒出的淡黄色液体也冒白雾，还有少许酸沫飞溅到鲜花上，他想"真可惜，盐酸弄到鲜花上了"。为洗掉花上的酸沫，他把花放到水里，一会儿发现紫罗兰颜色变红了，当时波义耳既新奇又兴奋，他认为，可能是盐酸使紫罗兰颜色变红了，为进一步验证这一现象，他立即返回住所，把那篮鲜花全部拿到实验室，他取了当时已知的几种酸的稀溶液，把紫罗兰花瓣分别放入这些稀酸中，结果现象完全相同，紫罗兰都变为红色。由此他推断，不仅盐酸，而且其他各种酸都能使紫罗兰变为红色。他想，这太重要了，以后只要把紫罗兰花瓣放进溶液，看它是不是变红色，就可判别这种溶液是不是酸。偶然的发现，激发了科学家的探求欲望，后来，他又弄来其他花瓣做试验，并制成花瓣的水或酒精的浸液，用它来检验是不是酸，同时用它来检验一些碱溶液，也产生了一些变色现象。这位追求真知，永不困倦的科学家，为了获得丰富、准确的第一手资料，他还采集了药草、牵牛花、苔藓、月季花、树皮和各种植物的根泡出了多种颜色的不同浸液，有些浸液遇酸变红色，有些浸液遇碱变蓝色，这就是最早的石蕊试液，波义耳把它称作指示剂。为使用方便，波义耳用一些浸液把纸浸透、烘干制成纸片，使用时只要将小纸片放入被检测的溶液中，纸片上就会发生颜色变化，从而显示出溶液是酸性还是碱性。今天使用的石蕊、酚酞试纸、pH 试纸，就是根据波义耳的发现原理研制而成的。

本章小结

一、酸碱质子理论

酸碱质子理论认为：凡是能给出质子（H^+）的物质称为酸；凡是能接收质子（H^+）的物质称为碱。

二、溶液的酸碱平衡

1. 水的质子自递平衡

水溶液中（25℃）　$K_w = [H^+][OH^-] = 10^{-14}$

2. 弱电解质溶液的酸碱平衡

（1）一元弱酸的解离平衡　$K_a = \dfrac{[H^+][A^-]}{[HA]}$

K_a 称为弱酸的解离常数，简称酸常数。

（2）一元弱碱的解离平衡　$K_b = \dfrac{[HA][OH^-]}{[A^-]}$

K_b 称为弱碱的解离常数，简称碱常数。

（3）共轭酸碱对 K_a 与 K_b 的关系　$K_a K_b = 10^{-14}$　（25℃）

三、弱电解质溶液 pH 的计算

1. 一元弱酸溶液

$$[H^+] = \sqrt{cK_a} \quad （条件\ c/K_a \geqslant 500）$$

2. 一元弱碱溶液

$$[OH^-] = \sqrt{cK_b} \quad （条件\ c/K_b \geqslant 500）$$

四、缓冲溶液

1. 缓冲溶液 pH 的计算

$$pH = pK_a + \lg \dfrac{c_{共轭碱}}{c_{共轭酸}}$$

2. 缓冲溶液缓冲范围

$$pH = (pK_a - 1) \sim (pK_a + 1)$$

3. 缓冲溶液的选择和配制

所选择缓冲对的 pK_a 与所配制缓冲对的 pH 越接近越好。

五、酸碱指示剂

酸碱指示剂的变色范围为：$pH = pK_{HIn} \pm 1$。

六、酸碱滴定曲线及指示剂的选择

1. 酸碱指示剂的选择

指示剂的变色范围应全部或部分落在滴定突跃范围内。

2. 一元弱酸弱碱的滴定

（1）一元弱酸能否被准确滴定的判据：$cK_a \geqslant 10^{-8}$

（2）一元弱碱能否被准确滴定的判据：$cK_b \geqslant 10^{-8}$

3. 多元酸碱的滴定

（1）判断多元酸能否准确滴定及能否分步滴定的两个原则：

若 $cK_{a_i} \geqslant 10^{-8}$，则此步能准确滴定，有滴定突跃；

若 $\dfrac{K_{a_n}}{K_{a_{(n+1)}}} \geqslant 10^4$，则此步能分步滴定。

（2）判断多元碱能否准确滴定及能否分步滴定的两个原则：

若 $cK_{b_i} \geqslant 10^{-8}$，则此步能准确滴定，有滴定突跃；

若 $\dfrac{K_{b_n}}{K_{b_{(n+1)}}} \geqslant 10^4$，则相邻两步能分步滴定。

七、酸碱标准溶液的配制和标定

1. HCl 标准溶液的配制和标定

间接法，可用无水碳酸钠和硼砂标定。

2. NaOH 标准溶液的配制和标定

间接法，可用邻苯二甲酸氢钾（$KHC_8H_4O_4$）和草酸（$H_2C_2O_4 \cdot 2H_2O$）标定。

八、酸碱滴定法的应用示例

1. 双指示剂法测定混合碱的含量

2. 铵盐中氮的测定

习题

一、单项选择题

1. 根据酸碱质子理论，下列只可以作酸的是（　　　）。
   A. HCO_3^-　　　　　　B. H_2CO_3　　　　　C. OH^-　　　　　　D. H_2O

2. 下列为两性物质是（　　　）。
   A. CO_3^{2-}　　　　　　B. H_3PO_4　　　　　C. HCO_3^-　　　　　D. NH_4^+

3. 若要配制 pH＝5 的缓冲溶液，应选用的缓冲对是（　　　）。
   A. HAc-NaAc　　　　　　　　　　　B. NH_3-NH_4Cl
   C. Na_2HPO_4-Na_3PO_4　　　　　　D. HCOOH-HCOONa

4. 某酸碱指示剂的 pK_{HIn}＝5.0，则其理论变色范围是（　　　）。
   A. 2～8　　　　　　B. 3～7　　　　　　C. 4～6　　　　　D. 5～7

5. 下列用于标定 HCl 的基准物质是（　　　）。
   A. 无水 Na_2CO_3　　　B. $NaHCO_3$　　　　C. 邻苯二甲酸氢钾　D. NaOH

6. 某混合碱首先用盐酸滴定至酚酞变色，消耗 HCl V_1（mL），接着加入甲基橙指示剂，滴定至甲基橙由黄色变为橙色，又消耗 HCl V_2（mL），若 V_1＝V_2，则其组成为（　　　）。
   A. NaOH-Na_2CO_3　　　　　　　　　B. Na_2CO_3
   C. $NaHCO_3$-NaOH　　　　　　　　　D. $NaHCO_3$-Na_2CO_3

7. NaOH 滴定 HAc 时，应选用的指示剂是（　　　）。
   A. 甲基橙　　　　　B. 甲基红　　　　　C. 酚酞　　　　　D. 都可以

8. 某酸碱指示剂的 K_{HIn}＝$1.0×10^{-5}$，则其理论变色范围为（　　　）。
   A. pH＝4～6　　　B. pH＝3～5　　　C. pH＝5～6　　　D. pH＝6～8

9. 下列物质的浓度均为 $0.10mol·L^{-1}$，其中能用强碱直接滴定的是（　　　）。
   A. 氢氰酸（K_a＝$6.2×10^{-10}$）　　　　B. 硼酸（K_a＝$7.3×10^{-10}$）
   C. 醋酸（K_a＝$1.76×10^{-5}$）　　　　　D. 苯酚（K_a＝$1.1×10^{-10}$）

二、判断题

1. 温度一定，无论酸性溶液或碱性溶液，水的离子积常数都一样。　　　　　　（　　　）

2. 共轭酸碱对 NH_3-NH_4^+ 中，NH_4^+ 为共轭酸。　　　　　　　　　　　（　　　）

3. 用 NaOH 滴定某弱酸时，滴定突跃范围只跟弱酸的浓度有关。　　　　　　（　　　）

4. 在 HAc-NaAc 共轭酸碱对中加入 NaAc 使得 HAc 的解离度降低，此现象称为同离子效应，同离子效应使 pH 降低。　　　　　　　　　　　　　　　　　　（　　　）

5. $NaHCO_3$ 中含有氢，故其水溶液呈酸性。　　　　　　　　　　　　　　（　　　）

6. 浓度为 $1.0×10^{-2}mol·L^{-1}$ 的盐酸溶液的 pH 为 2.0。　　　　　　　（　　　）

7. 稀释 10mL $0.1mol·L^{-1}$ HAc 溶液至 100mL，则 HAc 的解离度增大，平衡向 HAc 解离方向移动，H^+ 浓度增大。　　　　　　　　　　　　　　　　　　（　　　）

8. 在共轭酸碱体系中，酸、碱的浓度越大，则其缓冲能力越强。　　　　　　（　　　）

9. 配制 NaOH 标准溶液时，必须使用煮沸后冷却的蒸馏水。　　　　　　　（　　　）

10. 标准溶液的配制方法有直接配制法和间接配制法，后者也称为标定法。　（　　　）

三、简答题

1. 根据酸碱质子理论，下列哪些物质是酸？哪些物质是碱？哪些物质是两性物质？

CO_3^{2-}、HSO_4^-、$H_2PO_4^-$、H_2CO_3、HPO_4^{2-}、NH_4^+、NH_3、Ac^-、H_2O、S^{2-}、H_2S

2. 指出下列物质所对应的共轭酸。

(1) CO_3^{2-}　　(2) $H_2PO_4^-$　　(3) Ac^-　　(4) HCO_3^-

3. 指出下列物质所对应的共轭碱。

(1) H_3PO_4　　(2) HAc　　(3) HPO_4^{2-}　　(4) HCO_3^-

4. 下列各溶液能否用酸碱滴定法测定，用什么标准溶液和指示剂，滴定终点的产物是什么？

(1) 柠檬酸（柠檬酸 $pK_{a_1}=3.14$，$pK_{a_2}=4.77$，$pK_{a_3}=6.39$）

(2) 顺丁烯乙酸（$pK_{a_1}=1.92$，$pK_{a_2}=6.22$）

5. 用双指示剂法（酚酞、甲基橙）测定混合碱样时，设酚酞变色时消耗 HCl 的体积为 V_1。甲基橙变色时，又消耗 HCl 的体积为 V_2。请根据 V_1 和 V_2 判断混合碱的成分分别是什么？

(1) $V_1>0$，$V_2=0$ 时，混合碱的成分是什么？

(2) $V_1=0$，$V_2>0$ 时，混合碱的成分是什么？

(3) $V_1=V_2$ 时，混合碱的成分是什么？

(4) $V_1>V_2>0$ 时，混合碱的成分是什么？

(5) $V_2>V_1>0$ 时，混合碱的成分是什么？

四、计算题

1. 25℃时，HAc 的 $K_a=1.76\times10^{-5}$，计算 Ac^- 的 K_b。

2. 计算下列溶液的 pH：

(1) $0.10mol \cdot L^{-1}$ H_2SO_4 溶液；

(2) $0.01mol \cdot L^{-1}$ HAc 溶液；

(3) $0.10mol \cdot L^{-1}$ NaAc 溶液。

3. 在 1L $0.1mol \cdot L^{-1}$ NaH_2PO_4 溶液中加入 500mL $0.10mol \cdot L^{-1}$ NaOH 溶液后，求此溶液 pH。[已知 $K_{a_2}(H_3PO_4)=6.23\times10^{-8}$]

4. 预配制 500mL pH=5 的 HAc-NaAc 缓冲溶液，需 $1mol \cdot L^{-1}$ 的 HAc 和 $1mol \cdot L^{-1}$ NaAc 溶液各多少毫升？（已知 HAc 的 $pK_a=4.75$）

5. 称取邻苯二甲酸氢钾基准物质 0.5026g，标定 NaOH 溶液，滴定至终点时用去 NaOH 溶液 21.88mL，求 NaOH 的浓度。（已知 $M_{邻苯二甲酸氢钾}=204.2g \cdot mol^{-1}$）

6. 称取混合碱试样 0.9476g（含 NaOH 和 Na_2CO_3），加入酚酞指示剂，用浓度为 $0.2785mol \cdot L^{-1}$ 的 HCl 溶液滴定至终点，消耗 HCl 溶液 34.12mL。再加入甲基橙指示剂，滴定至终点又消耗 HCl 23.66mL。求试样中各组分的质量分数。

习题答案

第六章
沉淀溶解平衡与沉淀滴定法

📖 学习目标

知识目标

1. 掌握溶度积与溶解度概念，熟悉溶度积与溶解度的相互换算。
2. 理解溶度积规则。
3. 掌握溶度积原理及控制沉淀生成、溶解、转化、分步沉淀的规律及有关计算。
4. 了解挥发法、萃取法和沉淀法的基本原理和应用。
5. 掌握沉淀重量法的原理和沉淀重量法的结果计算。
6. 掌握莫尔法、佛尔哈德法的原理、指示剂以及重要应用，了解法扬斯法的基本原理和应用范围。

能力目标

1. 掌握在溶度积和溶解度之间互相换算。
2. 能利用溶度积规则解释沉淀现象和分离某些离子。
3. 能进行沉淀重量法的相关计算。
4. 能选择条件以得到不同类型的晶体沉淀。
5. 能用莫尔法和佛尔哈德法对待测离子进行测定分析。

素质目标——安全环保，学以致用

通过学习沉淀溶解相关知识，深刻理解溶度积规则在环境监测中的应用价值，培养将理论知识转化为实际解决方案的意识；同时，增强环境保护意识，为成为具备高度责任感和环保行动力的专业人才打下坚实基础。

📚 学习任务

1. 学习本章知识，然后预习第二部分模块一"实验基础知识"中过滤法的相关知识，再完成实训项目：粗食盐的提纯。
2. 采用吸附指示剂法，自行设计实验测定氯化钠注射液的含量。
3. 采用佛尔哈德法，设计一个实验测定银盐中银的含量。
4. 采用莫尔法，设计一个实验测定氯化物中氯的含量。

实际工作中常利用沉淀的生成或溶解进行物质的提纯、制备、分离以及物质组成的测定等。例如，化妆品原料、产品生产及分析过程中常利用沉淀反应对某些离子进行分离与鉴定。在生物体内，沉淀的生成与溶解也同样有重要意义，如临床常见的病理结石症、龋齿等就与沉淀的生成与溶解有关。沉淀滴定法是建立在沉淀反应基础上的滴定分析法，应用广泛，化妆品、医药、食品、土壤及环境监测等方面经常需要测定 Cl^-、Br^-、I^- 的含量，即可采用沉淀滴定法。

第一节　难溶电解质的溶度积

一、溶度积常数

1. 沉淀溶解平衡

多数沉淀反应是电解质之间的离子反应，生成的沉淀产物属难溶电解质。严格讲，在水中没有绝对不溶的物质，难溶电解质在水中的溶解能力只是很弱而已，存在沉淀溶解平衡。

以 $BaCO_3$ 为例，Ba^{2+} 和 CO_3^{2-} 为构晶离子。一定温度下，将 $BaCO_3$ 投入水中，将有两个过程：一方面，部分 Ba^{2+} 和 CO_3^{2-} 离开 $BaCO_3$ 固体表面以水合离子的形式进入水中，这一过程称为溶解。另一方面，水中的 Ba^{2+} 和 CO_3^{2-} 水合离子在溶液中不断运动，碰到 $BaCO_3$ 固体表面又能重新回到固体表面，这一过程称为沉淀。当溶解速率与沉淀速率相等时，便达到一种动态平衡，这时的溶液称为饱和溶液。$BaCO_3$ 的沉淀溶解平衡可表示为：

$$BaCO_3(s) \rightleftharpoons Ba^{2+}(aq) + CO_3^{2-}(aq)$$

2. 溶度积常数

对于上述 $BaCO_3$ 饱和溶液，已达到沉淀溶解平衡，可写出其平衡常数为：

$$K = \frac{[Ba^{2+}][CO_3^{2-}]}{[BaCO_3]}$$

可换算为：

$$K[BaCO_3] = [Ba^{2+}][CO_3^{2-}]$$

式中，K 为平衡常数；$BaCO_3$ 为固体，故 $[BaCO_3]$ 可看作常数。因此 $K[BaCO_3]$ 也为常数，称之为溶度积常数，用符号 K_{sp} 表示。

溶度积常数的定义：一定温度下，难溶电解质的饱和溶液中，各组分离子浓度幂的乘积为一常数，称之为溶度积常数。

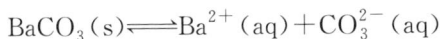

$$A_mB_n(s) \rightleftharpoons mA^{n+}(aq) + nB^{m-}(aq)$$

$$K_{sp} = [A^{n+}]^m[B^{m-}]^n$$

式中，m 和 n 分别为离子 A^{n+} 和 B^{m-} 在沉淀-溶解平衡方程式中的化学计量系数。

K_{sp} 与其他平衡常数一样，只与难溶电解质的本性和温度有关，而与溶液中离子的浓度无关。

二、溶度积与溶解度的关系

溶解度和溶度积都反映了物质的溶解能力，二者之间存在着必然联系，可相互换算。以 A_mB_n 难溶电解质为例，若溶解度为 $S \; mol \cdot L^{-1}$，则在其饱和溶液中：

$$A_mB_n(s) \rightleftharpoons mA^{n+}(aq) + nB^{m-}(aq)$$

平衡浓度/$mol \cdot L^{-1}$　　　　　　mS　　　　nS

则：　　$K_{sp} = [A^{n+}]^m[B^{m-}]^n = (mS)^m(nS)^n = m^m n^n S^{(m+n)}$

溶度积与溶解度的关系

根据上式可推导出：

对于 1:1 型（$m=n=1$）难溶电解质，如 $AgCl$，有：$K_{sp} = S^2$

对于 1:2 或 2:1 型（$m:n=1:2$ 或 $m:n=2:1$）难溶电解质，如 Ag_2CrO_4，有：

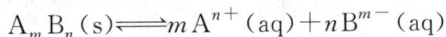

$$K_{sp} = 4S^3$$

【例 6-1】25℃时，AgBr 在水中的溶解度为 $7.31 \times 10^{-7} \, mol \cdot L^{-1}$，求该温度下 AgBr 的溶度积。

解 因 AgBr 属于 1:1 型难溶电解质，则有：

$$K_{sp} = S^2 = (7.31 \times 10^{-7})^2 = 5.35 \times 10^{-13}$$

【例 6-2】25℃时，AgCl 的 K_{sp} 为 1.77×10^{-10}，Ag_2CrO_4 的 K_{sp} 为 1.12×10^{-12}，求 AgCl 和 Ag_2CrO_4 的溶解度。

解 因 AgCl 属于 1:1 型难溶电解质，则有：$K_{sp} = S^2$

可得： $$S = \sqrt{K_{sp}} = \sqrt{1.77 \times 10^{-10}} = 1.3 \times 10^{-5} \ (mol \cdot L^{-1})$$

因 Ag_2CrO_4 属于 2:1 型难溶电解质，故：$K_{sp} = 4S^3$

则： $$S = \sqrt[3]{\frac{K_{sp}}{4}} = \sqrt[3]{\frac{1.12 \times 10^{-12}}{4}} = 6.54 \times 10^{-5} \ (mol \cdot L^{-1})$$

溶度积和溶解度虽都能表示物质的溶解能力，但溶度积大的难溶电解质其溶解度不一定也大，这与其类型有关（见例 6-2）。结论：对于不同类型的难溶电解质，不能用它们的溶度积直接比较它们溶解度的大小。对同一类型的难溶电解质（如 AgCl、AgBr 和 AgI），在一定温度下，K_{sp} 的大小可反映物质的溶解能力和生成沉淀的难易，同一温度下，溶解度大者，其溶度积也较大。反之亦然。

课堂练习

1. Ag_2CrO_4 溶解度常数表达式是（　　）。

A. $K_{sp} = [Ag^+]^2[CrO_4^{2-}]$　　　　　　　　B. $K_{sp} = [Ag^+][CrO_4^{2-}]$

C. $K_{sp} = [Ag^+][CrO_4^{2-}]$　　　　　　　　D. $K_{sp} = [Ag^+][CrO_4^{2-}]/[Ag_2CrO_4]$

2. 某温度下，$BaSO_4$ 的摩尔溶解度（S）为 $1.0 \times 10^{-5} \, mol \cdot L^{-1}$，则 $BaSO_4$ 的溶度积（K_{sp}）为（　　）。

A. 1.0×10^{-10}　　　　B. 1.0×10^{-20}　　　　C. 2.0×10^{-8}　　　　D. 1.0×10^{-5}

3. Ag_2CrO_4 在 25℃时的 $K_{sp} = 1.12 \times 10^{-12}$，计算 Ag_2CrO_4 的溶解度。

4. 已知 298K 时 $K_{sp,AgCl} = 1.77 \times 10^{-10}$，$K_{sp,AgBr} = 5.35 \times 10^{-13}$，$K_{sp,AgI} = 8.52 \times 10^{-17}$，$K_{sp,Ag_2CrO_4} = 1.12 \times 10^{-12}$，计算并比较溶解度。

三、溶度积规则

某一难溶电解质溶液中，任意状态下，各离子浓度幂次方的乘积称为离子积，用符号 Q_i 表示。对某一难溶电解质来说，在一定条件下，沉淀能否生成或溶解，从 Q_i 和 K_{sp} 的关系就可判断出来：

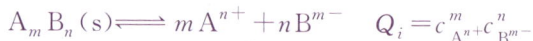

$$A_mB_n(s) \Longrightarrow mA^{n+} + nB^{m-} \qquad Q_i = c_{A^{n+}}^m \cdot c_{B^{m-}}^n$$

(1) $Q_i < K_{sp}$ 为不饱和溶液，若体系中有固体存在，固体将溶解直至饱和为止。所以 $Q_i < K_{sp}$ 是沉淀溶解的条件。

(2) $Q_i = K_{sp}$ 是饱和溶液，处于动态平衡状态。此时存在两种情况：溶液恰好饱和但无沉淀析出或饱和溶液和未溶固体物间建立平衡。

(3) $Q_i > K_{sp}$ 为过饱和溶液，有沉淀析出，直至饱和。所以 $Q_i > K_{sp}$ 是沉淀生成的条件。

以上 Q_i 与 K_{sp} 的关系称为溶度积规则。运用这三条规则，可控制溶液离子浓度，使沉淀生成或溶解。

第二节 难溶电解质沉淀的生成和溶解

一、沉淀的生成

根据溶度积规则，在难溶电解质溶液中，沉淀生成的必要条件是：$Q_i > K_{sp}$。

沉淀的生成
和溶解

【例 6-3】 50mL 含 Ba^{2+} 浓度为 $0.01 mol \cdot L^{-1}$ 的溶液与 30mL 浓度为 $0.02 mol \cdot L^{-1}$ 的 Na_2SO_4 溶液混合。问是否会产生 $BaSO_4$ 沉淀？（已知 $BaSO_4$ 的 K_{sp} 为 1.08×10^{-10}）

解 混合后：

$$c_{Ba^{2+}} = \frac{0.01 \times 50}{50 + 30} = 0.00625 \ (mol \cdot L^{-1})$$

$$c_{SO_4^{2-}} = \frac{0.02 \times 30}{50 + 30} = 0.0075 \ (mol \cdot L^{-1})$$

$$Q_i = c_{Ba^{2+}} c_{SO_4^{2-}} = 0.00625 \times 0.0075 = 4.7 \times 10^{-5}$$

因：

$$Q_i = 4.7 \times 10^{-5} > K_{sp} = 1.08 \times 10^{-10}$$

故会生成 $BaSO_4$ 沉淀。

二、沉淀的溶解

根据溶度积规则，当 $Q_i < K_{sp}$ 时，溶液中的难溶电解质固体将会溶解，直至 $Q_i = K_{sp}$，建立新的平衡。常见的沉淀溶解方法有以下几种。

1. 酸碱溶解法

利用酸碱与难溶电解质反应生成可溶性的弱电解质，使沉淀平衡向着溶解的方向移动，导致沉淀溶解。

例如，在含有固体 $CaCO_3$ 的饱和溶液中加入盐酸后，生成弱电解质 H_2CO_3：

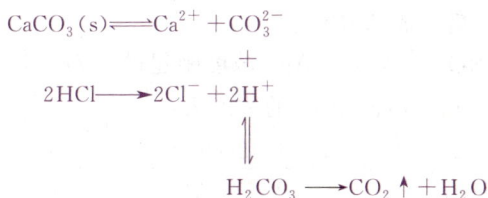

$$CaCO_3(s) \Longrightarrow Ca^{2+} + CO_3^{2-}$$
$$+$$
$$2HCl \longrightarrow 2Cl^- + 2H^+$$
$$\Updownarrow$$
$$H_2CO_3 \longrightarrow CO_2 \uparrow + H_2O$$

因 H^+ 与 CO_3^{2-} 结合成弱酸 H_2CO_3，继而分解为 CO_2 和 H_2O，使溶液中的 CO_3^{2-} 浓度减少，则使 $Q_i = c_{Ca^{2+}} c_{CO_3^{2-}} < K_{sp}$，因此 $CaCO_3$ 溶解。

2. 氧化还原反应溶解法

有些金属硫化物的溶解度很小而不能用盐酸溶解，要使其溶解，可加入一些氧化还原剂，通过氧化还原反应降低某离子的浓度，以达到沉淀溶解的目的。以 CuS 为例，可加入具有氧化性的硝酸，将 S^{2-} 氧化成单质 S：

$$3S^{2-} + 2NO_3^- + 8H^+ \Longrightarrow 3S\downarrow + 2NO\uparrow + 4H_2O$$

则 CuS 饱和溶液中 S^{2-} 浓度大幅度降低，使得离子积小于溶度积，满足 CuS 溶解的条件，继而溶解。

3. 配位反应溶解法

加入配位剂，使难溶盐组分的离子生成可溶性配离子，以达到沉淀溶解的目的。以 AgCl 为例，可加入 NH_3 溶液，则 NH_3 和 Ag^+ 生成稳定的配离子 $[Ag(NH_3)_2]^+$，大大降低了 Ag^+ 浓度，使得 $Q_i < K_{sp}$，固体 AgCl 即可溶解。其反应如下：

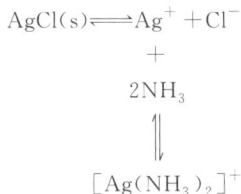

三、分步沉淀

某溶液中同时存在几种离子，向此溶液中加入一沉淀剂，并且该沉淀剂可与溶液中多种离子反应生成难溶电解质，但由于生成的各难溶电解质的溶度积不同，沉淀析出的先后次序也不同，此现象称为分步沉淀。

> 【例 6-4】向含有浓度均为 0.010mol·L^{-1} 的 I^- 和 Cl^- 溶液中，逐滴加入 $AgNO_3$ 溶液，分别生成 AgCl 沉淀和 AgI 沉淀。计算分别生成 AgCl 沉淀和 AgI 沉淀时所需的 Ag^+ 浓度，并判断谁先沉淀？当 AgCl 沉淀开始生成时，溶液中的 I^- 浓度是多少？（已知：AgCl 的 $K_{sp} = 1.77 \times 10^{-10}$；AgI 的 $K_{sp} = 8.52 \times 10^{-17}$）
>
> 解　要生成 AgCl 沉淀，则满足：$Q_i > K_{sp}$。
>
> 则：
> $$c_{Ag^+} > \frac{K_{sp}}{c_{Cl^-}} = \frac{1.77 \times 10^{-10}}{0.010} = 1.77 \times 10^{-8} \ (\text{mol·L}^{-1})$$
>
> 同理，若要生成 AgI 沉淀，需满足：
> $$c_{Ag^+} > \frac{K_{sp}}{c_{I^-}} = \frac{8.52 \times 10^{-17}}{0.010} = 8.52 \times 10^{-15} \ (\text{mol·L}^{-1})$$

上述计算结果表明，生成 AgI 所需 Ag^+ 浓度比生成 AgCl 沉淀所需 Ag^+ 浓度小，所以先生成 AgI 沉淀，后生成 AgCl 沉淀。

逐滴加入 $AgNO_3$ 溶液，当 Ag^+ 浓度刚超过 $1.77 \times 10^{-8}\text{mol·L}^{-1}$ 时，AgCl 开始沉淀，此时 I^- 已经沉淀完全，溶液中 I^- 的浓度为：

$$c_{I^-} = \frac{K_{sp,AgI}}{c_{Ag^+}} = \frac{8.52 \times 10^{-17}}{1.77 \times 10^{-8}} = 4.8 \times 10^{-9} \ (\text{mol·L}^{-1})$$

因当 AgCl 开始沉淀时，AgI 已沉淀完全，可利用分步沉淀进行离子分离。结论：对于等浓度的同类型难溶电解质，总是溶度积小的先沉淀，并且溶度积差别越大，分离效果越好。对不同类型的难溶电解质，不能根据溶度积的大小直接判断，而应通过具体计算判断沉淀的先后次序和分离效果。

课堂练习

1. 将 0.02mol·L^{-1} 的 $CaCl_2$ 溶液，与 0.02mol·L^{-1} 的 Na_2CO_3 溶液等体积混合，是否有沉淀生成。（已知 $K_{sp,CaCO_3} = 4.7 \times 10^{-9}$）

2. 要产生 AgCl 沉淀，必须（　　　）。

A. $c_{Ag^+} \cdot c_{Cl^-} > K_{sp,AgCl}$ 　　　　　　B. $c_{Ag^+} \cdot c_{Cl^-} < K_{sp,AgCl}$

C. $c_{Ag^+} > c_{Cl^-}$ 　　　　　　D. $c_{Ag^+} < c_{Cl^-}$

3. 已知 AgBr 的 $K_{sp} = 1.56 \times 10^{-13}$，AgI 的 $K_{sp} = 1.5 \times 10^{-17}$，当向含有等量 Br⁻ 和 I⁻ 的混合溶液中加入 AgNO₃ 时，其结果是（　　　）。

A. Br⁻ 先沉淀　　　　B. I⁻ 先沉淀　　　　C. 同时沉淀　　　　D. 都不沉淀

四、沉淀的转化

沉淀的转化是指由一种难溶电解质转化为另一种难溶电解质的过程，其实质是沉淀溶解平衡的移动。一般是由溶解度大的沉淀向溶解度小的沉淀转化。沉淀的转化有很大的实用价值。举个例子，锅炉中锅垢的主要成分是 $CaSO_4$，不溶于酸，可用 Na_2CO_3 处理，使 $CaSO_4$ 转化为可溶于酸的 $CaCO_3$ 沉淀，就可容易地清除掉锅垢了。

$$CaSO_4(s) + CO_3^{2-} \rightleftharpoons CaCO_3(s) + SO_4^{2-}$$

第三节　重量分析法

重量分析法是化学分析中经典的分析方法之一，它是通过用适当方法将试样中待测组分与其他组分分离，转化为一定的称量形式，以称量的方法来确定被测组分含量的一种定量分析方法。

重量分析法直接用分析天平称量测定，分析过程中不需要标准试样或基准试剂作对比，因此，分析结果的准确度较高，相对误差不大于 0.1%～0.2%。此方法适用于含量 >1% 的常量组分分析，用分析天平称量，无容量器皿引入的误差，准确度高。但此方法操作烦琐、需时较长，不适用于快速分析，也不适用于微量和痕量组分分析，因而在实践中逐渐被其他方法所代替。但目前仍有一些分析项目在采用重量分析法，如在环境污染物分析中，重量法常用于测定硫酸盐、二氧化硅、残渣、悬浮物、油脂、飘尘和降尘等；此外，重量分析法也用于检查一些药品中的水中不溶物、炽灼残渣、中草药灰分、干燥失重及药典中某些药物的含量测定等。随着称量工具的改进，重量分析法也不断发展，如近年来用压电晶体的微量测重法测定大气飘尘和空气中的汞蒸气等。

在重量分析中，一般首先采用适当的方法，使被测组分以单质或化合物的形式从试样中与其他组分分离。重量分析包括了分离和称量两个过程，根据待测组分与试样中其他成分分离方法的不同，重量分析法可分为挥发法、萃取法、沉淀法和电解法等。

一、挥发法

挥发法是利用试样中待测物质的挥发性或将待测组分转变成具有挥发性的物质，根据试样质量的减少来计算待测组分含量的一种测定方法。根据称量对象的不同，挥发法可分为直接法和间接法。

1. 直接法

待测组分与其他组分分离后，如果称量的是待测组分或其衍生物，通常称为直接法。例如在进行对碳酸盐的测定时，加入盐酸与碳酸盐反应放出 CO_2 气体，再用石棉与烧碱的混合物吸收，后者所增加的质量就是 CO_2 的质量，据此即可求得碳酸盐的含量。

2. 间接法

待测组分与其他组分分离后，通过称量其他组分，测定样品减失的质量来求得待测组分的含量，则称为间接法。在药品检验中的"干燥失重测定法"就是利用挥发法测定样品中的水分和一些易挥发的物质，属于间接法。具体的操作方法是：精密称取适量样品，在一定条件下加热干燥至恒重（所谓恒重是指样品连续两次干燥或灼烧后称得的质量之差小于0.3mg），用减失质量和取样量相比来计算干燥失重。

根据物质性质不同，在去除物质中水分时，常采用以下几种干燥方法。

（1）常压加热干燥　适用于性质稳定，受热不易挥发、氧化或分解的物质。吸湿水需加热到 $105\sim110℃$，保持 2h 左右；结晶水需提高温度或延长干燥时间。

（2）减压加热干燥　适用于高温易变质或熔点低的物质。《中华人民共和国药典》规定，一般减压是指压力应在 2.67kPa（相当于 20mmHg）以下，此时的干燥温度在 $60\sim80℃$（除另有规定外）。

（3）干燥剂干燥　适用于受热易分解、挥发及能升华的物质。常用的干燥剂有无水氯化钙、硅胶、浓硫酸及五氧化二磷等。

二、萃取法

萃取法又称提取重量法，是利用被测组分在两种互不相溶的溶剂中的溶解度不同，将被测组分从一种溶剂萃取到另一种溶剂中来，然后将萃取液中溶剂蒸去，干燥至恒重，称量萃取出的干燥物的质量，然后根据萃取物的质量，计算被测组分含量的方法。分析化学中应用的溶剂萃取主要是液-液萃取，这是一种简单、快速，应用范围又相当广泛的分离方法。本节主要讨论液-液萃取分离的基本原理。

1. 分配系数

各种物质在不同的溶剂中有不同的溶解度。例如，当溶质 A 同时接触两种互不相溶的溶剂时，如果一种是水，一种是有机溶剂，A 就分配在这两种溶剂中。假设溶质 A 只有一种存在形式，当在一定温度下，溶质 A 在两相中的浓度不再发生变化时，即达到了分配平衡，溶质 A 在有机相中的平衡浓度 $[A]_有$ 与在水相中的平衡浓度 $[A]_水$ 之比，称为分配系数，用 K_D 表示。

$$A_水 \rightleftharpoons A_有$$

$$K_D = \frac{[A]_有}{[A]_水}$$

分配系数与溶质和溶剂的特性及温度等相关，在一定条件下是一个常数。

2. 分配比

实际液液萃取体系中，由于聚合、解离、配位及其他副反应的存在，使得溶质在两相中可能有多种存在形式。若以 $c_水$ 和 $c_有$ 分别代表水相和有机相溶质的总浓度，则它们的比值即为分配比，分配比 D 是存在于两相中的溶质的总浓度之比。

$$D = \frac{c_有}{c_水}$$

分配比通常不是常数，改变溶质和有关试剂浓度，都可使分配比变值。

3. 萃取效率

萃取效率就是萃取的完全程度，常用萃取百分数（E）表示，即：

$$E = \frac{被萃取物在有机相中的总量}{被萃取物在两相中的总量} \times 100\%$$

若水相的体积以 $V_水$ 表示，有机相的体积表示为 $V_有$，$c_水$ 和 $c_有$ 分别代表水相和有机相中溶质的浓度。则萃取效率 E 可表示为：

$$E = \frac{c_有 V_有}{c_有 V_有 + c_水 V_水} \times 100\%$$

把上式分子分母同除以 $c_水 V_有$ 得：

$$E = \frac{D}{D + V_水/V_有} \times 100\%$$

若使 $V_有 = V_水$，则简化为：

$$E = \frac{D}{D+1} \times 100\%$$

在实际工作中，对于分配比较小的溶质，常采取分几次加入溶剂，连续几次萃取的办法，以提高萃取效率。

假设含有 W_0（g）被萃取物质 A 的 $V_水$（mL）水溶液，用 $V_有$（mL）萃取剂萃取一次，如果留在水溶液中未被萃取的 A 为 W_1（g），则萃取到萃取剂中的 A 为（$W_0 - W_1$）（g），即：

$$D = \frac{c_有}{c_水} = \frac{(W_0 - W_1)/V_有}{W_1/V_水}$$

可得：

$$W_1 = W_0 \left(\frac{V_水}{D V_有 + V_水} \right)$$

如果每次用 $V_有$（mL）有机溶剂萃取，共萃取 n 次，水相中剩余的 A 为 W_n（g），则：

$$W_n = W_0 \left(\frac{V_水}{D V_有 + V_水} \right)^n$$

【例 6-5】有 90mL 含碘 10mg 的水溶液，用 90mL CCl_4 一次全量萃取，求萃取效率。若分三次萃取，每次用 30mL CCl_4 进行萃取，其萃取效率又将如何？已知 $D = 85$。

解 一次全量萃取效率为：

$$E = \frac{D}{D+1} \times 100\% = \frac{85}{85+1} \times 100\% = 98.84\%$$

用 90mL 溶剂分三次萃取，则剩余物质质量和萃取效率分别为：

$$W_3 = 10 \times \left(\frac{90}{85 \times 30 + 90} \right)^3 = 4.0 \times 10^{-4} \text{（mg）}$$

$$E = \frac{10 - 4.0 \times 10^{-4}}{10} \times 100\% = 99.99\%$$

三、沉淀法

沉淀法是利用沉淀反应，将被测组分转化成难溶物形式从溶液中分离出来，然后经过滤、洗涤、干燥或灼烧，得到可供称量的物质进行称量，根据称量的质量即可求算样品中被测组分的含量。

1. 沉淀形式和称量形式

在沉淀法中，向试液中加入适当的沉淀剂，使被测组分沉淀出来，这样获得的沉淀称为沉淀形式。沉淀形式经过滤、洗涤、烘干或灼烧后，供最后称量的物质，称为称量形式。沉淀形式和称量形式的化学组成可以相同，也可以不同。以测定 SO_4^{2-} 或 Ca^{2+} 的含量为例：

$$试样 \xrightarrow{溶解} Ba^{2+} \xrightarrow{+SO_4^{2-}\ 沉淀剂} \underset{(沉淀形式)}{BaSO_4 \downarrow} \xrightarrow{过滤、洗涤} \xrightarrow{800℃、灼烧} \underset{(称量形式)}{BaSO_4 \downarrow}$$

$$试样 \xrightarrow{溶解} Ca^{2+} \xrightarrow{+C_2O_4^{2-}\ 沉淀剂} \underset{(沉淀形式)}{CaC_2O_4 \cdot H_2O \downarrow} \xrightarrow{过滤、洗涤} \xrightarrow{800℃，灼烧} \underset{(称量形式)}{CaO \downarrow}$$

用 $BaSO_4$ 沉淀法测定 SO_4^{2-} 时，沉淀形式和称量形式都是 $BaSO_4$，两者相同；而用 CaC_2O_4 沉淀法测定 Ca^{2+} 时，沉淀形式是 $CaC_2O_4 \cdot H_2O$，经灼烧后称量形式为 CaO，沉淀形式和称量形式不同。

2. 重量分析对沉淀的要求

（1）对沉淀形式的要求

① 沉淀的溶解度必须很小，以保证待测组分沉淀完全。沉淀溶解造成的损失量应小于分析天平的称量误差范围（$\pm 0.2mg$）。

② 沉淀易于过滤、洗涤，尽量获得颗粒粗大的晶形沉淀。如果是无定形沉淀，应注意掌握沉淀的条件，改善沉淀的性质。

③ 沉淀力求纯净，制备沉淀时应尽量避免带入其他杂质而沾污。

④ 沉淀应易转化为称量形式。

（2）对称量形式的要求

① 称量形式必须有确定的化学组成，它是沉淀法定量计算分析结果的依据。

② 称量形式必须十分稳定，不受空气中水分、二氧化碳和氧气等的影响，不易被氧化分解。

③ 称量形式的摩尔质量尽可能大，这样可以增加称量形式的重量，减小称量的相对误差。

实际分析中，选择合适的沉淀剂、掌握正确的沉淀条件，才能达到沉淀的要求。

3. 沉淀的溶解度及其影响因素

沉淀法要求沉淀反应尽可能进行完全。沉淀反应是否完全，可以根据反应达到平衡后沉淀溶解度的大小来衡量。沉淀溶解度越小，则沉淀越完全。

影响沉淀溶解度的因素有同离子效应、盐效应、配位效应和酸效应。在实际操作中，并非所加沉淀剂量越多越好，由于盐效应、配位效应等原因，有时沉淀剂太过量，反而使沉淀的溶解度增大，沉淀剂究竟应过量多少，应根据沉淀的具体情况和沉淀剂的性质而定。如果沉淀剂在烘干或灼烧时能挥发除去，一般可过量 $50\% \sim 100\%$；不易除去的沉淀剂，只宜过量 $10\% \sim 30\%$。

同离子效应与盐效应对沉淀溶解度的影响恰恰相反，所以进行沉淀时应避免加入过多的沉淀剂。如果沉淀的溶解度本身很小，一般来说，可以不考虑盐效应。四种效应对沉淀溶解度的影响是不同的，无配位效应的强酸盐沉淀，主要考虑同离子效应；弱酸盐沉淀主要考虑酸效应；能与配位剂形成稳定的配合物而且溶解度又不是太小的沉淀，应该主要考虑配位效应。此外，还要考虑其他因素如温度、溶剂及沉淀颗粒大小等对沉淀溶解度的影响。

4. 沉淀的形成及影响纯度的因素

（1）沉淀的形成　沉淀按其颗粒大小和外表形态不同，粗略地分为晶形沉淀（如 $BaSO_4$ 等）和无定形沉淀（如 $Fe_2O_3 \cdot xH_2O$ 等）两类。沉淀在形成过程中，同时存在聚集速度和定向速度。当沉淀剂加入待测溶液中，形成沉淀的离子互相碰撞而结合成晶核，晶核长大生成沉淀微粒的速度称为聚集速度；同时，构晶离子在晶格内的定向排列速度称为定向速度。当定向速度大于聚集速度时，将形成晶形沉淀，反之，则形成无定形沉淀。定向速度主要决定于沉淀的性质，而聚集速度主要决定于沉淀时的反应条件，它与相对过饱和度成正比。

晶形沉淀是由较大的沉淀颗粒组成，颗粒直径约为 $0.1 \sim 1\mu m$，内部排列较规则，结构紧密，所占体积较小，易于过滤洗涤。无定形沉淀是由许多疏松微小沉淀颗粒聚集而成，颗粒直径一般小于 $0.02\mu m$，沉淀颗粒排列无序，且又包含大量数目不定的水分子，形成疏松絮状沉淀，体积大，容易吸附杂质，且难以过滤和洗涤。

（2）影响沉淀纯度的因素　沉淀从溶液中析出时，有一些杂质会夹杂于沉淀内，使沉淀沾污。沉淀过程中杂质混入的原因主要有以下几方面。

① 共沉淀现象　沉淀反应时，溶液中某些可溶性杂质混杂于沉淀中和沉淀一起析出，这种现象称为共沉淀现象。例如，在 Na_2SO_4 溶液中加入 $BaCl_2$ 时，从溶解度来看，Na_2SO_4、$BaCl_2$ 都不应沉淀，但有少量的 Na_2SO_4 或 $BaCl_2$ 被带入 $BaSO_4$ 沉淀中而产生共沉淀现象。产生共沉淀现象的原因有：

a. 表面吸附　在沉淀晶体表面的离子或分子与沉淀晶体内部的离子或分子所处的状况有所不同。沉淀物的表面积越大，吸附杂质的量也越多；溶液浓度越高，杂质离子的价态越高，越易被吸附。因为吸附作用是一个放热过程，因此可升高溶液温度以减少杂质的吸附。也可通过洗涤沉淀来减少吸附杂质。

b. 混晶的生成　当溶液中杂质离子与沉淀构晶离子的半径相近、晶体结构相似时，杂质离子可取代构晶离子进入晶格而形成混晶。例如，Pb^{2+}、Ba^{2+} 不仅有相同的电荷而且两种离子的大小相似，因此，Pb^{2+} 能取代 $BaSO_4$ 晶体中的 Ba^{2+} 而形成混晶，使沉淀不再纯净。要避免形成混晶，比较困难，减少或消除混晶的最好方法是将这些杂质预先分离除去。

c. 包藏或吸留　沉淀形成时，由于沉淀生成过快，导致沉淀表面吸附的杂质离子来不及离开而被后来沉积上来的沉淀所覆盖，从而被包埋在沉淀内部引起共沉淀，这种现象为包藏，也称为吸留。例如制备沉淀 $BaSO_4$ 时，$BaCl_2$ 过量，$BaSO_4$ 晶体表面就要吸附构晶离子 Ba^{2+} 并吸附 Cl^- 作为抗衡离子，如果抗衡离子来不及被 SO_4^{2-} 交换，就被沉积下来的离子所覆盖而包在晶体里，产生包藏现象。因此，沉淀时要注意沉淀剂浓度不能太大，沉淀剂加入的速率要缓慢。包藏在沉淀内的杂质，只能通过沉淀陈化或重结晶的方法减少。

② 后沉淀现象　沉淀结束后，沉淀与母液放置时，溶液中的某些杂质离子可慢慢沉积到原沉淀上，放置的时间越长，杂质析出的量越多，这种现象称为后沉淀。例如，以 $(NH_4)_2C_2O_4$ 沉淀 Ca^{2+}，若溶液中含有少量 Mg^{2+}，由于 $K_{sp,MgC_2O_4} > K_{sp,CaC_2O_4}$，当 CaC_2O_4 沉淀时，MgC_2O_4 不沉淀，但在 CaC_2O_4 沉淀放置过程中，CaC_2O_4 晶体表面吸附大量的 $C_2O_4^{2-}$，此时沉淀表面 $[Mg^{2+}][C_2O_4^{2-}] > K_{sp,MgC_2O_4}$，有 MgC_2O_4 析出。要避免或减少后沉淀的产生，可缩短沉淀与母液共置的时间。

5. 沉淀的条件

在重量分析中，为了得到准确的分析结果，要求沉淀完全、洁净，并且易于过滤、洗涤。因此，必须根据沉淀的性质和形态，选择合适的沉淀条件。

（1）晶形沉淀的沉淀条件

① 在稀溶液中进行沉淀　稀溶液的相对过饱和度不大，有利于形成大颗粒的晶形沉淀。此外，晶体颗粒越大，比表面积越小，表面吸附的杂质就越少，共沉淀现象减小，沉淀越洁净。但对溶解度较大的沉淀，溶液不能太稀，否则会增加沉淀溶解的损失。

② 在热溶液中进行沉淀　热溶液可提高沉淀的溶解度，减小相对过饱和度，得到大颗

粒沉淀，减少沉淀对杂质的吸附，较利于得到纯净沉淀。但对于在热溶液中溶解度较大的沉淀，应冷却至室温后再过滤、洗涤。

③ 应在不断搅拌下缓慢加入沉淀剂　这样可避免局部溶液过浓现象，降低沉淀剂离子在整体或局部溶液中的过饱和度，得到颗粒大且纯净的沉淀。

④ 进行陈化　陈化是将沉淀与母液放置的过程。陈化过程能使细小结晶溶解，大结晶长大，最后获得晶形完整、纯净的大颗粒沉淀。同时也会释放出部分包藏在晶体中的杂质，减少杂质的吸附，使沉淀更为纯净。但陈化也会有利于后沉淀的形成，应予以注意。

（2）无定形沉淀的沉淀条件　无定形沉淀颗粒微小，比表面积大，体积庞大，结构紧密，吸附杂质多，易胶溶，难以过滤和洗涤。所以，无定形沉淀主要是设法破坏胶体，防止胶溶，加速沉淀凝聚。

① 在浓溶液中进行，并不断搅拌　较浓溶液中，得到的沉淀含水量少，体积小，结构较紧密，沉淀易凝聚。但在浓溶液中进行时，杂质的浓度也相应提高，被吸附机会增大，因此在沉淀反应后，应立即加大量热水冲稀并充分搅拌，使吸附的部分杂质转入溶液中。

② 在热溶液中进行　在热溶液中，可使沉淀微粒容易凝聚，减少表面吸附，防止胶体的形成，有利于提高沉淀的纯度。

③ 加入适量电解质　电解质能防止形成胶体溶液，降低水化程度，促使沉淀凝聚。洗涤沉淀用易挥发的电解质，以减少电解质进入沉淀中引起重量分析误差，如用铵盐等溶液。

④ 不必陈化　沉淀完全后，趁热立即过滤，不必陈化。无定形沉淀放置后，将逐渐失去水分聚集得更为紧密，使已吸附的杂质难以洗涤除去。

6. 重量分析结果的计算

沉淀析出后，所得沉淀经过滤、洗涤、干燥或灼烧处理后，制成符合称量形式要求的称量形式，再用分析天平准确称重，最后根据称量形式的质量计算待测组分的含量。

例如，测定某试样中的硫含量，使其沉淀为 $BaSO_4$（沉淀形式），灼烧后称量 $BaSO_4$ 沉淀（称量形式），其质量若用 m_{BaSO_4} 表示，则试样中的硫含量可通过如下的公式计算得到：

$$m_s = m_{BaSO_4} \times \frac{M_s}{M_{BaSO_4}}$$

式中　m_s——待测组分的质量；

m_{BaSO_4}——称量形式的质量；

$\dfrac{M_s}{M_{BaSO_4}}$——待测组分与称量形式的摩尔质量的比值（常数），也称为化学因数（或换算因
数），常用 F 表示。

换算因数是个常数，它的意义是：1g 称量形式的沉淀相当于待测组分的质量（g）。注意：在计算化学因数时，必须在待测组分的摩尔质量和称量形式的摩尔质量上乘以适当系数，使分子分母中待测元素的原子数目相等。

$$F = \frac{a \times 待测组分的摩尔质量}{b \times 称量形式的摩尔质量}$$

式中，a、b 为待测组分和称量形式摩尔质量前乘以的适当系数。

因此计算待测组分的质量可写成下列通式：

待测组分的质量＝称量形式的质量×化学因数

可得到试样中待测组分的质量分数 $w_{待测}$ 的计算公式：

$$w_{待测} = \frac{称量形式的质量 \times 换算因数}{试样的质量} \times 100\%$$

【例 6-6】 测定某铁矿石中铁含量时，称取样品质量为 0.2500g，经处理后其沉淀形式为 $Fe(OH)_3$，然后灼烧得称量形式 Fe_2O_3，称其质量为 0.2490g，求此矿石中 Fe 和 Fe_3O_4 的质量分数。

解　（1）Fe 的质量分数

Fe 的换算因数：

$$F = \frac{2M_{Fe}}{M_{Fe_2O_3}} = \frac{2 \times 55.85}{159.69}$$

则 Fe 的质量分数为：

$$w_{Fe} = \frac{M_{Fe_2O_3}F}{m_s} = \frac{0.2490 \times \left(\frac{2 \times 55.85}{159.69}\right)}{0.2500} = 69.67\%$$

（2）Fe_3O_4 的质量分数

Fe_3O_4 的换算因数：

$$F = \frac{2M_{Fe_3O_4}}{3M_{Fe_2O_3}} = \frac{2 \times 231.54}{3 \times 159.69}$$

则 Fe_3O_4 的质量分数为：

$$w_{Fe_3O_4} = \frac{M_{Fe_2O_3}F}{m_s} = \frac{0.2490 \times \left(\frac{2 \times 231.54}{3 \times 159.69}\right)}{0.2500} = 96.28\%$$

课堂练习

完成下表：

待测组分	沉淀形式	称量形式	化学因数 F
Cl^-	AgCl	AgCl	
Fe	$Fe(OH)_3$	Fe_2O_3	
Fe_3O_4	$Fe(OH)_3$	Fe_2O_3	
Na_2SO_4	$BaSO_4$	$BaSO_4$	
As_2O_3	Ag_3AsO_4	AgCl	

第四节　沉淀滴定法

沉淀滴定法是利用沉淀反应进行滴定的方法。并不是所有能生成沉淀的反应都能应用于沉淀滴定中，能用于沉淀滴定的反应须满足：①沉淀反应速率要快，有确定的化学计量式；②生成的沉淀溶解度要小，有固定的组成；③有合适的确定终点的方法；④沉淀的吸附不要太严重，不致影响滴定结果。

能满足这些条件并用于沉淀滴定的反应一般是生成难溶性银盐的反应：

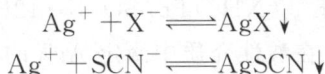

$$Ag^+ + X^- \Longrightarrow AgX \downarrow$$
$$Ag^+ + SCN^- \Longrightarrow AgSCN \downarrow$$

这种以生成难溶性银盐为基础的沉淀滴定法称为银量法。可采用银量法测定 Cl^-、

Br^-、I^-、Ag^+、SCN^- 等的含量。根据所选指示剂不同，银量法可分为：铬酸钾指示剂法（又称莫尔法）、铁铵矾指示剂法（又称佛尔哈德法）和吸附指示剂法（又称法扬司法）等。

一、铬酸钾指示剂法——莫尔（Mohr）法

铬酸钾
指示剂法

1. 莫尔法基本原理

以铬酸钾（K_2CrO_4）为指示剂，在中性或弱碱性溶液中，用 $AgNO_3$ 标准溶液直接滴定含 Cl^-（或 Br^-）的溶液，这种滴定方法称为莫尔法。

以测定 Cl^- 为例：在含 Cl^- 的待滴定溶液中加入 K_2CrO_4 为指示剂，逐渐滴入 $AgNO_3$ 标准溶液，由于 AgCl 的溶解度小于 Ag_2CrO_4 的溶解度，根据分步沉淀的原理，AgCl 首先沉淀出来。当溶液中 Cl^- 被沉淀完全后，再滴入 1 滴 $AgNO_3$ 则与指示剂 K_2CrO_4 反应，形成砖红色的 Ag_2CrO_4 沉淀，指示滴定终点到达。

终点前：

$$Ag^+ + Cl^- \rightleftharpoons AgCl \downarrow （白色）$$

终点时：

$$Ag^+ + CrO_4^{2-} \rightleftharpoons Ag_2CrO_4 \downarrow （砖红色）$$

2. 滴定条件

（1）指示剂的用量　指示剂 K_2CrO_4 的浓度必须合适，若指示剂 K_2CrO_4 浓度过大，终点将提前，且因溶液颜色过深而影响终点观察；指示剂 K_2CrO_4 浓度过低，则终点推迟，影响滴定的准确度。实验表明：终点时 CrO_4^{2-} 浓度约为 $5 \times 10^{-3} \, mol \cdot L^{-1}$ 比较合适。

（2）溶液的酸度　滴定反应应在中性或弱碱性介质中进行，即 pH 范围为 pH＝6.5～10.5。若酸度太高，CrO_4^{2-} 将因酸效应致使其浓度降低，导致化学计量点附近不能生成 Ag_2CrO_4 沉淀：

$$2CrO_4^{2-} + 2H^+ \rightleftharpoons 2HCrO_4^- \rightleftharpoons Cr_2O_7^{2-} + H_2O$$

若碱性太强，将生成 Ag_2O 沉淀：

$$2Ag^+ + 2OH^- \rightleftharpoons 2AgOH \downarrow \rightleftharpoons Ag_2O \downarrow + H_2O$$

（3）滴定时应用力摇动　以滴定 Cl^- 为例：由于生成的 AgCl 沉淀会吸附溶液中 Cl^-，使得 Ag_2CrO_4 沉淀过早出现，给滴定结果带来误差，故滴定时需剧烈摇动，使 AgCl 沉淀吸附的 Cl^- 尽量释放出来。同理，滴定 Br^- 时，AgBr 沉淀也会吸附 Br^-，也要边滴边用力摇动。

（4）干扰情况　凡能与 Ag^+ 生成沉淀的离子都干扰测定，如 PO_4^{3-}、AsO_4^{3-}、CO_3^{2-}、S^{2-} 和 CrO_4^{2-} 等；能与 CrO_4^{2-} 生成沉淀的 Ba^{2+} 和 Pb^{2+} 等也干扰测定；在滴定 pH 范围内发生水解的物质，如 Al^{3+}、Fe^{3+}、Bi^{3+} 和 Sn^{4+} 等离子也干扰测定，滴定前应除去；此外，有色离子也干扰测定。

铬酸钾指示剂法适用于测定 Cl^-、Br^- 和 CN^-。因 AgI 和 AgSCN 沉淀对 I^- 和 SCN^- 有很强的吸附作用，不适用于滴定 I^- 和 SCN^-。

二、铁铵矾指示剂法——佛尔哈德（Volhard）法

铁铵矾
指示剂法

铁铵矾指示剂法是用铁铵矾 $[(NH_4)Fe(SO_4)_2 \cdot 12H_2O]$ 作指示剂，以 NH_4SCN 或 KSCN 为标准溶液，在酸性介质中滴定 Ag^+ 的方法。分为直接滴定法和返滴定法。

（一）直接滴定法——测 Ag^+

在酸性溶液（硝酸介质）中，以铁铵矾作指示剂，用 NH_4SCN（或 KSCN）为标准溶液，直接滴定 Ag^+。滴定过程中，首先生成 AgSCN 白色沉淀。

终点前：

$$Ag^+ + SCN^- \Longrightarrow AgSCN\downarrow（白色）$$

到达化学计量点时，稍过量的 NH_4SCN 即与 Fe^{3+} 生成红色的 $[FeSCN]^{2+}$，指示滴定终点到达。

终点时：

$$Fe^{3+} + SCN^- \Longrightarrow [FeSCN]^{2+}\downarrow（红色）$$

滴定过程中生成 AgSCN 沉淀，而 AgSCN 沉淀具有很强的吸附作用，因此滴定时，应充分摇动溶液，以减少 AgSCN 对 Ag^+ 的吸附。该滴定法主要用于测定 Ag^+ 等。

（二）返滴定法——测卤素离子

1. 滴定原理

先在含待测卤素离子的硝酸溶液中，加入一定量的过量的 $AgNO_3$ 标准溶液，则卤素离子完全生成银盐沉淀。然后加入铁铵矾指示剂，用 NH_4SCN 标准溶液滴定剩余的 $AgNO_3$，滴到化学计量点附近时，稍过量的 SCN^- 与 Fe^{3+} 生成红色的 $[FeSCN]^{2+}$，指示滴定终点的到达。滴定反应为：

终点前

$$Ag^+（过量）+ X^- \Longrightarrow AgX\downarrow$$
$$Ag^+（剩余）+ SCN^- \Longrightarrow AgSCN\downarrow（白色）$$

终点时

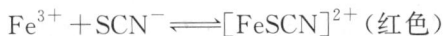
$$Fe^{3+} + SCN^- \Longrightarrow [FeSCN]^{2+}（红色）$$

2. 滴定条件

（1）滴定反应应在硝酸为介质的酸性溶液中进行。酸性环境一方面可避免 Fe^{3+} 的水解，另一方面，若在碱性介质中，Ag^+ 会生成 Ag_2O 沉淀。此外，以硝酸为介质，一些阴离子 PO_4^{2-}、AsO_4^{3-} 等不会与 Ag^+ 生成沉淀，消除了带来的干扰。

（2）测定氯化物时，临近终点时应避免剧烈摇动。因 AgSCN 溶解度比 AgCl 的小，剧烈摇动则促使沉淀的转化：

$$AgCl\downarrow + SCN^- \Longrightarrow AgSCN\downarrow + Cl^-$$

沉淀的转化使溶液中 SCN^- 的浓度降低，已生成的红色 $[FeSCN]^{2+}$ 将分解，红色褪去。这样，必然滴加更多的 NH_4SCN 标准溶液才能得到持久的红色——指示终点到达，这样会引起较大的滴定误差。为避免此误差产生，通常采用两种措施：①先在待测溶液中加入过量的 $AgNO_3$ 标准溶液，待 Cl^- 沉淀完全后，滤去，再用 NH_4SCN 标准溶液滴定滤液中剩余的 $AgNO_3$；②在滴加 NH_4SCN 标准溶液前，在待测 Cl^- 溶液中加入硝基苯并剧烈摇动，使 AgCl 进入硝基苯层并被包裹其中而不与滴入的 SCN^- 接触，从而避免了沉淀转化。

测定溴化物或碘化物时，由于生成的 AgBr 和 AgI 的溶解度比 AgSCN 的小，不会发生沉淀转化，不必提前滤去沉淀或加入硝基苯。

（3）测定碘化物时，应在加入过量 $AgNO_3$ 后才能加入指示剂，否则指示剂中的 Fe^{3+} 将氧化 I^-，影响测定结果：

$$2Fe^{3+} + 2I^- \Longrightarrow 2Fe^{2+} + I_2$$

该滴定法可用于测定 Cl^-、Br^-、I^-、CN^-、SCN^- 等离子。

三、吸附指示剂法——法扬斯（Fajans）法

吸附指示剂法是一种采用吸附指示剂指示终点的方法。

1. 滴定原理

吸附指示剂是有机染料，它的阴离子被溶液中带正电荷的胶体微粒吸附后，结构发生变化从而引起颜色发生变化，即可指示滴定终点。

以 $AgNO_3$ 为标准溶液滴定 Cl^- 为例，常用荧光黄作指示剂，荧光黄为一种有机弱酸，可用 HFIn 表示。它会发生如下解离：

$$HFIn \rightleftharpoons FIn^-（黄绿色）+ H^+$$

荧光黄解离出的阴离子 FIn^- 呈黄绿色。化学计量点前，溶液中 Cl^- 过量，AgCl 沉淀则吸附 Cl^- 而带负电荷，形成 $(AgCl)Cl^-$，此时 FIn^- 因同性排斥不被吸附，溶液呈不被吸附状态的黄绿色。化学计量点后，$AgNO_3$ 稍过量，此时 AgCl 沉淀胶粒吸附过量的 Ag^+ 而带正电荷，形成 $(AgCl)Ag^+$，并吸附溶液中的 FIn^-，FIn^- 因被吸附导致结构发生变化，溶液则由黄绿色变为粉红色，可指示终点的到达。此过程可示意如下。

计量点前：Cl^- 过量

$(AgCl)Cl^- + FIn^-$（黄绿色），溶液呈黄绿色

计量点后：Ag^+ 过量

$(AgCl)Ag^+ + FIn^-$（黄绿色）$\rightleftharpoons (AgCl)Ag^+ | FIn^-$（淡红色），溶液呈淡红色

2. 滴定条件

（1）滴定过程中，应尽量保持卤化银沉淀呈胶体状态，以获得较大的比表面积，使终点颜色变化明显。为此，滴定前可向溶液中加入一些糊精或淀粉溶液保护胶体，避免卤化银凝聚。同理，溶液中也不能有大量电解质存在，以免卤化银凝聚。

（2）溶液应控制适当的酸度。吸附指示剂一般为有机弱酸或弱碱，能起到指示终点作用的为其阴离子，因此溶液应控制适当的 pH 范围内以使指示剂处于阴离子状态。具体讲，若吸附指示剂解离常数小，溶液 pH 应高些；若吸附指示剂的解离常数大，溶液 pH 应低些。以荧光黄（$pK_a = 7$）为例，必须在中性或弱碱性溶液中（$pH = 7 \sim 10$）使用。若 pH 较低，荧光黄主要以 HFIn 形式存在，将无法指示终点。

（3）指示剂吸附能力要适中，不能过大或过小，否则将造成终点提前或推迟。选择吸附指示剂的原则是要使胶体微粒对指示剂的吸附能力略小于对待测离子的吸附能力，否则指示剂将使滴定终点提前。当然指示剂的吸附能力也不能太小，否则将造成滴定终点推迟。常用的吸附指示剂见表 6-1。卤化银对卤化物和几种吸附指示剂吸附能力的次序为：$I^- >$ $SCN^- > Br^- >$ 曙红 $> Cl^- >$ 荧光黄。因此，滴定 Cl^- 不能选曙红，而应选荧光黄为指示剂。

表 6-1　常用吸附指示剂

指示剂名称	待测离子	滴定剂	滴定条件(pH)
荧光黄	Cl^-,Br^-,I^-	$AgNO_3$	$7 \sim 10$
二氯荧光黄	Cl^-,Br^-,I^-	$AgNO_3$	$4 \sim 10$
曙红	SCN^-,Br^-,I^-	$AgNO_3$	$2 \sim 10$
溴甲酚绿	SCN^-	$AgNO_3$	$4 \sim 5$
甲基紫	Ag^+	NaCl	酸性溶液

（4）滴定时应避免强光。卤化银沉淀对光敏感，易分解析出金属银使沉淀变为灰黑色，影响滴定终点的观察。

课堂练习

1. 佛尔哈德直接滴定法中，滴定时必须充分摇动溶液，否则（　　）。

A. 被吸附 Ag^+ 不能及时释放　　　　　B. 先析出 AgSCN 沉淀

C. 终点推迟　　　　　　　　　　　　　D. 反应不发生

2. 铬酸钾指示剂法所用标准溶液是_____，指示剂是_____。

3. 铁氨矾指示剂法测定氯离子的含量，应在_____性（填酸或碱）溶液中进行。若未将生成的 AgCl 过滤除去，也未加有机溶剂硝基苯，则测量结果将_____（填偏高或偏低）。

4. 用吸附指示剂法测定 Cl^- 或 I^-，若选用曙红指示剂，结果将_____（填偏高、偏低或无影响）。

第五节　沉淀滴定法应用

一、标准溶液的配制和标定

银量法常用的基准物质是基准 $AgNO_3$ 和 NaCl，常用标准溶液是硝酸银和硫氰酸铵或硫氰酸钾。

1. 硝酸银标准溶液

市售的一级纯 $AgNO_3$ 或基准 $AgNO_3$ 可用直接法配制：准确称取，在 110℃下烘干 1～2h，直接配制即可得标准溶液。

而一般纯度的 $AgNO_3$ 应采用间接法配制：根据所需配制硝酸银标准溶液的浓度和体积，计算出所需硝酸银的质量，称取硝酸银，溶解，并稀释至所需体积。再用基准氯化钠标定。

注意：硝酸银标准溶液见光易分解，应贮存在棕色瓶中并避光保存。

2. 硫氰酸钾（或硫氰酸铵）标准溶液

采用标定法配制，先配制大约浓度的溶液，再以铁铵矾 $[NH_4Fe(SO_4)_2 \cdot 12H_2O]$ 作指示剂，以硝酸银为标准溶液标定硫氰酸钾（或硫氰酸铵）。

二、应用示例

1. 可溶性氯化物中氯的测定

测定可溶性氯化物中的氯，一般采用莫尔法测定。当采用莫尔法测定时，注意控制溶液的 pH＝6.5～10.5 范围内。但如果试样中若含有 PO_4^{3-}、AsO_4^{3-} 等离子，即使在中性或微碱性条件下，也能和 Ag^+ 生成沉淀，干扰测定，此时只能采用佛尔哈德法测定，因为在酸性条件下，这些阴离子不会与 Ag^+ 反应生成沉淀，从而避免了干扰。

2. 银合金中银的测定

先将银合金溶于 HNO_3 中，制成溶液：

$$Ag + NO_3^- + 2H^+ =\!=\!= Ag^+ + NO_2 \uparrow + H_2O$$

溶解试样时，必须煮沸以除去氮的低价氧化物，因它能与 SCN^- 作用生成红色化合物，影响终点的观察：

$$HNO_2 + H^+ + SCN^- =\!=\!= NOSCN（红色） + H_2O$$

试样溶解后，再加入铁铵矾指示剂，用 NH_4SCN 标准溶液滴定。

3. 有机卤化物中卤素的测定

有机卤化物一般不能直接滴定，应先将有机卤化物经过适当处理，使有机卤素转变为卤离子再用银量法测定。

拓展窗

佛尔哈德与他的沉淀滴定法

雅克布·佛尔哈德（Jacob Volhard）为德国化学家，在有机化学、分析化学及教书育人等领域取得了显著成绩。佛尔哈德于 1834 年 6 月 4 日生于达姆斯塔特，家庭条件优越，自幼受到了良好教育。因父亲希望他也像李比希那样成为一位化学家，于是佛尔哈德在 1852 年夏进入了吉森大学学习化学。刻苦勤奋的学习，使得他于 1855 年 8 月 6 日获得博士学位，并于同年赴海得伯格大学学习。

1857 年，佛尔哈德受李比希之邀赴慕尼黑大学任助教。1860 年秋遵父命随霍夫曼到伦敦，在那里，他从实习生做起，从事亚乙基脲的制备研究。一年之后，佛尔哈德回国。1862 年初，佛尔哈德应聘赴马尔堡大学，开始研究以科尔贝方法合成氯乙酸。1863 年，佛尔哈德又重新到慕尼黑大学，一边给学生讲授有机化学或理论化学，一边指导学生实验。1869 年晋职为编外教授，接替李比希部分授课和编刊任务，并从 1878 年起，开始独立承担编务主持出版事宜直至逝世。

他的主要研究工作有：对几种硫脲衍生物的研究；对甲醛与甲酸甲酯的研究（1875年）；对几种含硫水样分析及测定碳酸盐中的二氧化碳等（1875 年）。使佛尔哈德教授名传后世的佛尔哈德银量法也诞生于这个时候，至今为不少国家奉为标准方法。以硫氰酸盐滴定法测银最早是夏本替尔提出的，经佛尔哈德进一步研究应用，并报告了用此方法测定银的具体操作和数据比较，同时指出此法还可用于间接测定氯、溴、碘化物的可能性。今天佛尔哈德法的应用范围已扩大到间接测定能被银沉淀的碳酸盐、草酸盐、磷酸盐、砷酸盐、碘酸盐、氰酸盐、硫化物和某些高级脂肪酸等。

本章小结

一、溶度积常数

一定温度下，难溶电解质的饱和溶液中，各组分离子浓度幂的乘积为一常数，用符号 K_{sp} 表示，称之为溶度积常数。

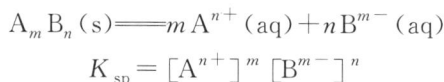

$$A_m B_n(s) \Longrightarrow m A^{n+}(aq) + n B^{m-}(aq)$$

$$K_{sp} = [A^{n+}]^m [B^{m-}]^n$$

式中，m 和 n 分别为离子 A^{n+} 和 B^{m-} 在沉淀-溶解平衡方程式中的化学计量系数。

二、溶度积与溶解度的关系

1∶1 型（$m=n=1$）难溶电解质，有：$K_{sp} = S^2$；

1∶2 或 2∶1 型（$m∶n=1∶2$ 或 $m∶n=2∶1$）难溶电解质，有：$K_{sp} = 4S^3$。

三、溶度积规则

$Q_i < K_{sp}$，为不饱和溶液，若体系中有固体存在，固体将溶解直至饱和为止。

$Q_i = K_{sp}$，是饱和溶液，处于动态平衡状态。此时存在两种情况：溶液恰好饱和但无沉淀析出或饱和溶液和未溶固体物间建立平衡。

$Q_i > K_{sp}$，为过饱和溶液，有沉淀析出，直至饱和。

四、沉淀的生成和溶解

沉淀生成的必要条件是：$Q_i > K_{sp}$；沉淀溶解的必要条件是：$Q_i < K_{sp}$。

五、重量分析法

1. 挥发法

利用物质的挥发性质，通过加热或其他方法使待测组分从试样中挥发逸出。

2. 萃取法

（1）分配系数　设溶质 A 只有一种存在形式，一定温度下达到分配平衡时，溶质 A 在有机相中的平衡浓度为 $[A]_{有}$ 与在水相中的平衡浓度 $[A]_{水}$ 之比，称为分配系数，用 K_D 表示。

$$K_D = \frac{[A]_{有}}{[A]_{水}}$$

（2）分配比　分配比 D 是存在于两相中的溶质的总浓度之比，即为分配比：

$$D = \frac{c_{有}}{c_{水}}$$

（3）萃取效率　萃取效率就是萃取的完全程度：

$$E = \frac{D}{D + V_{水}/V_{有}} \times 100\%$$

若 $V_{有} = V_{水}$，则简化为：

$$E = \frac{D}{D+1} \times 100\%$$

若每次用 $V_{有}$（mL）有机溶剂萃取，共萃取 n 次，水相中剩余被萃取物质的量 W_n 为：

$$W_n = W_0 \left(\frac{V_{水}}{DV_{有} + V_{水}} \right)^n$$

3. 沉淀法

（1）重量分析对沉淀形式的要求；

（2）重量分析对称量形式的要求。

4. 重量分析结果的计算

（1）化学因数

$$F = \frac{a \times 待测组分的摩尔质量}{b \times 称量形式的摩尔质量}$$

（2）试样中待测组分的质量分数 $w_{待测}$ 的计算公式：

$$w_{待测} = \frac{称量形式的质量 \times 换算因数}{试样的质量} \times 100\%$$

六、沉淀滴定法

1. 莫尔（Mohr）法滴定原理

以铬酸钾（K_2CrO_4）为指示剂，在中性或弱碱性溶液中，用 $AgNO_3$ 标准溶液直接滴定含 Cl^-（或 Br^-）的溶液。铬酸钾指示剂法适用于测定 Cl^-、Br^- 和 CN^-。

2. 佛尔哈德（Volhard）法

铁铵矾指示剂法是用铁铵矾作指示剂，以 NH_4SCN 或 $KSCN$ 为标准溶液，在酸性介质

中滴定 Ag^+ 的方法，分为直接滴定法和返滴定法。该滴定法可用于测定 Cl^-、Br^-、I^-、CN^-、SCN^- 等离子。

3. 法扬斯（Fajans）法——银量法

吸附指示剂法是以吸附指示剂指示终点，以 $AgNO_3$ 为标准溶液，测定卤化物含量的方法。该方法可用于测定 Cl^-、Br^-、I^-、SO_4^{2-}、SCN^- 和 Ag^+ 等。

4. 基准物质和标准溶液

（1）银量法常用的基准物质是市售的一级纯 $AgNO_3$（或基准 $AgNO_3$）和 $NaCl$。

（2）银量法常用的标准溶液有硝酸银标准溶液和硫氰酸铵（或硫氰酸钾）标准溶液。

习题

一、单项选择题

1. Ag_2SO_4 溶度积常数表达式正确的是（　　）。

　A. $K_{sp}=[Ag^+]^2[SO_4^{2-}]$ 　　　　　　　　B. $K_{sp}=[Ag^+][SO_4^{2-}]$

　C. $K_{sp}=[Ag^+][SO_4^{2-}]^2$ 　　　　　　　　D. $K_{sp}=[Ag^+][SO_4^{2-}]/[Ag_2SO_4]$

2. 要生成 $BaSO_4$ 沉淀，必须（　　）。

　A. $[Ba^{2+}][SO_4^{2-}]>K_{sp,BaSO_4}$ 　　　　　B. $[Ba^{2+}][SO_4^{2-}]<K_{sp,BaSO_4}$

　C. $[Ba^{2+}]>[SO_4^{2-}]$ 　　　　　　　　　　D. $[Ba^{2+}]<[SO_4^{2-}]$

3. 溶液中含有相同浓度的 Cl^-、Br^- 和 I^-，逐滴滴入 $AgNO_3$ 标准溶液，则最先析出的沉淀是（　　）。

　A. AgCl　　　　　　B. AgBr　　　　　　C. AgI　　　　　　D. 同时析出

4. 采用吸附指示剂法滴定 Cl^- 的含量，可选择的吸附指示剂是（　　）。

　A. 曙红　　　　　　B. 荧光黄　　　　　C. AB 都不对　　　D. AB 都可以

5. 在铬酸钾指示剂法中，溶液的碱性不能太强，否则将（　　）。

　A. 指示剂浓度减小　　　　　　　　　B. 指示剂浓度增大

　C. 终点不明显　　　　　　　　　　　D. 生成 Ag_2O 沉淀

6. 下列说法违反无定形沉淀条件的是（　　）。

　A. 在浓溶液中进行　　　　　　　　　B. 在不断搅拌下进行

　C. 陈化　　　　　　　　　　　　　　D. 在热溶液中进行

7. 下列不属于沉淀重量法对沉淀形式要求的是（　　）。

　A. 沉淀的溶解度小　　　　　　　　　B. 沉淀纯净

　C. 沉淀颗粒易于过滤和洗涤　　　　　D. 沉淀的摩尔质量大

8. 下列不是晶形沉淀所要求的沉淀条件的是（　　）。

　A. 沉淀作用宜在较稀溶液中进行　　　B. 应在不断搅拌作用下加入沉淀剂

　C. 沉淀应陈化　　　　　　　　　　　D. 沉淀宜在冷溶液中进行

9. 晶形沉淀的沉淀条件是（　　）。

　A. 浓、冷、慢、搅、陈　　　　　　　B. 稀、热、快、搅、陈

　C. 稀、热、慢、搅、陈　　　　　　　D. 稀、冷、慢、搅、陈

10. 用 SO_4^{2-} 沉淀 Ba^{2+} 时，加入过量的 SO_4^{2-} 可使 Ba^{2+} 沉淀更加完全，这是利用（　　）。

　A. 酸效应　　　　　B. 同离子效应　　　C. 盐效应　　　　　D. 以上三种效应

11. 在重量分析中，待测物质中含的杂质与待测物的离子半径相近，在沉淀过程中往往形成（　　）。

　　A. 后沉淀　　　　　　　B. 吸留　　　　　　　C. 包藏　　　　　　　D. 混晶

12. 下列不是重量分析对称量形式要求的有（　　）。

　　A. 要稳定　　　　　　　　　　　　B. 颗粒要粗大

　　C. 分子量要大　　　　　　　　　　D. 组成要与化学式完全符合

13. 恒重是指样品经连续两次干燥或灼烧称得的质量之差小于（　　）。

　　A. 0.1mg　　　　　B. 0.1g　　　　　C. 0.3mg　　　　D. 0.3g

14. 重量分析中，依据沉淀性质，由（　　）计算试样的称样量。

　　A. 沉淀的质量　　　　　　　　　　B. 沉淀的重量

　　C. 沉淀灼烧后的质量　　　　　　　D. 沉淀剂的用量

15. 在重量分析中，下列叙述不正确的是（　　）。

　　A. 当定向速度大于聚集速度时，易形成晶形沉淀

　　B. 当定向速度大于聚集速度时，易形成无定形沉淀

　　C. 定向速度是由沉淀物质的性质所决定

　　D. 聚集速度是由沉淀的条件所决定

二、判断题

1. 所有的沉淀反应都能用于沉淀滴定法。　　　　　　　　　　　　　　　（　　）

2. 铬酸钾指示剂法应在中性或弱碱性溶液中进行。　　　　　　　　　　　（　　）

3. 对于难溶电解质 $AgCl$，有：$K_{sp} = S^2$。　　　　　　　　　　　　（　　）

4. 有两种难溶电解质，则溶度积大的难溶电解质其溶解度也一定较大。　　（　　）

5. 硝酸银标准溶液应避光保存。　　　　　　　　　　　　　　　　　　　（　　）

6. 铬酸钾指示剂法所用指示剂是重铬酸钾。　　　　　　　　　　　　　　（　　）

7. 沉淀称量法中的称量形式必须具有确定的化学组成。　　　　　　　　　（　　）

8. 无定形沉淀要在较浓的热溶液中进行沉淀，加入沉淀剂速率适当快。　　（　　）

9. 重量分析中对形成胶体的溶液进行沉淀时，可放置一段时间，以促使胶体微粒的胶凝，然后再过滤。　　　　　　　　　　　　　　　　　　　　　　　　　（　　）

10. 重量分析中当沉淀从溶液中析出时，其他某些组分被被测组分的沉淀带下来而混入沉淀之中，这种现象称后沉淀现象。　　　　　　　　　　　　　　　　（　　）

三、简答题

1. 为什么莫尔法需要在中性或弱碱性（pH＝6.5～10.5）范围内进行，而佛尔哈德法需要在酸性溶液中进行？

2. 写出莫尔法、佛尔哈德法和法扬斯法测定 Cl^- 的主要反应，并指出各种方法选用的指示剂和酸度条件。

3. 在下列情况下，测定结果是偏高、偏低，还是无影响？并说明其原因。

（1）在 pH＝4 的条件下，用莫尔法测定 Cl^-；

（2）用佛尔哈德法测定 Cl^- 既没有将 $AgCl$ 沉淀滤去或加热促其凝聚，也没有加有机溶剂；

（3）同（2）的条件下测定 Br^-；

（4）用法扬斯法测定 Cl^-，用曙红作指示剂。

四、计算题

1. 称取 NaCl 试液 20.00mL，加入 K_2CrO_4 指示剂，用 0.1023mol·L^{-1} AgNO$_3$ 标准溶液滴定，用去 AgNO$_3$ 27.00mL。求每升溶液中含 NaCl 多少克？（已知 M_{NaCl}＝58.44g·

mol^{-1}）

2. 称取银合金试样 0.3000g，溶解后加入铁铵矾指示剂，用 0.1000mol·L^{-1} NH_4SCN 标准溶液滴定，用去 NH_4SCN 23.80mL，计算银的质量分数。（已知 M_{Ag} = 107.9g·mol^{-1}）

3. 计算下列化学因数：

测定物	称量物
（1）FeO	Fe_2O_3
（2）KCl（→K_2PtCl_6→Pt）	Pt
（3）Al_2O_3	$Al(C_9H_6ON)_3$
（4）P_2O_5	$(NH_4)_3PO_4·12MoO_3$

4. 今有一 KCl 与 KBr 的混合物。现称取 0.3028g 试样，溶于水后用 $AgNO_3$ 标准溶液滴定，用去 0.1014mol·L^{-1} $AgNO_3$ 30.20 mL。试计算混合物中 KCl 和 KBr 的质量分数。

5. 称取某可溶性盐 0.3232g，用硫酸钡重量法测定其中硫含量，得 $BaSO_4$ 沉淀 0.2982g，计算试样含 SO_3 的质量分数。

6. 称取 NaCl 和 NaBr 的混合试样 1.0000g，溶于水后，加入沉淀剂 $AgNO_3$ 溶液，得 AgCl 和 AgBr 沉淀的质量为 0.5260g，将此沉淀在氯气流中加热，则 AgBr 转变成 AgCl，称其质量为 0.4260g，计算试样中 NaCl 的质量分数。（已知：M_{AgCl} = 143.22g·mol^{-1}；M_{NaCl} = 58.44g·mol^{-1}；M_{NaBr} = 102.89g·mol^{-1}）

习题答案

第七章

氧化还原平衡与氧化还原滴定法

学习目标

知识目标

1. 掌握氧化还原反应的有关概念。

2. 了解原电池的组成及工作原理，理解电极反应和电池反应。

3. 能用能斯特公式进行有关计算。

4. 理解标准电极电势的意义，能运用标准电极电势判断氧化剂及还原剂的相对强弱和氧化还原反应进行的方向及程度。

5. 掌握常见氧化还原滴定法（高锰酸钾法和碘量法）的基本原理及实际应用。

能力目标

1. 能够应用能斯特方程计算氧化还原电对在不同条件下的电极电势。

2. 能够应用电极电势判断原电池的正、负极；比较氧化剂、还原剂氧化还原能力的相对强弱；判断氧化还原反应进行的次序和方向。

3. 会利用元素标准电势图判断歧化反应能否发生。

4. 能够利用氧化还原平衡原理定量分析物质含量。

素质目标——学以致用，创新思维

通过学习氧化还原平衡的相关知识及其在工业生产中的应用，培养将所学知识应用于实际生产的意识，提升自己的实践应用能力和创新思维。

学习任务

1. 维生素 C 是一种己糖醛基酸，有抗坏血病的作用，所以被人们称作抗坏血酸，主要为还原型及脱氢型两种，请设计一个实验方案以测定维生素 C（抗坏血酸）的含量。

2. 由于过氧化氢有着广泛的应用，并且 H_2O_2 溶液在放置过程中也会自行分解，因此常需测定它的含量。设计实验方案测定 H_2O_2 含量。

3. 工业生产的高速发展，产生的废水也越来越多，因废水含有很多有机物而对环境造成严重污染，那么如何测定废水中的有机物呢？

4. 学习本章理论知识后，预习第二部分模块一"实验基础知识"中滴定分析仪器的使用，然后完成实训项目：高锰酸钾法测定过氧化氢的含量；直接碘量法测定药片中维生素 C 的含量、硫代硫酸钠标准溶液的配制和标定。

氧化还原反应是一类在反应过程中，反应物之间发生了电子转移（或电子对的偏移）的反应。动植物体内的代谢过程、土壤中某些元素存在状态的转化、金属冶炼、基本化工原料和成品的生产都涉及氧化还原反应。这类反应对于制备新物质、获取能源（化学能和电能）

都具有重要的意义。

第一节　氧化还原反应

一、氧化数

　　按照有无电子的得失或偏移来判断一个反应是否属于氧化还原反应，有时会遇到困难。因为有些化合物，尤其是结构复杂的化合物的电子结构式不易给出，很难确定它在反应中是否有电子的得失或偏移。为便于讨论氧化还原反应，引入氧化数（又称氧化值）的概念。1970年国际纯粹和应用化学联合会（IUPAC）严格定义了氧化数的概念：氧化数是指某元素一个原子的荷电数，该荷电数是假设把每个键中的电子指定给电负性更大的原子而求得的。

　　根据氧化数的定义，确定氧化数的一般规则如下：

　　（1）在单质中，元素的氧化数为零。如 Fe、H_2、O_2 等物质中元素的氧化数为零。

　　（2）在中性分子中各元素的氧化数的代数和等于零；单原子离子中元素的氧化数等于离子所带电荷数；在复杂离子中各元素氧化数的代数和等于该离子的电荷数。

　　（3）某些元素在化合物中的氧化数：通常氢在化合物中的氧化数为 $+1$，但在活泼金属（ⅠA 和 ⅡA）氢化物中氢的氧化数为 -1；通常氧的氧化数为 -2，但在过氧化物如 H_2O_2 中为 -1，在超氧化物如 NaO_2 中为 $-\dfrac{1}{2}$，在臭氧化物如 KO_3 中为 $-\dfrac{1}{3}$，在氟氧化物如 O_2F_2 和 OF_2 中分别为 $+1$ 和 $+2$；氟的氧化数皆为 -1；碱金属的氧化数皆为 $+1$，碱土金属的氧化数皆为 $+2$。

　　元素在化合物中的氧化数通常在该元素符号的右上方用 $+x$ 和 $-x$ 来表示，如 $Fe^{+2}SO_4$，$Fe_2^{+3}O_3$。有时也写成罗马数字加上括号放在元素符号之后，如 $FeSO_4$ 中的 Fe（Ⅱ），Fe_2O_3 中的 Fe（Ⅲ）。

　　【例 7-1】 求 $Cr_2O_7^{2-}$ 中 Cr 的氧化数。

　　解　已知 O 的氧化数为 -2。设 Cr 的氧化数为 x，则
$$2x + 7 \times (-2) = -2$$
$$x = +6$$
所以 Cr 的氧化数为 $+6$。

　　【例 7-2】 求 $Na_2S_4O_6$ 中 S 的氧化数。

　　解　已知 Na 的氧化数为 $+1$，O 的氧化数为 -2。设 S 的氧化数为 x，则
$$4x + 2 \times (+1) + 6 \times (-2) = 0$$
$$x = +\frac{5}{2}$$
所以 S 的氧化数为 $+\dfrac{5}{2}$。

　　可见氧化数除整数外，也可以是分数或小数。

二、氧化还原反应

　　根据氧化数的概念，反应前后元素的氧化数发生变化的化学反应称为氧化还原反应。元

素氧化数升高的过程称为氧化，元素氧化数降低的过程称为还原。在氧化还原反应中氧化与还原是同时发生的，且元素氧化数升高的总数等于氧化数降低的总数。

1. 氧化剂和还原剂

氧化还原反应中，氧化数升高的物质是还原剂，还原剂使另一物质被还原，其本身被氧化，它的反应产物叫氧化产物；氧化数降低的物质是氧化剂，氧化剂使另一物质被氧化，其本身被还原，它的反应产物叫还原产物。如

$$\underset{\text{氧化剂}}{\overset{+7}{2KMnO_4}}+\underset{\text{还原剂}}{\overset{-1}{5H_2O_2}}+3H_2SO_4 =\!=\!= \underset{\text{还原产物}}{\overset{+2}{2MnSO_4}}+K_2SO_4+\underset{\text{氧化产物}}{\overset{0}{5O_2}}\uparrow+8H_2O$$

分子式上面的数字代表各相应原子的氧化数。上述反应中，$KMnO_4$ 是氧化剂，Mn 的氧化数从 +7 降到 +2，它本身被还原，使得 H_2O_2 被氧化。H_2O_2 是还原剂，O 的氧化数从 −1 升到 0，它本身被氧化，使 $KMnO_4$ 被还原。H_2SO_4 也参与了反应，但没有氧化数的变化，通常把这种物质称为反应介质。

2. 氧化还原电对和半反应

在氧化还原反应中，表示氧化还原过程的方程式分别叫氧化反应和还原反应，统称为半反应，每个氧化还原反应都是由两个半反应组成的。如

$$Fe+Cu^{2+}\longrightarrow Fe^{2+}+Cu$$

此反应可表示为两部分：

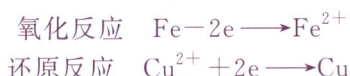

$$\text{氧化反应}\quad Fe-2e\longrightarrow Fe^{2+}$$
$$\text{还原反应}\quad Cu^{2+}+2e\longrightarrow Cu$$

由上式看出，每个半反应中包括同一种元素的两种不同氧化态，如 Fe^{2+} 和 Fe，Cu^{2+} 和 Cu。它们被称为一对氧化还原电对，简称电对。电对中氧化数较高的物质称为氧化态（如 Fe^{2+}，Cu^{2+}），氧化数较低的物质称为还原态（如 Fe，Cu）。通常用氧化态/还原态表示电对，如上例的电对可分别表示为 Fe^{2+}/Fe 和 Cu^{2+}/Cu。半反应可表示为：

$$\text{氧化态}+ne =\!=\!= \text{还原态}$$

👥 课堂练习

1. 指出氧化还原反应：$2KMnO_4+5H_2O_2+3H_2SO_4\longrightarrow 2MnSO_4+K_2SO_4+5O_2\uparrow+8H_2O$，氧化剂是_____，还原剂是_____，氧化产物是_____，还原产物是_____。

2. 求 $Na_2S_2O_3$ 中 S 的氧化数。

第二节　电极电位

一、原电池

如果把一块锌片放入 $CuSO_4$ 溶液中，则锌开始溶解，而铜从溶液中析出。其离子反应方程式为：

$$Zn+Cu^{2+}\longrightarrow Zn^{2+}+Cu$$

原电池

这是一个可自发进行的氧化还原反应，在该反应中，Zn 失去电子为还原剂，Cu^{2+} 得到电子为氧化剂。由于氧化剂与还原剂直接接触，电子直接从还原剂转移到氧化剂，无法产生电流。要将氧化还原反应的化学能转化为电能，必须使氧化剂和还原剂之间的电子转移通过

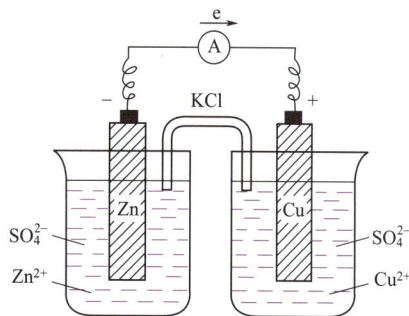

图7-1　铜锌原电池

一定的外电路，做定向运动，这就要求反应过程中氧化剂和还原剂不能直接接触，因此需要一种特殊的装置来实现上述过程。

在两个烧杯中分别放入 $ZnSO_4$ 和 $CuSO_4$ 溶液，在盛有 $ZnSO_4$ 溶液的烧杯中放入 Zn 片，在盛有 $CuSO_4$ 溶液的烧杯中放入 Cu 片，两个烧杯之间用盐桥联通起来。盐桥为一倒置 U 形管，其中充满电解质溶液（一般用饱和 KCl 溶液，为使溶液不致流出，常用琼脂与 KCl 饱和溶液制成胶冻。胶冻的组成大部分是水，离子可在其中自由移动）。将 Cu 片和 Zn 片用导线连接起来，并串联一个检流计（A），如图7-1所示。当线路接通后，可以看到检流计指针发生偏转，说明导线上有电流通过。这种借助于氧化还原反应使化学能转化为电能的装置，叫做原电池。根据指针偏转的方向，可知电流是由 Cu 片流向 Zn 片或是由 Zn 片流向 Cu 片。同时可观察到 Zn 片慢慢溶解，Cu 片上有铜沉积。

原电池由两个半电池组成，每个半电池称为一个电极。原电池中根据电子流动的方向来确定正负极，电子流出的一极称为负极，如 Zn 极，负极上发生氧化反应；电子流入的一极称为正极，如 Cu 极，正极上发生还原反应，将两电极反应合并即得原电池反应。Cu-Zn 原电池的电极反应和电池反应如下：

负极（Zn）：$Zn-2e \longrightarrow Zn^{2+}$ 发生氧化反应

正极（Cu）：$Cu^{2+}+2e \longrightarrow Cu$ 发生还原反应

电池反应：$Zn+Cu^{2+} \longrightarrow Zn^{2+}+Cu$

为了方便，通常用电池符号来表示一个原电池的组成，Cu-Zn 原电池的电池符号为：

$$(-)Zn|ZnSO_4(1mol \cdot L^{-1}) \| CuSO_4(1mol \cdot L^{-1})|Cu(+)$$

电池符号书写有如下规则：

（1）一般把负极写在左边，正极写在右边；

（2）用"｜"表示物质间有一界面，不存在界面用"，"表示；用"‖"表示盐桥；

（3）用化学式表示电池物质的组成，气体要注明其分压，溶液要注明其浓度，如不注明，一般指 $1mol \cdot L^{-1}$ 或 100kPa；

（4）对于某些电极的电对自身不是金属导电体时，则需外加一个能导电而又不参与电极反应的惰性电极，通常用铂作惰性电极。

【例7-3】将下列氧化还原反应设计成原电池，并写出它的原电池符号。

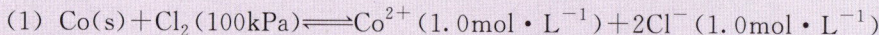

（1）$Co(s)+Cl_2(100kPa) \Longrightarrow Co^{2+}(1.0mol \cdot L^{-1})+2Cl^-(1.0mol \cdot L^{-1})$

（2）$2Cr^{2+}(aq)+I_2 \Longrightarrow 2Cr^{3+}(aq)+2I^-(aq)$

解　（1）负极 $Co-2e \longrightarrow Co^{2+}$

正极 $Cl_2+2e \longrightarrow 2Cl^-$

电池符号：$(-)Co(s)|Co^{2+}(1.0mol \cdot L^{-1}) \| Cl^-(1.0mol \cdot L^{-1})|Cl_2(100kPa)|Pt(+)$

（2）负极 $2Cr^{2+}-2e \longrightarrow 2Cr^{3+}$

正极 $I_2+2e \longrightarrow 2I^-$

电池符号：$(-)Pt|Cr^{2+}(c_1),Cr^{3+}(c_2) \| I^-(c_3)|I_2|Pt(+)$

理论上来说，任何一个氧化还原反应都可设计成原电池，但实际操作会遇到很大的困难。原电池将化学能转化为电能，一方面具有实用价值，另一方面揭示了化学现象与电现象的关系，为电化学的形成打下了基础。

课堂练习

将下列氧化还原反应设计成原电池，并写出下列电池反应对应的电池符号。

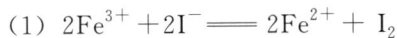

(1) $2Fe^{3+} + 2I^- \rightleftharpoons 2Fe^{2+} + I_2$

(2) $Zn + 2H^+ \rightleftharpoons Zn^{2+} + H_2\uparrow$

二、电极电位与标准氢电极

（一）电极电位的产生

Cu-Zn 原电池中，把两个电极用导线连接后就有电流产生，可见两个电极之间存在一定的电位差。即构成原电池的两个电极的电位是不相等的。那么什么是电极电位？电极电位是怎样产生的呢？我们以金属及其盐溶液组成的电极为例讨论。

金属晶体是由金属原子、金属离子和自由电子所组成，因此，如果把金属放在其盐溶液中，与电解质在水中的溶解过程相似，在金属与其盐溶液的接触界面上就会发生两个不同的过程：一个是金属表面的阳离子由于自身的热运动和溶剂（水分子）的吸引，会脱离金属表面，以水合离子的形式进入溶液，电子留在金属表面；另一个是溶液中的金属水合离子受金属表面自由电子的吸引，重新得到电子，沉积在金属表面。当这两种方向相反的过程进行的速率相等时，即达到动态平衡：

$$M(s) \rightleftharpoons M^{n+}(aq) + ne$$

如果金属越活泼或溶液中金属离子浓度越小，金属溶解的趋势就大于溶液中金属离子沉积到金属表面的趋势，达到平衡时金属表面因聚集了金属溶解时留下的自由电子而带负电荷，溶液则因金属离子进入溶液而带正电荷，这样，由于正、负电荷相互吸引的结果，在金属与其盐溶液的接触界面处就建立起由带负电荷的电子和带正电荷的金属离子所构成的双电层〔图 7-2(a)〕。相反，如果金属越不活泼或溶液中金属离子浓度越大，金属溶解趋势就小于金属离子沉淀的趋势，达到平衡时金属表面因聚集了金属离子而带正电荷，而溶液则由于金属离子沉淀带负电荷，这样，也构成了相应的双电层〔图 7-2(b)〕。由于双电层的存在，使金属与溶液之间产生了电位差，这种电位差叫做金属的电极电位，用符号 φ 表示，单位为 V（伏）。

（二）标准氢电极和标准电极电位

1. 标准氢电极

事实上，电极电位的绝对值至今尚无法测定，只能选定某一电对的电极电位作为参比标准，将其他电对的电极电位与它比较而求出各电对平衡电位的相对值。通常选作标准的是标准氢电极，如图 7-3 所示。其电极可表示为：

$$Pt \mid H_2(100kPa) \mid H^+(1mol \cdot L^{-1})$$

标准氢电极是将铂片镀上一层蓬松的铂（称铂黑），把它浸入氢离子浓度为 $1mol \cdot L^{-1}$ 的稀硫酸溶液中，并在 298.15K 时不断通入压力为 100kPa 的纯氢气流，氢被铂黑所吸收，此时被氢饱和了的铂片就像由氢气构成的电极一样。H_2 电极与溶液中的 H^+ 建立了如下平衡：

$$2H^+(aq) + 2e \rightleftharpoons H_2(g)$$

由标准压力的氢气饱和了的铂片和 H^+ 浓度为 $1mol \cdot L^{-1}$ 溶液间的电位差就是标准氢电极的电极电位，电化学上规定为零，即 $\varphi_{H^+/H_2}^{\ominus} = 0.0000V$。

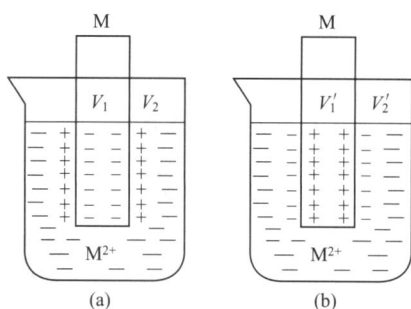

图 7-2　金属的电极电位

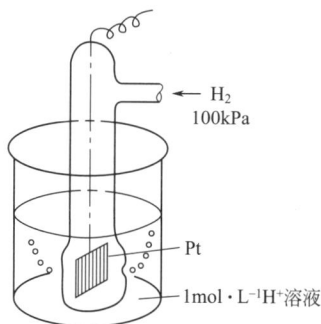

图 7-3　标准氢电极

2. 标准电极电位

用标准氢电极与其他电极组成原电池，测得该原电池的电动势就可以计算其他电极的电极电位。如果参与电极反应的物质均处于标准态，这时的电极称为标准电极，对应的电极电位称为标准电极电位，用 $\varphi^{\ominus}$ 表示。所谓的标准态是指组成电极的离子浓度均为 1mol·L^{-1}，气体的分压为 100kPa，液体和固体都是纯净物质。温度可以任意指定，但通常为 298.15K。如果组成原电池的两个电极均为标准电极，这时的电池称为标准电池，对应的电动势为标准电动势，用 $E^{\ominus}$ 表示。

$$E^{\ominus}=\varphi_{+}^{\ominus}-\varphi_{-}^{\ominus}$$

欲测定某电极的标准电极电位，可以将处在标准态下的该电极与标准氢电极组成一个原电池，测得该电池的电动势。由电流方向判断出正负极，再按上述关系式计算即可求出被测电极的标准电极电位。

例如，欲测定铜电极的标准电极电位，可组成下列原电池：

$$(-)\mathrm{Pt}\,|\,\mathrm{H_2}(100\mathrm{kPa})\,|\,\mathrm{H^+}(1\mathrm{mol}\cdot\mathrm{L^{-1}})\,\|\,\mathrm{Cu^{2+}}(1\mathrm{mol}\cdot\mathrm{L^{-1}})\,|\,\mathrm{Cu}(+)$$

实验测得该电池的电动势（$E^{\ominus}$）为 0.337V。根据检流计指针偏转方向，可知电流是由铜电极通过导线流向氢电极（电子由氢电极流向铜电极），所以铜电极为正极，氢电极是负极。

$$E^{\ominus}=\varphi_{+}^{\ominus}-\varphi_{-}^{\ominus}=\varphi_{\mathrm{Cu^{2+}/Cu}}^{\ominus}-\varphi_{\mathrm{H^+/H_2}}^{\ominus}=0.337\mathrm{V}$$

因为　　　　　　　　　　　　$\varphi_{\mathrm{H^+/H_2}}^{\ominus}=0.0000\mathrm{V}$

所以　　　　　　　　　　　　$\varphi_{\mathrm{Cu^{2+}/Cu}}^{\ominus}=0.337\mathrm{V}$

用类似的方法可以测得大部分电对的标准电极电位。书后附录四列出的是一些常见氧化还原电对的标准电极电位。使用标准电极电位表时应注意以下几点。

（1）为便于比较和统一，电极反应常写成：氧化型 $+n\mathrm{e}\rightleftharpoons$ 还原型。氧化型与氧化态，还原型与还原态略有不同。如电极反应：$\mathrm{MnO_4^-}+8\mathrm{H^+}+5\mathrm{e}\rightleftharpoons\mathrm{Mn^{2+}}+4\mathrm{H_2O}$，$\mathrm{MnO_4^-}$ 为氧化态，$\mathrm{MnO_4^-}+8\mathrm{H^+}$ 为氧化型，即氧化型包括氧化态和介质；$\mathrm{Mn^{2+}}$ 为还原态，$\mathrm{Mn^{2+}}+4\mathrm{H_2O}$ 为还原型，还原型包括还原态和介质产物。

（2）$\varphi^{\ominus}$ 值越小，电对所对应的还原态物质的还原能力越强，氧化态物质的氧化能力越弱；$\varphi^{\ominus}$ 值越大，电对所对应的氧化态物质的氧化能力越强，还原态物质的还原能力越弱。

（3）$\varphi^{\ominus}$ 值与电极反应的书写形式和物质的计量系数无关，仅取决于电极的本性。如

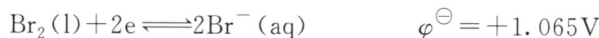

$$\mathrm{Br_2(l)}+2\mathrm{e}\rightleftharpoons2\mathrm{Br^-(aq)}\qquad\varphi^{\ominus}=+1.065\mathrm{V}$$

$$2Br^-(aq) - 2e \Longrightarrow Br_2(l) \qquad \varphi^\ominus = +1.065V$$

$$2Br_2(l) + 4e \Longrightarrow 4Br^-(aq) \qquad \varphi^\ominus = +1.065V$$

（4）使用电极电位时一定要注明相应的电对。如 $\varphi^\ominus_{Fe^{3+}/Fe^{2+}} = 0.771V$，而 $\varphi^\ominus_{Fe^{2+}/Fe} = -0.447V$，二者相差很大，如不注明，容易混淆。

（5）标准电极电位表分为酸表和碱表，使用时按照下列规则分别查用酸表和碱表。在电极反应中，无论在反应物或产物中出现 H^+，均查酸表。在电极反应中，无论在反应物或产物中出现 OH^-，均查碱表。在电极反应中无 H^+ 或 OH^- 出现时，可以从存在的状态来分析。如电对 Fe^{3+}/Fe^{2+} 只能在酸性溶液中存在，故查酸表；电对 ZnO_2^{2-}/Zn 应查碱表。

能斯特方程

（三）能斯特（Nernst）方程

电极电位的大小首先取决于电对的本性，此外，还与浓度和温度有关。电极电位与浓度和温度的关系可用能斯特方程表示，对于任意一个给定电极：

$$a \text{ 氧化型} + ne \Longrightarrow b \text{ 还原型}$$

则

$$\varphi = \varphi^\ominus + \frac{RT}{nF} \ln \frac{c^a_{\text{氧化型}}}{c^b_{\text{还原型}}} \tag{7-1}$$

式中，φ 为电对在某一温度、某一浓度时的电极电位；$\varphi^\ominus$ 为电对的标准电极电位；R 为气体常数（$8.314 J \cdot K^{-1} \cdot mol^{-1}$）；$T$ 为热力学温度；n 为电极反应中转移的电子数；F 为法拉第常数（$96487 C \cdot mol^{-1}$）。

在温度为 298.15K 时，将各常数值代入式(7-1)，则能斯特方程变为：

$$\varphi = \varphi^\ominus + \frac{0.059}{n} \lg \frac{c^a_{\text{氧化型}}}{c^b_{\text{还原型}}} \tag{7-2}$$

应用能斯特方程应注意以下几点。

（1）如果电对中某一物质是固体、纯液体或水溶液中的 H_2O，它们的浓度为常数，不写入能斯特方程式中。

$$Zn^{2+}(aq) + 2e \Longrightarrow Zn(s) \qquad \varphi_{Zn^{2+}/Zn} = \varphi^\ominus_{Zn^{2+}/Zn} + \frac{0.059}{2} \lg c_{Zn^{2+}}$$

$$MnO_4^- + 8H^+ + 5e \Longrightarrow Mn^{2+} + 4H_2O$$

$$\varphi_{MnO_4^-/Mn^{2+}} = \varphi^\ominus_{MnO_4^-/Mn^{2+}} + \frac{0.059}{5} \lg \frac{c_{MnO_4^-} c^8_{H^+}}{c_{Mn^{2+}}}$$

（2）如果电对中某一物质是气体，其浓度用相对分压代替。例如

$$2H^+(aq) + 2e^- \Longrightarrow H_2(g) \qquad \varphi_{H^+/H_2} = \varphi^\ominus_{H^+/H_2} + \frac{0.059}{2} \lg \frac{c^2_{H^+}}{p_{H_2}/p^\ominus}$$

（四）影响电极电位的因素

1. 浓度对电极电位的影响

对一个指定电极来说，由式(7-2)可看出，氧化型物质的浓度越大，则 φ 越大，即电对中氧化态物质的氧化性越强，而相应的还原态物质则是弱还原剂。相反，还原型物质的浓度越大，则 φ 值越小，电对中的还原态物质的还原性越强，而相应的氧化态物质则是弱氧化剂。电对中的氧化态或还原态物质的浓度或分压常因有弱电解质、沉淀物或配合物等的生成而发生改变，使电极电位受到影响。

【例 7-4】 $Fe^{3+}+e \Longrightarrow Fe^{2+}$，$\varphi^{\ominus}_{Fe^{3+}/Fe^{2+}}=+0.771V$，求温度为 298.15K，$c_{Fe^{3+}}=1mol \cdot L^{-1}$，$c_{Fe^{2+}}=0.0001mol \cdot L^{-1}$ 时，$\varphi_{Fe^{3+}/Fe^{2+}}=?$

解　$\varphi_{Fe^{3+}/Fe^{2+}}=\varphi^{\ominus}_{Fe^{3+}/Fe^{2+}}+\dfrac{0.059}{1}lg\dfrac{c_{Fe^{3+}}}{c_{Fe^{2+}}}$

$=0.771+\dfrac{0.059}{1}lg\dfrac{1}{0.0001}$

$=1.01V$

【例 7-5】 已知电极反应 $Ag^{+}+e \Longrightarrow Ag$，$\varphi^{\ominus}_{Ag^{+}/Ag}=0.80V$，现往该电极中加入 KI，使其生成 AgI 沉淀。达到平衡时，使 $c_{I^{-}}=1mol \cdot L^{-1}$，求此时的 $\varphi_{Ag^{+}/Ag}$。已知 $K_{sp,AgI}=8.52 \times 10^{-17}$。

解　因 $Ag^{+}+e \Longrightarrow Ag(s)$，当 $c_{I^{-}}=1mol \cdot L^{-1}$ 时，则 Ag^{+} 的浓度降为：

$$c_{Ag^{+}}=\dfrac{K_{sp,AgI}}{c_{I^{-}}}=\dfrac{8.52 \times 10^{-17}}{1}=8.52 \times 10^{-17}(mol \cdot L^{-1})$$

所以：$\varphi_{Ag^{+}/Ag}=\varphi^{\ominus}_{Ag^{+}/Ag}+\dfrac{0.059}{1}lg c_{Ag^{+}}$

$=0.80+\dfrac{0.059}{1}lg(8.52 \times 10^{-17})$

$=-0.148V$

由上例可以看出，由于 I^{-} 的加入，使氧化型 Ag^{+} 的浓度大大降低，从而使电极电位 φ 值降低很多。由此可见，当加入的沉淀剂与氧化型物质反应时，生成沉淀的 K_{sp} 值越小，电极电位 φ 值降低得越多。如果加入的沉淀剂与还原型物质发生反应时，生成沉淀的 K_{sp} 值越小，则还原型物质的浓度降低得越多，电极电位 φ 值升高得越多。

2. 酸度对电极电位的影响

许多物质的氧化还原能力与溶液的酸度有关，如酸性溶液中 Cr^{3+} 很稳定，而在碱性介质中 Cr^{3+} 却很容易被氧化为 Cr^{6+}。再如 NO_3^{-} 的氧化能力随酸度增大而增强，浓 HNO_3 是极强的氧化剂，而稀 HNO_3 水溶液却没有明显的氧化性，这些现象说明溶液的酸度对物质的氧化还原能力有影响。如果有 H^{+} 或 OH^{-} 参与反应，由能斯特公式可知，改变介质的酸度，电极电位肯定随着改变，从而改变电对物质的氧化还原能力。

【例 7-6】 已知 $MnO_4^{-}+8H^{+}+5e \Longrightarrow Mn^{2+}+4H_2O$，$\varphi^{\ominus}_{MnO_4^{-}/Mn^{2+}}=1.51V$，求当 $c_{H^{+}}=1.0 \times 10^{-3}mol \cdot L^{-1}$ 和 $c_{H^{+}}=10mol \cdot L^{-1}$ 时，各自的 φ 值是多少（设其他物质均处于标准态）。

解　根据电极反应得对应的能斯特公式为：

$$\varphi_{MnO_4^{-}/Mn^{2+}}=\varphi^{\ominus}_{MnO_4^{-}/Mn^{2+}}+\dfrac{0.059}{5}lg\dfrac{c_{MnO_4^{-}} \cdot c^{8}_{H^{+}}}{c_{Mn^{2+}}}$$

其他物质均处于标准态，则：

$$\varphi_{MnO_4^{-}/Mn^{2+}}=\varphi^{\ominus}_{MnO_4^{-}/Mn^{2+}}+\dfrac{0.059}{5}lg\dfrac{c^{8}_{H^{+}} \times 1}{1}$$

当 $c_{H^+} = 1.0 \times 10^{-3} mol \cdot L^{-1}$ 时，$\varphi_{MnO_4^-/Mn^{2+}} = 1.51 + \dfrac{0.059}{5} lg(1 \times 10^{-3})^8 = 1.22(V)$

当 $c_{H^+} = 10 mol \cdot L^{-1}$ 时，$\varphi_{MnO_4^-/Mn^{2+}} = 1.51 + \dfrac{0.059}{5} lg10^8 = 1.60(V)$

由计算结果可知，MnO_4^- 的氧化能力随 H^+ 浓度的增大而明显增大。因此，在实验室及工业生产中用来作氧化剂的盐类物质，总是将它们溶于强酸性介质中制备溶液备用。

课堂练习

1. 如何测定铁电极的标准电极电势？请设计原电池。

2. 对于电极反应 $Cu^{2+} + 2e \rightleftharpoons Cu$，要使电极电位增大，可以采取的措施是（　　）。

A. 增加 Cu^{2+} 的浓度　　　　　　B. 增加 Cu 的量

C. 减小 Cu^{2+} 的浓度　　　　　　D. 减小 Cu 量

3. 已知 298.15K 时，电极反应 $Co^{3+} + e \rightleftharpoons Co^{2+}$，$\varphi_{Co^{3+}/Co^{2+}}^{\ominus} = 1.83V$。（1）计算 $c_{Co^{2+}} = 1.0 mol \cdot L^{-1}$，$c_{Co^{3+}} = 0.10 mol \cdot L^{-1}$ 时，$\varphi_{Co^{3+}/Co^{2+}}$ 的值；（2）计算 $c_{Co^{2+}} = 0.010 mol \cdot L^{-1}$，$c_{Co^{3+}} = 1.0 mol \cdot L^{-1}$ 时，$\varphi_{Co^{3+}/Co^{2+}}$ 的值。

三、电极电位的应用

电极电位
的应用

任何氧化还原反应都涉及两个电对：氧化剂₁/还原剂₁、氧化剂₂/还原剂₂，氧化还原反应可以写成以下通式：

$$n_2 \text{氧化剂}_1 + n_1 \text{还原剂}_2 \rightleftharpoons n_2 \text{还原剂}_1 + n_1 \text{氧化剂}_2$$

该氧化还原反应进行的方向如何？反应的程度又如何？这些问题可以通过比较两电对的标准电极电位的大小来解决。

1. 氧化剂和还原剂的相对强弱

标准电极电位 $\varphi^{\ominus}$ 的大小反映了电对处于标准态时氧化还原能力的强弱。电极电位越大，表示电对氧化型的氧化能力越强。相反，电极电位越小，表示电对的还原型的还原能力越强。

> **【例 7-7】** 比较标准态下下列物质氧化还原能力的强弱。
>
> $$\varphi_{Cl_2/Cl^-}^{\ominus} = 1.36V \qquad \varphi_{Br_2/Br^-}^{\ominus} = 1.07V \qquad \varphi_{I_2/I^-}^{\ominus} = 0.53V$$
>
> **解**　比较上述电对的 $\varphi^{\ominus}$ 大小可知，各氧化型物质氧化能力相对强弱为：$Cl_2 > Br_2 > I_2$；各还原型的还原能力相对强弱为：$I^- > Br^- > Cl^-$。

注意：$\varphi^{\ominus}$ 的大小只可用于判断标准态下氧化剂、还原剂氧化还原能力的相对强弱。若电对处于非标准态时，应根据能斯特公式计算出 φ，然后用 φ 大小来判断物质的氧化性和还原性的强弱。

2. 氧化还原反应进行的方向

如上所述，根据标准电极电位值的大小，比较氧化剂和还原剂的相对强弱，就能预测氧化还原反应进行的方向。

$$\text{强氧化剂} + \text{强还原剂} \rightleftharpoons \text{弱还原剂} + \text{弱氧化剂}$$

即 $\varphi^{\ominus}$ 大的氧化态物质作氧化剂，$\varphi^{\ominus}$ 小的还原态物质作还原剂。所以要判断一个氧化还原反应的方向，可将此反应组成原电池，使反应物中的氧化剂对应的电对为正极，还原剂对应的电对为负极，然后根据以下规则来判断反应进行的方向。

(1) 当 $E>0$，即 $\varphi_+>\varphi_-$ 时，则反应正向自发进行；

(2) 当 $E=0$，即 $\varphi_+=\varphi_-$ 时，则反应处于平衡状态；

(3) 当 $E<0$，即 $\varphi_+<\varphi_-$ 时，则反应逆向自发进行。

当各物质均处于标准态时，则用标准电动势或标准电极电位判断。

【例 7-8】 在标准态下，判断反应 $2Fe^{3+}+Cu \rightleftharpoons 2Fe^{2+}+Cu^{2+}$ 进行的方向？

解　正极　　$Fe^{3+}+e \rightleftharpoons Fe^{2+}$　　$\varphi_{Fe^{3+}/Fe^{2+}}^{\ominus}=0.771V$

　　　负极　　$Cu-2e \rightleftharpoons Cu^{2+}$　　$\varphi_{Cu^{2+}/Cu}^{\ominus}=0.337V$

$\varphi_{Fe^{3+}/Fe^{2+}}^{\ominus}>\varphi_{Cu^{2+}/Cu}^{\ominus}$，即 $\varphi_+^{\ominus}>\varphi_-^{\ominus}$，所以该反应能正向自发进行。

【例 7-9】 判断反应 $Pb^{2+}+Sn \rightleftharpoons Pb+Sn^{2+}$ 在标准态时及 $c_{Pb^{2+}}=0.1mol \cdot L^{-1}$、$c_{Sn^{2+}}=2mol \cdot L^{-1}$ 时的反应方向。

解　查附录四得 $\varphi_{Pb^{2+}/Pb}^{\ominus}=-0.1262V$，$\varphi_{Sn^{2+}/Sn}^{\ominus}=-0.1375V$

(1) 在标准态时，$E^{\ominus}=\varphi_+^{\ominus}-\varphi_-^{\ominus}=\varphi_{Pb^{2+}/Pb}^{\ominus}-\varphi_{Sn^{2+}/Sn}^{\ominus}=(-0.1262)-(-0.1375)=0.0113 (V)>0$

故在标准态时上述反应可向右进行，但不很完全。

(2) 当 $c_{Pb^{2+}}=0.1mol \cdot L^{-1}$、$c_{Sn^{2+}}=2mol \cdot L^{-1}$ 时，

$$\varphi_{Pb^{2+}/Pb}=\varphi_{Pb^{2+}/Pb}^{\ominus}+\frac{0.059}{2}\lg c_{Pb^{2+}}=-0.1262+\frac{0.059}{2}\lg 0.1=-0.1557(V)$$

$$\varphi_{Sn^{2+}/Sn}=\varphi_{Sn^{2+}/Sn}^{\ominus}+\frac{0.059}{2}\lg c_{Sn^{2+}}=-0.1375+\frac{0.059}{2}\lg 2=-0.1286(V)$$

$$E=\varphi_+-\varphi_-=\varphi_{Pb^{2+}/Pb}-\varphi_{Sn^{2+}/Sn}$$

$$=(-0.1557)-(-0.1286)=-0.0273(V)<0$$

即反应向左进行，和标准态时反应方向相反。

3. 氧化还原反应进行的程度

把一个氧化还原反应设计成原电池，可根据电池的标准电动势 $E^{\ominus}$ 计算该氧化还原反应的平衡常数。298.15K 时：

$$\lg K^{\ominus}=\frac{nE^{\ominus}}{0.059}=\frac{n(\varphi_+^{\ominus}-\varphi_-^{\ominus})}{0.059}$$

式中，n 为电池反应的电子转移数。从上式可以看出，氧化还原反应平衡常数的大小与 $\varphi_+^{\ominus}-\varphi_-^{\ominus}$ 的差值有关，差值越大，$K^{\ominus}$ 值越大，反应进行得越完全。

【例 7-10】 计算下列反应的平衡常数：

$$Ni(s)+Pb^{2+}(aq) \rightleftharpoons Ni^{2+}(aq)+Pb(s)$$

解　查附录四得　　　　$\varphi_+^{\ominus}=\varphi_{Pb^{2+}/Pb}^{\ominus}=-0.1262V$

　　　　　　　　　　　$\varphi_-^{\ominus}=\varphi_{Ni^{2+}/Ni}^{\ominus}=-0.257V$

$$\lg K^{\ominus}=\frac{2E^{\ominus}}{0.059}=\frac{2[-0.1262-(-0.257)]}{0.059}=4.43$$

$$K^{\ominus}=2.63\times10^4$$

以上讨论说明，由电极电位可以判断氧化还原反应进行的方向和程度。但要注意的是，不能由电极电势判断反应速率的大小。例如

$$2MnO_4^- + 5Zn + 16H^+ \rightleftharpoons 2Mn^{2+} + 5Zn^{2+} + 8H_2O$$

$\varphi_{MnO_4^-/Mn^{2+}}^{\ominus}$（1.507V）$> \varphi_{Zn^{2+}/Zn}^{\ominus}$（$-0.7618$V），两者相差很大，说明反应进行得很彻底。但实际上将 Zn 放入酸性 KMnO$_4$ 溶液中，几乎观察不到反应的发生，这是由于该反应的速率非常小，只有在 Fe^{3+} 的催化作用下，反应才能迅速进行。工业生产中选择氧化剂或还原剂时，不但要考虑反应能否发生，还要考虑能否快速进行。

课堂练习

1. 已知 $\varphi_{Fe^{3+}/Fe^{2+}}^{\ominus} = 0.77$V，$\varphi_{Cu^{2+}/Cu}^{\ominus} = 0.34$V，$\varphi_{Sn^{4+}/Sn^{2+}}^{\ominus} = 0.15$V，则最强的氧化剂是_____，最弱的氧化剂是_____，最强的还原剂是_____，最弱的还原剂是_____。

2. 氧化剂和还原剂的强弱可用_____来衡量，电对的电极电位越大，氧化型的氧化能力_____；反之电对的电极电位越小，还原型的还原能力_____。

3. 根据标准电动势，判断下列反应的方向。

(1) $2Fe^{2+} + Cu^{2+} \rightleftharpoons 2Fe^{3+} + Cu$

$\varphi_{Fe^{3+}/Fe^{2+}}^{\ominus} = 0.770$V $\varphi_{Cu^{2+}/Cu}^{\ominus} = 0.345$V

(2) $I_2 + 2KCl \rightleftharpoons Cl_2 + 2KI$

$\varphi_{Cl_2/Cl^-}^{\ominus} = 1.3583$V $\varphi_{I_2/I^-}^{\ominus} = 0.535$V

第三节　氧化还原滴定法

一、氧化还原滴定法概述

氧化还原滴定法是以氧化还原反应为基础的滴定分析法。它的应用十分广泛，除了可以直接测定具有氧化性或还原性的物质外，还可间接测定能与氧化剂或还原剂进行定量反应的物质以及糖类、酚类、烯烃类等有机物质。

氧化还原反应的实质是氧化剂与还原剂之间的电子转移，反应机理比较复杂，有些氧化还原反应常常伴有副反应的发生，因而没有确定的计量关系，另有一些反应从理论上判断可以进行，但反应速率十分缓慢，必须加快反应速率才能用于滴定分析。因此，对于氧化还原反应，必须符合下列条件，才能进行滴定分析。

(1) 滴定剂和被滴定物质对应电对的电极电位差大于 0.40V；

(2) 有适当的方法或指示剂指示反应终点；

(3) 有足够快的反应速率。

在氧化还原滴定中，要使分析反应定量地进行完全，常用强氧化剂和较强的还原剂作为标准溶液。根据所用标准溶液的不同，氧化还原滴定法可分为高锰酸钾法、碘量法、重铬酸钾法、溴酸钾法和铈量法等。本节重点介绍常用的高锰酸钾法和碘量法。

（一）氧化还原滴定曲线

在氧化还原滴定过程中，随着标准溶液的加入，溶液中氧化剂和还原剂的浓度逐渐变化，有关电对的电极电位 φ 也随之改变。当滴定到达化学计量点附近时，再滴入极少量的

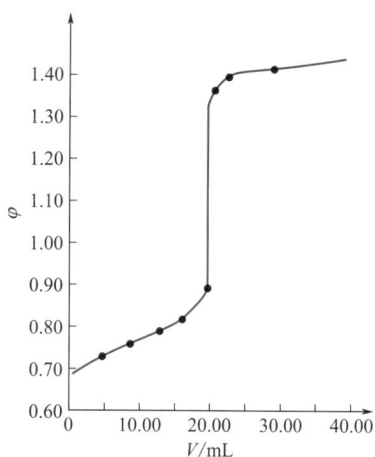

图 7-4 $Ce(SO_4)_2$ 标准溶液
滴定 $FeSO_4$ 溶液的滴定曲线

标准溶液就会引起电极电位的急剧变化。若以 φ 为纵坐标，加入滴定剂的量为横坐标作图，得到的曲线即为氧化还原滴定曲线。氧化还原滴定曲线可以通过实验测得的数据描出，有些反应也可用能斯特方程进行计算。

图 7-4 是以 $0.1000\text{mol} \cdot \text{L}^{-1}Ce(SO_4)_2$ 溶液在 $1\text{mol} \cdot \text{L}^{-1}H_2SO_4$ 溶液中滴定 20.00mL $0.1000\text{mol} \cdot \text{L}^{-1}FeSO_4$ 溶液的滴定曲线。滴定反应为：

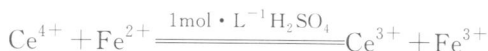

$$Ce^{4+} + Fe^{2+} \xrightarrow{1\text{mol} \cdot \text{L}^{-1}H_2SO_4} Ce^{3+} + Fe^{3+}$$

从滴定曲线可看出，计量点前后电极电位有明显的突变，称为滴定突跃。滴定突跃范围的大小，与两电对的标准电极电位 $\varphi^{\ominus}$ 有关，两电对的标准电极电位差值 $\Delta E^{\ominus}$ 越大，滴定突跃范围越大。一般 $\Delta E^{\ominus} \geqslant 0.40\text{V}$ 时，才有明显的滴定突跃，可以选择相应的指示剂指示终点，否则不易进行氧化还原滴定分析。

（二）氧化还原滴定指示剂

氧化还原滴定过程中可用电位法确定滴定终点，也可用指示剂来指示终点。氧化还原滴定中常用的指示剂有以下三类。

1. 自身指示剂

氧化还原滴定中，有的标准溶液或被测物质的溶液本身有很深的颜色，而滴定产物无色或颜色很浅，可利用其自身颜色变化指示终点，这类物质称为自身指示剂。例如高锰酸钾滴定法中，MnO_4^- 本身呈紫红色，用它滴定无色或浅色还原性物质溶液时，就不必另加指示剂。因为在滴定中，MnO_4^- 被还原为 Mn^{2+}，而 Mn^{2+} 几乎是无色的，所以，当滴定到化学计量点后，稍过量的 MnO_4^- 就会使溶液呈粉红色，表示已到达滴定终点。实验表明，MnO_4^- 的浓度约为 $2 \times 10^{-6}\text{mol} \cdot \text{L}^{-1}$ 时，就可看到溶液呈粉红色。

2. 专属指示剂

有的物质本身不具有氧化还原性，但能与氧化剂或还原剂作用产生特殊的颜色，因而可以指示滴定终点，这类物质称为专属指示剂。例如淀粉本身不具氧化还原性，当淀粉溶液与碘溶液反应时，生成深蓝色的化合物。而当 I_2 被还原为 I^- 时，深蓝色消失。因此，在碘量法中常用淀粉作指示剂，可根据蓝色的出现或褪去来判断终点的到达。

3. 氧化还原指示剂

有的物质本身具有氧化还原性，它的氧化态和还原态具有不同的颜色，在滴定过程中因被氧化或被还原而发生结构改变，引起颜色的变化以指示终点。这类物质称为氧化还原指示剂。如果用 In_{Ox} 和 In_{Red} 分别表示指示剂的氧化态和还原态，则氧化还原指示剂的半反应可用下式表示：

$$In_{Ox} + n\text{e} \Longrightarrow In_{Red}$$

根据能斯特方程，指示剂的电极电位与浓度之间的关系为：

$$\varphi = \varphi_{In}^{\ominus} + \frac{0.059}{n}\lg\frac{c_{In_{Ox}}}{c_{In_{Red}}}$$

式中，$\varphi_{In}^{\ominus}$ 为指示剂的标准电极电位。当溶液中氧化还原电对的电位改变时，指示剂的氧化态和还原态的浓度比也会发生改变，因而使溶液的颜色发生变化。与酸碱指示剂的变化情况相似，当 $c_{In_{Ox}}/c_{In_{Red}} \geqslant 10$ 时，溶液呈现指示剂氧化态的颜色；当 $c_{In_{Ox}}/c_{In_{Red}} \leqslant \dfrac{1}{10}$ 时，溶液呈现还原态的颜色。因此，指示剂变色的电位范围为：

$$\varphi = \varphi_{In}^{\ominus} \pm \frac{0.059}{n}$$

氧化还原指示剂的选择原则与酸碱指示剂的选择类似，即使指示剂变色的电势范围全部或部分落在滴定曲线突跃范围内。几种常见的氧化还原指示剂见表 7-1。

表 7-1　几种常见的氧化还原指示剂

指 示 剂	$\varphi_{In}^{\ominus}/V$ （$[H^+]=1mol \cdot L^{-1}$）	颜色变化	
		氧化态	还原态
亚甲基蓝	0.53	蓝	无色
二苯胺	0.76	紫	无色
二苯胺磺酸钠	0.84	紫红	无色
邻苯氨基苯甲酸	0.89	紫红	无色
邻菲罗啉-亚铁	1.06	浅蓝	红
硝基邻二氮菲-亚铁	1.25	浅蓝	紫红

二、高锰酸钾法

（一）概述

高锰酸钾法是以 $KMnO_4$ 作为标准溶液的氧化还原滴定法。它的优点是 $KMnO_4$ 氧化能力强，本身呈深紫色，用它滴定无色或浅色溶液时，一般不需另加指示剂，应用广泛。高锰酸钾法的主要缺点是试剂中常含有少量杂质，使溶液不够稳定；又由于 $KMnO_4$ 的氧化能力强，可以和很多还原性物质发生作用，所以干扰比较严重。

$KMnO_4$ 是一种强氧化剂，它的氧化能力和还原产物及溶液的酸度有关。在强酸性溶液中，MnO_4^- 被还原为 Mn^{2+}：

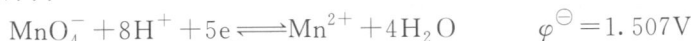

$$MnO_4^- + 8H^+ + 5e \Longrightarrow Mn^{2+} + 4H_2O \qquad \varphi^{\ominus} = 1.507V$$

在中性或碱性溶液中，MnO_4^- 被还原为 MnO_2：

$$MnO_4^- + 2H_2O + 3e \Longrightarrow MnO_2 \downarrow + 4OH^- \qquad \varphi^{\ominus} = 0.60V$$

反应后生成棕褐色 MnO_2 沉淀，妨碍滴定终点的观察，这个反应在定量分析中很少应用，因此高锰酸钾法一般在强酸性条件下使用。但 $KMnO_4$ 氧化有机物在强碱性条件下的反应速率比在酸性条件下更快，所以用 $KMnO_4$ 法测定甘油、甲醇、甲酸、葡萄糖、酒石酸等有机物时适宜在碱性条件下进行。在 NaOH 浓度大于 $2mol \cdot L^{-1}$ 的碱性溶液中，很多有机物可与 $KMnO_4$ 反应，此时 MnO_4^- 被还原为 MnO_4^{2-}：

$$MnO_4^- + e \Longrightarrow MnO_4^{2-} \qquad \varphi^{\ominus} = 0.564V$$

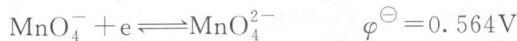

根据被测物质的性质，应用高锰酸钾法时，可采取不同的滴定方式。

1. 直接滴定法

许多还原性物质，如 Fe^{2+}、As^{3+}、Sb^{3+}、H_2O_2、$C_2O_4^{2-}$ 等，可用 $KMnO_4$ 标准溶液直接滴定。

2. 返滴定法

有些氧化性物质（如 MnO_2、PbO_2、CrO_4^{2-}、ClO_3^- 等），不能用 $KMnO_4$ 标准溶液直

接滴定，则可用返滴定法进行滴定。例如测定 MnO_2 的含量时，可在 H_2SO_4 溶液中先加入一定过量的 $Na_2C_2O_4$ 标准溶液，待 MnO_2 与 $Na_2C_2O_4$ 作用完毕后，再用 $KMnO_4$ 标准溶液返滴定剩余的 $Na_2C_2O_4$。

3. 间接滴定法

某些非氧化还原性物质，不能用 $KMnO_4$ 标准溶液直接滴定或返滴定，可以使用间接滴定法。例如测定 Ca^{2+} 时，首先将 Ca^{2+} 沉淀为 CaC_2O_4，然后用稀 H_2SO_4 将所得沉淀溶解，再用 $KMnO_4$ 标准溶液滴定溶液中的 $C_2O_4^{2-}$，间接求得 Ca^{2+} 的含量。

（二）　$KMnO_4$ 标准溶液的配制和标定

1. $KMnO_4$ 标准溶液的配制

$KMnO_4$ 试剂中常含有少量 MnO_2 和其他杂质，配制溶液所用的蒸馏水也常含有微量的还原性物质，它们的存在都会影响 $KMnO_4$ 溶液的浓度，因此 $KMnO_4$ 标准溶液不能用直接法配制。通常先配制成近似浓度的溶液，然后再用基准物质进行标定。

$KMnO_4$ 溶液的配制一般按以下程序进行：

（1）称取稍多于理论量的 $KMnO_4$，加入一定量的蒸馏水并搅拌使之溶解；

（2）将配制好的 $KMnO_4$ 溶液加热至沸，并保持微沸约 1h，然后放置 2～3 天，使溶液中可能存在的还原性物质完全氧化；

（3）用微孔玻璃漏斗过滤，除去析出的 MnO_2 沉淀；

（4）将过滤后的 $KMnO_4$ 溶液贮存于棕色试剂瓶中，并放在阴暗处，以待标定。

2. $KMnO_4$ 标准溶液的标定

常用来标定 $KMnO_4$ 溶液的基准物质有：$Na_2C_2O_4$、$H_2C_2O_4 \cdot 2H_2O$、$(NH_4)_2Fe(SO_4)_2 \cdot H_2O$、$As_2O_3$ 和纯铁丝等。其中 $Na_2C_2O_4$ 因其性质稳定，不含结晶水，容易提纯而最常用。$Na_2C_2O_4$ 在 105～110℃烘干约 2h，冷却后就可以使用。

在 H_2SO_4 溶液中，$KMnO_4$ 与 $Na_2C_2O_4$ 的反应如下：

$$2MnO_4^- + 5C_2O_4^{2-} + 16H^+ \rightleftharpoons 2Mn^{2+} + 10CO_2 + 8H_2O$$

标定 $KMnO_4$ 溶液浓度的计算公式为：

$$c_{KMnO_4} = \frac{2}{5} \times \frac{m_{Na_2C_2O_4} \times 10^3}{M_{Na_2C_2O_4} V_{KMnO_4}}$$

为了使这个反应能够定量较快地进行，应注意下述滴定条件。

（1）**温度**　室温下反应速率缓慢，常将 $Na_2C_2O_4$ 溶液加热至 75～85℃（锥瓶口冒烟）进行滴定。温度不宜超过 90℃，否则会使部分 $H_2C_2O_4$ 发生分解：

$$H_2C_2O_4 \longrightarrow CO_2\uparrow + CO\uparrow + H_2O$$

（2）**酸度**　一般滴定酸度应控制在 0.5～1mol $\cdot$ L^{-1}。如果酸度不足，$KMnO_4$ 易生成 MnO_2 沉淀；酸度过高，会促使 $H_2C_2O_4$ 分解。

（3）**滴定速度**　由于 MnO_4^- 与 $C_2O_4^{2-}$ 的反应是自身催化反应，滴定开始时，加入的第一滴 $KMnO_4$ 溶液褪色很慢，所以开始滴定时速率要慢些，随溶液中 Mn^{2+} 的生成，滴定速率可逐渐加快。即使这样，也要等前面滴入的 $KMnO_4$ 溶液褪色之后，再滴加，否则加入的 $KMnO_4$ 溶液来不及与 $C_2O_4^{2-}$ 反应，即在热的酸性溶液中发生分解。

$$4MnO_4^- + 12H^+ \longrightarrow 4Mn^{2+} + 5O_2\uparrow + 6H_2O$$

（4）**催化剂**　开始加入的几滴 $KMnO_4$ 溶液褪色较慢，随着滴定产物 Mn^{2+} 的生成，反应速率才逐渐加快。因此，为加快反应可在滴定前加入几滴 $MnSO_4$ 作为催化剂。

（5）**终点** 用 $KMnO_4$ 溶液滴定至溶液出现淡粉红色 30s 不褪色即为终点。放置时间过长，空气中的还原性气体和灰尘都能使 $KMnO_4$ 还原而褪色。

标定好的 $KMnO_4$ 溶液在放置一段时间后，若发现有 MnO_2 沉淀析出，应过滤并重新标定。

（三）高锰酸钾法应用实例

1. 双氧水 H_2O_2 含量的测定（直接滴定法）

高锰酸钾氧化能力很强，能直接滴定许多还原性物质如 Fe^{2+}、As^{3+}、Sb^{3+}、$C_2O_4^{2-}$ 和 H_2O_2 等。

以 H_2O_2 的测定为例，反应式为：

$$2MnO_4^- + 5H_2O_2 + 6H^+ \rightleftharpoons 2Mn^{2+} + 5O_2\uparrow + 8H_2O$$

此反应在室温下于 H_2SO_4 介质中即可顺利进行滴定。开始时反应较慢，随着 Mn^{2+} 生成而加速反应，也可以先加入少量 Mn^{2+} 作催化剂。该反应常用 H_2SO_4 调节酸性，而不能用盐酸和硝酸，因为盐酸具有还原性，而硝酸具有氧化性。

> 【例 7-11】准确量取双氧水 1.00mL，加入一定量的水和稀硫酸，用 $0.02010mol \cdot L^{-1}$ $KMnO_4$ 标准溶液滴定至终点，消耗 $KMnO_4$ 标准溶液 18.05mL。计算双氧水中 H_2O_2 的含量（质量分数）。
>
> **解** 因为： $$2KMnO_4 \sim 5H_2O_2$$
>
> 所以： $$w_{H_2O_2} = \frac{5}{2} \times \frac{c_{KMnO_4}V_{KMnO_4} \times M_{H_2O_2} \times 10^{-3}}{V_{H_2O_2}} \times 100\%$$
>
> $$= \frac{5}{2} \times \frac{0.02010 \times 18.05 \times 34.02 \times 10^{-3}}{1.00} \times 100\%$$
>
> $$= 3.09\%$$

2. 钙的测定（间接滴定法）

Ba^{2+}、Ca^{2+}、Zn^{2+}、Th^{4+} 和 La^{3+} 等金属离子，在溶液中没有可变价态，但它们能与 $C_2O_4^{2-}$ 定量地生成沉淀，可用高锰酸钾间接测定。

以 Ca^{2+} 的测定为例，在一定条件下使 Ca^{2+} 与 $C_2O_4^{2-}$ 完全反应生成草酸钙沉淀，经过滤洗涤后，将 CaC_2O_4 沉淀溶于热的稀 H_2SO_4 溶液中，最后用 $KMnO_4$ 标准溶液滴定试液中的 $H_2C_2O_4$，根据所消耗 $KMnO_4$ 的量间接求得钙的含量。反应式如下：

沉淀：$Ca^{2+} + C_2O_4^{2-} \rightleftharpoons CaC_2O_4\downarrow$

酸溶：$CaC_2O_4 + 2H^+ \rightleftharpoons Ca^{2+} + H_2C_2O_4$

滴定：$2MnO_4^- + 5H_2C_2O_4 + 6H^+ \rightleftharpoons 2Mn^{2+} + 10CO_2\uparrow + 8H_2O$

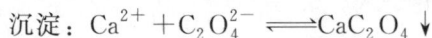

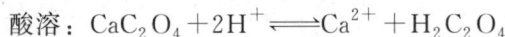

> 【例 7-12】准确量取血样试样 2.00mL，稀释至 50.00mL，取此溶液 20.00mL，加入足量的 $H_2C_2O_4$ 溶液，所得沉淀用 H_2SO_4 溶解，再用 $0.001998mol \cdot L^{-1}$ $KMnO_4$ 标准溶液滴定至终点，消耗 2.42mL。计算血液中钙的含量（质量分数）。
>
> **解** 因为： $$5Ca^{2+} \sim 2MnO_4^-$$
>
> 所以：

$$w_{Ca^{2+}} = \frac{5}{2} \times \frac{c_{KMnO_4} V_{KMnO_4} M_{Ca^{2+}} \times 10^{-3}}{V_s} \times 100\%$$

$$= \frac{5}{2} \times \frac{0.001998 \times 2.42 \times 40.08 \times 10^{-3}}{2.00 \times \frac{20.00}{50.00}} \times 100\%$$

$$= 0.06\%$$

3. MnO_2 和有机物的测定（返滴定法）

有些氧化性物质不能用 $KMnO_4$ 直接滴定，可先加入一定量过量的还原剂（如亚铁盐、草酸盐等），待还原后，再在酸性条件下用 $KMnO_4$ 标准溶液返滴剩余的还原剂。用此方法可测定 MnO_4^-、MnO_2、$Cr_2O_7^{2-}$、Ce^{4+}、PbO_2、Pb_3O_4 和 ClO_3^- 等。

以软锰矿中 MnO_2 含量的测定为例，称取一定质量的矿样，准确加入定量过量的固体 $Na_2C_2O_4$，然后在 H_2SO_4 介质中缓慢加热，待 MnO_2 与 $C_2O_4^{2-}$ 作用完毕后，再用 $KMnO_4$ 标准溶液滴定剩余的 $C_2O_4^{2-}$。根据消耗 $KMnO_4$ 标准溶液的体积即可求出样品中 MnO_2 的含量。

反应式如下。

还原：$MnO_2 + C_2O_4^{2-} + 4H^+ \rightleftharpoons Mn^{2+} + 2CO_2 \uparrow + 2H_2O$

滴定：$2MnO_4^- + 5C_2O_4^{2-} + 16H^+ \rightleftharpoons 2Mn^{2+} + 10CO_2 \uparrow + 8H_2O$

【例 7-13】 称取 MnO_2 试样 0.1856g，加入 0.3579g $Na_2C_2O_4$，并加入一定量的 H_2SO_4，加热，待反应完全后，用 $0.02033mol \cdot L^{-1} KMnO_4$ 标准溶液返滴定剩余的 $Na_2C_2O_4$，消耗 20.92mL。计算试样中 MnO_2 的含量（质量分数）。

解 因为：
$$2MnO_4^- \sim 5C_2O_4^{2-}$$
$$MnO_2 \sim C_2O_4^{2-}$$

所以：

$$w_{MnO_2} = \frac{\left(\frac{m_{Na_2C_2O_4}}{M_{Na_2C_2O_4}} - \frac{5}{2} c_{KMnO_4} V_{KMnO_4} \times 10^{-3} \right) M_{MnO_2}}{m_s} \times 100\%$$

$$= \frac{\left[\frac{0.3579}{134.00} - \frac{5}{2} (0.02033 \times 20.92 \times 10^{-3}) \right] \times 86.94}{0.1856} \times 100\%$$

$$= 75.32\%$$

4. 有机物的测定

强碱性溶液中，过量的 $KMnO_4$ 能定量氧化某些有机物，利用此反应可测定某些有机物质，如甲酸、甲醛、甘油、甘醇酸、酒石酸、柠檬酸、苯酚、水杨酸等。

三、碘量法

（一）概述

碘量法是利用 I_2 的氧化性和 I^- 的还原性进行滴定的分析方法。由于固体 I_2

碘量法

在水中的溶解度很小（$0.00133\text{mol}\cdot\text{L}^{-1}$），实际应用时通常将 I_2 溶解在 KI 溶液中，此时 I_2 在溶液中以 I_3^- 形式存在：

$$I_2+I^-\rightleftharpoons I_3^-$$

为方便和明确化学计量关系，一般仍简写为 I_2，其半反应式为：

$$I_2+2e\rightleftharpoons 2I^- \qquad \varphi^\ominus=+0.5355\text{V}$$

由电对 I_2/I^- 的电极电势大小来看，I_2 是较弱的氧化剂，只能与较强的还原剂作用；而 I^- 则是中等强度的还原剂，能与许多氧化剂作用。因此，碘量法测定可用直接法和间接法两种方式进行。

1. 直接碘量法（碘滴定法）

直接碘量法又称碘滴定法，是用 I_2 标准溶液直接滴定电极电势比 $\varphi^\ominus(I_2/I^-)$ 低的还原性物质，如维生素 C、As_2O_3、Sn^{2+}、Sb^{3+}、SO_3^{2-} 等。

由于 I_2 的氧化能力不强，所以能被 I_2 氧化的物质有限。而且直接碘量法的应用受溶液中 H^+ 浓度的影响较大，如在较强的碱性溶液中就不能用 I_2 溶液滴定，因为当 pH＞8 时，会发生如下副反应：

$$3I_2+6OH^-\rightleftharpoons IO_3^-+5I^-+3H_2O$$

这样就会给测定带来误差。在酸性溶液中，也只有少数还原能力强、不受 H^+ 浓度影响的物质才能发生定量反应。所以直接碘量法的应用受到一定的限制。

2. 间接碘量法（滴定碘法）

间接碘量法是利用 I^- 作为还原剂，在一定条件下与电极电势比 $\varphi^\ominus(I_2/I^-)$ 高的氧化性物质（如漂白粉、葡萄糖酸锑钠等）作用，定量析出 I_2，然后用 $Na_2S_2O_3$ 标准溶液滴定置换出的 I_2，从而间接测定氧化性物质的含量。间接碘量法可用于测定 Cu^{2+}、MnO_4^-、CrO_4^{2-}、$Cr_2O_7^{2-}$、H_2O_2、AsO_4^{3-}、SbO_4^{3-}、ClO_4^-、NO_2^-、IO_3^-、BrO_3^-、ClO^-、Fe^{3+} 等氧化性物质。

间接碘量法的基本反应为：

$$2I^--2e\rightleftharpoons I_2$$
$$I_2+2S_2O_3^{2-}\rightleftharpoons 2I^-+S_4O_6^{2-}$$

间接碘量法必须在中性或弱酸性条件下进行。因为在碱性溶液中，I_2 与 $Na_2S_2O_3$ 会发生下列副反应：

$$S_2O_3^{2-}+4I_2+10OH^-\rightleftharpoons 2SO_4^{2-}+8I^-+5H_2O$$

若在强酸性溶液中，$Na_2S_2O_3$ 容易发生分解：

$$S_2O_3^{2-}+2H^+\rightleftharpoons S\downarrow+SO_2+H_2O$$

同时，I^- 在酸性溶液中容易被空气中的 O_2 氧化：

$$4I^-+4H^++O_2\rightleftharpoons 2I_2+2H_2O$$

碘量法常用淀粉作为指示剂，淀粉与 I_2 结合形成蓝色物质，灵敏度很高，即使在 $10^{-5}\text{mol}\cdot\text{L}^{-1}$ 的 I_2 溶液中也能看出。实践证明，直链淀粉遇 I_2 变蓝必须有 I^- 存在，并且 I^- 浓度越高，则显色越灵敏。淀粉溶液必须新鲜配制，否则会腐败分解，显色不敏锐。另外，在间接碘量法中，淀粉指示剂应在滴定终点时加入，否则大量的 I_2 与淀粉结合，不易与 $Na_2S_2O_3$ 反应，会给滴定带来误差。

3. 碘量法的误差来源及控制措施

碘量法可能产生误差来源主要有两个：一是 I_2 具有挥发性，容易挥发损失；二是 I^- 在酸性溶液中易被空气中氧所氧化。为保证滴定的准确度，应采取如下措施：

（1）为防止 I_2 的挥发，应加入过量的 KI，使 I_2 形成 I_3^- 配离子，增大 I_2 在水中的溶解度；

（2）反应温度不宜过高，一般在室温下进行；

（3）间接碘量法最好在碘量瓶中进行，反应完全后立即滴定，且勿剧烈振动；

（4）为了防止 I^- 被空气中的 O_2 氧化，溶液酸度不宜过高，光及 Cu^{2+}、NO_2^- 等能催化 I^- 被空气中的 O_2 氧化，应将析出 I_2 的反应瓶置于暗处并预先除去干扰离子。

（二）标准溶液的配制和标定

碘量法中常用 I_2 和 $Na_2S_2O_3$ 两种标准溶液，下面分别介绍这两种溶液的配制和标定方法。

1. $Na_2S_2O_3$ 标准溶液的配制和标定

硫代硫酸钠（$Na_2S_2O_3 \cdot 5H_2O$）不是基准物质，易风化潮解，且含少量的 S^{2-}、S、SO_3^{2-} 等杂质，所以不能直接配制成准确浓度的溶液，只能先配制成近似浓度的溶液，然后再进行标定。

（1）配制　配好的 $Na_2S_2O_3$ 溶液不稳定，浓度容易发生改变。这是因为：①被细菌分解；②被空气氧化；③与溶解在水中的 CO_2 作用；④水中微量的 Cu^{2+} 或 Fe^{3+} 也能促使 $Na_2S_2O_3$ 分解。

因此，配制 $Na_2S_2O_3$ 溶液时，需要用新煮沸并冷却的蒸馏水，以杀死细菌和除去水中的 CO_2。为防止 $Na_2S_2O_3$ 分解，还要加入少量的 Na_2CO_3 使溶液呈碱性（pH＝9～10），并保存在棕色瓶中，置于暗处，经 10 天左右，待溶液稳定后，再进行标定。长时间保存的溶液，使用前应重新标定。若发现溶液变浑浊，应过滤后再标定，或弃去另配。

（2）标定　通常用 $K_2Cr_2O_7$、$KBrO_3$、KIO_3 等基准物质用间接滴定法标定 $Na_2S_2O_3$ 溶液的浓度。操作如下。

称取一定量的基准物质，在酸性溶液中与过量 KI 作用，析出相当量的 I_2，然后用 $Na_2S_2O_3$ 溶液滴定至近终点时，加入淀粉指示剂，继续滴定至蓝色消失即为终点。

用 $K_2Cr_2O_7$ 标定 $Na_2S_2O_3$ 溶液的有关反应如下：

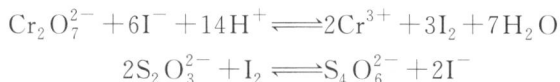

$$Cr_2O_7^{2-} + 6I^- + 14H^+ \Longleftrightarrow 2Cr^{3+} + 3I_2 + 7H_2O$$

$$2S_2O_3^{2-} + I_2 \Longleftrightarrow S_4O_6^{2-} + 2I^-$$

标定 $Na_2S_2O_3$ 溶液浓度的计算公式为：

$$c_{Na_2S_2O_3} = 6 \times \frac{m_{K_2Cr_2O_7} \times 10^3}{M_{K_2Cr_2O_7} V_{Na_2S_2O_3}}$$

根据 $K_2Cr_2O_7$ 的质量及 $Na_2S_2O_3$ 溶液滴定时所消耗的体积，即可计算出 $Na_2S_2O_3$ 溶液的准确浓度。

2. I_2 标准溶液的配制和标定

用升华法制得的纯碘，可直接配制成标准溶液。但由于 I_2 易挥发且具有腐蚀性，所以一般先配制成近似浓度的溶液，然后再进行标定。

（1）配制　将一定量的 I_2 和 KI 置于研钵或烧杯中，加入少量的水研磨或搅拌使之全部溶解，然后将溶液稀释，转移至棕色瓶中，摇匀，放在暗处保存。注意防止溶液遇热、见光以及与橡胶等有机物接触，否则浓度会发生变化。

（2）标定　I_2 溶液一般用基准物质 As_2O_3 进行标定，也可用已经标定好的 $Na_2S_2O_3$ 标准溶液来标定。As_2O_3 难溶于水，易溶于碱溶液中：

$$As_2O_3 + 6OH^- \Longrightarrow 2AsO_3^{3-} + 3H_2O$$

然后用 HCl 或 H_2SO_4 溶液中和过量的碱，再加入 $NaHCO_3$ 溶液，使溶液的 pH 在 8 左右。然后用 I_2 溶液滴定。反应式如下：

$$AsO_3^{3-} + I_2 + H_2O \Longrightarrow AsO_4^{3-} + 2I^- + 2H^+$$

标定 I_2 溶液的计算公式为：

$$c_{I_2} = 2 \times \frac{m_{As_2O_3} \times 10^3}{M_{As_2O_3} V_{I_2}}$$

（三）碘量法应用实例

1. 维生素 C 的测定（直接碘量法）

维生素 C 又称为抗坏血酸，分子式为 $C_6H_8O_6$，分子量为 176.12，属于水溶性维生素，在化学上和医药上应用十分广泛。用直接碘量法可测定某些药片、注射液以及水果中维生素 C 的含量。

维生素 C 具有较强的还原性（$\varphi_{C_6H_8O_6/C_6H_6O_6}^{\ominus} = 0.18V$），维生素 C 分子中的烯二醇基能被 I_2 定量地氧化成二酮基，反应如下：

$$C_6H_8O_6 + I_2 \Longrightarrow C_6H_6O_6 + 2HI$$

$C_6H_8O_6$ 的还原能力很强，在空气中极易被氧化，特别是在碱性条件下更严重。所以在滴定时，应加入一定量的 HAc 使溶液呈弱酸性。

【例7-14】称取维生素 C 0.2210g，加入 100mL 新煮沸过的冷蒸馏水和 10mL 稀 HAc 的混合液使之溶解，加淀粉指示剂 1mL，立即用 $0.05000mol \cdot L^{-1} I_2$ 标准溶液滴定至溶液显持续蓝色，消耗 23.26mL。计算维生素 C 的质量分数。

解　因为：$I_2 \sim$ 维生素 C（物质的量比 1:1）

所以：

$$w_{维生素C} = \frac{c_{I_2} V_{I_2} M_{维生素C} \times 10^{-3}}{m_s} \times 100\%$$

$$= \frac{0.05000 \times 23.26 \times 176.12 \times 10^{-3}}{0.2210} \times 100\%$$

$$= 92.67\%$$

2. 铜含量的测定（间接碘量法）

将铜合金（黄铜或青铜）试样于 $HCl + H_2O_2$ 溶液中，加热分解除去过量的 H_2O_2。在弱酸性溶液中，铜与过量的 KI 作用析出相应量的 I_2，用 $Na_2S_2O_3$ 标准溶液滴定析出的 I_2，即可求出铜的含量。其主要反应式如下：

$$Cu + 2HCl + H_2O_2 \Longrightarrow CuCl_2 + 2H_2O$$

$$2Cu^{2+} + 4I^- \Longrightarrow 2CuI \downarrow + I_2 \downarrow$$

$$I_2 + 2S_2O_3^{2-} \Longrightarrow 2I^- + S_4O_6^{2-}$$

加入过量 KI，使 Cu^{2+} 的还原趋于完全。由于 CuI 沉淀强烈地吸附 I_2，使测定结果偏低。故在近终点时，加入适量 KSCN，使 CuI（$K_{sp} = 1.1 \times 10^{-12}$）转化为溶解度更小的 CuSCN（$K_{sp} = 4.8 \times 10^{-15}$），转化过程中释放出 I_2，反应生成的 I^- 又可以利用，这样就可使用较少的 KI 而使反应进行得更完全。其反应式：

$$CuI + SCN^- \Longrightarrow CuSCN \downarrow + I^-$$

【例 7-15】称取铜合金试样 0.2316g，溶解后加入过量的 KI，生成的 I_2 用 0.1100mol·L^{-1} $Na_2S_2O_3$ 的标准溶液滴定，终点时共消耗 $Na_2S_2O_3$ 的标准溶液 23.32mL，计算试样中铜的质量分数。

解　因为：
$$Cu^{2+} \sim S_2O_3^{2-}$$

所以：
$$w_{Cu} = \frac{c_{Na_2S_2O_3} V_{Na_2S_2O_3} M_{Cu} \times 10^{-3}}{m_s} \times 100\%$$
$$= \frac{0.1100 \times 23.32 \times 63.55 \times 10^{-3}}{0.2316} \times 100\%$$
$$= 70.39\%$$

3. 漂白粉中有效氯的测定

漂白粉在酸性条件下能将 KI 定量地氧化成 I_2，再用 $Na_2S_2O_3$ 标准溶液滴定生成的 I_2，可测定漂白粉中有效氯的含量。

相关反应如下：
$$CaCl(OCl) + 2H^+ \Longrightarrow Ca^{2+} + HClO + HCl$$
$$HClO + HCl \Longrightarrow Cl_2 + H_2O$$
$$Cl_2 + 2KI \Longrightarrow I_2 + 2KCl$$
$$I_2 + 2S_2O_3^{2-} \Longrightarrow 2I^- + S_4O_6^{2-}$$

计量关系为：
$$CaCl(OCl) \sim 2S_2O_3^{2-}$$

课堂练习

1. 高锰酸钾法调节酸性所用的酸为_____。

2. 标定碘的基准物是_____；标定硫代硫酸钠的基准物是_____；标定高锰酸钾的基准物是_____。

3. 以 $K_2Cr_2O_7$ 为基准物标定 $Na_2S_2O_3$ 时，应选择的指示剂是_____，指示剂加入的时间是_____。

四、其他氧化还原滴定法

（一）重铬酸钾法

1. 概述

重铬酸钾法是以 $K_2Cr_2O_7$ 作为标准溶液的氧化还原滴定法。它的优点如下：①$K_2Cr_2O_7$ 容易提纯（可达 99.99%），可以直接准确称取一定质量干燥纯净的 $K_2Cr_2O_7$ 准确配制成一定浓度的标准溶液；②$K_2Cr_2O_7$ 标准溶液非常稳定，可长期保存在密闭容器中；③$K_2Cr_2O_7$ 的氧化性不如 KMnO₄ 强，室温下，当 HCl 浓度低于 3mol·L^{-1} 时，$Cr_2O_7^{2-}$ 不氧化 Cl^-，故可在 HCl 介质中进行滴定。

在酸性介质中，橙色的 $Cr_2O_7^{2-}$ 的还原产物是绿色的 Cr^{3+}，颜色变化难以观察，故不能根据 $Cr_2O_7^{2-}$ 本身颜色变化来确定终点，而需采用氧化还原指示剂确定滴定终点，如二苯胺磺酸钠等。

重铬酸钾法有直接法和间接法之分。对一些有机试样，在硫酸溶液中，常加入过量重铬酸钾标准溶液，加热至一定温度，冷却后稀释，再用硫酸亚铁铵标准溶液返滴定。这种间接方法还可以用于腐殖酸肥料中腐殖酸的分析、电镀液中有机物的测定等。

2. 应用实例

（1）铁矿石中全铁量的测定　重铬酸钾法是测定铁矿石中全铁量的经典方法。其反应式为：

$$6Fe^{2+} + Cr_2O_7^{2-} + 14H^+ \Longleftrightarrow 6Fe^{3+} + 2Cr^{3+} + 7H_2O$$

试样（铁矿石等）一般用 HCl 溶液加热分解后，用还原剂 $SnCl_2$ 将高铁还原为亚铁，其反应方程为：

$$2Fe^{3+} + Sn^{2+} \Longleftrightarrow 2Fe^{2+} + Sn^{4+}$$

过量 $SnCl_2$ 用 $HgCl_2$ 除去：

$$SnCl_2 + 2HgCl_2 \Longleftrightarrow SnCl_4 + Hg_2Cl_2 \downarrow$$

用水稀释并加入 $1\sim2\,mol \cdot L^{-1}$ 的 H_2SO_4-H_3PO_4 混合酸，以二苯胺磺酸钠作为指示剂，用 $K_2Cr_2O_7$ 标准溶液滴定，当溶液由绿色（Cr^{3+} 颜色）变为紫红色时即为滴定终点。

在滴定前加入 H_3PO_4 的目的是生成无色稳定的 $Fe(HPO_4)_2^-$，消除 Fe^{3+}（黄色）的影响，同时降低溶液中 Fe^{3+} 的浓度，从而降低 Fe^{3+}/Fe^{2+} 的电极电位，增大滴定突跃范围，使二苯胺磺酸钠指示剂变色的电位范围较好地落在滴定曲线突跃范围之内，避免指示剂引起的终点误差。

（2）测定非氧化还原性物质　例如测定 Pb^{2+}、Ba^{2+} 等，先在一定条件下制得 $PbCrO_4$ 或 $BaCrO_4$ 沉淀，经过滤、洗涤后溶解于酸中，以 Fe^{2+} 标准溶液滴定生成的 $Cr_2O_7^{2-}$，从而间接求出 Pb^{2+} 或 Ba^{2+} 的含量。凡能与 CrO_4^{2-} 生成难溶化合物的离子都可用此法间接测定。

反应式：
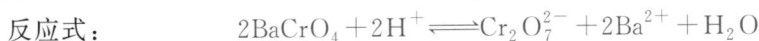
$$2BaCrO_4 + 2H^+ \Longleftrightarrow Cr_2O_7^{2-} + 2Ba^{2+} + H_2O$$

（二）硫酸铈法

硫酸铈 $Ce(SO_4)_2$ 是强氧化剂，在酸性溶液中，Ce^{4+} 与还原剂作用被还原为 Ce^{3+}，其半反应如下：

$$Ce^{4+} + e \Longleftrightarrow Ce^{3+} \qquad \varphi^{\ominus} = 1.61V$$

Ce^{4+}/Ce^{3+} 电对的电极电位与酸性介质的种类和浓度有关：在 $1\sim8\,mol \cdot L^{-1}$ $HClO_4$ 溶液中为 $1.74\sim1.87V$；在 $0.5\sim4\,mol \cdot L^{-1}$ H_2SO_4 溶液中为 $1.42\sim1.44V$；在 $1\,mol \cdot L^{-1}$ HCl 溶液中为 $1.28V$，但此时 Cl^- 可使 Ce^{4+} 缓慢还原为 Ce^{3+}，因此用 Ce^{4+} 作滴定剂时常在 H_2SO_4 介质中，用 $Ce(SO_4)_2$ 作为滴定剂。能用 $KMnO_4$ 滴定的物质，一般也能用 $Ce(SO_4)_2$ 滴定。$Ce(SO_4)_2$ 溶液具有下列优点：

① 稳定，放置较长时间或加热煮沸也不分解。

② 可由容易提纯的 $Ce(SO_4)_2 \cdot 2(NH_4)_2SO_4 \cdot 2H_2O$ 直接称量配制标准溶液，不必进行标定。

③ Ce^{4+} 还原为 Ce^{3+} 时只有一个电子转移，不生成中间价态的产物，反应简单，副反应少。有机物（如乙醇、甘油、糖等）存在时，用 Ce^{4+} 滴定 Fe^{2+} 仍可得到准确结果。

④ 可在 HCl 溶液中直接用 Ce^{4+} 滴定 Fe^{2+}（与 $KMnO_4$ 不同）。

$$Ce^{4+}+Fe^{2+}\rightleftharpoons Ce^{3+}+Fe^{3+}$$

Ce^{4+} 极易水解，生成碱式盐沉淀，因此配制 Ce^{4+} 标准溶液和滴定时，都应在强酸溶液中进行。$Ce(SO_4)_2$ 虽然呈黄色，但显色不够灵敏，常用邻菲罗啉-亚铁作指示剂。

铈盐价格较贵是铈量法的不足之处。

（三）溴酸钾法

$KBrO_3$ 是强氧化剂，在酸性溶液中，其半反应为：

$$BrO_3^-+6H^++6e\rightleftharpoons Br^-+3H_2O \qquad \varphi^{\ominus}=1.44V$$

$KBrO_3$ 容易提纯，在 180℃烘干后，就可以直接配制 $KBrO_3$ 标准溶液。$KBrO_3$ 溶液的浓度也可用间接碘量法进行标定。酸性溶液中，一定量的 $KBrO_3$ 与过量 KI 反应析出 I_2，其反应式：

$$BrO_3^-+6I^-+6H^+\rightleftharpoons Br^-+3I_2+3H_2O$$

析出的 I_2 可用 $Na_2S_2O_3$ 标准溶液滴定。溴酸钾法常与碘量法配合使用。

利用溴酸钾法可直接测定一些还原性物质，如 As^{3+}、Sb^{3+}、Fe^{2+}、H_2O_2、Sn^{2+} 等。

$$BrO_3^-+3Sb^{3+}+6H^+\rightleftharpoons Br^-+3Sb^{5+}+3H_2O$$
$$BrO_3^-+3As^{3+}+6H^+\rightleftharpoons Br^-+3As^{5+}+3H_2O$$

溴酸钾法在实际中的主要应用是测定苯酚，通常在苯酚的酸性溶液中加入一定量过量的 $KBrO_3$-KBr 标准溶液，反应如下：

$$BrO_3^-+5Br^-+6H^+\rightleftharpoons 3Br_2+3H_2O$$

生成的 Br_2 可取代苯酚中的氢：

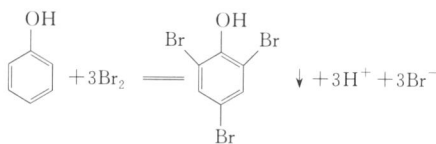

过量的 Br_2 可用 KI 还原：

$$Br_2+2I^-\rightleftharpoons 2Br^-+I_2$$

析出的 I_2 可用 $Na_2S_2O_3$ 标准溶液滴定。

🛈 拓展窗

氧化还原反应的应用

氧化还原反应在工农业生产、科学技术和日常生活中有着广泛的应用。我们所需要的各种各样的金属，都是通过氧化还原反应从矿石中提炼得到的。如制取活泼的有色金属要用电解或置换的方法；制取黑色金属和其他有色金属都是在高温条件下用还原的方法；制备贵金属常用湿法还原等。许多重要化工产品的制造，如合成氨、合成盐酸、接触法制硫酸、氨氧化法制硝酸、食盐水电解制烧碱等，主要反应也都是氧化还原反应。石油化工里的催化去氢、催化加氢、链烃氧化制羧酸、环氧树脂的合成等也都是氧化还原反应。

在农业生产中，植物的光合作用、呼吸作用是复杂的氧化还原反应。施入土壤的肥料的变化，如铵态氮转化为硝态氮，SO_4^{2-} 转化为 H_2S 等，虽然需要有细菌起作用，但就其实质来说，也是氧化还原反应。土壤里铁或锰的化合价态的变化直接影响着作物的营养，晒田和灌田主要就是为了控制土壤里的氧化还原反应的进行。

我们通常用的干电池、蓄电池以及在空间技术上应用的高能电池都发生着氧化还原反应，否则就不可能把化学能转变成电能，或把电能转变成化学能。

人和动物的呼吸，把葡萄糖氧化为二氧化碳和水。通过呼吸把贮藏在食物分子内的能转变为存在于三磷酸腺苷（ATP）高能磷酸键的化学能，这种化学能再供给人和动物进行机械运动、维持体温、合成代谢、细胞的主动运输等。煤、石油、天然气等燃料的燃烧更是供给人们生活和生产所必需的大量的能量。

本章小结

一、氧化数

氧化数为某元素的一个原子的荷电数，荷电数是假设把每一个化学键中的电子指定给电负性大的原子而求得。规定单质中元素的氧化数为零，氢元素和氧元素的氧化数一般情况下分别为＋1 和－2。

二、氧化还原半反应与氧化还原电对

一个氧化还原反应有氧化反应和还原反应两个半反应（也叫电极反应）组成，其中物质失去电子的反应是氧化反应，物质得到电子的反应是还原反应。

氧化剂和还原剂各自在反应中与其相应的还原产物或氧化产物所构成的对应关系称为氧化还原电对。氧化还原电对中元素氧化数高的物质形态称为氧化态，氧化数低的物质形态称为还原态。电对表示为：氧化态/还原态。

三、原电池

原电池是借助于氧化还原反应而产生电流的装置，是一种将化学能直接转变为电能的装置。氧化半反应和还原半反应分别在两个电极上进行。如：

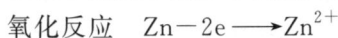

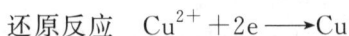

氧化反应　$Zn-2e \longrightarrow Zn^{2+}$

还原反应　$Cu^{2+}+2e \longrightarrow Cu$

电池反应　$Zn+Cu^{2+} \longrightarrow Zn^{2+}+Cu$

原电池表示方法　$(-)Zn|ZnSO_4(1mol \cdot L^{-1}) \| CuSO_4(1mol \cdot L^{-1})|Cu(+)$

四、电极电位

当金属在溶液中形成双电层时，会使金属与溶液之间产生一个电位差，这个电位差称为金属电极的电极电位。标准态时测得的电极电位称为标准电极电位。电池的标准电动势可表示为：

$$E^{\ominus}=\varphi_{+}^{\ominus}-\varphi_{-}^{\ominus}$$

式中，$E^{\ominus}$ 为电池的标准电动势；$\varphi_{+}^{\ominus}$、$\varphi_{-}^{\ominus}$ 是正负极的标准电极电位。

五、能斯特（Nernst）方程

$$a\ \text{氧化型}+ne \rightleftharpoons b\ \text{还原型}$$

能斯特方程：

$$\varphi = \varphi^{\ominus} + \frac{RT}{nF} \ln \frac{c^a_{\text{氧化型}}}{c^b_{\text{还原型}}}$$

$T = 298.15\text{K}$ 时：

$$\varphi = \varphi^{\ominus} + \frac{0.059}{n} \lg \frac{c^a_{\text{氧化型}}}{c^b_{\text{还原型}}}$$

六、电极电势的应用

1. 判断氧化剂、还原剂的相对强弱。

2. 判断氧化还原反应进行的方向和程度。

3. 计算氧化还原反应的平衡常数。

七、氧化还原滴定

常用的氧化还原滴定法有碘量法和高锰酸钾法等，归纳如下：

名　称	标准溶液	酸　度	基本反应式
高锰酸钾法	$KMnO_4$ 溶液	H_2SO_4	$MnO_4^- + 8H^+ + 5e \Longrightarrow Mn^{2+} + 4H_2O$
直接碘量法	I_2 溶液	酸性,中性,弱碱性	$I_2 + 2e \Longrightarrow 2I^-$
间接碘量法	$Na_2S_2O_3$ 溶液	中性,弱酸性	$2I^- - 2e \Longrightarrow I_2$ $I_2 + 2S_2O_3^{2-} \Longrightarrow 2I^- + S_4O_6^{2-}$

碘量法中常用的标准溶液是 I_2 标准溶液和 $Na_2S_2O_3$ 标准溶液；高锰酸钾法中常用的标准溶液是 $KMnO_4$ 标准溶液。它们都用间接法配制，再用基准物质标定。标定 I_2 液最常用的基准物质是 As_2O_3；标定 $Na_2S_2O_3$ 溶液最常用的基准物质是 $K_2Cr_2O_7$；标定 $KMnO_4$ 溶液最常用的基准物质是 $Na_2C_2O_4$。

✏ 习题

一、单项选择题

1. 将反应：$Fe^{2+} + Ag^+ \Longrightarrow Fe^{3+} + Ag$ 组成原电池，下列表示符号正确的是（　　）。
   A. $Pt \mid Fe^{2+}, Fe^{3+} \parallel Ag^+ \mid Ag$
   B. $Cu \mid Fe^{2+}, Fe^{3+} \parallel Ag^+ \mid Fe$
   C. $Ag \mid Fe^{2+}, Fe^{3+} \parallel Ag^+ \mid Ag$
   D. $Pt \mid Fe^{2+}, Fe^{3+} \parallel Ag^+ \mid Cu$

2. 有一原电池：$Pt \mid Fe^{2+}, Fe^{3+} \parallel Ce^{4+}, Ce^{3+} \mid Pt$，则该电池的反应是（　　）。
   A. $Ce^{3+} + Fe^{3+} \Longrightarrow Fe^{2+} + Ce^{4+}$
   B. $Ce^{4+} + e \Longrightarrow Ce^{3+}$
   C. $Fe^{2+} + Ce^{4+} \Longrightarrow Ce^{3+} + Fe^{3+}$
   D. $Ce^{3+} + Fe^{2+} \Longrightarrow Fe + Ce^{4+}$

3. 在 $2KMnO_4 + 16HCl \Longrightarrow 5Cl_2 + 2MnCl_2 + 2KCl + 8H_2O$ 的反应中，还原产物是（　　）。
   A. Cl_2
   B. H_2O
   C. KCl
   D. $MnCl_2$

4. $Na_2S_2O_3$ 与 I_2 的反应，应在（　　）溶液中进行。
   A. 强酸性
   B. 强碱性
   C. 中性或弱酸性
   D. $12\text{mol} \cdot L^{-1}$ HCl

5. 在 $S_4O_6^{2-}$ 中 S 的氧化数是（　　）。
   A. 2
   B. -2.5
   C. $+2.5$
   D. $+4$

6. 间接碘量法中，应选择的指示剂和加入时间是（　　）。
   A. I_2 液（滴定开始前）
   B. I_2 液（近终点时）
   C. 淀粉溶液（滴定开始前）
   D. 淀粉溶液（近终点时）

7. 用 $Na_2C_2O_4$ 标定 $KMnO_4$ 溶液浓度时，指示剂是（　　）。
   A. $Na_2C_2O_4$ 溶液
   B. $KMnO_4$ 溶液
   C. I_2 液
   D. 淀粉溶液

8. 用 $K_2Cr_2O_7$ 标定 $Na_2S_2O_3$ 溶液的浓度，滴定方式采用（　　）。

   A. 直接滴定法　　　B. 间接滴定法　　　C. 返滴定法　　　D. 永停滴定法

二、判断题

1. 氧化还原反应中氧化剂得电子，氧化数降低；还原剂失电子，氧化数升高。（　　）

2. 元素的氧化数和化合价是同一个概念，因此氧化数不可能有分数。（　　）

3. 同一物质不可能既作为氧化剂，又作为还原剂。（　　）

4. 一种物质的氧化态的氧化性愈强，则它对应的还原态的还原性也愈强。（　　）

5. 氧化还原反应的实质是两个氧化还原电对间转移电子的反应，因此，任何氧化还原反应都可以拆分成两个半反应（电极反应）。（　　）

6. 用导线把电池的两极连接起来，立刻产生电流。电子从负极经导线进入正极，因此，在负极发生还原反应，而在正极发生氧化反应。（　　）

7. 根据反应 $Cu+2Ag^+ \rightleftharpoons Cu^{2+}+2Ag$ 设计的原电池，其电池电动势应为 $E=\varphi^{\ominus}_{Cu^{2+}/Cu}$
$-\varphi^{\ominus}_{Ag^+/Ag}$。（　　）

8. 标准氢电极的电极电位被人为地规定为零。（　　）

9. 碘液不能置于带橡胶塞的玻璃瓶中。（　　）

10. 标定高锰酸钾溶液，一般在室温条件下进行。（　　）

11. 硫代硫酸钠溶液配制好后，应立即标定。（　　）

12. 高锰酸钾法调节酸度不能使用盐酸。（　　）

三、填空题

1. 氧化还原反应中失去 _____ ，氧化数升高的过程叫做氧化；而得到 _____ 、氧化数降低的过程叫做还原。

2. 氧化剂具有 _____ ，在氧化还原反应中 _____ 电子，氧化数 _____ 。

3. 在原电池中，氧化剂在 _____ 极发生 _____ 反应；还原剂在 _____ 极发生 _____ 反应。

4. 书写电池符号时应将 _____ 写在左侧， _____ 写在右侧，相界面用 _____ 表示，盐桥用 _____ 表示。

5. 通常选用 _____ 作为测定电极电势的基准，所以电极电势实际上是一个 _____ 值。

6. 标准电极电势愈大，表明氧化还原电对中氧化态的氧化性 _____ ；标准电极电势值愈小，表明氧化还原电对中还原态物质的还原能力 _____ 。

四、计算题

1. 称取基准物质 $Na_2C_2O_4$ 0.1523g，标定 $KMnO_4$ 溶液时消耗 $KMnO_4$ 溶液 24.85mL。计算 $KMnO_4$ 溶液的浓度。

2. 称取含 MnO_2 试样 0.5000g，在酸性溶液中加入过量 $Na_2C_2O_4$ 0.6020g 缓慢加热。待反应完全后，过量的 $Na_2C_2O_4$ 在酸性介质中用 28.00mL 0.0400mol·L^{-1} 的高锰酸钾溶液滴定，求试样中 MnO_2 的质量分数。

3. 双氧水 10.00mL（密度 1.010g·mL^{-1}），以 0.1200mol·L^{-1} $KMnO_4$ 溶液滴定时，用去 36.80mL。计算双氧水中 H_2O_2 的质量分数。

4. 称取铜合金试样 0.2000g，以间接碘量法测定其铜含量。溶解后加入过量的 KI，析出的 I_2 用 0.1000mol·L^{-1} $Na_2S_2O_3$ 的标准溶液滴定，终点时共消耗 $Na_2S_2O_3$ 标准溶液 20.00mL，计算试样中铜的质量分数。

第八章
配位平衡与配位滴定法

学习目标

知识目标

1. 掌握配位化合物的组成、命名和分类。
2. 理解副反应和副反应系数的意义。
3. 掌握配合物的稳定常数和条件稳定常数的意义及其相互关系。
4. 了解 EDTA 与金属离子配合物的特点及其稳定性。
5. 理解配位滴定的基本原理，配位滴定所允许的最低 pH 和酸效应曲线。
6. 理解金属指示剂的作用原理，并熟悉常见金属指示剂的颜色变化。
7. 掌握配位滴定法的应用。

能力目标

1. 能配制 EDTA 标准溶液。
2. 能正确选择配位滴定法，选择合适滴定方式，选择合适的金属指示剂和滴定条件，测定含有金属离子的样品，并能计算各组分的含量。
3. 能根据滴定分析误差约为 0.1% 的要求，推导条件稳定常数大于等于 10^8，以此来估算金属离子被准确滴定的最低 pH。

素质目标——人文关怀，社会责任

通过学习铂类抗癌药物相关知识，培养社会责任感，能意识到铂类抗癌药物，尤其是顺铂等药物的可及性对患者生命健康的影响，理解药物高昂费用给患者及其家庭带来的经济负担，从而激发对药物研发领域和公共卫生问题的深刻思考与持续关注。

学习任务

学习本章理论知识，预习第二部分模块一"实验基础知识"中滴定分析仪器的使用，然后完成实训项目：EDTA 标准溶液的配制和标定；自来水的总硬度测定。

第一节　配合物的组成与命名

配位化合物简称配合物，是组成比较复杂，种类繁多，应用非常广泛的一类化合物。

一、配合物的定义

在 $CuSO_4$ 溶液中滴加氨水，开始时有蓝色沉淀生成，继续滴加过量氨水，沉淀溶解，得到深蓝色的澄清透明溶液。通过检测发现溶液中主要含有 $[Cu(NH_3)_4]^{2+}$ 和 SO_4^{2-}，几乎检测不出有 Cu^{2+} 和 NH_3 的存在。实际上，此时 Cu^{2+} 与 NH_3 以一种特殊的共价键——配位键结合成 $[Cu(NH_3)_4]^{2+}$。在 $[Cu(NH_3)_4]^{2+}$ 中，每个 NH_3 中的 N 原子提供一对孤对电子，进入 Cu^{2+} 的空轨道，形成四个配位键，像 $[Cu(NH_3)_4]SO_4$ 这种类型的物质称为配位化合物。配位化合物可定义为：是由可以给出孤对电子的一定数目的离子或分子和具有接受孤对电子的原子或离子按一定组成和空间构型所形成的化合物。

二、配合物的组成

配位化合物分为内界和外界两部分，内界由中心离子（或原子）和一定数目的配位体组成，是配合物的特征部分，一般写在方括号内，方括号以外的部分称为外界。这里以 $[Cu(NH_3)_4]SO_4$ 为例说明配合物的组成。

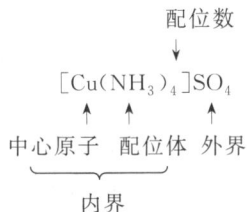

1. 中心离子或原子

中心离子或原子也称配合物的形成体，位于配合物的中心，可提供空轨道，接受孤对电子。常见的中心离子是过渡元素的阳离子，例如 $[Cu(NH_3)_4]SO_4$ 中的 Cu^{2+}，$K_3[Fe(CN)_6]$ 中的 Fe^{3+}，$[Ag(NH_3)_2]OH$ 中的 Ag^+ 等。

2. 配位体及配位原子

在配合物中，与中心离子结合的含有孤对电子的阴离子或中性分子称为配位体，简称配体，如 $[Cu(NH_3)_4]SO_4$ 中的 NH_3、$K_3[Fe(CN)_6]$ 中的 CN^- 等。配位体中与中心离子直接结合的原子称为配位原子，如 NH_3 中的 N、H_2O 中的 O 等，一般配位原子至少有一对孤对电子，与中心离子的空轨道形成配位键。常见的配位原子是周期表中电负性较大的非金属元素，如 N、O、C、S、F、Cl、Br、I 等。

根据配体所含配位原子的数目可分为单齿配体和多齿配体。只含有一个配位原子的配体称为单齿配体，如 NH_3、OH^-、CN^-、Cl^- 等；含有两个或两个以上配位原子的配体称为多齿配体，如 $H_2N—CH_2CH_2—NH_2$（简称为 en）、乙二胺四乙酸（EDTA）等。

3. 配位数

直接与中心离子或原子结合的配位原子的数目称为配位数。对于单齿配体，配位数等于配体数，如 $[Cu(NH_3)_4]SO_4$ 的配位数是 4；对于多齿配体，配位数不等于配体数，如 $[Cu(en)_2]^{2+}$ 配离子中，Cu^{2+} 的配位数为 4。

4. 配离子的电荷

配离子的电荷数等于中心离子和配体总电荷的代数和。由于整个配合物是电中性的，因此，外界离子的电荷总数和配离子的电荷总数相等，符号相反。可根据此规则推断中心离子的氧化数。

课堂练习

指出下列配合物的中心离子或原子、配位体、配位数、配离子电荷数。

(1) $[Cu(NH_3)_4]SO_4$ (2) $[Ag(NH_3)_2]Cl$

(3) $[Pt(NH_3)_2Cl_2]$ (4) $[Co(H_2O)(NH_3)_5]^{3+}$

三、配离子与配合物的命名

配合物的命名

1. 配离子的命名

配离子的命名一般依照如下顺序。

配位体数-配体名称-"合"-中心原子名称（氧化数值）-配离子

例如：$[Cu(NH_3)_4]^{2+}$ 四氨合铜（Ⅱ）配离子

$[Ag(NH_3)_2]^+$ 二氨合银（Ⅰ）配离子

$[PtCl_6]^{2-}$ 六氯合铂（Ⅳ）配离子

当配合物中有多个配体时，配体的列出顺序一般遵循以下规则。

（1）先无机后有机 当既有无机配体又有有机配体时，先命名无机配体，再命名有机配体。例如：$[Co(en)_2(NH_3)_2]Cl_3$ 氯化二氨·二（乙二胺）合钴（Ⅲ）

（2）先阴离子，后中性分子

例如：$[PtCl_2(NH_3)_2]$ 二氯·二氨合铂（Ⅱ）

（3）对于同类配体，按照配位原子元素符号在英文字母中的顺序列出。

例如：$[Co(NH_3)_5(H_2O)]Cl_3$ 氯化五氨·水合钴（Ⅲ）

2. 配合物的命名

（1）配离子为阴离子的配合物命名为"某酸某"，若外界为氢离子，则称为"某酸"。

例如：$K_3[FeF_6]$ 六氟合铁（Ⅲ）酸钾

$H_2[PtCl_6]$ 六氯合铂（Ⅳ）酸

（2）配离子为阳离子的配合物 当外界为含氧酸根离子，则用"酸"字连接；其他简单的阴离子则一般用"化"字连接。

例如：$[Cu(NH_3)_4]SO_4$ 硫酸四氨合铜（Ⅱ）

$[Co(NH_3)_6]Cl_3$ 三氯化六氨合钴（Ⅲ）

$[Ag(NH_3)_2]OH$ 氢氧化二氨合银（Ⅰ）

课堂练习

给下列配位化合物命名：

(1) $[Co(NH_3)_6]Cl_3$ (2) $[Cu(NH_3)_4]SO_4$

(3) $H[PtCl_3NH_3]$ (4) $[Cu(NH_3)_4](OH)_2$

第二节 配位平衡

一、 EDTA 及其配合物

有机配位剂常含有两个以上配位原子，可与金属离子生成稳定的螯合物，比较广泛地用于分析化学中。其中应用最为广泛的有机配位剂是乙二胺四乙酸，简称 EDTA。通常所讲的配位滴定法就是以 EDTA 为标准溶液滴定金属离子的滴定分析方法，又称为 EDTA 滴定法。

EDTA 是四元有机弱酸，常用 H_4Y 表示。由于 EDTA 在水中的溶解度较小，通常使用 EDTA 的二钠盐 $Na_2H_2Y \cdot 2H_2O$ 配制标准溶液，因此 EDTA 二钠盐也称为 EDTA。ED-

TA 的结构式为：

$$^-OOCH_2C \qquad CH_2COO^-$$
$$NH—CH_2—CH_2—HN$$
$$HOOCH_2C \qquad CH_2COOH$$

当溶液中 H^+ 浓度较大时，H_4Y 的双偶基离子的两个羧酸根可再接受两个质子形成 H_6Y^{2+}，因此 EDTA 在水溶液中存在六级解离平衡：

$$H_6Y^{2+} \Longrightarrow H^+ + H_5Y^+ \qquad pK_{a1} = 0.9$$
$$H_5Y^+ \Longrightarrow H^+ + H_4Y \qquad pK_{a2} = 1.6$$
$$H_4Y \Longrightarrow H^+ + H_3Y^- \qquad pK_{a3} = 2.0$$
$$H_3Y^- \Longrightarrow H^+ + H_2Y^{2-} \qquad pK_{a4} = 2.67$$
$$H_2Y^{2-} \Longrightarrow H^+ + HY^{3-} \qquad pK_{a5} = 6.16$$
$$HY^{3-} \Longrightarrow H^+ + Y^{4-} \qquad pK_{a6} = 10.26$$

因此 EDTA 在水溶液中以 H_6Y^{2+}、H_5Y^+、H_4Y、H_3Y^-、H_2Y^{2-}、HY^{3-}、Y^{4-} 七种型体存在，在不同 pH 下的主要存在型体如表 8-1。

表 8-1 不同 pH 时 EDTA 的主要存在型体

pH	<1	1~1.6	1.6~2	2~2.7	2.7~6.2	6.2~10.3	>10.3
主要存在型体	H_6Y^{2+}	H_5Y^+	H_4Y	H_3Y^-	H_2Y^{2-}	HY^{3-}	Y^{4-}

在七种型体中，只有 Y^{4-} 才能与金属离子生成稳定的配合物，所以 Y^{4-} 为最佳配位型体。EDTA 与金属离子的配位特点如下：

(1) EDTA 可以和大部分金属离子形成非常稳定的配合物；

(2) EDTA 与金属离子配位反应的配位比大多为 1∶1；

(3) EDTA 与大多数金属离子形成的配合物易溶于水，并且配位反应速率较快；

(4) EDTA 与无色金属离子形成无色配合物，与有色金属离子生成颜色更深的配合物。

二、配合物的稳定常数

若以 M 代表金属离子，Y 代表配位剂，同其他化学反应一样，当配位反应达到平衡时：

$$M + Y \Longrightarrow MY$$
$$K_{MY} = \frac{[MY]}{[M][Y]}$$

配合物的稳定常数

K_{MY} 称为稳定常数。K_{MY} 或 $\lg K_{MY}$ 越大，则表示生成的配合物越稳定。在无外界影响时，可利用 K_{MY} 或 $\lg K_{MY}$ 的大小来判断配位反应完成的程度和是否能用于滴定分析。部分金属离子与 EDTA 形成配合物的稳定常数的对数值见表 8-2。

表 8-2 部分金属离子与 EDTA 形成配合物的 $\lg K_{MY}$ 值（298.15K）

离子	$\lg K_{MY}$	离子	$\lg K_{MY}$	离子	$\lg K_{MY}$	离子	$\lg K_{MY}$
Na^+	1.66	Sr^{2+}	8.73	Co^{2+}	16.31	Hg^{2+}	21.70
Li^+	2.79	Ca^{2+}	10.69	Zn^{2+}	16.50	Sn^{2+}	22.11
Ag^+	7.32	Mn^{2+}	13.87	Pb^{2+}	18.04	Fe^{3+}	25.1
Ba^{2+}	7.86	Fe^{2+}	14.32	Ni^{2+}	18.62	Sn^{4+}	34.5
Mg^{2+}	8.7	Al^{3+}	16.11	Cu^{2+}	18.80	Co^{3+}	36.0

三、配位反应的副反应和副反应系数

用 EDTA 为标准溶液滴定金属离子时，待测金属离子 M 与标准溶液 Y 生成配合物 MY，此反应为 EDTA 滴定中的主反应；而实际应用中，除了主反应外，还存在许多副反应，这主要是溶液酸度、共存离子或其他配位剂等因素造成的，可用副反应系数衡量副反应的严重程度。这里重点讨论溶液酸度和其他配位剂引起的副反应及其副反应系数。

配位反应的
副反应和
副反应系数

1. 酸效应和酸效应系数

EDTA 在水溶液中虽然有 7 种存在型体，但只有 Y^{4-} 型体可以与金属离子配位。根据表 8-1，当 H^+ 浓度比较高时，Y^{4-} 能与 H^+ 发生副反应而生成一系列的共轭酸，而使得与金属离子配位的 Y^{4-} 浓度降低，这种由于 H^+ 存在使 EDTA 参加主反应能力降低的现象称为酸效应，可表示如下：

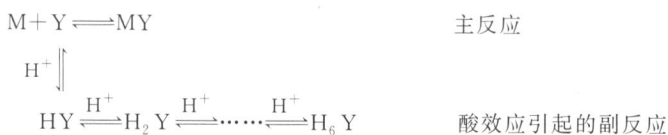

$$M+Y \Longrightarrow MY \qquad\qquad 主反应$$

$$H^+ \big\Updownarrow$$

$$HY \underset{}{\overset{H^+}{\Longrightarrow}} H_2Y \underset{}{\overset{H^+}{\Longrightarrow}} \cdots\cdots \underset{}{\overset{H^+}{\Longrightarrow}} H_6Y \qquad 酸效应引起的副反应$$

酸效应的程度可用酸效应系数 $\alpha_{Y(H)}$ 表示，其中 α_Y 表示是 Y 发生了副反应，H 表示副反应是由 H^+ 引起的，即酸效应。酸效应系数表示在一定 pH 时未参加配位反应的 EDTA 各种存在型体的总浓度 $[Y']$ 与能参与主反应的 Y 的平衡浓度 $[Y]$ 之比：

$$\alpha_{Y(H)} = \frac{[Y']}{[Y]}$$

显然，$\alpha_{Y(H)}$ 越大，表示酸效应越严重。$\alpha_{Y(H)} = 1$ 时，说明 H^+ 与 Y 之间没有发生副反应，即未与金属离子配位的 EDTA 全部以 Y 形式存在。表 8-3 是 EDTA 在不同 pH 时的酸效应系数。

表 8-3　不同 pH 时 EDTA 的 $\lg\alpha_{Y(H)}$

pH	$\lg\alpha_{Y(H)}$	pH	$\lg\alpha_{Y(H)}$	pH	$\lg\alpha_{Y(H)}$
0.0	23.64	3.6	9.27	8.0	2.27
0.4	21.32	4.0	8.44	8.4	1.87
0.8	19.08	4.4	7.64	8.8	1.48
1.0	18.01	4.8	6.84	9.2	1.10
1.2	16.98	5.2	6.07	9.6	0.75
1.6	15.11	5.6	5.33	10.0	0.45
2.0	13.51	6.0	4.65	10.4	0.24
2.4	12.19	6.4	4.06	10.8	0.11
2.8	11.09	6.8	3.55	11.2	0.05
3.2	10.14	7.2	3.10	11.6	0.02
4.0	8.44	7.6	2.68	12.0	0.01

从表 8-3 中可看出，pH 越小即酸度越大，则酸效应系数越大。

2. 配位效应和配位效应系数

若除配位剂 Y 外还有其他配位剂 L 存在时，L 与 M 也会发生配位反应使 M 参与主反应的能力降低，此现象称为配位效应。其反应表示如下：

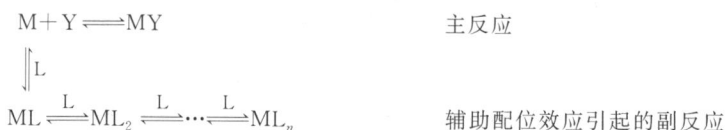

$$M+Y \Longrightarrow MY \qquad\qquad 主反应$$

$$\big\Updownarrow L$$

$$ML \underset{}{\overset{L}{\Longrightarrow}} ML_2 \underset{}{\overset{L}{\Longrightarrow}} \cdots \underset{}{\overset{L}{\Longrightarrow}} ML_n \qquad 辅助配位效应引起的副反应$$

可用 $\alpha_{M(L)}$ 衡量配位效应的影响程度，表示未参与主反应的金属离子各种型体的总浓度 $[M']$ 与游离金属离子总浓度 $[M]$ 的比值：

$$\alpha_{M(L)} = \frac{[M']}{[M]}$$

$\alpha_{M(L)}$ 越大，表示副反应越严重。

3. 配合物的条件稳定常数

若没有副反应，稳定常数 K_{MY} 是衡量配位反应进行程度的主要标志。在实际中，由于副反应的存在，稳定常数 K_{MY} 不能真实反映主反应进行的程度。此时应考虑副反应的影响，用条件稳定常数 K'_{MY} 表示，其中，用未与 Y 配位的金属离子 M 的各种型体的总浓度 $[M']$ 代替 $[M]$，用未参与配位反应的 EDTA 各种存在型体的总浓度 $[Y']$ 代替 $[Y]$。

则：

$$K'_{MY} = \frac{[MY]}{[M'][Y']} \tag{8-1}$$

又 $[M'] = \alpha_{M(L)}[M]$，$[Y'] = \alpha_{Y(H)}[Y]$，代入式(8-1)得：

$$K'_{MY} = \frac{[MY]}{[M'][Y']} = \frac{[MY]}{\alpha_{M(L)}[M]\alpha_{Y(H)}[Y]} = \frac{K_{MY}}{\alpha_{M(L)}\alpha_{Y(H)}} \tag{8-2}$$

$$\lg K'_{MY} = \lg K_{MY} - \lg \alpha_{M(L)} - \lg \alpha_{Y(H)} \tag{8-3}$$

一般 $\alpha_{M(L)}$ 和 $\alpha_{Y(H)}$ 都大于 1，因此条件稳定常数 K'_{MY} 总是小于稳定常数 K_{MY}，说明酸效应和配位效应的存在使 MY 的稳定性降低了。K'_{MY} 随外界条件改变而改变，因此称为条件稳定常数。

若溶液中配位效应不存在，只有 EDTA 的酸效应，则式(8-3)可简化为：

$$\lg K'_{MY} = \lg K_{MY} - \lg \alpha_{Y(H)} \tag{8-4}$$

【例 8-1】 若只考虑酸效应，计算 pH=1.0 和 pH=6.0 时 PbY 的 $\lg K'_{PbY}$ 值。

解 查表 8-2 $\lg K_{PbY} = 18.04$

（1） pH=1.0 时，查表 8-3 $\lg \alpha_{Y(H)} = 18.01$

则 $\lg K'_{PbY} = \lg K_{PbY} - \lg \alpha_{Y(H)} = 18.04 - 18.01 = 0.03$

（2） pH=6.0 时，查表 8-3 $\lg \alpha_{Y(H)} = 4.65$

$\lg K'_{PbY} = \lg K_{PbY} - \lg \alpha_{Y(H)} = 18.04 - 4.65 = 13.39$

可知，在 pH=1.0 时滴定 Pb^{2+}，$\lg K'_{PbY}$ 为 0.03，说明 PbY 配合物很不稳定，因为酸效应比较严重；而在 pH=6.0 时滴定 Pb^{2+}，$\lg K'_{PbY}$ 为 13.39，说明 PbY 比较稳定。

👥 课堂练习

1. 在 pH>11 的溶液中，EDTA 的主要存在型体是（　　）。
A. H_6Y^{2+} 　　　　　B. H_4Y 　　　　　C. H_2Y^{2-} 　　　　　D. Y^{4-}

2. $[H^+]$ 越大，酸效应越_____，即 EDTA 与 H^+ 的副反应越_____。

3. 只考虑酸效应，计算 pH=2 和 pH=6 时，ZnY 的条件稳定常数。

第三节　配位滴定

基于形成配合物反应为基础的滴定分析法称为配位滴定法。在配位滴定中，以标准溶液

EDTA 加入量为横坐标，以 pM 为纵坐标作图，所得曲线称为配位滴定曲线。

一、配位滴定曲线

1. 绘制滴定曲线

这里讨论一下在 pH＝10 的 NH_3-NH_4Cl 缓冲体系下，用 $0.01000mol \cdot L^{-1}$ 配位滴定曲线的 EDTA 滴定 20mL $0.01000mol \cdot L^{-1}$ Ca^{2+} 滴定过程中金属离子浓度的变化情况。这里仅考虑 EDTA 的酸效应。

滴定反应为：
$$Ca + Y \Longrightarrow CaY$$

查表可知：$\lg K_{CaY} = 10.69$，$\lg \alpha_{Y(H)} = 0.45(pH=10)$

所以 $\lg K'_{CaY} = \lg K_{CaY} - \lg \alpha_{Y(H)} = 10.69 - 0.45 = 10.24$

$$K'_{CaY} = 1.8 \times 10^{10}$$

（1）滴定前　$c_{Ca^{2+}} = 0.01000mol \cdot L^{-1}$，$pCa = -\lg c_{Ca^{2+}} = 2.0$

（2）滴定至化学计量点前　当加入 EDTA 标准溶液 19.98mL 时：

$$c_{Ca^{2+}} = 0.01000 \times \frac{20.00 - 19.98}{20.00 + 19.98} = 5.00 \times 10^{-6}(mol \cdot L^{-1})$$

$$pCa = 5.3$$

（3）化学计量点时　Ca^{2+} 几乎全部与 EDTA 配位，此时：

$$[CaY] = 0.01000 \times \frac{20.00}{20.00 + 20.00} = 5.0 \times 10^{-3}(mol \cdot L^{-1})$$

又因为化学计量点时：$[Ca^{2+}] = [Y']$

故 $K'_{CaY} = \dfrac{[CaY]}{[Ca^{2+}][Y']} = \dfrac{[CaY]}{[Ca^{2+}]^2}$

$$[Ca^{2+}] = \sqrt{\frac{[CaY]}{K'_{CaY}}} = \sqrt{\frac{5.0 \times 10^{-3}}{1.8 \times 10^{10}}} = 5.3 \times 10^{-7}(mol \cdot L^{-1})$$

$$pCa = 6.3$$

（4）化学计量点后　当加入 EDTA 标准溶液 20.02mL 时：

$$[Y'] = 0.01000 \times \frac{20.02 - 20.00}{20.02 + 20.00} = 5.00 \times 10^{-6}(mol \cdot L^{-1})$$

故 $[Ca^{2+}] = \dfrac{[CaY]}{K'_{CaY}[Y']} = \dfrac{5.0 \times 10^{-3}}{1.8 \times 10^{10} \times 5.0 \times 10^{-6}} = 5.6 \times 10^{-8}(mol \cdot L^{-1})$

$$pCa = 7.3$$

以 EDTA 的加入量为横坐标，以 pCa 为纵坐标作图，即得到 EDTA 标准溶液滴定 Ca^{2+} 的滴定曲线，如图 8-1。

2. 影响配位滴定突跃的因素

影响配位滴定突跃大小的主要因素有两个：一是生成配合物的条件稳定常数 K'_{MY}；另一个因素是金属离子的浓度。

（1）条件稳定常数 K'_{MY} 对滴定突跃的影响　如图 8-2，K'_{MY} 越大，则滴定突跃越大。而 K'_{MY} 则决定于

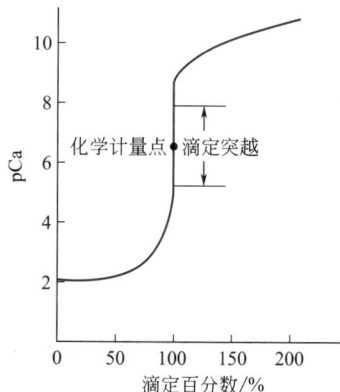

图 8-1　EDTA 滴定 Ca^{2+} 的滴定曲线

EDTA 的酸效应和金属离子的配位效应。

（2）金属离子浓度对滴定突跃的影响　如图 8-3，金属离子浓度越大，则突跃越大。

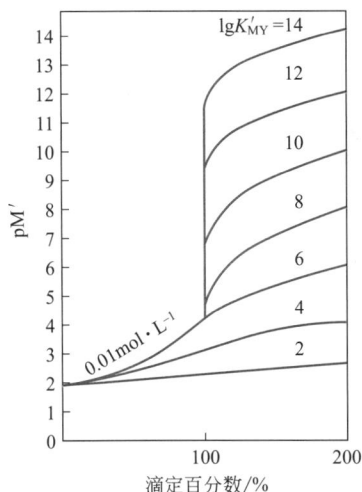

图 8-2　不同 $\lg K'_{MY}$ 时的滴定曲线　　　　图 8-3　不同浓度 EDTA 的滴定曲线

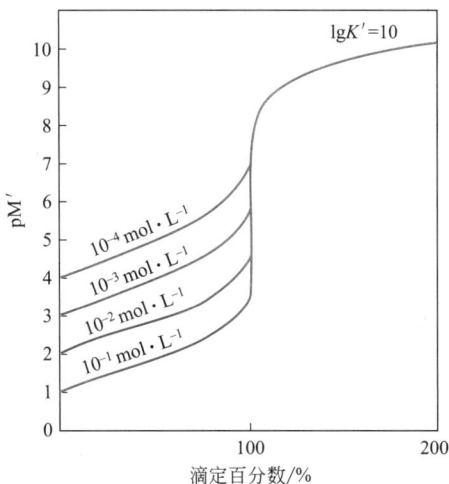

二、配位滴定中酸度的选择

实践证明，若某金属离子能被 EDTA 准确定量滴定，必须满足：

$$\lg c_M K'_{MY} \geqslant 6 \tag{8-5}$$

若金属离子浓度为 $0.010\,\text{mol} \cdot \text{L}^{-1}$，则有：

$$\lg K'_{MY} \geqslant 8 \tag{8-6}$$

这就是金属离子 M 能被 EDTA 准确滴定的条件。

1. 配位滴定的最高酸度（最低 pH）

若只有 EDTA 的酸效应而无其他副反应，则根据 $\lg K'_{MY} = \lg K_{MY} - \lg \alpha_{Y(H)}$，待测金属离子的 $\lg K'_{MY}$ 值决定于溶液的酸度。当溶液的酸度高到一定程度时，将使得 $\lg K'_{MY} < 8$，此时金属离子将不能被准确滴定。要保证金属离子能被准确滴定所允许的最高酸度称为最高酸度，其对应的 pH 称为最低 pH。当溶液的酸度高于这一限度时，该金属离子将不能被准确滴定。

若金属 M 能被 EDTA 准确滴定，则须满足：

$$\lg K'_{MY} = \lg K_{MY} - \lg \alpha_{Y(H)} \geqslant 8 \tag{8-7}$$

可得：

$$\lg \alpha_{Y(H)} \leqslant \lg K_{MY} - 8 \tag{8-8}$$

由式(8-8)计算出某金属离子的 $\lg \alpha_{Y(H)}$，再根据表 8-3 查出其对应的 pH，即是该金属离子的最低 pH。

2. 配位滴定的最低酸度（最高 pH）

根据前面讲过的最高酸度，在 EDTA 滴定中，要控制 pH 适当高于最低 pH，但也不能太高，否则金属离子会与溶液中的 OH^- 反应生成氢氧化物沉淀。为保证金属离子不生成沉淀所允许的最低酸度称为最低酸度，所对应的 pH 称为最高 pH。

配位滴定中
酸度的选择

例如：$M^{n+} + nOH^- \rightleftharpoons M(OH)_n$

若使得 M^{n+} 不生成沉淀，则 $[M^{n+}][OH^-]^n \leqslant K_{sp}$

所以：$[OH^-] \leqslant \sqrt[n]{\dfrac{K_{sp}}{[M^{n+}]}}$

【例 8-2】 以 EDTA 滴定 $0.01\,mol \cdot L^{-1} Fe^{3+}$ 溶液，计算 Fe^{3+} 溶液允许的最适宜的酸度范围。

解 （1）若 Fe^{3+} 能被准确滴定，须满足：

$$lgcK'_{MY} \geqslant 6$$

因 $c_{Fe^{3+}} = 0.01\,mol \cdot L^{-1}$

所以须满足：$lgK'_{MY} \geqslant 8$

即 $lgK'_{MY} = lgK_{MY} - lg\alpha_{Y(H)} \geqslant 8$

查表 8-2 可知 $lgK_{FeY} = 25.1$

$$lg\alpha_{Y(H)} \leqslant lgK_{MY} - lg\alpha_{Y(H)} = 25.1 - 8 = 17.1$$

查表 8-3 得到 Fe^{3+} 的最高酸度或最低 $pH = 1.2$

（2）为了防止形成 $Fe(OH)_3$ 沉淀，则：

$$[OH^-] \leqslant \sqrt[3]{\dfrac{K_{sp}}{[Fe^{3+}]}} = \sqrt[3]{\dfrac{4.0 \times 10^{-38}}{0.010}}\ (mol \cdot L^{-1})$$

$pOH = 11.8$

$pH \leqslant 14.00 - pOH = 14.00 - 11.8 = 2.2$

因此用 EDTA 滴定 Fe^{3+} 时最适宜的酸度范围是 $1.2 \leqslant pH \leqslant 2.2$

课堂练习

用 EDTA 滴定 Zn^{2+}，Zn^{2+} 浓度为 $0.001\,mol \cdot L^{-1}$，求最低 pH 值（$lgK_{ZnY} = 16.4$）。

pH	4.0	4.4	4.8	5.0
$lg\alpha_{Y(H)}$	8.44	7.64	6.84	6.45

第四节 金属指示剂

配位滴定中常使用金属指示剂指示滴定终点，该指示剂是一种配位剂，能与金属离子生成与其本身颜色显著不同的有色配合物，从而可指示滴定过程中金属离子浓度的变化，因此此指示剂称为金属指示剂。

一、金属指示剂的作用原理

金属指示剂是一种有机染料，能与被滴定金属离子生成与该指示剂本身颜色不同的配合物。根据该配合物和指示剂本身颜色的显著不同，可判断终点。

以 M 代表金属离子，In 代表指示剂，MIn 代表指示剂与金属离子形成的配合物。滴定前，先在溶液中加入少量指示剂，指示剂与少量金属离子生成有色配合物，溶液显示 MIn 的颜色：

$$M + In \rightleftharpoons MIn$$
　　　　　　(甲色)　(乙色)

滴定时，溶液中游离的金属离子与滴入的 EDTA 形成 MY 配合物。当达到化学计量点时，游离的金属离子被 EDTA 反应完全，此时 EDTA 夺取 MIn 中的 M，生成更稳定的 MY，使指示剂游离出来，此时溶液显示指示剂的颜色，指示终点到达：

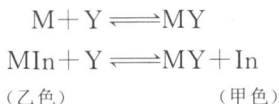

$$M + Y \rightleftharpoons MY$$
$$MIn + Y \rightleftharpoons MY + In$$
　(乙色)　　　　　　(甲色)

二、金属指示剂应具备的条件

金属离子指示剂必须具备以下条件。

（1）在滴定的 pH 范围内，金属离子与指示剂形成配合物的颜色 MIn 应与指示剂本身 In 的颜色显著不同，这样终点时便于观察。

（2）金属离子和指示剂形成的配合物 MIn 要有一定的稳定性。一方面，MIn 要足够稳定，否则会终点提前。另一方面，MIn 的稳定性应小于 MY 的稳定性，一般应满足 $K'_{MY}/K'_{MIn} \geqslant 10^2$，若 $K'_{MIn} > K'_{MY}$，Y 难以置换出 In，造成滴定终点拖后或无终点。

（3）金属指示剂与金属离子的显色反应要迅速灵敏，且有一定的选择性，即在一定条件下，只与某一种或某几种待测离子发生显色反应。

（4）金属指示剂应比较稳定，便于贮存和使用。

（5）金属指示剂与金属离子形成的配合物 MIn 应易溶于水。

三、金属指示剂在使用中的注意问题

1. 指示剂的封闭现象

实际滴定中，若 MIn 配合物的稳定性大于 MY 的稳定性，即使滴加过量的 EDTA，也不能把 In 从 MIn 中置换出来，这样在滴定过程中将看不到颜色变化，像这样指示剂在化学计量点附近不发生颜色变化的现象称为指示剂的封闭现象。

消除封闭现象常采用加入掩蔽剂的方法消除。例如在 pH＝10 时以铬黑 T 为指示剂测定 Ca^{2+}、Mg^{2+} 总量，Al^{3+}、Fe^{3+} 等会封闭铬黑 T 造成无终点，可加入三乙醇胺（掩蔽 Al^{3+}、Fe^{3+}）以消除干扰。

2. 指示剂的氧化变质现象

大多金属指示剂分子中含有许多双键，易被日光、氧化剂和空气氧化，一些指示剂在水溶液中也不稳定，日久会因氧化或聚合而变质。例如配制铬黑 T 溶液时常加入盐酸羟胺以避免聚合。但为保存较长时间，金属指示剂常配制成固体混合物。

课堂练习

在配位滴定中，金属离子与指示剂形成的配合物（MIn）的稳定性要适当。若 MIn 的稳定性大于 M-EDTA 的稳定性，会产生＿＿＿＿＿＿现象；若稳定性太低，会使终点＿＿＿＿＿＿。

四、常见的金属指示剂

1. 铬黑 T

常用 EBT 表示，是一种黑褐色粉末，属偶氮染料。铬黑 T 能与 Mg^{2+}、Zn^{2+}、Ca^{2+}、

Pb^{2+} 和 Hg^{2+} 等许多金属离子形成红色的配合物，而铬黑 T 本身在 pH<6 时显红色，pH>12 时显橙色，都接近红色，不能选用。而铬黑 T 在 pH＝7～11 时显蓝色，因此铬黑 T 的适宜使用范围是 pH＝7～11，但实际中常选择在 9～10 的酸度下使用。

2. 钙指示剂

简称 NN 或钙红，纯品为黑紫色粉末，很稳定，但在水溶液或乙醇溶液中不稳定，常与 NaCl 配成固体混合物（1：100）使用。

钙指示剂在 pH<8 和 pH>13 时都显酒红色，在 pH＝8～13 时显蓝色。在 pH＝12～13 时，钙指示剂可与 Ca^{2+} 形成酒红色的配合物，常用作滴定 Ca^{2+} 的指示剂，终点时由酒红色变为纯蓝色，变色敏锐。

表 8-4 为常用金属指示剂。

表 8-4　常用金属指示剂

指示剂	适宜 pH 范围	颜色变化		指示剂配制	直接滴定的离子	注意事项
		In	MIn			
铬 黑 T （EBT）	7～11	蓝	红	1：100NaCl	pH＝10 时，Mg^{2+}、Zn^{2+}、Ca^{2+}、Pb^{2+} 和 Mn^{2+} 等，稀土离子	Fe^{3+}、Al^{3+}、Cu^{2+}、Ni^{2+} 等离子封闭
钙指示剂 （NN）	8～13	蓝	红	1：100NaCl	pH＝12～13 时，Ca^{2+}	Fe^{3+}、Al^{3+}、Cu^{2+}、Ni^{2+} 等离子封闭
二甲酚橙 （XO）	<6	亮黄	紫红	0.5％的水溶液	pH<1，ZrO^{2+} pH＝1～3，Bi^{3+}、Th^{4+} pH＝5～6，Tl^{3+}、Zn^{2+}、Pb^{2+}、Cd^{2+}、Hg^{2+}、稀土元素离子	Fe^{3+}、Al^{3+}、Cu^{2+}、Th^{4+} 等离子封闭

第五节　EDTA 标准溶液的配制和标定

一、 EDTA 标准溶液的配制

由于乙二胺四乙酸在水中的溶解度很小，因此常用其二钠盐（$Na_2H_2Y \cdot H_2O$）配制 EDTA 标准溶液。配制 EDTA 标准溶液通常采用间接法，即先用 EDTA 的二钠盐配成近似浓度的溶液，然后进行标定。EDTA 的常用浓度为 $0.01～0.05 mol \cdot L^{-1}$。

二、 EDTA 标准溶液的标定

标定 EDTA 标准溶液的基准物质有分析纯的 Zn、$CaCO_3$、ZnO、$ZnSO_4$ 等。这里以 ZnO 基准物质标定 EDTA 为例进行说明。标定时，先用少量水润湿，然后慢慢加入 HCl （1：1），溶解后，加二甲酚橙指示剂 3～4 滴，滴加 1：1 氨水至溶液呈橙色，然后滴加 20％的六亚甲基四胺至溶液呈现稳定的紫红色，以使 pH 为 5～6。用待标定的 EDTA 溶液滴定至溶液由紫色变为亮黄色，即为终点。平行滴定 3 次，根据滴定消耗的 EDTA 标准溶液的体积和基准物质的质量，可计算出 EDTA 标准溶液的准确浓度。

EDTA 溶液应贮存于聚乙烯塑料瓶或硬质玻璃瓶中，因为 EDTA 会溶解玻璃中的 Ca^{2+}，造成误差。

第六节 配位滴定方式及其应用示例

一、直接滴定法

若待测金属离子与 EDTA 的配位反应满足滴定分析法的要求，即可采用直接滴定法。加入缓冲溶液，将待测溶液试液调至所需酸度，再加入必要的试剂（掩蔽剂）和指示剂，就可用 EDTA 进行直接滴定，然后根据消耗的 EDTA 标准溶液体积即可计算出试样中待测组分的含量。这里以水的总硬度的测定为例进行说明。

水中 Ca^{2+}、Mg^{2+} 含量常用硬度表示，有两种表示方法：①将水中的 Ca^{2+}、Mg^{2+} 折合成 $CaCO_3$，以每升水中所含 $CaCO_3$ 的质量表示，单位 $mg \cdot L^{-1}$。②水中的 Ca^{2+}、Mg^{2+} 折合成 CaO，以每升水中含 $10mg\ CaO$ 称为一个德国度。测定水的总硬度时，先加入 NH_3-NH_4Cl 的缓冲溶液调节水样的 $pH=10$，再加入铬黑 T 指示剂，生成酒红色的 MgIn。滴入 EDTA，先后与 Ca^{2+}、Mg^{2+} 配位，化学计量点时，稍过量的 EDTA 夺取与铬黑 T 结合的 Mg^{2+}，同时释放出指示剂，溶液呈现指示剂铬黑 T 的颜色纯蓝色，终点到达，停止滴定。根据消耗的 EDTA 的体积即可计算出总的硬度。

直接滴定法操作简便，引入的误差较少，因此在可能的情况下应尽可能采用直接滴定法。

二、返滴定法

若被测离子与 EDTA 配位反应的速率很慢，或待测离子对指示剂有封闭作用，缺乏合适的指示剂时，可采用返滴定法。返滴定法是先在待测离子溶液中加入一定量的过量的 ED-TA 标准溶液，然后用另一种金属离子标准溶液回滴过量的 EDTA。根据两种标准溶液的浓度和用量，即可求出待测离子的含量。

例如，测定 Al^{3+} 时，由于 Al^{3+} 与 EDTA 的配位反应速率较慢，此外 Al^{3+} 对二甲酚橙、铬黑 T 等多种指示剂有封闭作用，因此不能用直接滴定法测定，可采用返滴定法。先将 Al^{3+} 溶液调至 $pH=3.5$，加入定量且过量的 EDTA 标准溶液，加热使 Al^{3+} 与 EDTA 完全反应，再调 $pH=5\sim6$，加入二甲酚橙指示剂，用锌标准溶液返滴定过量的 EDTA，进而可求出 Al^{3+} 的含量。

三、置换滴定法

当待测离子和 EDTA 形成的配合物不稳定时，可采用置换滴定法。置换滴定法首先通过置换反应定量置换出金属离子或 EDTA，然后再进行滴定。

例如，测定 Ag^+ 时，由于 Ag^+ 与 EDTA 的配合物不稳定，不能用 EDTA 直接滴定，可采用置换滴定法。在待测 Ag^+ 溶液中加入过量的 $[Ni(CN)_4]^{2-}$，则发生反应：

$$2Ag^+ + [Ni(CN)_4]^{2-} \Longrightarrow 2[Ag(CN)_2]^- + Ni^{2+}$$

然后用 NH_3-NH_4Cl 缓冲溶液调节 $pH=10$，加入紫脲酸铵指示剂，用 EDTA 标准溶液滴定置换出来的 Ni^{2+}，进而可求出 Ag^+ 的含量。

四、间接滴定法

有些金属或非金属离子不能与 EDTA 发生配位反应或与 EDTA 生成的配合物不稳定，

可采用间接滴定法测定。例如：测定 PO_4^{3-}，可先于试液中加入一定量的并且过量的 $Bi(NO_3)_3$，使之生成 $BiPO_4$ 沉淀。再用 EDTA 滴定剩余的 Bi^{3+}，根据消耗的 EDTA 即可间接求得与 Bi^{3+} 反应的 PO_4^{3-} 的量。

间接滴定法操作较繁，引入误差的机会也较多，应尽量避免采用此方法。

拓展窗

铂类抗癌药物

铂类抗癌药物是一类以铂为中心金属原子的配位化合物，在癌症治疗中应用广泛，常用的有顺铂、卡铂、奥沙利铂等。

以顺铂为例，其中心铂原子与两个氯原子和两个氨分子配位。在生理环境中，氯原子可被水分子取代，生成具有活性的水合配合物。这些水合配合物中的铂原子具有较强的亲电性，能与 DNA 分子中的鸟嘌呤等碱基上的氮原子形成配位键，从而将铂配合物连接到 DNA 上。通常会形成顺式的 1,2-二氨基铂（Ⅱ）与 DNA 的交联结构，这种交联会干扰 DNA 的正常结构和功能，阻碍 DNA 的复制和转录过程，进而抑制肿瘤细胞的分裂和增殖。

肿瘤细胞与正常细胞在生理环境上存在差异，如肿瘤细胞内的氯离子浓度相对较低，pH 值也略有不同。这些差异会影响铂类药物的配位平衡和反应活性。在肿瘤细胞内较低的氯离子浓度条件下，铂类药物更容易发生氯原子的解离和水合反应，生成具有活性的形式，从而更倾向于与肿瘤细胞的 DNA 结合，发挥抗癌作用。

本章小结

一、配合物的组成和命名

1. 配位化合物的组成

配位化合物是由中心离子或原子与一定数目的配体以配位键结合的一种复杂的化合物。配位化合物由内界和外界组成，内界由中心离子（或原子）和一定数目的配体组成，是配合物的特征部分，一般写在方括号内。方括号以外的部分称为外界。

2. 配位化合物的命名

（1）配离子的命名　配位体数-配体名称-"合"-中心原子名称（氧化数值）-配离子。

（2）配合物的命名　配离子为阴离子时，配合物命名为"某酸某"，若外界为氢离子，则称为"某酸"；配离子为阳离子时，若外界为含氧酸根离子，则用"酸"字连接；若为其他简单阴离子则一般用"化"字连接。

二、配位平衡

1. 配合物的稳定常数

若以 M 代表金属离子，Y 代表配合剂，当配位反应达到平衡时有：

$$M + Y \rightleftharpoons MY$$

$$K_{MY} = \frac{[MY]}{[M][Y]}$$

K_{MY} 称为稳定常数。K_{MY} 或 $\lg K_{MY}$ 越大，则表示生成的配合物越稳定。

2. 配位反应的副反应和副反应系数

（1）酸效应和酸效应系数 由于 H^+ 存在使 EDTA 参加主反应能力降低的现象称为酸效应，酸效应的严重程度可用酸效应系数 $\alpha_{Y(H)}$ 表示，即表示在一定 pH 时未参加配位反应的 EDTA 各种存在型体的总浓度 $[Y']$ 与能参与主反应的 Y 的平衡浓度 $[Y]$ 之比：

$$\alpha_{Y(H)} = \frac{[Y']}{[Y]}$$

显然，$\alpha_{Y(H)}$ 越大，表示酸效应越严重。

（2）配位效应和配位效应系数 除配位剂 Y 外其他配位剂 L 与 M 也会发生配位反应使 M 参与主反应的能力降低，此现象称为配位效应。可用 $\alpha_{M(L)}$ 衡量配位效应的影响程度，表示未参与主反应的金属离子各种型体的总浓度 $[M']$ 与游离金属离子总浓度 $[M]$ 的比值：

$$\alpha_{M(L)} = \frac{[M']}{[M]}$$

$\alpha_{M(L)}$ 越大，表示副反应越严重。

3. 条件稳定常数

考虑副反应的影响的稳定常数为条件稳定常数 K'_{MY}，则：

$$K'_{MY} = \frac{[MY]}{[M'][Y']}$$

若只考虑 EDTA 的酸效应，则：

$$\lg K'_{MY} = \lg K_{MY} - \lg \alpha_{Y(H)}$$

三、配位滴定

1. 直接滴定的条件

$$\lg c_M K'_{MY} \geqslant 6 \text{ 或 } \lg K'_{MY} \geqslant 8 (c_M = 0.01 \text{mol} \cdot L^{-1})$$

2. 配位滴定的最高酸度（最低 pH）

金属离子与 EDTA 生成的配合物刚好能稳定存在时溶液的 pH。

根据： $\lg K'_{MY} = \lg K_{MY} - \lg \alpha_{Y(H)} \geqslant 8$

可得： $\lg \alpha_{Y(H)} \leqslant \lg K_{MY} - 8$

查表得到对应的 pH 即是该金属离子的最低 pH。

3. 配位滴定的最低酸度（最高 pH）

被滴定金属刚开始发生水解时溶液的 pH。

若使得 M^{n+} 不生成沉淀，则 $[M^{n+}][OH^-]^n \leqslant K_{sp}$

所以： $[OH^-] \leqslant \sqrt[n]{\dfrac{K_{sp}}{[M^{n+}]}}$，求得的 pH 即为配位滴定的最高 pH。

四、金属指示剂

1. 金属指示剂作用原理

滴定前，溶液显示指示剂与金属离子生成的配合物 MIn 的颜色；化学计量点时，EDTA 夺取 MIn 中的 M，生成更稳定的 MY，并放出指示剂，此时溶液显示指示剂的颜色。

2. 常见金属指示剂

（1）铬黑 T（EBT） 终点颜色变化：酒红→纯蓝；适宜的 pH：7.0～11.0；缓冲体系：NH_3-NH_4Cl；直接测定离子：Mg^{2+}、Zn^{2+}、Pb^{2+} 和 Hg^{2+} 等；封闭离子：Al^{3+}、Fe^{3+}、Cu^{2+}、Ni^{2+}；掩蔽剂：三乙醇胺、KCN。

　　（2）二甲酚橙（XO）　终点：紫红→亮黄；适宜的 pH 范围＜6.0（酸性区）；缓冲体系：HAc-NaAc；直接测定离子：Bi^{3+}、Pb^{2+}、Zn^{2+}、Hg^{2+}、Cd^{2+} 等；封闭离子：Al^{3+}、Fe^{3+}、Cu^{2+}、Co^{2+} 等；掩蔽剂：三乙醇胺、氟化铵。

　　（3）钙指示剂　终点：酒红→纯蓝；适宜的 pH 范围：12～13；直接测定离子：Ca^{2+}；封闭离子：Fe^{3+}、Al^{3+}、Cu^{2+}、Co^{2+}、Ni^{2+} 等；掩蔽剂：三乙醇胺、KCN。

五、滴定方式

　　配位滴定可采用直接滴定法、间接滴定法、返滴定法和置换滴定法四种方式。

习题

一、单项选择题

1. EDTA 与金属离子形成的配合物，其配位比一般为（　　）。
　　A. 1∶1　　　　　　　　B. 1∶2　　　　　　　　C. 1∶4　　　　　　　　D. 1∶6

2. 有关 EDTA 叙述错误的是（　　）。
　　A. EDTA 也是六元有机弱酸
　　B. 可与大多数离子形成 1∶1 型的配合物
　　C. 与金属离子配位后都形成深颜色的配合物
　　D. 与金属离子形成的配合物一般都溶于水

3. 已知 $\lg K_{MY}=18.6$，pH＝3.0 时的 $\lg K'_{MY}=10.6$，则可求得 pH＝3.0 时的酸效应系数的对数为（　　）。
　　A. 3　　　　　　　　　B. 8　　　　　　　　　C. 10　　　　　　　　D. 18

4. 在配位滴定时，金属离子与 EDTA 形成的配合物越稳定，K_{MY} 越大，则滴定时所允许的 pH（只考虑酸效应）（　　）。
　　A. 越低　　　　　　B. 越高　　　　　　C. 中性　　　　　　D. 无法确定

5. 下列金属离子浓度均为 $0.01mol \cdot L^{-1}$，则 pH＝5.0 时，可用 EDTA 标准溶液直接滴定的是（　　）。
　　A. Mg^{2+}　　　　　　B. Mn^{2+}　　　　　　C. Ca^{2+}　　　　　　D. Zn^{2+}

6. EDTA 滴定 Zn^{2+} 时，若以铬黑 T 作指示剂，则终点颜色为（　　）。
　　A. 黄色　　　　　　B. 酒红色　　　　　　C. 橙色　　　　　　D. 蓝色

7. 对金属指示剂叙述错误的是（　　）。
　　A. 指示剂本身颜色与其生成的配位物颜色应显著不同
　　B. 指示剂应在适宜 pH 范围内使用
　　C. MIn 稳定性要略小于 MY 的稳定性
　　D. MIn 稳定性要略大于 MY 的稳定性

8. 如果 MIn 的稳定性大于 MY 的稳定性，此时金属指示剂将出现（　　）。
　　A. 封闭现象　　　　B. 提前指示终点　　　C. 僵化现象　　　D. 氧化变质现象

9. 某溶液主要含有 Ca^{2+}、Mg^{2+} 及少量 Fe^{3+}、Al^{3+}。在 pH＝10 时，加入三乙醇胺，以 EDTA 滴定，用铬黑 T 为指示剂，则测出的是（　　）。
　　A. Mg^{2+} 量　　　　　　　　　　　　B. Ca^{2+} 量
　　C. Ca^{2+}、Mg^{2+} 总量　　　　　　　　D. Ca^{2+}、Mg^{2+}、Fe^{3+}、Al^{3+} 总量

10. 在直接配位滴定法中，终点时，一般情况下溶液显示的颜色为（　　）。
　　A. 被测金属离子与 EDTA 配合物的颜色

B. 被测金属离子与指示剂配合物的颜色

C. 游离指示剂的颜色

D. 金属离子与指示剂配合物和金属离子与 EDTA 配合物的混合色

11. 在 EDTA 配位滴定中，有关 EDTA 酸效应的叙述正确的是（　　）。

　A. 酸效应系数越大，配合物的稳定性越高

　B. 酸效应系数越小，配合物越稳定

　C. 反应的 pH 越大，EDTA 的酸效应系数越大

　D. EDTA 的酸效应系数越大，滴定曲线的 pM 突跃范围越宽

12. 水硬度的单位是以 CaO 为基准物质确定的，1 度为 1L 水中含有（　　）。

　A. 1g CaO　　　　　B. 0.1g CaO　　　　　C. 0.01g CaO　　　　　D. 0.001g CaO

二、判断题

1. 水硬度测定过程中需加入一定量的 $NH_3 \cdot H_2O$-NH_4Cl 溶液，其目的是保持溶液的酸度在整个滴定过程中基本不变。　　　　　　　　　　　　　　　　（　　）

2. 金属指示剂是指示金属离子浓度变化的指示剂。　　　　　　　　　　（　　）

3. 造成金属指示剂封闭的原因是指示剂本身不稳定。　　　　　　　　　（　　）

4. 铬黑 T 指示剂在 pH 为 7～11 范围使用，其目的是为减少干扰离子的影响。　（　　）

5. 采用铬黑 T 作指示剂终点颜色变化是蓝色变为紫红色。　　　　　　　（　　）

6. 只要金属离子能与 EDTA 形成配合物，都能用 EDTA 直接滴定。　　　（　　）

7. 钙指示剂配制成固体使用是因为其易发生封闭现象。　　　　　　　　（　　）

8. 配位滴定一般都在缓冲溶液中进行。　　　　　　　　　　　　　　　（　　）

9. 若被测金属离子与 EDTA 络合反应速率慢，则一般可采用置换滴定方式进行测定。

　　　　　　　　　　　　　　　　　　　　　　　　　　　　　　　　（　　）

10. 用 EDTA 进行配位滴定时，被滴定的金属离子（M）浓度越大，则突跃范围越大。

　　　　　　　　　　　　　　　　　　　　　　　　　　　　　　　　（　　）

三、命名下列配合物和配离子，并指出中心离子的配位数和配体的配位原子

1. $[Co(NH_3)_6]Cl_2$　　　　　　　　2. $[CoCl(NH_3)_5]Cl_2$

3. $[Ag(NH_3)_2]Cl$　　　　　　　　4. $[PtCl_2(NH_3)_2]$

5. $[Ni(CO)_4]$　　　　　　　　　　6. $K_2[Ni(CN)_4]$

四、根据下列配合物的名称写出对应的化学式

1. 氯化二氯·四水合钴（Ⅱ）　　　　2. 硫酸四氨合铜（Ⅱ）

3. 三氯化六氨合铬（Ⅲ）　　　　　　4. 二氯·二羟基·二氨合铂（Ⅳ）

5. 六氯合铂（Ⅳ）酸钾　　　　　　　6. 二氯化四氨合锌（Ⅱ）

五、计算题

1. 若只考虑酸效应，计算 pH＝2.0 和 pH＝5.0 时 ZnY 的 $\lg K'_{ZnY}$ 值。

2. pH＝4.0 时，能否用 EDTA 准确滴定浓度为 $0.01\,mol \cdot L^{-1}$ 的 Fe^{2+} 溶液？（不考虑配位效应）

3. 已知 Mg^{2+} 和 EDTA 的浓度均为 $0.01\,mol \cdot L^{-1}$，求 pH＝6.0 时的 $\lg K'_{MgY}$，并判断此 pH 下能否准确滴定 Mg^{2+}？并求出 Mg^{2+} 能被滴定所允许的最低 pH。

4. 量取水样 100mL，以铬黑 T 为指示剂，加入 NH_3-NH_4Cl 缓冲溶液，用 EDTA（浓度为 $0.01000\,mol \cdot L^{-1}$）滴定至终点，消耗 EDTA 的体积为 18.36mL，计算水的硬度（以 $CaCO_3\,mg \cdot L^{-1}$ 表示）。

习题答案

第九章
电化学分析法

学习目标

知识目标

1. 掌握电位法的基本原理，掌握常用的指示电极和参比电极的种类及其应用。
2. 了解离子选择性电极的工作原理，了解膜电位产生的机理。
3. 掌握电位分析法的原理，能熟练运用能斯特公式进行电位分析。
4. 掌握直接电位法测定溶液 pH 的原理和方法。
5. 掌握电位滴定法的原理，了解确定化学计量点的方法及其应用。
6. 理解永停滴定法的原理，掌握三种类型永停滴定的曲线。
7. 掌握配位滴定法的应用。

能力目标

1. 能测量电池电动势。
2. 能结合实际，利用酸度计、复合电极和适当标准缓冲溶液测定某溶液的 pH。
3. 能结合实际，利用自动电位滴定仪、适当电极等指示滴定终点的方法测定待测物质。
4. 能结合实际，利用永停滴定仪等指示滴定终点的方法测定待测物质。

素质目标——科学探究，创新思维

通过学习"贝伦特和他的电位滴定"，培养自身的科学探究精神和创新能力。在学习过程中，注重创新思维的培养，通过尝试提出新想法和解决方案，不断挑战自我，突破传统思维的束缚，培养创新精神和科学探究能力。

学习任务

学习本章理论知识，预习第二部分模块一"实验基础知识"中酸度计的使用，然后完成实训项目：餐具洗涤剂 pH 的测定。

第一节　电位法的基本原理

电位法是电化学分析方法之一，是通过测量原电池的电动势来测定溶液中待测组分含量的分析方法。分为直接电位法和电位滴定法：直接电位法是通过测量电池电动势来确定被测离子浓度或活度的方法；电位滴定法是通过测量滴定过程中电池电动势的变化来确定滴定终点的滴定方法。

电位法的
基本原理

一、化学电池

化学电池是化学能与电能互相转换的装置。一般由两个电极插入适当的电解质溶液中组成。能将化学能转变成电能的装置称为原电池；而能将电能转变为化学能的装置称为电解池。

以丹尼尔电池为例，见图 9-1。它是将一块铜片插入硫酸铜溶液中，将一块锌片插入硫酸锌溶液中，硫酸铜溶液和硫酸锌溶液之间用充满饱和氯化钾溶液的 U 形管（盐桥）连接起来。铜极和锌极用导线接通构成回路，并串联一检流计，则检流计指针发生偏转，回路中有电流通过。原电池锌电极发生氧化反应：

$$Zn \Longrightarrow Zn^{2+} + 2e$$

锌电极给出的电子通过外电路（导线）流向铜极，在铜电极上发生了还原反应：

图 9-1 丹尼尔电池

$$Cu^{2+} + 2e \Longrightarrow Cu$$

整个原电池的电动势为：

$$E = \varphi_+ - \varphi_-$$

在电化学中规定，凡是半反应为氧化反应的电极叫做阳极，凡是半反应为还原反应的电极叫做阴极，这一规定既适用于原电池，也适用于电解池。必须注意的是：在外电路中，电子流出的电极为负极，而电子流入的电极为正极。由于电流方向与电子流动方向相反，所以电流是从正极流向负极。对于原电池来说，阳极为负极，而阴极为正极；对于电解池，则阳极为正极，阴极为负极。

在图 9-1 所示的丹尼尔电池的外电路中加一电源，使电源的正极接在铜极上，负极接在锌极上，如果电源电动势大于原电池电动势，则两电极上的半反应为：

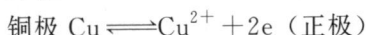

锌极 $Zn^{2+} + 2e \Longrightarrow Zn$（负极）

铜极 $Cu \Longrightarrow Cu^{2+} + 2e$（正极）

此时，铜极是阳极，锌极是阴极。在外电源作用下，将电能转化为化学能，故这时的丹尼尔电池是电解池。

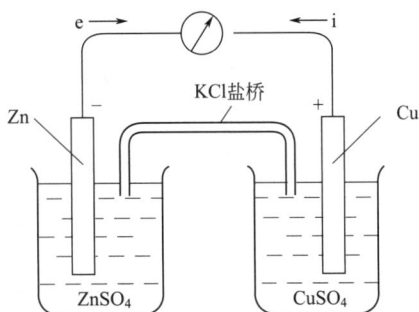

课堂练习

化学电池分为_____和_____。原电池中负极发生_____反应（填氧化或还原），正极发生_____反应（填氧化或还原）。

二、指示电极和参比电极

电位法中化学电池一般由两个电极组成：指示电极和参比电极。其中，参比电极的电位值与被测物质的浓度或活度无关，电位已知且稳定，用作测量电位的参考电极。而指示电极的电位值随待测离子的浓度（或活度）变化而变化。

（一）指示电极

常用的指示电极有以下几类。

1. 金属-金属离子电极

金属-金属离子电极由金属插入该金属离子溶液中组成，简称金属电极。例：将银丝插入 Ag^+ 溶液中，电极反应：

$$Ag^+ + e \Longleftrightarrow Ag$$

电极电位：

$$\varphi = \varphi^\ominus + 0.059 \lg c_{Ag^+} \ (25℃)$$

2. 金属-金属难溶盐电极

金属-金属难溶盐电极由涂有金属难溶盐的金属插入该难溶盐的阴离子溶液中组成。例：$Ag-AgCl$ 电极，是把涂有 $AgCl$ 的 Ag 丝插入 Cl^- 溶液中组成。电极反应为：

$$AgCl + e \Longrightarrow Ag + Cl^-$$

电极电位：

$$\varphi = \varphi^\ominus - 0.059 \lg c_{Cl^-} \ (25℃)$$

3. 惰性金属电极

惰性金属电极由惰性金属（Pt）插入含有氧化型和还原型电对的溶液中组成。在溶液中，Pt 不参与电极反应，仅传递电子。例：把铂丝插入 Fe^{3+}、Fe^{2+} 溶液中，电极反应为：

$$Fe^{3+} + e \Longrightarrow Fe^{2+}$$

电极电位：

$$\varphi = \varphi^\ominus + 0.059 \lg \frac{c_{Fe^{3+}}}{c_{Fe^{2+}}} \ (25℃)$$

4. 离子选择电极

离子选择电极又称为膜电极，是一种利用选择性电极膜对溶液中特定离子产生选择性响应，从而指示离子浓度或活度的电极。各种离子选择性电极和 pH 玻璃电极都属此类。

（二）参比电极

常用的参比电极有甘汞电极和 $Ag-AgCl$ 电极。

1. 甘汞电极

由金属汞、甘汞 Hg_2Cl_2 和饱和 KCl 溶液组成，如图9-2。

电极表达式为：

$$Hg, Hg_2Cl_2(s) | KCl(c)$$

电极反应为：

$$Hg_2Cl_2 + 2e \Longrightarrow 2Hg + 2Cl^-$$

$$\varphi = \varphi^\ominus - 0.059 \lg c_{Cl^-} (25℃)$$

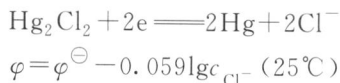

从电极电位表达式可以看出，电极的大小取决于 Cl^- 的浓度，固定 Cl^- 的浓度，甘汞电极的电位便为定值。例如，25℃时，KCl 溶液的浓度为 $1mol \cdot L^{-1}$ 时，对应的电极电位为 0.2801V。

2. 银-氯化银电极

同甘汞电极，银-氯化银电极的电极电位取决于氯离子的浓度。当氯离子浓度一定时，

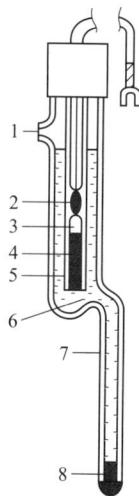

图 9-2　甘汞电极

1—侧管；2—汞；3—甘汞糊；
4—石棉或纸糊；5—玻璃管；
6—KCl溶液；7—电极玻壳；
8—素烧瓷片

电极电位一定。

课堂练习

　　电极电位随电解质溶液的浓度或活度变化而改变的电极称为＿＿＿＿＿＿＿＿＿；电极电位不受溶剂组成影响，其值维持不变，即 φ 与 c 无关的电极称为＿＿＿＿＿＿＿＿＿＿。饱和甘汞电极是＿＿＿＿＿＿＿＿＿电极。

第二节　直接电位法

　　直接电位法是根据电池电动势与待测组分的浓度（或活度）之间的关系，通过测量电池电动势来确定被测离子浓度（或活度）的方法。主要应用于溶液 pH的测定和其他离子浓度的测定。

直接电位法

一、溶液 pH 的测定

　　测定溶液 pH，常采用玻璃电极为指示电极，饱和甘汞电极作参比电极。

1. 玻璃电极

　　玻璃电极属于离子选择电极，见图 9-3。玻璃电极的下端是由 Na_2O、CaO 和 SiO_2 制成的球形薄膜，膜内盛有 $0.1mol \cdot L^{-1}$ 盐酸称参比溶液。在参比溶液中插入一根镀有氯化银的银丝，构成氯化银电极，作为内参比电极。玻璃电极在使用前，应先在蒸馏水中浸泡 $12\sim24h$，使玻璃膜外侧硅酸盐层吸水膨润形成一层水化凝胶层。玻璃膜内侧浸泡在盐酸中，也形成一层水化凝胶层。当将浸泡过的玻璃电极插入待测溶液中时，玻璃膜外侧溶液中的氢离子与膜外水化凝胶层中的钠离子进行交换，玻璃膜内侧参比溶液中的氢离子与膜内水化凝胶层中的钠离子进行交换。当膜两侧离子交换分别达到平衡时，由于离子交换速率和扩散速率不同而出现了电位差，这种电位差称为膜电位。由于膜内参比溶液的氢离子浓度为定值，所以膜电位仅由膜外溶液的氢离子浓度决定。正是由于玻璃电极的球形薄膜对 H^+ 的这种特殊的选择性响应，所以称为 pH 玻璃电极。它的电极电位与膜外溶液即待测溶液的 H^+ 浓度符合能斯特方程。

　　25℃时：

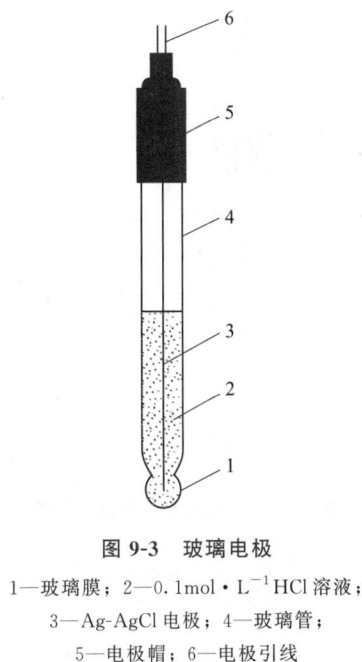

图 9-3　玻璃电极

1—玻璃膜；2—$0.1mol \cdot L^{-1}$ HCl 溶液；
3—Ag-AgCl 电极；4—玻璃管；
5—电极帽；6—电极引线

$$\varphi_{玻璃} = K + 0.059 \lg c_{H^+} = K - 0.059 pH \qquad (9\text{-}1)$$

式中，K 为玻璃电极常数，由玻璃电极的本性决定。

2. pH 的测定

　　测定溶液的 pH，常采用玻璃电极为指示电极，饱和甘汞电极为参比电极，一起插入待测溶液中组成原电池，表示为：

　　（－）玻璃电极｜待测溶液｜饱和甘汞电极（＋）

25℃时电动势为：

$$E = \varphi_+ - \varphi_-$$
$$= \varphi_{甘汞} - \varphi_{玻璃}$$
$$= \varphi_{甘汞} - (K - 0.059pH)$$
$$= K' + 0.059pH \tag{9-2}$$

根据式(9-2)，测出待测溶液的电动势 E，若已知 K'，即可求得待测溶液的pH。但 K' 会随玻璃电极的不同和溶液组成的不同而发生变化，也不易准确测定。因此，实际工作中，常采用两点测量法测定待测溶液的pH。用相同的玻璃电极和饱和甘汞电极组成原电池，分别测定一个已知pH的标准缓冲溶液的电动势 E_s 和待测溶液的电动势 E_x：

25℃时，得到：

$$E_s = K' + 0.059pH_s$$
$$E_x = K' + 0.059pH_x$$

两式相减，整理得：

$$pH_x = pH_s + \frac{E_x - E_s}{0.059} \tag{9-3}$$

注意：由于饱和甘汞电极在标准缓冲溶液和待测溶液中产生的液接电位不同，会产生测定误差。因此，在选择缓冲溶液时，应使它的pH尽量接近待测溶液的pH。

3. 应用与示例

直接电位法中的pH玻璃电极对氢离子具有高度选择性，广泛应用于注射液、眼药水等pH的控制中，例如葡萄糖氯化钠注射液pH的测定。

二、其他离子浓度的测定

测定其他离子的浓度，一般选用离子选择性电极作指示电极，和参比电极一起组成原电池。

1. 离子选择性电极

离子选择性电极属于膜电极，主要由内参比电极、内参比溶液和电极膜组成，见图9-4。当把电极插入溶液中，电极膜对溶液中特定的阴、阳离子产生选择性响应。类似pH玻璃电极，离子选择性电极的电位与待测离子的浓度符合能斯特方程：

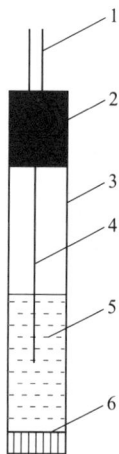

图 9-4 离子选择性电极
1—导线；2—电极帽；
3—电极管；4—内参比电极；
5—内充溶液；6—敏感膜

$$E = K' \pm 0.059 \lg c_i \quad (25℃)$$

式中，待测离子为阳离子，取"＋"号；待测离子为阴离子，取"－"号。

2. 测定方法

测定待测离子的浓度，一般不直接采用能斯特方程来计算。目前，主要采用的是标准曲线法，具体操作如下。

在离子选择性电极的线形范围内，配制一组从稀到浓的标准溶液，把选定的指示电极和参比电极分别插入这组溶液，测定其电动势，绘制 E-$\lg c_i$ 或 E-pc_i 标准曲线。然后，在相同条件下，测定待测溶液的电动势 E_x，再根据绘制的标准曲线查出对应的 $\lg c_i$ 或 pc_i。这种方法称为标准曲线法。标准曲线法要求标准溶液组成与待测溶液组成相近，温度相同。

除了标准曲线法，还有标准加入法和标准比较法等方法。

3. 应用

用离子选择性电极测定离子，不受溶液颜色或浑浊的影响，应用比较方便。可以测定的离子有 Na^+、K^+、Hg^{2+}、Ca^{2+}、Cu^{2+}、Pb^{2+}、Cd^{2+}、F^-、Cl^-、Br^-、I^-、S^{2-}、NO_3^- 等，目前一些新的电极如药物电极也已研制而出，因此氨基酸、尿素和青霉素等也能被测定。

第三节　电位滴定法

一、测定原理

电位滴定法是向待测溶液中滴加能与待测物质反应的化学试剂，利用滴定过程中电极电位的突变指示滴定终点的滴定分析方法。电位滴定法的仪器装置见图 9-5，把指示电极和参比电极插入待测溶液中，组成原电池，中间串联一个电子电位计，以指示滴定过程中电动势的变化。通过滴定管不断滴入标准溶液，滴入的标准溶液与待测溶液发生化学反应，使得待测离子浓度不断降低，指示电极的电位也随之发生变化。当滴定到化学计量点附近，待测离子浓度急剧变化，指示电极的电位也发生突变，从而引起电池电动势发生突变。根据电池电动势的变化就可确定化学计量点。

电位滴定法和滴定分析法的区别仅仅在于确定终点的方法不同，电位滴定法是通过电池电动势的突变确定终点，而滴定分析法是根据指示剂的颜色变化确定终点。与滴定分析法相比，电位滴定法的主要优点是客观、准确，易于自动化，不用指示剂而以电动势的变化确定终点；此外，电位滴定法不受待测溶液有色或浑浊的影响。缺点是数据处理麻烦，主要用于无合适指示剂或滴定突跃较小的滴定分析，或用于确定新指示剂的变色和终点颜色。

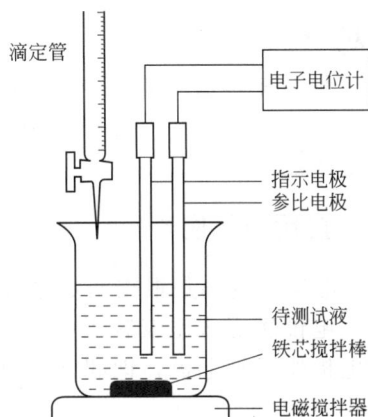

图 9-5　电位滴定装置

二、确定化学计量点的方法

电位滴定中，确定化学计量点的方法有图解法和计算法，下面介绍常用的几种确定化学计量点的方法。

1. E-V 曲线法

以电位计读数为纵坐标，以滴入的标准溶液体积为横坐标，作 E-V 曲线，如图 9-6(a)。则曲线上转折点（斜率最大处）对应的体积（V）就是化学计量点的体积。这种方法应用方便，但要求计量点处电位突跃明显，否则采用下列方法确定化学计量点。

2. $\Delta E/\Delta V$-$\overline{V}$ 曲线法

也称为一级微商法。以 $\Delta E/\Delta V$ 为纵坐标，标准溶液的平均体积 $\overline{V}$ 为横坐标，绘制 $\Delta E/\Delta V$-$\overline{V}$ 曲线。其中，ΔE 代表相邻两次电动势的差；ΔV 代表相邻两次标准溶液体积的差；$\overline{V}$ 代表相邻两次标准溶液体积的平均值。如图 9-6(b)，曲线最高点所对应的体积即为化学计量点的体积。本方法比较准确，但数据处理及作图麻烦。

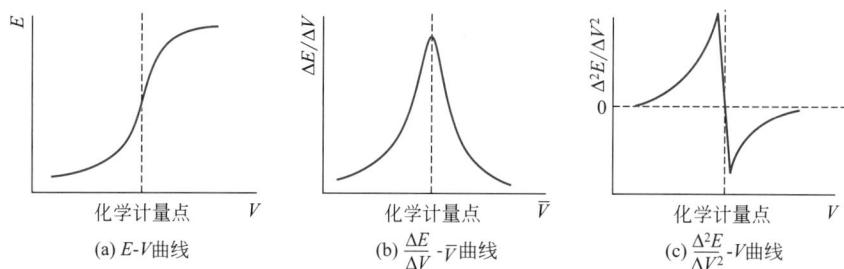

图 9-6　电位滴定曲线

3. $\Delta^2 E/\Delta V^2$-V 曲线法

以 $\Delta^2 E/\Delta V^2$ 为纵坐标，标准溶液的体积 V 为横坐标，绘制 $\Delta^2 E/\Delta V^2$-V 曲线，如图 9-6(c) 所示。图中，$\Delta^2 E/\Delta V^2 = 0$ 所对应的体积即为化学计量点滴入的标准溶液的体积。

课堂练习

电位滴定法和容量滴定法的区别在于指示终点的方法不同，容量滴定法采用＿＿＿＿＿＿＿＿＿＿＿＿＿＿指示终点，而电位滴定法根据＿＿＿＿＿＿＿＿＿＿＿＿＿＿＿＿＿＿＿确定滴定终点。

三、应用与示例

电位滴定法是根据滴定过程中电动势的变化确定化学计量点。与用指示剂的方法相比，电位滴定法比较客观、准确。例如硫酸亚铁铵溶液中亚铁离子的含量测定：选用铂电极作指示电极，饱和甘汞电极为参比电极。测定方法是用 $K_2Cr_2O_7$ 滴定 Fe^{2+}，反应式为：

$$Cr_2O_7^{2-} + 6Fe^{2+} + 14H^+ \!=\!=\!= 2Cr^{3+} + 6Fe^{3+} + 7H_2O$$

第四节　永停滴定法

不同于电位滴定法，永停滴定法是建立在电解池基础上的电化学分析方法。即将两个相同铂电极插入待测溶液中，在两极间外加一低电压，组成电解池，并连一电流计，根据滴定过程中电流计指针的变化确定化学计量点。

一、原理

（一）电对类型

1. 可逆电对

将两个铂电极插入含有氧化还原电对 I_2/I^- 的溶液中，并在两个电极间加一低电压，电池将发生电解反应。

阳极发生氧化反应：

$$2I^- - 2e \!=\!=\!= I_2$$

阴极发生还原反应：

$$I_2 + 2e \underline{\qquad} 2I^-$$

即阳极失去电子，阴极得到电子，这样电路中就有电流产生。例如氧化还原电对 I_2/I^-，当外加一个低电压时，两电极上发生的电极反应是可逆的，有电流通过，这样的电对称为可逆电对。

2. 不可逆电对

而若在电对 $S_4O_6^{2-}/S_2O_3^{2-}$ 中插入两个铂电极，并外加一个低电压，则只有阳极上能发生电极反应：

$$2S_2O_3^{2-} - 2e \underline{\qquad} S_4O_6^{2-}$$

而阴极上 $S_4O_6^{2-}$ 不能得到电子生成 $S_2O_3^{2-}$。这样，阳极和阴极不能同时得到和失去电子，电路中也就没有电流通过。这样的电对称为不可逆电对。

（二）原理

滴定分析中，在用于指示终点的双铂电极之间施加一个小的恒电压时，滴定终点前后附近，由于试液中存在成对的可逆电对或原有的成对可逆电对消失，而使得双铂指示电极的电流迅速发生变化或停止变化，从而指示终点到达，这种方法称永停滴定法。

在永停滴定法中，是否有电流通过电解池取决于待测溶液中是否有一对可逆氧化还原电对，而通过电解池电流的大小取决于这对可逆氧化还原电对的浓度。当这对可逆电对的氧化型和还原型浓度不等时，电流大小取决于浓度较低的一方，随着低浓度方的改变而改变，当氧化型和还原型浓度相等时，电流最大。

二、永停滴定法的类型

永停滴定法主要分为以下三种类型。

1. 标准溶液为可逆电对，待测溶液为不可逆电对

以 I_2（含 KI）滴定 $Na_2S_2O_3$ 为例。化学计量点前，溶液中有 I^-、$S_4O_6^{2-}$ 和 $S_2O_3^{2-}$，没有成对可逆电对，故电流计指针停在零点。化学计量点后，过量的 I_2 和溶液中的 I^- 构成一对可逆电对，有电流通过电解池，电流计指针突然偏转。滴定曲线如图 9-7(a)。

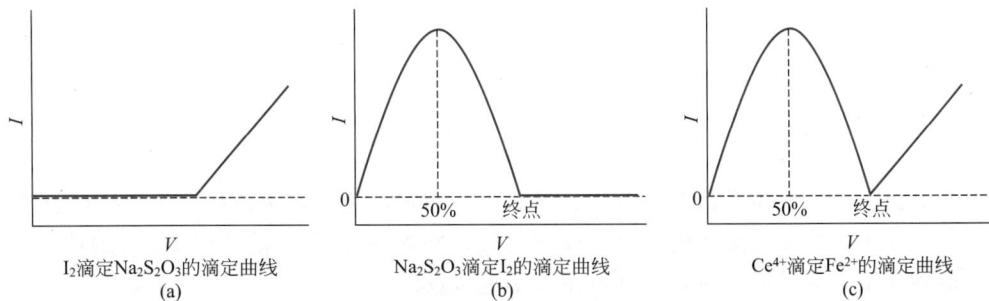

I_2滴定$Na_2S_2O_3$的滴定曲线	$Na_2S_2O_3$滴定I_2的滴定曲线	Ce^{4+}滴定Fe^{2+}的滴定曲线
(a)	(b)	(c)

图 9-7　永停滴定曲线

2. 标准溶液为不可逆电对，待测溶液为可逆电对

以 $Na_2S_2O_3$ 滴定 I_2（含 KI）为例。滴定前，待测溶液中有可逆电对 I_2/I^-，因此有电流通过电解池。随着滴定的进行，溶液中 c_{I^-} 逐渐变大，因此电流也逐渐变大；当滴定到 $c_{I_2} = c_{I^-}$，电流达到最大；继续滴定，$c_{I_2} < c_{I^-}$，电流大小由 c_{I_2} 决定，由于 c_{I_2} 逐渐减小，

所以电流也逐渐降低。滴定到化学计量点时，电流降到最低。化学计量点后继续滴入 $Na_2S_2O_3$，溶液中只有 I^-、$S_4O_6^{2-}$ 和 $S_2O_3^{2-}$，没有可逆电对，故电流计指针停在零点，因此称为永停滴定法。滴定曲线如图 9-7(b)。

3. 标准溶液和待测溶液都为可逆电对

以硫酸铈滴定硫酸亚铁为例。滴定前，溶液中只有 Fe^{2+}，无成对可逆电对，故无电流通过。滴定开始，溶液中有 Fe^{3+} 生成，存在成对可逆电对 Fe^{3+}/Fe^{2+}，故有电流通过，并且此时电流大小由 $c_{Fe^{3+}}$ 决定。随着滴定的进行，$c_{Fe^{3+}}$ 不断增大，电流也逐渐升高，当 $c_{Fe^{2+}} = c_{Fe^{3+}}$ 时，电流达到最大。继续滴定，$c_{Fe^{2+}} < c_{Fe^{3+}}$，电流大小由 $c_{Fe^{2+}}$ 决定，由于 $c_{Fe^{2+}}$ 逐渐降低，电流也逐渐减小。滴定到化学计量点时，溶液中只有 Ce^{3+} 和 Fe^{3+}，没有成对可逆电对，故此时无电流通过。化学计量点后，溶液中有 Ce^{4+}、Ce^{3+} 和 Fe^{3+}，有成对可逆电对 Ce^{4+}/Ce^{3+}，故有电流通过。滴定曲线如图 9-7（c）。

三、测定方法

图 9-8 为永停滴定装置图。图中 B 为 1.5V 电压，R_2 为 60～70Ω 的固定电阻，R_1 为 2kΩ 的绕线电位器，调节 R_1 可得到适当的外加电压。R 的电阻与电流计临界阻尼电阻值近似，用来调节电流计的灵敏度。

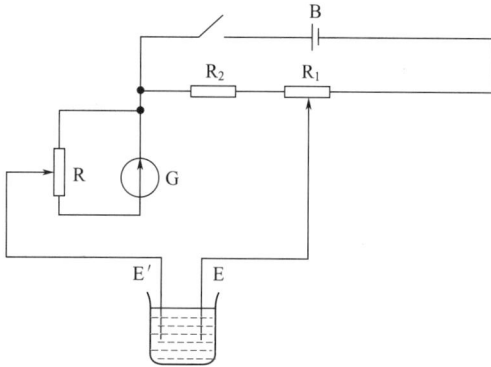

图 9-8　永停滴定仪装置示意图
E、E′—铂电极；R—分流电阻；R_1—2kΩ 的绕线电位器；
R_2—70Ω 左右的电阻；G—检流计

测定时，将两支相同的铂电极 E 和 E′ 插入待测溶液中，边滴定边用电磁搅拌器搅拌溶液，根据电流计指针的变化确定化学计量点。

四、应用与示例

永停滴定法确定化学计量点比指示剂法准确，目前得到广泛应用。例如用永停滴定法测定某芳香胺的含量，具体操作如下。

标准溶液选用亚硝酸钠溶液，因为在酸性溶液中，芳香伯胺可与 $NaNO_2$ 定量进行重氮化反应生成重氮盐。

反应式：

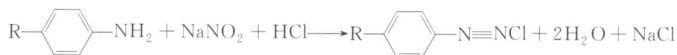

将两个相同铂电极插入待测溶液中，然后进行滴定，边滴定边搅拌。化学计量点前，溶液中无可逆电对，故无电流产生；化学计量点后，$NaNO_2$ 过量，溶液中少量的 HNO_2 与其分解产物 NO 是一对可逆电对，分别发生如下电极反应。

阳极：

$$NO + H_2O - e = HNO_2 + H^+$$

阴极：

$$HNO_2 + H^+ + e = NO + H_2O$$

此时，有电流通过电池，电流计指针发生偏转。

拓展窗

贝仑特和电位滴定

贝仑特（R. Behrend）对分析化学作出了重要贡献，即在 1893 年发明了电位滴定法，并且首先画出了电位滴定曲线。

1878 年，贝仑特在莱比锡获得有机化学博士学位。1889 年，贝仑特在奥斯特瓦尔藩学院担任有机化学教授。1895～1925 年，贝仑特在汉诺威工业大学任有机化学教授，主要以有机合成享誉化学界。1888 年，贝仑特首次合成尿酸，对有机合成作出了一大贡献。1904 年贝仑特提出了存在两种形式的右旋葡萄糖，并于 1910 年证明了它们的环状结构。贝仑特也证明了费歇尔合成的嘌呤的结构式。此外，贝仑特在氮化合物的立体化学、肟类的异构化和糖酸的合成等方面，也有卓越的贡献。

实际上，贝仑特研究的主要方向不是物理化学，但他与三位从事电化学研究的物理化学家奥斯特瓦尔藩、能斯特、M. 勒布兰交往较多，这对贝仑特研究电位滴定有一定影响。滴定过程中，被滴定溶液中离子的浓度随试剂的加入而改变，若在溶液中放入一个能与该离子进行可逆反应的指示电极，再放一个参比电极（如甘汞电极），并组成电池，则只要测定电池的电动势 E 随滴入试剂的变化，就可知道离子浓度的变化而找出滴定的化学计量点，这种方法称为电位滴定法，由贝仑特发明于 1893 年。

本章小结

一、指示电极和参比电极

化学电池中，电极分为指示电极和参比电极。其中，电位值与被测物质的浓度或活度无关的电极称为参比电极。而电位值随待测离子的浓度（或活度）变化而变化的电极称为指示电极。

二、直接电位法

直接电位法是选择合适的离子选择电极，与待测溶液组成原电池。测量电动势，根据电池电动势与待测组分的浓度（或活度）之间的关系，直接测定待测组分的浓度（或活度）。主要应用于溶液 pH 的测定和其他离子浓度的测定。

测定 pH 时，选择玻璃电极作指示电极，饱和甘汞电极为参比电极，与待测溶液组成原电池。25℃时电动势为：

$$E = K' + 0.059\text{pH}$$

采用二次测量法。

$$\text{pH}_x = \text{pH}_s + \frac{E_x - E_s}{0.059} \quad (25℃)$$

三、电位滴定法

电位滴定法的原理：指示电极的电位随待测离子的浓度变化而变化，当滴定到化学计量点附近，待测离子浓度急剧变化，指示电极的电位也随之突变，从而电池电动势也发生突变。电位滴定法就是根据电池电动势的变化来确定化学计量点。确定化学计量点的方法有：E-V 曲线法、$\Delta E/\Delta V$-$\bar{V}$ 曲线法，$\Delta^2 E/\Delta V^2$-V 曲线法。

四、永停滴定法

永停滴定法：两个铂电极插入待测溶液，外加一个小的恒电压，组成电解池。在化学计量点附近，由于待测溶液中产生可逆电对或原有的可逆电对消失，从而使通过电池的电流迅速发生变化或停止变化，从而指示终点到达，这就是永停滴定的原理。

永停滴定分为三种类型：可逆电对滴定不可逆电对，可逆电对滴定可逆电对，不可逆电对滴定可逆电对。

🖊 习题

一、单项选择题

1. 下列（　　）不是玻璃电极的组成部分。
　　A. Ag-AgCl 电极　　　　　　　　B. 一定浓度的 HCl 溶液
　　C. 饱和 KCl 溶液　　　　　　　　D. 玻璃管

2. 测定溶液 pH 时，所用的指示电极是（　　）。
　　A. 氢电极　　　　　B. 铂电极　　　　　C. 氢醌电极　　　　　D. 玻璃电极

3. 测定溶液 pH 时，所用的参比电极是（　　）。
　　A. 饱和甘汞电极　　　B. 银-氯化银电极　　　C. 玻璃电极　　　　　D. 铂电极

4. 在电位滴定中，以 $\Delta E/\Delta V$ 为纵坐标，标准溶液的平均体积 $\overline{V}$ 为横坐标，绘制 $\Delta E/\Delta V$-$\overline{V}$ 曲线，滴定终点为（　　）。
　　A. 曲线的最高点　　　　　　　　B. 曲线的转折点
　　C. 曲线的斜率为零时的点　　　　D. $\Delta E/\Delta V = 0$ 对应的点

5. 在电位法中离子选择性电极的电位应与待测离子的浓度（　　）。
　　A. 成正比　　　　　　　　　　　B. 的对数成正比
　　C. 复合扩散电流公式　　　　　　D. 符合能斯特方程式

6. 玻璃电极使用前一定要在水中浸泡 24h 以上，其目的是（　　）。
　　A. 清洗电极　　　　B. 活化电极　　　　C. 校正电极　　　　　D. 检查电极好坏

7. 25℃时，标准溶液与待测溶液的 pH 变化一个单位，电池电动势的变化为（　　）。
　　A. 0.058V　　　　　B. 58V　　　　　C. 0.059V　　　　　D. 59V

8. pH 玻璃电极膜电位的产生是因为（　　）。
　　A. 电子得失　　　B. H^+ 穿过玻璃膜　　　C. H^+ 被还原
　　D. 溶液中 H^+ 和玻璃膜水合层中的 H^+ 的交换作用

9. 在离子选择性电极分析法中，说法不正确的有（　　）。
　　A. 参比电极电位恒定不变
　　B. 待测离子价数越高，测定误差越大
　　C. 指示电极电位与待测离子浓度呈能斯特响应
　　D. 电池电动势与待测离子浓度呈线性关系

10. 电位滴定与容量滴定的根本区别在于（　　）。
　　A. 滴定仪器不同　　　　　　　　B. 指示终点的方法不同
　　C. 滴定手续不同　　　　　　　　D. 标准溶液不同

11. 永停滴定法采用（　　）方法确定滴定终点。
　　A. 电位突变　　　　B. 电流突变　　　C. 电阻突变　　　　D. 电导突变

12. pH 玻璃电极使用前应在（　　）中浸泡 24h 以上。

    A. 蒸馏水   B. 酒精   C. 浓 NaOH 溶液   D. 浓 HCl 溶液

13. 用酸度计以浓度直读法测试液的 pH，先用与试液 pH 相近的标准溶液（   ）。

    A. 调零   B. 除干扰离子   C. 定位   D. 减免迟滞效应

14. 甘汞参比电极的电位随电极内 KCl 溶液浓度的增加而产生的变化是（   ）。

    A. 增加   B. 减小   C. 不变   D. 两者无直接关系

15. pH 计在测定溶液的 pH 时，选用温度为（   ）。

    A. 25℃   B. 30℃   C. 任何温度   D. 被测溶液的温度

二、判断题

1. 甘汞电极的电极电位随电极内 KCl 溶液浓度的增加而增加。   （   ）

2. 参比电极具有不同的电极电位，且电极电位的大小取决于内参比溶液。   （   ）

3. 甘汞电极和 Ag-AgCl 电极只能作为参比电极使用。   （   ）

4. 离子选择电极的电位与待测离子活度呈线形关系。   （   ）

5. 饱和甘汞电极是常用的参比电极，其电极电位是恒定不变的。   （   ）

6. 用电位滴定法进行氧化还原滴定时，通常使用铂电极作指示电极。   （   ）

7. 参比电极的电极电位不随温度变化是其特性之一。   （   ）

8. 根据能斯特方程电极电位 E 与离子浓度的对数呈线性关系。测出电极电位，就可以确定离子浓度，这就是电位分析的理论依据。   （   ）

三、简答题

1. 何谓指示电极及参比电极？它们的主要作用是什么？

2. 电位测定法的根据是什么？

3. 简述何为两次测量法。

4. 简述电位滴定法的原理和特点。

5. 简述永停滴定法的原理和特点。

四、计算题

25℃时，选用玻璃电极为指示电极，饱和甘汞电极为参比电极组成原电池，测量盐酸普鲁卡因注射液的 pH。当测量 pH=6.8 的缓冲溶液时，电池电动势为 0.502V，测量未知溶液时，电池电动势为 0.500V，求未知溶液的 pH。

习题答案

第十章

紫外-可见分光光度法

学习目标

知识目标

1. 理解物质颜色与光的选择性吸收。
2. 掌握朗伯-比尔定律的原理和应用，了解朗伯-比尔定律的偏离情况。
3. 理解吸光系数的意义。
4. 掌握紫外-可见分光光度计的主要部件与类型。
5. 了解紫外-可见分光光度法的定性分析方法。
6. 掌握紫外-可见分光光度法的定量分析方法及其应用。

能力目标

1. 能结合实际，正确使用紫外-可见分光光度计测量溶液的吸光度或透光率。
2. 能结合实际，选择合适分析条件，利用仪器测定吸光度，进行定量分析或计算含量。
3. 能熟练操作可见分光光度计。
4. 能进行仪器组成、配套部件、面板按键的认知。

素质目标——学以致用，实践为先

理解朗伯-比尔定律在生活实际中的应用，学会如何将抽象的物理定律与具体的生活情境相结合，理解科学原理在实际问题解决中的价值，并在学习过程中，有意识地增强自己的实践意识，主动探索科学原理在生活中的应用场景，不断提升学以致用的能力，为将来更好地适应社会生活和工作需求打下坚实的基础。

学习任务

1. 预习第二部分模块一"实验基础知识"中分光光度计的相关内容，然后完成实训项目：紫外可见分光光度计的结构及工作原理，并简单说出721型可见分光光度计的主要部件。

2. 学习本章内容后，预习第二部分模块一"实验基础知识"中分光光度计的相关知识，然后完成实训项目：邻菲罗啉分光光度法测定微量铁。

3. 721可见分光光度计的光源坏了，应更换什么灯？带着该问题学习本章内容。

分光光度法是建立在物质分子对光的选择性吸收基础上的一种分析方法。根据所吸收光的波长不同，分光光度法分为紫外分光光度法、可见分光光度法和红外分光光度法。紫外-可见分光光度法是利用物质分子对紫外光或可见光的吸收而进行分析的方法，测量波长范围为200～760nm。

与化学分析法相比较，具有以下特点。

（1）灵敏度较高 可用于微量组分（0.001%～1%）的测定，甚至可测定痕量组分（0.00001%～0.0001%）。

（2）准确度高 一般分光光度法的相对误差为 2%～5%，能满足微量组分的测定要求。若采用精密的分光光度计，相对误差可达到 1%～2%。

（3）操作简便快速 一般在有多组分共存的溶液中，无须分离，就可以对某一物质进行测定。为常规的仪器分析方法。

（4）应用广泛 可测定绝大多数的无机离子和有机化合物，主要用于水中污染物、药物、金属和矿物等的分析检验。

第一节 吸光光度法的基本原理

一、电磁波谱

光是一种电磁波，具有波粒二象性，即波动性和微粒性。光发生的反射、折射、干涉和衍射等现象，说明光具有波动性；描述电磁波动性的主要物理参数有：光速（c）、频率（ν）、波长（λ）等。如图 10-1 所示。

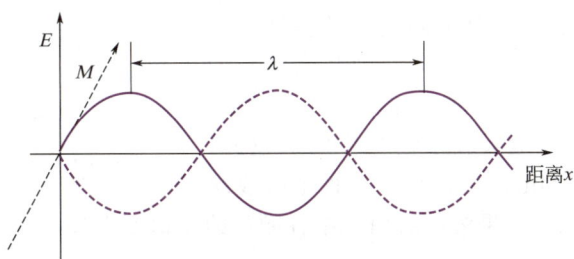

图 10-1 电磁波的电场矢量 E、磁场矢量 M 和波长

吸光光度法
的基本原理

波长：指波在一个振动周期内传播的距离。

频率：指每秒钟内波振动的次数，单位是 Hz（赫兹）。

波长、光速、频率间的关系为：

$$\nu = \frac{c}{\lambda} \tag{10-1}$$

光是由大量的不连续的光子构成的粒子流，当物质吸收或发射一定波长的光波时，是以吸收或发射光子的形式进行的。每个光子具有一定的能量，不同波长的光子具有不同的能量。

光子的能量 E、频率 ν 或波长 λ 具有以下关系：

$$E = h\nu = h\frac{c}{\lambda} \tag{10-2}$$

式中，h 为普朗克常数，$h = 6.626 \times 10^{-34}$ J·s。

显然，光的能量与光的频率成正比，与光的波长成反比。光波的频率越高（或波长越短），则光子的能量越大。

把光按波长的长短顺序排列的电磁波图称为电磁波谱。电磁波谱各区域的名称、波长范围及跃迁能级类型如表 10-1 所示。波长范围在 200～400nm 的光称为近紫外光；波长范围

在 $400\sim760nm$ 的光称为可见光。

表 10-1 电磁波谱

光谱名称	波长范围	跃迁能级类型	光谱名称	波长范围	跃迁能级类型
X 射线	$0.1\sim10nm$	X 射线光谱法	中红外光	$2.5\sim5.0\mu m$	中红外光谱法
远紫外光	$10\sim200nm$	真空紫外光度法	远红外光	$5.0\sim1000\mu m$	远红外光谱法
近紫外光	$200\sim400nm$	紫外吸收光谱法	微波	$0.1\sim100cm$	微波光谱法
可见光	$400\sim760nm$	比色及可见光度法	无线电波	$1\sim1000m$	核磁共振光谱
近红外光	$0.76\sim2.5\mu m$	近红外光谱法			

二、物质对光的选择性吸收

1. 单色光和互补光

具有单一波长的光称为单色光，由不同波长组成的光称为复合光。日光、白炽灯光等就是一种复合光，它是由红、橙、黄、绿、青、蓝、紫等各颜色的光按一定比例混合而成的。若两种颜色的光按适当的比例混合可组成白光，则这两种色光称为互补光，如黄光与蓝光互补，绿光与紫光互补等。如图 10-2，列出了光的互补关系。

物质呈现不同的颜色是由于物质对不同波长选择性吸收的原因。若物质选择性吸收了某种颜色的光，则其余波长的光会完全透过，溶液呈现吸收光的互补光。如 $CuSO_4$ 溶液呈蓝色，是由于 $CuSO_4$ 溶液选择性地吸收了白光中的黄色光，故呈现其互补光蓝色的颜色。$KMnO_4$ 溶液可选择性地吸收绿色光，故 $KMnO_4$ 溶液呈紫红色。如果溶液对白光中各颜色的光都不吸收，这种溶液则是无色透明的；相反，则呈黑色。

图 10-2 互补光示意图

2. 吸收曲线

将不同波长的光透过某一浓度的稀溶液，分别测量在不同波长下该溶液对光的吸光度（用 A 表示），然后以波长 λ 为横坐标，以吸光度 A 为纵坐标作图，所得曲线称为吸收曲线或吸收光谱。图 10-3 是四种浓度的 $KMnO_4$ 溶液的吸收曲线，由图可知如下规律。

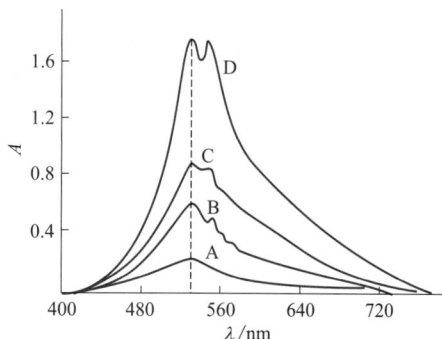

图 10-3 $KMnO_4$ 溶液的吸收曲线
（浓度：D＞C＞B＞A）

（1）同一浓度的 $KMnO_4$ 溶液对不同波长光的吸收程度不同。吸光度 A 最大处对应的波长称为最大吸收波长 λ_{max}。

（2）不同浓度的同一种物质（如图 10-3 中的 $KMnO_4$ 溶液），其吸收曲线形状相似，最大吸收波长 λ_{max} 相同。在某一特定波长下吸光度 A 不同，并且 A 随浓度的增大而增大。此特性可作为物质定量分析的依据。

（3）不同物质的吸收曲线形状和 λ_{max} 都不同，可作为物质定性分析的依据。

（4）在 λ_{max} 处吸光度随浓度变化的幅度最大，所以定量分析中常选择最大吸收波长 λ_{max} 处测定，以获得最大的灵敏度。

👥 **课堂练习**

1. 紫外-可见光的波长范围是_____ nm。

2. 硫酸铜溶液呈现蓝色，因吸收_____色光。

3. 不同浓度的同一种物质，其吸收曲线形状相似，_____相同，可用于定性分析。

第二节 紫外-可见分光光度法

一、光吸收的基本定律——朗伯-比尔定律

1. 透光率和吸光度

当一束平行的单色光照射到某一有色的溶液时，光的一部分被溶液吸收，一部分透过溶液。设入射光强度为 I_0，吸收光强度为 I_a，透过光强度为 I_t，则 I_t 与 I_0 之比称为透光率，用 T 表示：

$$T = \frac{I_t}{I_0} \times 100\% \tag{10-3}$$

溶液的透光率表示入射光透过溶液的程度，透光率越大，表示溶液对光的吸收程度越小；反之，溶液的透光率越小，表示溶液对光的吸收越多。

物质对光的吸收程度用吸光度 A 表示，定义为：

$$A = \lg \frac{1}{T} = -\lg T \tag{10-4}$$

2. 朗伯-比尔定律

朗伯和比尔分别研究了光的吸收与液层厚度及浓度的定量关系，二者结合起来称为朗伯-比尔定律，即物质对光吸收的基本定律。

朗伯-比尔定律（光的吸收定律）：当一束平行的单色光垂直照射到某一均匀、无散射的含有吸光物质的溶液时，在入射光的波长、强度以及溶液的温度等保持不变的条件下，该溶液的吸光度 A 与溶液的浓度 c 及溶液的液层厚度 b 的乘积成正比。即：

$$A = kbc \tag{10-5}$$

👥 **课堂练习**

设入射单色光强度为 I_0，物质对光的吸收强度为 I_a，透过光强度为 I_t，则物质对光的透光率 T 为_____，吸光度 A 为_____。

二、吸光系数

朗伯-比尔定律中的比例系数 k 称为吸光系数，其物理意义是单位浓度的溶液，在液层厚度为 1cm 时，在某一定波长下测得的吸光度。吸光系数是物质的特征常数之一，在一定条件下是一个常数。吸光系数的大小与入射光波长、溶剂和吸光物质本性有关，而与吸光物质的浓度和液层厚度无关。由于溶液的浓度单位不同，吸光系数常分为摩尔吸光系数、质量吸光系数和比吸光系数。

1. 摩尔吸光系数

朗伯-比尔定律表达式中，若溶液浓度 c 的单位为 $mol \cdot L^{-1}$，液层厚度 b 的单位为 cm，这时 k 称为摩尔吸光系数，用 ε 表示，其单位为 $L \cdot mol^{-1} \cdot cm^{-1}$，此时朗伯-比尔定律可表示为：

$$A = \varepsilon b c \tag{10-6}$$

ε 值越大，表示物质对某波长的光吸收能力越强，测定的灵敏度也越高。因此，测定时经常选用 ε 值大的有色物质进行测定。

2. 质量吸光系数

朗伯-比尔定律表达式中，若浓度 c 的单位为 $g \cdot L^{-1}$，液层厚度 b 的单位为 cm 时，此时 k 称为质量吸光系数，以 a 表示，其单位为 $L \cdot g^{-1} \cdot cm^{-1}$，此时朗伯-比尔定律可表示为：

$$A = a b c \tag{10-7}$$

a 和 ε 的关系为：

$$\varepsilon = a M \tag{10-8}$$

式中，M 表示被测物质的摩尔质量。

3. 比吸光系数（百分吸光系数）

朗伯-比尔定律表达式中，若 c 的单位为 $g \cdot 100mL^{-1}$（表示 100mL 溶液中含被测物质多少克），液层厚度为 1cm 时，k 称为比吸光系数，用 $E_{1cm}^{1\%}$ 表示，此时朗伯-比尔定律可表示为：

$$A = E_{1cm}^{1\%} b c \tag{10-9}$$

摩尔吸光系数 ε 与比吸光系数 $E_{1cm}^{1\%}$ 的关系为：

$$\varepsilon = E_{1cm}^{1\%} M / 10 \tag{10-10}$$

质量吸光系数 a 与比吸光系数 $E_{1cm}^{1\%}$ 的关系为：

$$a = 0.1 E_{1cm}^{1\%} \tag{10-11}$$

【例 10-1】 氯霉素的水溶液在 278nm 处有吸收峰，设用纯品配制 100mL 含 2.00mg 的溶液，以 1.0cm 厚的吸收池在波长 278nm 处测得透光率为 24.3%，计算（1）该溶液的吸光度；（2）比吸光系数 $E_{1cm}^{1\%}$；（3）摩尔吸光系数 ε。（已知氯霉素的 $M = 323.15 g \cdot mol^{-1}$）

解 （1）$A = -\lg T = -\lg \dfrac{24.3}{100} = 0.614$

（2）因 $A = E_{1cm}^{1\%} b c$

故 $0.614 = E_{1cm}^{1\%} \times 1.0 \times 2 \times 10^{-3}$

$E_{1cm}^{1\%} = 307.0$

（3）因 $\varepsilon = E_{1cm}^{1\%} M / 10$

故 $\varepsilon = 307.0 \times \dfrac{323.15}{10} = 9.92 \times 10^{3} \ (L \cdot mol^{-1} \cdot cm^{-1})$

课堂练习

已知某化合物的分子量为 251，将此化合物用乙醇作溶剂配成浓度为 $0.150 mmol \cdot L^{-1}$ 的溶液，在 480nm 波长处用 2.00cm 吸收池测得透光率为 39.8%，求该化合物在上述条件下的摩尔吸光系数和比吸光系数。

三、偏离朗伯-比尔定律的因素

定量分析时，通常液层厚度是相同的，根据朗伯-比尔定律，浓度与吸光度之间的关系应该是一条通过直角坐标原点的直线。但在实际工作中，往往会偏离线性而发生弯曲。偏离朗伯-比尔定律的原因很多，主要有物理因素和化学因素两个方面。

（一）物理因素引起的偏离

1. 非单色光所引起的偏离

朗伯-比尔定律的适用条件要求入射光为单色光，但在实际工作中，一般的分光光度计只能得到近乎单色的狭窄光带，很难获得真正的纯单色光。这样吸光度与浓度并不完全成直线关系，引起朗伯-比尔定律的偏离。所得入射光的波长范围越窄，即"单色光"越纯，则引起的偏离越小。

为减免非单色光引起的误差，通常把最大吸收波长 λ_{max} 选定为入射波长，因为在此处测定不仅具有较高的灵敏度，而且一定程度上减少了由非单色光引起的偏离。

2. 非平行光引起的偏离

朗伯-比尔定律要求采用平行光垂直入射。实际测定中，由于仪器性能限制，通过吸收池的光不是真正的平行光，而是稍有倾斜的光束。若入射光束为非平行光，可能导致光束通过吸收池的平均光程大于吸收池的厚度，从而影响吸光度的测量值。

3. 介质不均匀而产生反射、散射等引起的偏离

朗伯-比尔定律只适用于十分均匀的吸收体系。如果介质不均匀，例如含有胶体、蛋白质等，则入射光除了被吸收外，还会有反射、散射的作用，造成实际测得的吸光度偏大，导致对朗伯-比尔定律的偏离。

（二）化学因素引起的偏离

1. 溶液浓度过高引起的偏离

朗伯-比尔定律只适合于稀溶液（$c < 0.01\text{mol} \cdot \text{L}^{-1}$）。当吸光物质浓度较大时，吸光粒子之间的相互作用较强，这种相互作用改变了粒子对光的吸收能力，使溶液的吸光度与溶液浓度之间的线性关系发生偏离。

2. 化学反应引起的偏离

吸光物质在溶液中发生解离、缔合、互变异构或溶剂的相互作用时，可引起偏离朗伯-比尔定律。例如：$K_2Cr_2O_7$ 在水溶液中存在如下平衡：

$$Cr_2O_7^{2-} + H_2O \rightleftharpoons 2H^+ + 2CrO_4^{2-}$$

溶液稀释时，上述平衡向右，$Cr_2O_7^{2-}$ 浓度减小，导致偏离朗伯-比尔定律。

第三节　紫外-可见分光光度计

分光光度计按使用的波长范围不同可分为：紫外分光光度计（200～400nm）、可见分光光度计（400～760nm）和紫外-可见分光光度计（200～1000nm）。

一、紫外-可见分光光度计的主要组成部件

分光光度计主要由光源、单色器、吸收池（样品池）、检测器、信号显示系统五个部分组成。普通紫外-可见光谱仪如图 10-4 所示。

1. 光源

光源的作用是在使用波长范围内，提供连续的、强度足够大的、稳定性好的光谱。分光光度计实际应用的光源一般分为紫外光光源和可见光光源。

光源 → 单色器 → 吸收池 → 检测器 → 信号显示系统

图 10-4　紫外-可见光谱仪示意图

（1）可见光光源　分光光度计的可见光光源使用钨灯或卤钨灯。钨灯又称白炽灯，适用的波长范围是 $350\sim1000nm$，最适宜用于可见光区。卤钨灯是在钨灯灯泡内充入碘或溴的低压蒸气，灯的使用寿命较长，而且发光效率也比钨灯高。但必须使用稳压电源，才能保证光源的发光强度稳定。

（2）氢灯或氘灯　分光光度计的紫外光光源使用氢灯和氘灯。氢灯和氘灯都是气体放电发光，可发射波长范围为 $150\sim400nm$ 的紫外线连续光谱。氘灯虽比氢灯贵，但氘灯发光强度比氢灯大，并且使用寿命也比氢灯长，故现在的仪器多用氘灯。

2. 单色器

单色器的作用是将来自光源的复合光分解成单色光，并分离出所需波长的单色光，它是分光光度计的核心部分。单色器主要由狭缝、色散元件和透镜系统组成。其原理如图 10-5 所示。色散元件是棱镜和反射光栅或两者的组合，是单色器的关键部件，主要作用是将连续光谱色散成为单色光。透镜系统的作用是控制光的方向。狭缝包括入射狭缝和出射狭缝，作用是调节光的强度，并使所需要的单色光通过。单色光的纯度决定于棱镜的色散率和出射狭缝的宽度。

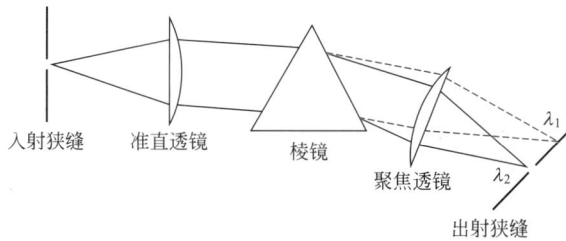

入射狭缝　准直透镜　棱镜　聚焦透镜　λ_1　λ_2　出射狭缝

图 10-5　单色器示意图

3. 吸收池（样品池）

吸收池又叫比色皿，是用于盛放待测试液和决定透光液层厚度的器皿，有玻璃吸收池和石英吸收池两种。玻璃吸收池用于可见光区的测定，紫外光区则必须使用石英吸收池，石英吸收池也可用于可见光区。吸收池一般为长方体，两侧及底部为毛玻璃，另两面为光学透光面。取吸收池时，手只能接触毛玻璃侧，不能接触光学面。常用的吸收池规格有：0.5cm、1.0cm、2.0cm、3.0cm、5.0cm 等，可根据需要选用。

4. 检测器

检测器的作用是接收从吸收池透过的光，并将接收到的光信号转变成便于测量的电信号。常用的检测器有光电管及光电倍增管等。

5. 信号显示系统

信号显示系统能把检测器检测的电信号放大，并用一定方式显示出来，如透光率或吸光度等。信号显示器有多种：检流计、数字显示和微机自动控制等。通过微机自动控制，可自动绘制工作曲线，计算分析结果，并可打印分析报告。

二、紫外-可见分光光度计的主要类型

紫外-可见分光光度计分为单波长分光光度计和双波长分光光度计两类，其中单波长分光光度计又分为单光束和双光束两种。

1. 单波长单光束分光光度计

用钨灯和氢灯作光源，光源经单色器后只得到一束平行光，这束平行光依次通过参比溶液和待测溶液，进行吸光度的测定。这类分光光度计有国产 721 型、722 型、751 型、752型、753 型和 754 型等，国外的有日本岛津的 QR-50 型、英国的 Unicam SP500 型等。以722 型分光光度计为例，其光路图如图 10-6。

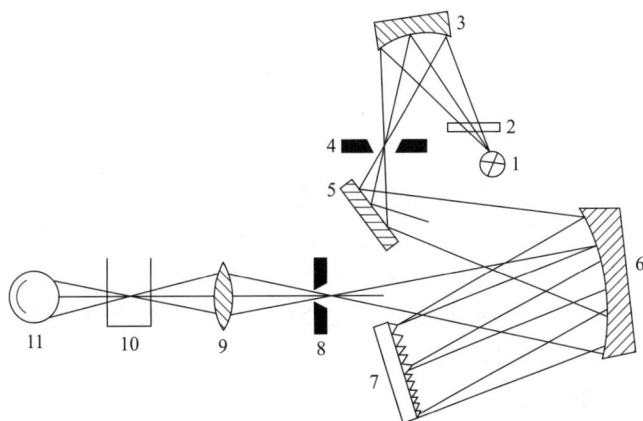

图 10-6　722 型光栅分光光度计光路图

1—钨卤灯；2—滤光片；3—聚光镜；4—入射狭缝；5—反射镜；6—准直镜；

7—光栅；8—出射狭缝；9—聚光镜；10—吸收池；11—光电管

2. 单波长双光束分光光度计

双光束分光光度计示意图见 10-7，这类国产仪器有 710 型、730 型、740 型等。从单色器射出的单色光经过一个扇面镜被分成两束强度相当的单色光，一束通过参比池，另一束通过样品池。再用一同步的扇面镜将两束分别透过参比池和样品池的光交替照射到光电倍增管，经过比较放大后，显示器显示出透光率、吸光度和浓度等，并记录吸收光谱。由于两束光同时分别通过参比池与样品池，可以减免光源光强度不稳而引入的误差。

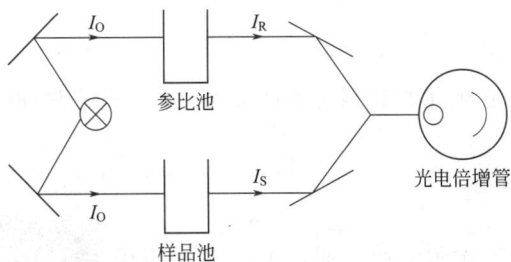

图 10-7　双光束分光光度计示意图

3. 双波长分光光度计

这类仪器如国产的 WFZ800-S 型，日本岛津的 UV-300 型和日立的 556 型等。其光路图

如图 10-8，从同一光源发出的光分成两束，分别经过两个单色器后，产生不同波长的两束光交替照射同一样品池，最后得到试液对不同波长的吸光度差值。在同一测定条件下，不同波长的吸光度差值与待测组分的浓度成正比。$A_1 - A_2 = (k_1 - k_2)bc$。这类仪器不需要参比池，因此可减免吸收池不匹配、参比溶液与试样溶液折射率和散射作用的不同引起的误差。

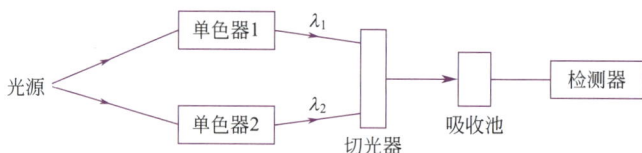

图 10-8　双波长分光光度计示意图

第四节　紫外-可见分光光度法的应用

由于紫外-可见分光光度法简便、快速，故广泛应用于定量分析，也用于物质的定性分析和结构分析。

一、定性分析

紫外-可见分光光度法主要应用于有机化合物的定性分析和结构分析。利用紫外-可见吸收光谱进行化合物的定性鉴别，一般采用对比法。所谓对比法就是将样品的吸收光谱特征与标准化合物的吸收光谱或文献记载的标准图谱进行核对，若二者有明显差别，则肯定是不同的化合物；若二者完全相同，则可能是同一化合物，但不同的化合物可以有很相似的吸收光谱，应考虑到有非同一物质的可能性。

1. 吸收光谱特征数据比较法

最常用于鉴别的光谱特征数据是吸收峰的 λ_{max}，若一个化合物有几个峰和谷，应同时作为鉴定的依据。不同化合物的 λ_{max} 值可能相同，但它们的 ε_{max} 值或 $E_{1cm}^{1\%}$ 值常有明显差异，所以吸收系数也常用于化合物的定性鉴别。

2. 标准物质比较法

在相同的测量条件下，测定并比较未知物与已知标准物的吸收光谱曲线，如果两者的光谱值，如吸收峰数目、最大吸收波长、摩尔吸光系数和吸收峰的形状等完全一致，则可以初步认为它们是同一化合物或分子结构基本相同。

3. 标准谱图比较法

也可以与文献所载的标准谱图进行对比，但必须注意其测定条件必须一致。若光谱曲线完全一致，则认为可能为同一物质。

二、定量分析

紫外-可见分光光度法定量分析的依据是朗伯-比尔定律，即：$A = kbc$，应用广泛。

（一）单组分的定量分析

如果在一个试样中只测定一种组分，且在选定的测量波长下，试样中其他组

紫外可见分光光度法的应用——定量分析

分对该组分不干扰，这种单组分的定量分析较简单。一般有标准对照法、标准曲线法和吸光系数法三种。

1. 标准曲线法

标准曲线法又称为工作曲线法，是分析工作中最常用的一种定量分析方法。其方法是先配制一系列浓度不同的待测组分的标准溶液，用选定的显色剂进行显色，以不含被测组分的空白溶液为参比溶液，在选定波长下分别测定各标准溶液的吸光度 A。以吸光度 A 为纵坐标，各标准溶液的浓度 c 为横坐标，绘制 A-c 曲线，即为标准曲线（也叫校正曲线或工作曲线），如图 10-9，该曲线应为一条通过原点的直线。然后在完全相同的测量条件下测定待测溶液的吸光度，然后从标准曲线上找出对应的被测溶液浓度，这就是标准曲线法。

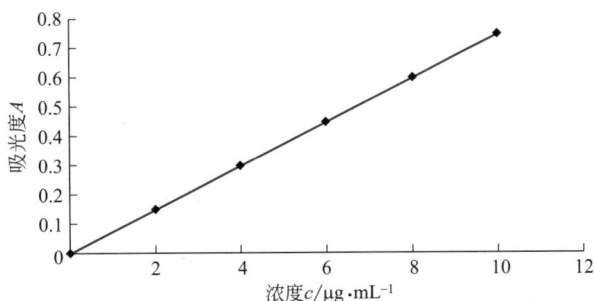

图 10-9　标准曲线示意图

2. 吸光系数法

根据朗伯-比尔定律 $A = \varepsilon bc$，或 $A = E_{1cm}^{1\%} bc$，如果已知吸收池的厚度 b 和吸光系数 ε 或 $E_{1cm}^{1\%}$（可以从文献或手册中查到，常用于定量的是百分吸光系数 $E_{1cm}^{1\%}$）。则有：

$$c = \frac{A}{E_{1cm}^{1\%} b} \tag{10-12}$$

此法应用的前提是可测得或已知物质的 $E_{1cm}^{1\%}$。

【例 10-2】 维生素 B_{12} 的水溶液在 361nm 处的百分吸光系数为 207，用 1cm 比色池测得某维生素 B_{12} 溶液的吸光度是 0.414，求该溶液的浓度。

解　$A = E_{1cm}^{1\%} bc$

$$c = \frac{A}{E_{1cm}^{1\%} b} = \frac{0.414}{207 \times 1} = 0.00200 \text{g} \cdot (100\text{mL})^{-1} = 20.0\ (\mu\text{g} \cdot \text{mL}^{-1})$$

3. 标准对照法

标准对照法又称比较法。在相同条件下，分别测定待测溶液和某一标准溶液（浓度 $c_{标}$）的吸光度 $A_{样}$ 和 $A_{标}$，根据朗伯-比尔定律有：

$$A_{样} = k_{样}\ c_{样}\ b_{样}$$
$$A_{标} = k_{标}\ c_{标}\ b_{标}$$

因在同一波长处，采用同台仪器、同样的吸收池进行测定，故 k 和 b 值相同。因此：

$$\frac{A_{样}}{A_{标}} = \frac{c_{样}}{c_{标}}$$

则可得到待测溶液的浓度 $c_{样}$：

$$c_样=\frac{A_样}{A_标}\times c_标 \tag{10-13}$$

标准对照法只有在标准曲线线性关系良好且通过原点时才比较可靠，此外，为了减少误差，要求比较法配制的标准溶液浓度要与样品溶液的浓度相近。

【例 10-3】精密吸取 $KMnO_4$ 样品溶液 25.00mL。另配制 $KMnO_4$ 标准溶液的浓度为 $25.0\mu g\cdot mL^{-1}$。在 525nm 处，用 1.00cm 厚的吸收池，测得样品溶液和标准溶液的吸光度分别为 0.224 和 0.250。求样品溶液中 $KMnO_4$ 的浓度。

解　由于样品溶液与标准溶液在相同条件下测定，则：

$$c_样=\frac{A_样}{A_标}\times c_标=\frac{0.224}{0.250}\times 25.0$$

由此解得：$c_样=22.4\mu g\cdot mL^{-1}$

【例 10-4】精密吸取维生素 B_{12} 注射液 2.50mL，加水稀释至 10.00mL；另配制对照液，精密称定对照品 25.00mg，加水稀释至 1000mL。在 361nm 处，用 1cm 吸收池，分别测定吸光度为 0.508 和 0.518，求维生素 B_{12} 注射液的浓度。

例 10-4

解　因

$$\frac{A_样}{A_标}=\frac{c_样}{c_标}$$

$$\frac{A_样}{A_标}=\frac{c_{B_{12}}\times\frac{2.50}{10}}{c_标}$$

$$\frac{0.508}{0.518}=\frac{c_{B_{12}}\times\frac{2.50}{10}}{\frac{25.00}{1000}}$$

$$c_{B_{12}}=0.09807mg\cdot mL^{-1}=98.1\mu g\cdot mL^{-1}$$

课堂练习

精密称取维生素 B_{12} 样品 25.0mg，用水溶液配成 100mL。精密吸取 10.00mL，又置于 100mL 容量瓶中，加水至刻度。取此溶液在 1cm 的吸收池中，于 361nm 处测定吸光度为 0.507，求维生素 B_{12} 的百分含量（$E_{1cm}^{1\%}=207$）。

（二）多组分的定量测定方法及应用

当溶液中含有多种组分时，如果各种吸光物质之间无相互作用，此时溶液的总吸光度等于各组分吸光度之和，即：

$$A_总=A_1+A_2+\cdots+A_n$$

（1）如果各组分的吸收峰互不重叠，即在 A 组分的最大吸收波长（λ_{max}）处，其他组分没有吸收，如图 10-10(a) 所示，则可按单组分的测定方法分别在 λ_1 处测定 A 组分的吸光度，在 λ_2 处测定 B 组分的吸光度，A、B 两组分互不干扰。

（2）如果 A、B 两组分的吸收光谱部分重叠［如图 10-10(b) 所示］，在 A 组分的最大吸收波长处，B 组分有吸收；而在 B 组分的最大吸收波长处，A 组分无吸收。此时，可在 B 组分的最大吸收波长出测定 B 的吸光度，看作 B 单个组分的溶液。

然后在 A 的最大吸收波长处测得混合溶液的总吸光度 A_{A+B}，再根据物质吸光度的加和性公式计算出 A 组分的吸光度。

（3）在混合组分测定中，如遇到吸收光谱双重叠，相互干扰，即两组分在最大吸收波长处互相有吸收，如图 10-10(c) 所示，则在两最大波长处分别测得混合溶液的总吸光度 A_1 和 A_2，因吸光度具有加和性，通过建立线性方程组就可以解出 A、B 两组分的浓度。

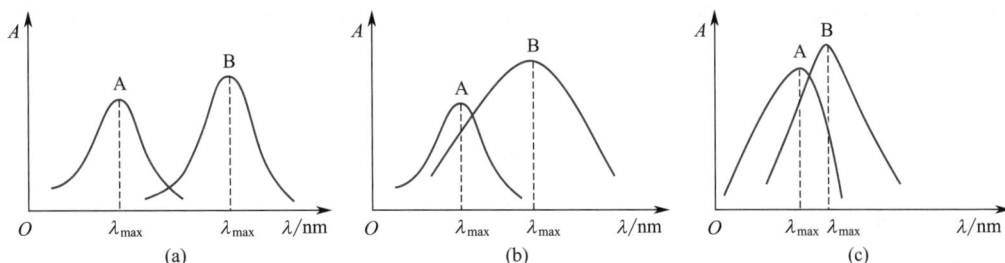

图 10-10　多组分吸收光谱相互重叠的三种情况

三、应用与示例

1. 邻菲罗啉分光光度法测定微量铁

邻菲罗啉与 Fe^{2+} 生成稳定的橙色配合物（$\lg K = 21.3$），该配合物的 $\varepsilon = 1.1 \times 10^4$，在一定 pH 下，同时有还原剂存在下，颜色可保持数月，是测定微量铁的一种很好的显色剂。Fe^{3+} 与邻菲罗啉可生成淡蓝色配合物，因此在加入邻菲罗啉前，先加入盐酸羟胺将 Fe^{3+} 还原为 Fe^{2+}。

2. 水杨酸含量测定

水杨酸又称为邻羟基苯甲酸，为重要的精细化工原料，可以去角质及清理毛孔，并且对皮肤的刺激性较果酸小；在医药行业，是一种用途极为广泛的消毒防腐剂。水杨酸在紫外区的吸收比较稳定，可进行定性和定量分析。

3. 磷钼蓝法测定全磷

磷测定时先用高氯酸（$HClO_4$）和浓硫酸（H_2SO_4）进行处理，使磷以 H_3PO_4 形式存在。H_3PO_4 与 $(NH_4)_2MoO_4$ 反应形成磷钼黄杂多酸 $(NH_4)_3PO_4 \cdot 12MoO_3$。

反应为：

$$H_3PO_4 + 12(NH_4)_2MoO_4 + 21HNO_3 \Longrightarrow (NH_4)_3PO_4 \cdot 12MoO_3 + 21NH_4NO_3 + 12H_2O$$

一定酸度下，磷钼酸可被抗坏血酸还原为磷钼蓝，溶液为蓝色，可采用分光光度法测其含量。

🧑‍🤝‍🧑 拓展窗

紫外-可见分光光度计的发明

1852 年，比尔（Beer）参考了布给尔（Bouguer）1729 年和朗伯（Lambert）在 1760 年所发表的文章，提出了分光光度的基本定律，即液层厚度相等时，颜色的强度与呈色溶液的浓度成比例，从而奠定了分光光度法的理论基础，这就是著名的朗伯-比尔定律。1854 年，杜包斯克（Duboscq）和奈斯勒（Nessler）等人将此理论应用于定量分析化学领域，并且设计了第一台比色计。1918 年，美国国家标准局制成了第一台紫外-可见分光光度计。此后，紫外-可见分光光度计经不断改进，又出现自动记录、自动打印、数字显示、微机控制等各种类型的仪器，使光度法的灵敏度和准确度也不断提高，其应用范围也不断扩大。紫外-可见分光光度法从问世以来，在应用方面有了很大的发展，尤其是在相关学科发展的基础上，促使分光光度计仪器的不断创新，功能更加齐全，使得光度法的应用更拓宽了范围。

✖ 本章小结

一、吸光光度法的基本原理

1. 光的本质

光为一种电磁波，既具有波动性又具有粒子性。

光速（c）、频率（ν）、波长（λ）之间的关系如下：

$$\nu = \frac{c}{\lambda}$$

光子的能量 E、频率 ν 或波长 λ 具有以下关系：

$$E = h\nu = h\,\frac{c}{\lambda}$$

2. 物质对光的选择性吸收

肉眼能感觉到的光称为可见光，其波长范围为 $400 \sim 760\mathrm{nm}$。具有单一波长的光称为单色光，由不同波长光组成的混合光称为复合光。

白光（如日光灯光）是一种复合光，是由红、橙、黄、绿、青、蓝、紫等颜色的光按一定比例混合而成的。当一束白光通过一有色溶液时，溶液会选择性吸收某些波长的光，而其余波长的光会完全透过，溶液呈现吸收光的互补光。透射光与互补色光组成白光，互称为互补色光。

3. 吸收曲线

测量某溶液在不同波长的吸光度，以波长为横坐标，吸光度为纵坐标绘制曲线，此曲线称为光的吸收曲线。吸光度 A 最大处对应的波长称为最大吸收波长 $\lambda_{\max}$。不同浓度的同一种物质，其吸收曲线形状相似，最大吸收波长 $\lambda_{\max}$ 相同。

二、光吸收的基本定律——朗伯-比尔定律

1. 透光率和吸光度

$$T = \frac{I_t}{I_0} \times 100\%$$

$$A = \lg \frac{1}{T} = -\lg T$$

式中，I_0 为入射光强度，I_t 为透过光强度，T 为透光率，A 表示吸光度。

2. 朗伯-比尔定律

溶液的吸光度 A 与溶液的浓度 c 及溶液的液层厚度 b 的乘积成正比。即：

$$A = kbc$$

3. 吸光系数

（1）摩尔吸光系数　若溶液浓度 c 的单位为 $\mathrm{mol \cdot L^{-1}}$，液层厚度 b 的单位为 cm，这时

k 称为摩尔吸光系数，用 ε 表示，其单位为 $L\cdot mol^{-1}\cdot cm^{-1}$，此时朗伯-比尔定律可表示为：$A=\varepsilon bc$。

（2）质量吸光系数　若溶液浓度 c 的单位为 $g\cdot L^{-1}$，液层厚度 b 的单位为 cm 时，此时 k 称为质量吸光系数，以 a 表示，其单位为 $L\cdot g^{-1}\cdot cm^{-1}$，此时朗伯-比尔定律可表示为：$A=abc$。

a 和 ε 的关系为：$\varepsilon=aM$。

（3）比吸光系数（百分吸光系数）　若 c 的单位为 $g\cdot 100mL^{-1}$（表示 100mL 溶液中含被测物质多少克），液层厚度 b 为 1cm 时，k 称为比吸光系数，用 $E_{1cm}^{1\%}$ 表示，此时朗伯-比尔定律可表示为：$A=E_{1cm}^{1\%}bc$。

（4）吸光系数的换算

摩尔吸光系数 ε 与比吸光系数 $E_{1cm}^{1\%}$ 的关系为：

$$\varepsilon=E_{1cm}^{1\%}M/10$$

质量吸光系数 a 与比吸光系数 $E_{1cm}^{1\%}$ 的关系为：

$$a=0.1E_{1cm}^{1\%}$$

三、紫外-可见分光光度计的主要组成部件及分光光度计的类型

1. 紫外-可见分光光度计的主要组成部件

分光光度计主要由光源、单色器、吸收池（样品池）、检测器、信号显示系统五个部件组成。

2. 分光光度计的类型

紫外-可见分光光度计分为单波长分光光度计和双波长分光光度计两类，其中单波长分光光度计又分为单光束和双光束两种。

四、紫外-可见分光光度法的应用

（1）定性分析　吸收光谱特征数据比较法、标准物质比较法、标准图谱比较法。

（2）定量分析　包括单组分的定量分析和多组分的定量分析，其中单组分定量分析又包括标准曲线法、标准对照法、吸光系数法等。

习题

一、单项选择题

1. $CuSO_4$ 溶液呈蓝色，是由于 $CuSO_4$ 溶液选择性地吸收了白光中的（　　　）。

　A. 紫色光　　　　　B. 绿色光　　　　　C. 黄色光　　　　　D. 蓝色光

2. 用吸光光度法测得某溶液的透光率为 T_0，若将该溶液稀释一倍，则此时溶液的透光率为（　　　）。

　A. $\dfrac{T_0}{2}$　　　　　B. $\sqrt{T_0}$　　　　　C. $2T_0$　　　　　D. T_0^2

3. 分光光度法的吸光度与下列无关的因素是（　　　）。

　A. 溶液的浓度　　　B. 入射光的波长　　C. 液层厚度　　　　D. 液层的高度

4. 吸光度 A 为 0 时，透光率 T 为（　　　）。

　A. 0　　　　　　　B. 10%　　　　　　C. 100%　　　　　D. 20%

5. 某溶液在某波长处测得 A 为 0.22，若浓度增加一倍，比色皿厚度减为原来的一半，则吸光度变为（　　　）。

　A. 0.44　　　　　　B. 0.22　　　　　　C. 0.66　　　　　　D. 0.11

6. 现测定 A、B 两个不同浓度的某溶液，若 A 比色皿的厚度为 1cm，B 比色皿的厚度为 2cm，测得两溶液的吸光度相同，则 A、B 浓度关系为（　　　　）。

    A. $c_A = c_B$　　　　　B. $c_A = 2c_B$　　　　　C. $2c_A = c_B$　　　　　D. $c_A = \dfrac{1}{3}c_B$

7. 分光光度法中，吸光系数与（　　　）有关。
    A. 光的强度　　　　B. 溶液的浓度　　　C. 入射光的波长　　D. 液层的厚度

8. 摩尔吸光系数很大，则说明（　　　）。
    A. 该物质的浓度很大　　　　　　　　B. 光通过该物质溶液的光程长
    C. 该物质对某波长光的吸收能力强　　D. 测定该物质的方法灵敏度低

9. 符合比尔定律的有色溶液稀释时，其最大的吸收峰的波长位置（　　　）。
    A. 向长波方向移动　　　　　　　　　B. 向短波方向移动
    C. 不移动，但峰高降低　　　　　　　D. 无任何变化

10. 分光光度计测定中，工作曲线弯曲的原因可能是（　　　）。
    A. 溶液浓度太大　　B. 溶液浓度太稀　　C. 参比溶液有问题　　D. 仪器有故障

11. 在分光光度法中运用光吸收定律进行定量分析，应采用（　　　）作为入射光。
    A. 白光　　　　　　B. 单色光　　　　　C. 可见光　　　　　　D. 锐线光

12. 可见分光光度法中，使用的光源是（　　　）。
    A. 钨丝灯　　　　　B. 氢灯　　　　　　C. 氙灯　　　　　　　D. 汞灯

二、判断题

1. 溶液的浓度越大，则该溶液的吸光系数越小；比色皿厚度越小，则吸光系数越大。
    （　　　）

2. 摩尔吸光系数数值上等于浓度为 $1mol \cdot L^{-1}$，液层厚度为 1cm 的溶液所具有的吸光度。
    （　　　）

3. 朗伯比尔定律适用于一切浓度的有色溶液。（　　　）

4. 拿吸收池时只能拿毛面，不能拿透光面，擦拭时必须用擦镜纸擦透光面，不能用滤纸擦。
    （　　　）

5. 朗伯-比尔定律中的浓度是指吸光物质的浓度，不是分析物的浓度。（　　　）

6. 721 型分光光度计的定量分析方法是基于物质对光选择性吸收而建立起来的分析方法。
    （　　　）

7. 在可见分光光度定量分析中，入射光波长的选择以吸收最大，干扰最小为原则。
    （　　　）

8. 当入射光的波长、溶液的浓度及温度一定时，溶液的吸光度与液层厚度成正比。
    （　　　）

9. 朗伯-比尔定律是物质吸光的定量依据，它仅适用于单色光。因此，光度分析中，所选用的单色光纯度越高越好。
    （　　　）

10. 为使 721 型分光光度计稳定工作，防止电压波动影响测定，最好能加一个电源稳压器。
    （　　　）

三、填空题

1. 物质的吸收光谱是以_____为横坐标，以_____为纵坐标绘制得到的曲线；而标准工作曲线则是以_____为横坐标，以_____为纵坐标绘制得到。

2. 分光光度计的基本组成部件包括_____、_____、_____和_____。

3. 某物质透光率为 10%，则吸光度 A 为_____。

4. 某溶液用厚度为 2cm 的比色皿测定时，透光率 T 为 60%，若用 1cm 比色皿测量，A 和 T 分别为_____和_____。

5. 朗伯-比尔定律是指_____。

6. 吸光系数是物质的特征常数之一，吸光系数的大小与_____、_____ 和_____有关，而与_____和_____无关。

四、计算题

1. 某溶液用 1cm 的吸收池测定时，透光率为 50%，若改用 2cm 的吸收池测定该溶液，则测得的吸光度和透光率为多少？

2. A、B 两种浓度的溶液，选用 1cm 厚的吸收池测得透光率分别为（1）T_A 为 60.0%；（2）T_B 为 42.5%。求（1）两溶液的吸光度；（2）若溶液 A 的浓度为 $c = 6.0 \times 10^{-4} \text{mol} \cdot \text{L}^{-1}$，则溶液 B 的浓度为多少？

3. 某化合物的浓度为 $1.0 \times 10^{-5} \text{mol} \cdot \text{L}^{-1}$，在最大吸收波长 250nm 处测得透光率为 50%，比色皿的厚度为 2cm，求该化合物的摩尔吸光系数。

4. 维生素 C 的水溶液在 245nm 处的 $E_{1\text{cm}}^{1\%}$ 值为 560，若用 1cm 吸收池在 $\lambda_{\max}$ 245nm 处测得吸光度 A 为 0.551，则该维生素溶液的浓度为多少？

5. 以二苯硫腙光度法测定铜：100mL 溶液中含铜 $50\mu g$，用 1.00cm 比色皿，在分光光度计 550nm 波长处测得其透光率为 44.3%，计算铜二苯硫腙配合物在此波长处的吸光度、百分吸光系数和摩尔吸光系数。（已知 Cu 的摩尔质量为 $63.55\text{g} \cdot \text{mol}^{-1}$）

6. 某 Fe^{2+} 溶液的浓度为 $6\mu g/mL$，其吸光度为 0.304，而在同样条件下测得样品溶液的吸光度 A 为 0.510，求该样品溶液中 Fe^{2+} 的含量。

习题答案

第二部分

实　　验

模块一
实验基础知识

第一节　分析用水

根据中华人民共和国国家标准 GB/T 6682—2008《分析化学实验室用水的规格及试验方法》的规定，分析化学实验室用水分为三个级别：一级水、二级水和三级水。

一、分析用水的规格

1. 一级水

一级水用于有严格要求的分析试验，包括对颗粒有要求的试验。如高压液相色谱分析用水。一级水可用二级水经过石英设备蒸馏或离子交换混合床处理后，再经 $0.2\mu m$ 微孔滤膜过滤来制取。

2. 二级水

二级水用于无痕量分析等试验，如原子吸收光谱分析用水。二级水可用多次蒸馏或离子交换等方法制取。

3. 三级水

三级水用于一般化学分析试验。三级水可用蒸馏或离子交换等方法制取。

二、分析用水的级别和用途

分析实验室用水规格见实验表 1。

实验表 1　实验室用水的等级及主要指标

名称		一级	二级	三级
pH 范围		—	—	5.0～7.5
电导率(25℃)/mS·m^{-1}	≤	0.01	0.10	0.50
可氧化物质(以 O 计)/mg·L^{-1}	≤	—	0.08	0.4
吸光度(254nm,1cm 光程)	≤	0.001	0.01	—
蒸发残渣(105℃±2℃)/mg·L^{-1}	≤	—	1.0	2.0
可溶性硅(以 SiO$_2$ 计)/mg·L^{-1}	≤	0.01	0.02	—

注：1. 由于在一级水、二级水的纯度下，难于测定其真实的 pH，因此，对一级水、二级水的 pH 范围不做规定。

2. 由于在一级水的纯度下，难于测定可氧化物质和蒸发残渣，对其限量不做规定。可用其他条件和制备方法来保证一级水的质量。

第二节　化学试剂

一、化学试剂的分类

化学试剂的种类很多，世界各国对化学试剂的分类和分级的标准不尽一致。按照用途化学试剂分为标准试剂、一般试剂、高纯试剂和专用试剂四大类，简单介绍如下。

1. 标准试剂

标准试剂是用于衡量其他待测物质化学量的标准物质。标准试剂的主体含量高，而且准确可靠，一般由大型试剂厂生产，并严格按照国家标准检验。

2. 一般试剂

一般试剂是实验室普遍使用的试剂，一般分为四个等级，见实验表 2。

实验表 2　一般试剂的规格和适用范围

级别	名称	英文符号	标签颜色	适用范围
一级	优级纯	G. R.	绿色	纯度很高，适用于精密分析工作或科学研究工作
二级	分析纯	A. R.	红色	纯度仅次于一级品，适用于多数分析工作和科学研究工作
三级	化学纯	C. P.	蓝色	适用于一般分析工作
四级	实验试剂	L. R.	棕色或其他颜色	纯度较低，适用作实验辅助试剂

3. 高纯试剂

高纯试剂的主体成分含量与优级纯试剂相当，而且规定检测的杂质项目比同种优级纯或基准试剂多。高纯试剂主要用于微量分析中试样的分解及试液的制备，高纯试剂多属于通用试剂，如 HCl、Na_2CO_3、$HClO_4$、H_3BO_3、$NH_3 \cdot H_2O$ 等。

4. 专用试剂

专用试剂是一类专门用途的试剂，如仪器分析中色谱分析标准试剂、紫外及红外光谱纯试剂、核磁共振分析用试剂等。它与高纯试剂的区别是在特定用途中干扰杂质成分只需控制在不致产生明显干扰的限度以下。

二、化学试剂的选用

化学试剂纯度越高，价格越贵，因此，应根据分析任务、分析方法和对分析结果准确度的要求，合理选用不同等级的试剂。化学试剂选用的原则是在满足实验要求的前提下，选择的级别应就低而不就高。

具体选择试剂的注意事项如下：

（1）滴定分析配制标准溶液时应选用分析纯试剂。

（2）仪器分析实训中一般选用优级纯或专用试剂，而测定微量或超微量成分时应选用高纯试剂。

（3）一般无机化学教学实训选用化学纯试剂，而提纯实训、配制洗涤液则可使用实验试剂。

（4）优级纯与分析纯的主体成分基本相同，仅仅杂质含量不同。若所做实训对试剂杂质要求高，应选用优级纯试剂；若仅对主体含量要求高，则选用分析纯试剂。

（5）选用的化学试剂应与相应的纯水及容器配合使用。例如精密分析中选用优级纯试剂，为更好地发挥试剂的纯度，就应选用二次蒸馏水或去离子水及硬质硼硅玻璃器皿或聚乙烯器皿与之配合，这样才能达到高的实训精度。

（6）对于进口试剂，其规格标志与我国化学试剂现行等级标准不同，使用时应参照相关化学手册。

第三节 化学实验常用仪器和装置

实验中经常要用到各种类型的实验仪器，有必要认识它们及了解它们的用途及使用方法。本节主要介绍实验室中常用的实验仪器及其用途。

一、化学实验常用玻璃仪器

化学实验常用玻璃仪器见实验表 3。

实验表 3 化学实验常用玻璃仪器

仪器名称	主要用途及注意事项	仪器名称	主要用途及注意事项
玻璃棒	主要用途： 常用于搅拌、引流 注意事项： 搅拌时避免与器壁接触	量筒	主要用途： 粗略量取一定体积的液体 注意事项： ① 不能加热 ② 不能在其中配制溶液 ③ 不能在烘箱中烘烤
烧杯	主要用途： ①反应容器 ②用于溶解样品,配制溶液 注意事项： 加热时应置于石棉网上	药匙	主要用途： 有牛角、瓷质和塑料质三种,药匙用于取固体药品 注意事项： 药匙应擦拭干净,再取另一种药品
酸式滴定管 碱式滴定管	主要用途： 用于滴定或量取准确体积的液体,有 25mL,50mL 和 100mL 注意事项： ① 酸式滴定管不能盛放碱性试剂；碱式滴定管不能盛放酸性试剂、具有氧化性的试剂、有机溶剂等 ② 使用前要检查是否漏水	容量瓶	主要用途： 用于配制准确体积的标准溶液或被测试液 注意事项： ① 非标准磨口塞要保持原配 ② 不能直接加热 ③ 不能在烘箱中烘烤
表面皿	主要用途： 盖在烧杯上,防止液体溅出 注意事项： 不能直接加热	研钵	主要用途： ① 研磨固体 ② 混合固体物质 注意事项： 不能撞击;不能烘烤

仪器名称	主要用途及注意事项	仪器名称	主要用途及注意事项
试管	主要用途： ① 反应容器，可用于收集少量气体 ② 定性分析检验离子 注意事项： ① 可直接加热 ② 加热时，试管口不应对着任何人	漏斗	主要用途： ① 一般过滤 ② 引导溶液入小口容器中 注意事项： ① 滤纸铺好后，应低于漏斗上边缘 5mm ② 可过滤热溶液，但不能用火直接加热
应接管	主要用途： ① 承接液体用，上口接冷凝管，下口接接收瓶 ② 单尾应接管可用于简单蒸馏，支管出尾气。也可用于减压蒸馏，支管连接减压系统	分液漏斗	主要用途： ① 用于分离两种互不相溶的液体 ② 制备反应中加液体（多用球形及滴液漏斗） 注意事项： ① 活塞上涂凡士林，使转动自如 ② 磨口旋塞必须原配
滴管	主要用途： 吸取或滴加少量液体 注意事项： ① 胶头滴管加液时，不能伸入容器，更不能接触容器 ② 不能倒置，也不能平放于桌面上，应插入干净的瓶中或试管内 ③ 不能将液体吸入胶帽中	移液管和吸量管	主要用途： 用于准确量取一定体积的溶液 注意事项： 不能加热；上端和尖端不可磕破
圆底烧瓶	主要用途： 加热用作反应器或蒸馏器 注意事项： 避免直火加热，隔石棉网或各种加热浴加热	蒸发皿	主要用途： ① 溶液的蒸发、浓缩、结晶 ② 干燥固体物质 注意事项： ① 盛液量不超过容积的 2/3 ② 可直接加热，受热后不能骤冷 ③ 应使用坩埚钳取放蒸发皿
锥形瓶	主要用途： ① 在蒸馏实验中，用作液体接收器，接收馏分 ② 用于容量分析滴定 注意事项： ① 加热时应垫石棉网 ② 滴定时，只振荡不搅拌	(a)　(b)　(c) 冷凝管	主要用途： ① 蒸馏操作中作冷凝用 ② 球形冷凝管（c）适用于加热回流 ③ 直形（b）、空气（a）冷凝管用于蒸馏 注意事项： 注意从下口进冷却水，上口出水

二、化学实验其他常用仪器和器具

化学实验其他常用仪器和器具见实验表 4。

实验表 4　化学实验其他常用仪器和器具

仪器名称	主要用途及注意事项	仪器名称	主要用途及注意事项
铁架台	主要用途： 用于固定放置反应容器 注意事项： 固定仪器时,应使仪器和铁架台的中心落在铁架台底盘的中心处	石棉网	主要用途： 加热容器时,垫在容器与热源之间,使加热均匀 注意事项： ① 不能卷折 ② 不要把石棉网浸水,以免铁丝锈坏
干燥器	主要用途： 保持烘干或灼烧过的物质干燥 注意事项： ① 内放硅胶或 $CaCl_2$ 等干燥剂 ② 盖磨口处涂适量凡士林 ③ 不可将红热的物体放入	布氏漏斗　吸滤瓶	主要用途： 用于晶体或粗颗粒沉淀的减压过滤 注意事项： ① 先开抽气管,再过滤。过滤完毕,先分开抽气管与抽滤瓶的连接处,后关抽气管 ② 不能用火直接加热
试管夹	主要用途： 用于夹持试管 注意事项： ① 夹在试管上部,不要被火烧坏 ② 要从试管底部套上或取下试管夹	滴瓶	主要用途： 用于盛放需逐滴加入的液体 注意事项： ① 不能加热 ② 棕色瓶盛放见光易分解或不稳定的试剂
三脚架	主要用途： 放置加热容器,作仪器的支承物 注意事项： ① 先放石棉网,再放加热容器(水浴锅除外) ② 不要用手拿刚加热过的三脚架	酒精灯	主要用途： 用作热源 注意事项： ① 不可用一个酒精灯去引燃另一个酒精灯 ② 用酒精灯的外焰加热 ③ 酒精灯使用过后,应用灯盖盖灭,禁止吹灭
坩埚	主要用途： 用于固体物质的高温灼烧 注意事项： ① 把坩埚放在三脚架上的泥三角上直接加热 ② 取放坩埚时应用坩埚钳 ③ 加热后可放在干燥器中或石棉网上冷却	温度计	主要用途： 测量温度 注意事项： ① 应根据测量温度高低选择适合测量范围的温度计,严禁超量程使用 ② 测量液体的温度时,温度计的液泡要悬在液体中,不能触及容器的底部或器壁 ③ 不能将温度计当搅拌棒使用

第四节　玻璃仪器的洗涤和干燥

玻璃仪器的洗涤是一项必须做的实验前准备工作，因为仪器洗涤得是否符合要求，对实验结果有很大影响。

一、玻璃仪器的洗涤

玻璃仪器的洗涤方法很多，一般来说，应根据实验的要求、污物的性质和沾污程度来选择方法。附着在仪器上的污物既有可溶性物质，也有尘土、不溶物及有机油污等，洗涤玻璃仪器的一般步骤为：①用自来水洗；②用洗涤剂（液）洗；③用自来水洗；④用少量蒸馏水淋洗 3 次。具体如下。

1. 用水刷洗

用毛刷蘸水刷洗仪器，或用水摇动，可洗去仪器上附着的灰尘、可溶性物质和易脱落的不溶性杂质。

2. 用洗涤剂洗

一般的玻璃仪器（如锥形瓶、烧杯、量筒等）洗涤时，先用自来水冲洗一下，再用试管刷蘸取少量肥皂、洗衣粉或去污粉刷洗。然后，用自来水清洗，最后蒸馏水冲洗 3 次。注意在转动或上下移动试管刷时，须用力适当，避免损坏仪器。

计量玻璃仪器（如滴定管、移液管、量瓶等）也可用肥皂、洗衣粉洗涤，但不能用毛刷刷洗。

3. 用洗液洗

主要用于无法用刷子刷洗或不宜用刷子刷洗的仪器及无法用洗涤剂洗净的玻璃仪器，如冷凝管、滴定管、移液管和容量瓶等。若用洗涤剂已洗至不挂水珠，可不用洗液洗涤。

洗涤时，装入少量洗液，将仪器倾斜转动，使管壁全部被洗液湿润，转动一会儿后将洗液倒回原洗液瓶中，再用自来水把残留在仪器中的洗液洗去，最后用少量的蒸馏水洗 3 次。沾污程度严重的玻璃仪器用铬酸洗液浸泡一段时间，再依次用自来水和蒸馏水洗涤干净。把洗液微微加热浸泡仪器，效果会更好。

4. 用专用有机溶剂洗

用上述方法不能洗净的油或油类物质，可用适当的有机溶剂溶解去除。

一个洗净的玻璃仪器应该不挂水珠，当倒置仪器时，器壁形成一层均匀的水膜，无成滴水珠，也不成股流下，即已洗净。

二、玻璃仪器的干燥

不同实验对干燥有不同的要求，有时可以带水，有时则要求干燥。一般定量分析用的烧杯、锥形瓶等仪器洗净即可使用，而用于其他实验用的仪器很多要求是干燥的，应根据实验不同要求进行干燥。

1. 晾干

不急用的仪器，可在蒸馏水冲洗后在无尘处倒置控去水分，然后自然晾干。可用带有木钉的架子或带有透气孔的玻璃柜放置仪器。

2. 烘干

要求无水的仪器应控去水分，放在烘箱内烘干，烘箱温度为 $100\sim120℃$，烘 1h 左右。也可放在红外灯干燥箱中烘干，此法适用于一般仪器。称量瓶等在烘干后要放在干燥器中冷却和保存；带实心玻璃塞的仪器及厚壁仪器烘干时要注意慢慢升温并且温度不可过高，以免破裂；量器类仪器不可放于烘箱中烘。

硬质试管可用酒精灯加热烘干，要从底部烤起，把管口向下，以免水珠倒流把试管炸裂，烘到无水珠后把试管口向上赶净水气。

3. 热（冷）风吹干

对于急于使用，要求干燥的仪器或不适于放入烘箱的较大仪器可用吹干的方法。通常用少量乙醇、丙酮（或最后再用乙醚）倒入已控去水分的仪器中摇洗，然后用电吹风机吹，开始用冷风吹 $1\sim2min$，当大部分溶剂挥发后，吹入热风至完全干燥，再用冷风吹去残余蒸气，不要使其又冷凝在容器内。

第五节 实验室常用洗涤液（剂）的使用

水是实验室最主要的洗涤剂，但只能洗去可溶解在水中的沾染物，不溶于水的污物，如油、蜡等，必须用其他方法处理以后，再用水洗。实验室中用于洗涤玻璃仪器的洗涤剂种类很多，最常用的是肥皂、去污粉、洗衣粉和洗涤液。

一、合成洗涤剂

1. 肥皂

肥皂是很好的去污剂。一般肥皂的碱性并不十分强，不会损伤器皿和皮肤，所以洗涤时常用肥皂。使用方法多用湿刷子沾肥皂刷洗容器，再用水洗去肥皂。热的肥皂水（5%）去污能力更强，洗器皿上的油脂很有效。油脂很重的器皿，应先用纸将油层擦去，然后用肥皂水洗，洗时还可以加热煮沸。

2. 去污粉

去污粉内含有碳酸钠、碳酸镁等，有起泡沫和除油污的作用，有时也加些食盐、硼砂等，以增加摩擦作用。用时将器皿润湿，将去污粉涂在污点上，用布或刷子擦拭，再用水洗去去污粉。一般玻璃器皿、搪瓷器皿等都可以使用去污粉。

3. 洗衣粉

目前我国生产的洗衣粉主要成分是烷基苯磺酸钠，为阴离子表面活性剂，在水中能解离成带有憎水基的阴离子。其去污能力主要是由于在水溶液中能降低水的表面张力，并产生润湿、乳化、分散和起泡等作用。洗衣粉去污能力强，特别能有效地去除油污。用洗衣粉擦拭过的玻璃器皿要充分用自来水漂洗，以除净残存的微粒。

二、洗液

通常用的洗涤液是铬酸洗液，具有强的氧化性，去污能力很强。铬酸洗液能洗涤很多类型的污垢，而且洗涤得非常洁净。尽管如此，若能用其他洗涤剂洗涤的，尽量不要使用铬酸洗液。

1. 配制

洗涤液的配方一般分浓配方和稀配方两种，可按下列配方来配制：

配方：重铬酸钾（工业用）   25g
      蒸馏水   50mL
      浓硫酸（粗）   450mL

配制方法是称取 25g 工业用重铬酸钾，加入 50mL 蒸馏水中，加热溶解后，冷却，再慢慢地加入 450mL 浓硫酸，边加边搅动。配好后贮存于玻璃瓶备用。此液可用多次，每次用后倒回原瓶中贮存，直至溶液变成青褐色时才失去效用。

2. 原理

重铬酸钾与硫酸作用后形成铬酸，铬酸的氧化能力极强，因而此液具有极强的去污作用。

3. 注意事项

（1）盛洗涤液的容器应始终加盖，以防氧化变质。玻璃器皿投入洗涤剂之前要尽量干燥，避免洗涤液稀释。如要加快速度，可将洗涤液加热至 45～50℃进行洗涤。

（2）器皿上有大量的有机质时，不可直接加洗涤液，应尽可能先行清除，再用洗涤液，否则会使洗涤液很快失效。

（3）用洗涤液洗过的器皿，应立即用水冲至无色为止。

（4）洗涤液有强的腐蚀性，溅在桌椅上，应立即用水洗或用湿布擦去。皮肤及衣服上沾有洗涤液，应立即用水洗，然后用苏打（碳酸钠）水或氨液洗。

（5）洗涤液仅限于玻璃和瓷质器皿的清洗，不适于金属和塑料器皿。

第六节　称量仪器的使用

目前实验室用得最多的天平是托盘天平、分析天平和电子天平。托盘天平俗称台秤，能称准到 0.1g；分析天平和电子天平称量精确度较高，定量分析中常用分析天平或电子天平精密称量试样或基准物质。

一、托盘天平

托盘天平的构造如实验图 1 所示，具体操作如下。

1. 使用方法

（1）调零　将游码移至标尺左端零刻度处，观察指针是否在刻度盘中心线位置。若不在，调节横梁右端（有的天平是左、右两端）的平衡螺母，使指针对准刻度线的中央。

（2）称量　左托盘放称量物，右托盘放砝码。添加砝码从估计称量物的最大值加起，逐步减小。加减砝码并移动标尺上的游码，直至指针对准中央刻度线或指针在刻度盘中心线左右等距离摆动，此时砝码加游码的质量就是称量物的质量。

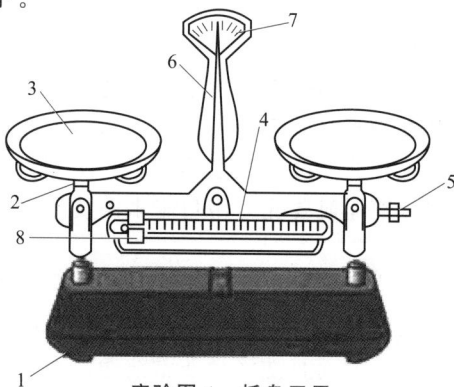

实验图 1　托盘天平

1—底座；2—托盘架；3—托盘；4—标尺；
5—平衡螺母；6—指针；7—分度盘；8—游码

2. 注意事项

（1）取放砝码要用镊子，不能用手拿。

（2）称量完毕后，应将砝码放回原砝码盒中，并使天平恢复原状。

（3）过冷过热的物体不可放在天平上称量，应放至室温后再称。

（4）称量物不能直接放在托盘上称量，应将称量物放在称量纸上、表面皿上或其他容器中称量。

二、电子天平

1. 种类和规格

电子天平有普通电子天平、上皿电子天平、电子精密天平和电子分析天平。电子精密天平一般为 5～6 级，适用于普通的较精密的测量，而电子分析天平为 3～4 级，主要应用于分析测试中。电子天平规格品种齐全，最大载荷从几十克至几千克，最小分度值可至 0.001mg。一般分析测试中所用电子天平的最大称量值为 100g 或 200g，最小分度值为 0.1mg。

2. 操作键

操作键说明见实验表 5。

实验表 5　操作键说明

操作键	在测定中	
	短按时	连续按约 3s 时
［POWER］	切换动作/待机	切换键探测蜂鸣音的 ON/OFF
［Cal］	进入灵敏度校准或菜单设定	进入灵敏度校准或菜单设定
［O/T］	去皮重（变为零显示）	
［UNIT］	切换测定单位	
［PRINT］	显示值向电子打印机或计算机等外部设备输出	
［1d/10d］	切换 1d/10d 显示（忽略 1 位最好显示）	

3. 使用方法

以 AUY 系列为例，AUY 系列有 AUY120 型和 AUY220 型，其中 AUY120 型称量范围为 0.1mg～120g，AUY220 型称量范围为 0.1mg～220g。

（1）水平调节　观察水准仪，如水准仪气泡偏移，需调整水平调整螺丝。

（2）预热　接通电源，预热约 1h，开启显示器进行操作。

（3）灵敏度调整　AUY 系列使用外部砝码的灵敏度调整。

① 使其处于 g 显示，称量盘上无物品状态。

② 按 1 次［Cal］键，显示［E-CAL］。

③ 按［O/T］，零点显示闪烁，大约 30s 后确认稳定时，应装载的砝码值闪烁。

④ 打开称量室的玻璃门，装载显示出质量的砝码，关上玻璃门。

⑤ 稍待片刻，零点显示闪烁，将砝码从称量盘上取下，关上玻璃门。

［CAL End］显示后返回到 g 显示时灵敏度调整结束。

（4）测定　测定前设备应充分预热，并进行灵敏度调整。

① 打开称量室的玻璃门，将称量纸（或容器）放到称量盘上，然后关闭玻璃门。

② 此时，天平显示称量纸（或容器）的质量。显示稳定后，按［O/T］，显示零，即去除皮重。

③ 打开玻璃门，将称量物放于称量纸（或容器）中，或将称量物（粉末状物或液体）

逐步加入称量纸（液体选用容器）中直至达到所需质量，关闭玻璃门。

④ 读数显示稳定后，读取显示值，即为称量物的净质量。

（5）称量结束后，若较短时间内还使用天平一般不用关闭显示器。实验全部结束后，关闭显示器，切断电源。

4. 注意事项

（1）天平使用电源必须是交流 220V，用户必须保证天平电源具有良好的接地线。

（2）天平应放于无振动、无气流、无热辐射及不含有腐蚀性气体的环境中。

（3）天平开机后需预热 30～60min。

（4）天平操作台应选用水泥台或其他防振的工作台。

（5）为准确起见，天平最好在每天使用前进行灵敏度调整。

（6）在测定或灵敏度校准中，除取放测定物和砝码外，玻璃门一定要关上。

三、称量方法

常用的称量方法有直接称量法、固定质量称量法和递减称量法，现分别介绍如下。

（1）**直接称量法**　此法是将称量物直接放在天平盘上直接称量物体的质量。例如，称量小烧杯的质量，重量分析实验中称量某坩埚的质量等，都使用这种称量法。

（2）**固定质量称量法**　此法又称增量法，用于称量某一固定质量的试剂（如基准物质）或试样。这种称量操作的速率很慢，适于称量不易吸潮、在空气中能稳定存在的粉末状或小颗粒（最小颗粒应小于 0.1mg，以便容易调节其质量）样品。

称量方法如实验图 2。注意：取出的多余试剂应弃去，不要放回原试剂瓶中。操作时不能将试剂散落于天平盘等容器以外的地方。

（3）**递减称量法**　此法用于称量一定质量范围的样品或试剂。在称量过程中样品易吸水、易氧化或易与 CO_2 等反应时，可选择此法。由于称取试样的质量是由两次称量之差求得，故也称差减法。

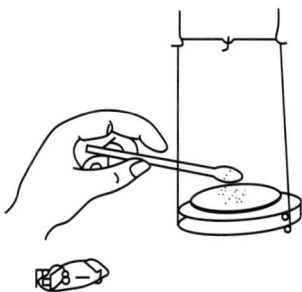

实验图 2　固定质量称量法称量　　　　实验图 3　递减称量法称量

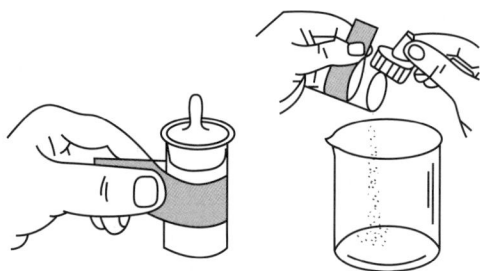

递减称量法称量如实验图 3 所示。其操作步骤如下：从干燥器中用纸带夹住称量瓶后取出称量瓶（注意：不要让手指直接触及称量瓶和瓶盖），用纸片夹住称量瓶盖柄，打开瓶盖，用牛角匙加入适量试样（一般为称一份试样量的整数倍），盖上瓶盖。称出称量瓶加试样后的准确质量。将称量瓶从天平上取出，在接收容器的上方倾斜瓶身，用称量瓶盖轻敲瓶口上部使试样慢慢落入容器中，瓶盖始终不要离开接收器上方。当倾出的试样接近所需量（可从体积上估计或试重得知）时，一边继续用瓶盖轻敲瓶口，一边逐渐将瓶身竖直，使黏附在瓶口上的试样落回称量瓶，然后盖好瓶盖，准确称其质量。两次质量之差，即为试样的质量。按上述方法连续递减，可称量多份试样。有时一次很难得到合乎质量范围要求的试样，可重

复上述称量操作 1~2 次。

第七节　滴定分析仪器的使用

一、容量瓶的使用

容量瓶由普通玻璃制成，带有吻合的玻璃塞，有无色和棕色两种。其颈部刻有一条环形标线，以示液体定容到此时的体积。常见容量瓶的规格有 50mL、100mL、250mL、500mL、1000mL 等，为保证瓶和塞配套，常将瓶塞用绳子固定在瓶子上。容量瓶上标有刻度线、温度和容量，用来配制准确物质的量浓度的溶液。

1. 容量瓶的检查

容量瓶使用前应检查是否漏水，其方法是往瓶内加水，塞好瓶塞（瓶口和瓶塞要干）。用食指顶住瓶塞，另一只手托住瓶底。把瓶倒立过来，观察瓶塞周围是否有水漏出，如实验图 4 所示。若不漏水，把瓶塞旋转 180°塞紧，再倒立检查是否漏水。如不漏水，方可使用。

实验图 4　检漏

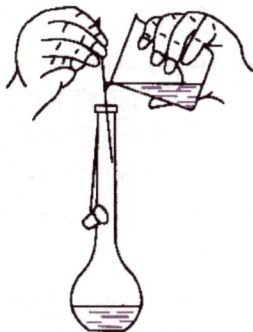

实验图 5　移液

2. 容量瓶的洗涤

应先用自来水涮洗几次，倒出水后，内壁不挂水珠，即可用蒸馏水荡洗三次后，备用。若内壁挂水珠，就必须用铬酸洗液洗涤。用洗液洗之前，先尽量倒出瓶内残留的水（以免损坏洗液），再加入 10~20mL 洗液，倾斜转动容量瓶，使洗液布满内壁，可放置一段时间，然后将洗液倒回原瓶中，再用自来水充分冲洗容量瓶和瓶塞，洗净后用蒸馏水荡洗三次。

3. 溶液的配制

以配制 500mL 0.1000mol·L^{-1} 碳酸钠溶液为例。

（1）计算　所需碳酸钠的质量＝$(500×10^{-3})×0.1000×105.99＝5.2995$（g）。

（2）称量　在天平上称量 5.2995g 碳酸钠固体，并将它倒入小烧杯中。

（3）溶解　在盛有碳酸钠固体的小烧杯中加入适量蒸馏水，用玻璃棒搅拌，使其溶解。

（4）移液　将溶液沿玻璃棒注入 500mL 容量瓶中，如实验图 5 所示。

（5）洗涤　用蒸馏水洗烧杯 2~3 次，并倒入容量瓶中。

（6）定容　倒水至刻度线 1~2cm 处改用胶头滴管滴到与凹液面平直。

（7）摇匀　盖好瓶塞，上下颠倒数次，摇匀。

（8）装瓶、贴签。

4. 容量瓶使用注意事项

（1）不能直接用火加热。

（2）不能在烘箱中烘烤。

（3）热溶液应冷至室温后再移入容量瓶及稀释至标线，否则影响精度。

（4）只能用来配制溶液，不能长久贮存溶液，更不能长期贮存碱液。

（5）使用后的容量瓶应立即冲洗干净。闲置不用时，可在瓶口处垫一个小纸条。

（6）不能用刷子之类的东西清洗容量瓶。

二、移液管（吸量管）的使用

移液管（吸量管）是用来准确量取一定体积液体的量器。移液管是中间有一球部的玻璃管，颈上部刻有一圈标线，常用的移液管有 5mL、10mL、15mL、20mL、25mL、50mL 和 100mL 等规格。吸量管是具有分刻度的玻璃管，常用的有 1mL、2mL、5mL、10mL、25mL 等规格。

1. 洗涤

移液管（吸量管）可先用自来水，再用蒸馏水洗净。较脏时，内壁挂水珠时，可用铬酸洗液洗涤。洗涤方法是：右手拿移液管（吸量管），管的下口插入洗液中，左手拿洗耳球，先把球内空气压出，右手拇指和中指捏住移液管（吸量管）上端，然后把洗耳球尖端接在移液管（吸量管）上口，慢慢松开左手手指，将洗液吸入。当吸入移液管容量 1/3 左右时，用右手食指按住管口，取出，平端，并慢慢旋转，使溶液接触刻度以上部位，并将洗液从上口或下口放回原瓶中，滴尽洗液，用自来水冲洗，再用蒸馏水淋洗三次。洗净的标志是不挂水珠。

2. 吸取溶液

（1）润洗　将容量瓶中待吸溶液倒入小烧杯中少许，用洗耳球吸取溶液至移液管容量的 1/3 左右，取出，横持，并转动管子，使溶液接触到刻度以上部位，以置换内壁的水分。然后将溶液从下管口放出，同时洗涤小烧杯。如此，反复用待吸溶液润洗 3 次，即可吸取溶液。

（2）吸取溶液　右手拿移液管（吸量管），管的下口插入液面下约 1cm，左手拿洗耳球。先把球内空气压出，右手拇指和中指捏住移液管（吸量管）上端，然后把洗耳球尖端接在移液管（吸量管）上口，慢慢松开左手手指，将液体吸入，如实验图 6。当液面升到标线以上时，移去洗耳球，立即用右手的食指按住管口，将移液管的下口提出液面，稍稍放松食指使液面下降，直到液体的弯月面与标线相切时，立即用食指压紧管口，取出移液管。并使出口尖端接触容器外壁，以除去尖端外残留溶液。

（3）移入容器　如实验图 7 所示，将移液管移入准备接受溶液的容器中，使其出口尖端接触器壁，使容器微倾斜，而使移液管直立，然后放松右手食指，使溶液自由地顺壁流下，待溶液停止流出后，一般等待 15s 拿出。

3. 使用移液管的注意事项

（1）移液管和吸量管不应在烘箱中烘干。

（2）不要用移液管和吸量管移取太热和太冷的溶液。

（3）同一实验中应尽可能使用同一支移液管，不能交换使用。

（4）移液管使用完毕，应立即用自来水和蒸馏水冲洗干净，并置于移液管架上。

（5）移液管和容量瓶常配合使用，因此在使用前常作两者的相对体积校准。

（6）使用吸量管时，每次都应从最上面刻度（0 刻度）处为起始点，往下放所需体积的溶液，以减少测量误差。

实验图 6　用洗耳球吸液操作

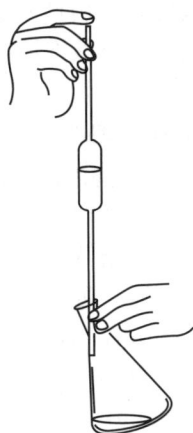

实验图 7　移液操作

（7）吸液前需用滤纸把管尖口内外的水吸去，然后用欲移取的液体洗刷 2～3 次，以确保所移取液体的浓度不变。

（8）将移液管插入液面下约 1cm，不能太深，防止管外壁蘸液体太多；也不能太浅，以免液面下降后而吸空。

（9）液体从移液管里放完后，需等大约 15s。

（10）残留在管尖嘴内的一滴液体不能吹入容器里，因为在标定移液管容积时，已把这一滴液体扣除了。

三、滴定管的使用

滴定管是滴定操作时准确测量标准溶液体积的一种量器，常用滴定管的容积一般为 25mL 或 50mL，上有刻度线和数值，自上而下数值由小到大，最小刻度为 0.1mL，读数可估计到 0.01mL。

滴定管分酸式滴定管和碱式滴定管两种，酸式滴定管下端有玻璃旋塞，用以控制溶液的流出。酸式滴定管只能用来盛装酸性溶液、中性溶液或氧化性溶液，不能盛放碱性溶液；碱式滴定管下端连有一段橡胶管，管内有玻璃珠，用以控制液体的流出，橡胶管下端连一尖嘴玻璃管，碱式滴定管用来装碱性溶液和无氧化性的溶液。

近年来出现了酸碱两用滴定管，酸碱两用滴定管是用聚四氟乙烯材料制成，本部分主要介绍酸碱两用滴定管的操作。

（一）滴定管的准备

1. 检查

酸碱两用滴定管使用前应先检查旋塞转动是否灵活，配合是否紧密，并观察尖嘴处是否完好无损。

2. 试漏

用水充满滴定管至零刻度，安置在滴定管架上直立静置 2min，观察是否有水渗出，并观察刻度线液面是否下降。然后，将活塞旋转 180°，再静置 2min，观察是否有水渗出。若两次均无水渗出，则可使用，否则，旋紧旋塞旁边的小帽子，重新试漏，若还是漏水，则换个滴定管。

3. 洗涤

不太脏的滴定管可用自来水冲洗或用洗涤剂泡洗。若有油污不易洗净，可用铬酸洗液洗涤，一般尽量避免用铬酸洗液，避免对环境的污染。洗涤时，一般先用自来水冲洗，再用蒸馏水淋洗 3～4 次。

4. 装溶液和排气泡

（1）润洗　装入溶液前，应先用待装溶液将滴定管润洗三次，以除去水分。溶液应直接倒入滴定管中，不得用其它容器（如烧杯、漏斗、滴管等），否则增加污染的机会。如用小试剂瓶，左手前三指持滴定管上部无刻度处，右手握住瓶身（标签向手心），倾倒溶液于管中。如用大试剂瓶，可将瓶放在桌沿，手拿瓶颈，使瓶倾斜让溶液慢慢倾入管中。

第一次倒入 10mL，润洗时两手平端滴定管，慢慢转动，使溶液布满全管内壁，大部分可由上口放出，少量从下口放出。第二、三次润洗各取溶液 5mL 左右，方法同上。每次尽量放净残留液。

（2）排出气泡　装溶液到 0.00 刻度以上，检查活塞周围是否有气泡。若有气泡，将影响溶液体积的准确测量，因此应排出气泡。方法是：右手拿滴定管上部无刻度部分，并使滴定管倾斜 30°，左手迅速打开活塞，使溶液冲出管口，反复几次，可排出气泡。

（3）调零　装入溶液，并调初读数为"0.00"刻度，或近"0.00"的任一刻度，以减小体积误差。

（二）滴定管的操作

滴定时，应将滴定管垂直夹在滴定架上。左手无名指和小指向手心弯曲，其余三指，大拇指在前，食指、中指在后，轻扣旋塞，转动。

应注意，不要向外拉旋塞，以免推出旋塞造成漏水。当然也不要过分向里用力，以免造成旋塞旋转困难。如实验图 8，滴定时，左手握住滴定管，右手的拇指、食指和中指持锥形瓶，瓶底离台约 2～3cm，滴定管的下端伸入瓶口约 1cm。边滴加溶液，边用右手腕同一方向旋转摇动锥形瓶。此外，滴定也可在烧杯中进行。

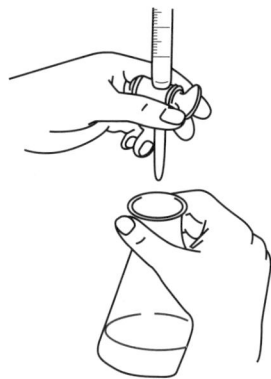

实验图 8　实验滴定管的操作

（三）滴定管的读数

读数时，将滴定管从滴定管架上取下，保持滴定管垂直。注意，装满或滴定完后，等 1～2min 再读数。

1. 无色和浅色溶液的读数

视线与弯月面最低点刻度水平线相切。视线若在弯月面上方，读数就会偏高；若在弯月面下方，读数就会偏低。

2. 有色溶液的读数

对于有色溶液，例如 $KMnO_4$ 溶液，由于其弯月面不够清晰，应读取液面的最高点。

3. 蓝线滴定管的读数

带有蓝线的滴定管盛溶液后将有两个弯月面相交，此交点的位置即为蓝线滴定管的读数位置。

（四）滴定注意事项

（1）滴定时，左手不允许离开活塞，让溶液"放任自流"。

（2）滴定时眼睛注意观察锥形瓶内的颜色变化，不要关注溶液液面变化，而忽视颜色变化。

（3）每个样品要平行滴定三次，每次最好均从 0.00mL 开始。

（4）滴定时注意速度的控制。开始滴定可快些，接近终点时，应改为逐滴滴入，最后，改为每次半滴，摇几下锥形瓶，直到出现颜色变化。

（5）半滴的控制和吹洗：用滴定管时，可轻轻转动旋塞，使溶液悬挂在出口管嘴上，形成半滴，用锥形瓶内壁将其沾落，再用洗瓶吹洗。

（6）滴定也可在烧杯中进行，方法同上，但要用玻璃棒或电磁搅拌器搅拌。

第八节　酸度计

一、酸度计的组成和原理

酸度计由电极和电动势测量部分组成，一般，酸度计的指示电极为玻璃电极，参比电极为甘汞电极。电动势测量部分可将电极和溶液组成的电池产生的电动势进行放大和测量，并显示出溶液的 pH，酸度计上的 mV 测量挡则用于测量电极电位。

酸度计是对溶液中氢离子活度产生选择性响应的一种电化学传感器。酸度计的测定原理是：将参比电极、指示电极插入待测溶液组成工作电池，测出电池的电动势；同理，将两电极插入一已知 pH 的标准缓冲溶液中，测出电池的电动势。将标准缓冲溶液所组成的电池电动势与待测溶液组成的电池电动势比较，即可测出待测溶液的 pH。25℃ 时，玻璃电极、饱和甘汞电极和待测溶液组成的电池所产生的电动势为：

$$E = K' + 0.059 pH$$

式中，K' 为常数。将两电极先后插入标准溶液和待测溶液，可分别得到：

$$E_s = \phi_参 - \phi_玻 = K' + 0.059 pH_s$$

$$E_x = \phi_参 - \phi_玻 = K' + 0.059 pH_x$$

两式相减，可得待测溶液的 pH：

$$pH_x = pH_s + \frac{E_x - E_s}{0.059}$$

此方法即为两次测量法。所用的 pH 已知的标准溶液一般采用缓冲溶液，即 pH 标准缓冲溶液。目前，我国适用的常见的 pH 标准缓冲溶液见实验表 6。

实验表 6　不同温度下标准缓冲溶液的 pH

温度/℃	四草酸氢钾 $(0.05mol \cdot L^{-1})$	饱和酒石酸氢钾	邻苯二甲酸氢钾 $(0.05mol \cdot L^{-1})$	磷酸二氢钾和磷酸氢二钠 $(0.05mol \cdot L^{-1})$	硼砂 $(0.05mol \cdot L^{-1})$
5	1.67	—	4.01	6.95	9.39
10	1.67	—	4.00	6.92	9.33
15	1.67	—	4.00	6.90	9.27
20	1.68	—	4.00	6.88	9.22
25	1.69	3.56	4.01	6.86	9.18
30	1.69	3.55	4.01	6.84	9.14
35	1.69	3.55	4.02	6.84	9.10

续表

温度/℃	四草酸氢钾 （0.05mol·L^{-1}）	饱和酒石酸氢钾	邻苯二甲酸氢钾 （0.05mol·L^{-1}）	磷酸二氢钾和磷酸氢二钠 （0.05mol·L^{-1}）	硼砂 （0.05mol·L^{-1}）
40	1.70	3.54	4.03	6.84	9.07
45	1.70	3.55	4.04	6.83	9.04
50	1.71	3.55	4.06	6.83	9.01
55	1.72	3.56	4.08	6.84	8.99
60	1.73	3.57	4.10	6.84	8.96

　　注意在测定 pH 时，应选用与待测溶液 pH 相近的标准缓冲溶液校正酸度计，以减少测量误差。

　　常用的酸度计有雷磁 25 型酸度计、pHS-3 型酸度计、821 型数字袖珍式 pH 离子计等。下面以 pHS-3C 型酸度计为例进行介绍。

二、酸度计的结构

　　酸度计包括电极和电位计两部分。

　　1. 电极

　　电极包括指示电极和参比电极，现常用复合电极，一般由玻璃电极和甘汞电极组成。电极的灵敏度和标准缓冲溶液的准确度是影响测定结果的重要因素，所以电极在测量前必须用已知 pH 的标准缓冲溶液进行定位校正。为取得更准确的结果，标准缓冲溶液的 pH 要准确且越接近被测值越好。

　　2. 电位计

　　电位计上包括"pH/mV"键、"定位"键、"斜率"键、"温度"键、"确认"键等按键。如实验图 9 为仪器的外形结构，实验图 10 为仪器后面板结构。

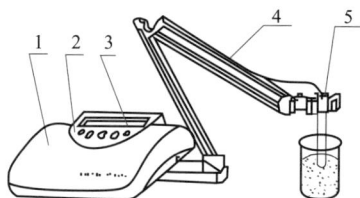

实验图 9　仪器外形结构
1—机箱；2—键盘；3—显示屏；
4—多功能电极架；5—电极

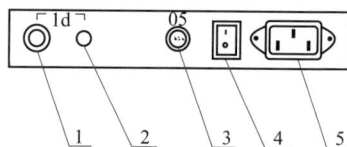

实验图 10　仪器后面板
1—测量电极插座；2—参比电极接口；
3—保险丝；4—电源开关；5—电源

　　（1）"pH/mV"键　此键为 pH、mV 选择键，按一次进入"pH"测量状态；再按一次进入"mV"测量状态。

　　（2）"定位"键　此键为定位选择键，按此键上部"△"为调节定位数值上升；按此键下部"▽"为调节定位数值下降。"定位"键用于消除电极不对称电位对测量结果所产生的误差。

　　（3）"斜率"键　此键为斜率选择键，按此键上部"△"为调节斜率数值上升；按此键下部"▽"为调节斜率数值下降。"斜率"键用于补偿电极转换系数。由于实际的电极系统并不能达到理论上的转换系数（100%），因此，设置此调节键便于用户用两点校正法对电极系统进行 pH 校正，使仪器更精确地测量溶液的 pH。"斜率"键和"定位"键仅在进行 pH

测量及校正时用。

（4）"温度"键 此键为温度选择键，按此键上部"△"为调节温度数值上升；按此键下部"▽"为调节温度数值下降。"温度"键用于补偿由于溶液温度不同对测量结果产生的影响，在进行溶液 pH 测量及校正时，必须将此键调至该溶液的温度值上。

（5）"确认"键 此键为确认键，按此键为确认上一步操作。此键的另外一种功能是如果仪器因操作不当出现不正常现象时，可按住此键，然后将电源开关打开，使仪器恢复初始状态。

三、pHS-3C 酸度计的使用方法

1. 准备

（1）打开电源开关，预热 20min。

（2）将 pH 复合电极装在电极架上，并将电极插入酸度计插座处。

（3）将 pH 复合电极下端的电极保护套顺时针旋转轻轻拔下，并且拉下电极上端的橡胶套使其露出上端小孔。

2. 校正

（1）设定 pH 挡和温度 按"mV/pH"进入 pH 测量状态（pH 指示灯亮）→按"温度"键设定溶液温度（温度指示灯亮）→按"Enter"确认键回到 pH 测量状态。

（2）定位 用蒸馏水洗电极→用标准缓冲溶液（Ⅰ）（pH＝6.86）洗电极→插入 pH＝6.86 的缓冲溶液中→按"定位"键→读数稳定后，定位到该温度下标准缓冲溶液的 pH（例如混合磷酸盐 25℃时，pH＝6.86）→按"确认"键，回到 pH 测量状态。

（3）调斜率 上述按"Enter"键后，用蒸馏水洗电极→用标准缓冲溶液（Ⅱ）（25℃时，pH＝4.01 或 9.18，根据实际情况选择，这里选择 pH＝4.01）洗电极→插入标准缓冲溶液（Ⅱ）中→读数稳定后，按"斜率"键，调至该温度下标准缓冲溶液的 pH（例如邻苯二甲酸氢钾 25℃时，pH＝4.01）→按"确认"键，回到 pH 测量状态。pH 指示灯停止闪烁，标定完成。

3. pH 的测定

用蒸馏水洗电极→用待测溶液洗电极→插入待测溶液，稳定后，读数，即为待测溶液的 pH。

4. 测量结束

关电源，用蒸馏水淋洗电极，将橡胶塞塞住电极的加液孔，并将装有补充液的电极保护套套在电极的下端备用。

5. 注意事项

（1）电极在每次插入溶液中前，要先用蒸馏水洗涤，再用要插入其中的溶液洗涤（因使用滤纸吸电极上的水，容易损伤电极球，建议用待插入溶液冲洗）。

（2）如果在标定过程中操作失误或按键按错而使仪器测量不正常，可关闭电源，然后按住"确认"键再开启电源，使仪器恢复初始状态，然后重新标定。

（3）经标定后，"定位"键及"斜率"键不能再按，如果触动此键，此时仪器 pH 指示灯闪烁，请不要按"确认"键，而是按"pH/mV"键，使仪器重新进入 pH 测量即可，而无须再进行标定。

四、酸度计维护和使用保养

（1）酸度计应放于干燥、无振动、无酸碱性和腐蚀性气体的地方，环境温度应在 5～45℃之间。

（2）酸度计应有良好的接地，否则将会造成读数不稳定。当使用场所没有接地线或接地不良时，需要另外补接地线。

（3）仪器应通电预热后才能使用，当长时间不用的仪器应预热时间长些。平时不使用时，最好每1～2周通电一次，以防受潮而影响仪器性能。

（4）取下电极护套后，应避免电极的敏感玻璃泡与硬物接触，因为任何破损或擦毛都会使电极失效。

（5）测量结束，及时将电极保护套套上，电极套内应放少量外参比补充液，以保持电极球泡的湿润，切忌浸泡在蒸馏水中。

（6）复合电极的外参比补充液为3mol·L^{-1}氯化钾溶液，补充液可以从电极上端小孔加入，复合电极不使用时，用橡胶塞塞住加液孔，防止补充液干涸。

（7）电极的引出端必须保持清洁干燥，绝对防止输出两端短路，否则将导致测量失准或失效。

（8）电极应与输入阻抗较高的pH计（≥1012Ω）配套，以使其保持良好的特性。

（9）电极应避免长期浸泡在蒸馏水、蛋白质溶液和酸性氟化物中，并避免与有机硅油接触。

（10）电极经长期使用后，如发现斜率略有降低，则可把电极下端浸泡在4%HF（氢氟酸）中3～5s，用蒸馏水洗净，然后在0.1mol·L^{-1}盐酸溶液中浸泡，使之复新。

（11）被测溶液中如含有易污染敏感球泡或堵塞液接面的物质而使电极钝化，会出现斜率降低、显示读数不准现象。如发生该现象，则应根据污染物的性质，用适当溶液清洗，使电极复新。

（12）选用清洗剂时，不能用四氯化碳、三氯乙烯、四氢呋喃等能溶解聚碳酸树脂的清洗液，因为电极外壳是用聚碳酸树脂制成的，其溶解后易污染敏感玻璃球泡，从而使电极失效。也不能用复合电极去测上述溶液。

第九节　过滤法

一、滤纸

滤纸是实验室常见的，顾名思义它的主要用途是用来过滤。按用途分类，可分为定性滤纸和定量滤纸，其分类和用途见实验表7。

实验表7　常见滤纸和玻璃砂芯滤器的主要性能

种类	规格	孔径/μm	可溶性杂质/%	主要用途
定性滤纸	快速（P_{100}）	>80	<0.1	用于分离颗粒较大的沉淀,不能用作定量分析
	中速（P_{100}）	>50	<0.1	
	慢速（P_4）	>3	<0.1	用于分离颗粒细小的沉淀,不能用作定量分析
定量滤纸	快速（P_{100}　P_{160}）	80～120	<0.1	分离大颗粒沉淀
	中速（P_{40}　P_{100}）	30～50	<0.1	分离大颗粒沉淀
	慢速（$P_{1.6}$　P_4）	1～3	<0.1	分离极细颗粒沉淀
砂芯滤器	P_{100}　P_{160}	80～120	未检出	分离大颗粒沉淀
	P_{100}	40～80	未检出	分离大颗粒沉淀
	P_{40}	15～40	未检出	分离一般颗粒沉淀
	P_{10}　P_{16}	5～15	未检出	分离细小颗粒沉淀
	P_4　P_{10}　P_{16}	2～15	未检出	分离极细颗粒沉淀
	$P_{1.6}$　P_4	<2	未检出	滤出细菌

另外，实验室中常用定性滤纸来擦干容器外部的水。滤纸的主要成分是纤维，一些强酸性、强碱性、腐蚀性的溶液由于能够溶解纤维，所以不能用滤纸过滤，而要采用玻璃砂芯滤器过滤。

二、过滤

分离溶液与沉淀最常用的操作方法是过滤法。过滤时沉淀留在过滤器上，溶液通过过滤器而进入容器中，所得溶液叫做滤液。过滤方法共有三种：常压过滤、减压过滤和热过滤。

1. 常压过滤

此法最为简便和常用，适用于胶体和细小晶体的过滤。其缺点是过滤速率较慢。

（1）滤纸和过滤器的准备　常压过滤一般使用玻璃漏斗和滤纸进行过滤。按照孔隙的大小，滤纸可分为快速、中速和慢速 3 种，快速滤纸孔隙最大。过滤时，把圆形滤纸对折两次，折叠成四层。为了使滤纸三层的那边能紧贴漏斗，常将滤纸三层的外面两层撕去一角。将滤纸放入漏斗，滤纸的边缘应略低于漏斗的边缘。用水润湿滤纸，并使它紧贴在玻璃漏斗的内壁上。这时如果滤纸和漏斗壁之间仍有气泡，应该用手指轻压滤纸，把气泡赶掉，然后向漏斗中加蒸馏水至几乎达到滤纸边。这时漏斗颈应全部被水充满，而且当滤纸上的水已全部流尽后，漏斗颈中的水柱仍能保留。如形不成水柱，可以用手指堵住漏斗下口，稍稍掀起滤纸的一边，向滤纸和漏斗间加水，直到漏斗颈及锥体的大部分全被水充满，并且颈内气泡完全排出。然后把纸边按紧，再放开下面堵住出口的手指，此时水柱即可形成。在全部过滤过程中，漏斗颈必须一直被液体所充满，这样过滤才能迅速。

（2）沉淀的过滤　沉淀的过滤一般采用倾注法，其操作方法如实验图 11 所示。将准备好的漏斗放在漏斗架上，调整漏斗架的高度，使漏斗末端紧靠接收器内壁，将玻璃棒垂直对着滤纸三层的一边约 2/3 滤纸高度处，并尽可能接近滤纸，但不要接触滤纸，烧杯嘴贴紧玻璃棒，将上层清液沿玻璃棒倾入漏斗，如实验图 11(a)。注意漏斗中的液面高度应低于滤纸高度的 2/3，以免部分沉淀可能由于毛细作用越过滤纸上缘而损失。暂停倾注时，应将烧杯嘴沿玻璃棒向上提一下，使烧杯嘴上的液滴流入烧杯，如实验图 11(b)。立即将玻璃棒放入烧杯中，此时玻璃棒不能靠在烧杯嘴上，如实验图 11(c)，因此处可能沾有少量的沉淀。如此反复操作，尽可能将沉淀的上层清液转入漏斗中，而不将滤液搅混过滤，以防沉淀堵塞滤纸孔隙而影响过滤速率。

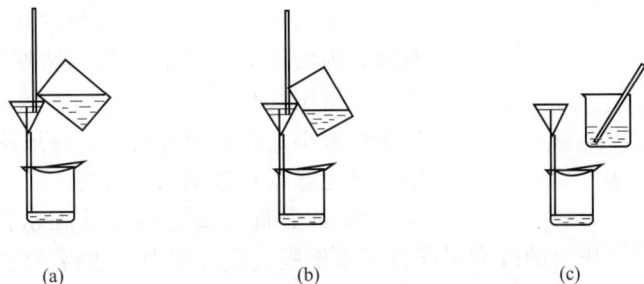

实验图 11　沉淀的过滤

（3）沉淀的初洗　上层清液转移后，用洗瓶每次以少量洗涤液（10~15mL）吹洗烧杯内壁，使沾附着的沉淀进入烧杯底部，充分搅拌，待沉淀沉降后，将上层清液用上述方法倾入漏斗中。如此洗涤 2~3 次。

（4）沉淀的转移　用少量洗涤液洗涤烧杯和玻璃棒，把沉淀搅起，将悬浮液小心转移到漏斗中,如此反复操作 3～4 次,尽可能地将沉淀转移到滤纸上。烧杯中残留的很少量的沉淀,可按实验图 12(a) 所示的方法使沉淀和洗涤液一起顺着玻璃棒流入漏斗中。最后用撕下的滤纸角擦净玻璃棒上的沉淀,再放入烧杯中,用玻璃棒压住滤纸擦拭烧杯壁,擦拭后的滤纸用玻璃棒拨入漏斗中。再用蒸馏水淋洗烧杯内壁将残存的沉淀全部转入漏斗中。然后在滤纸中用洗瓶将洗涤液以螺旋形从上往下移动洗涤沉淀几次,如实验图 12(b),直至沉淀洗涤干净。洗涤应遵循"少量多次"的原则,每次螺旋形洗涤时,用尽量少的洗涤液将沉淀集中到滤纸的底部,如实验图 12(c) 所示,沥后,再洗第二次,这样可以提高洗涤效果。

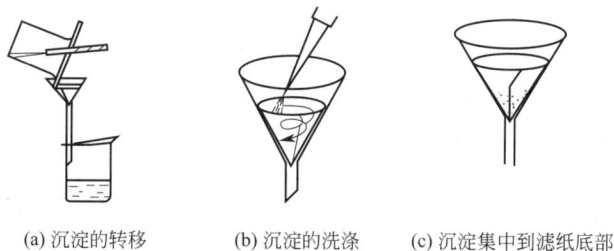

(a) 沉淀的转移　　　(b) 沉淀的洗涤　　　(c) 沉淀集中到滤纸底部

实验图 12　沉淀的转移和洗涤

2. 减压过滤

减压过滤也称吸滤或抽滤。此方法过滤速率快,沉淀抽得较干,适合大量溶液与沉淀的分离,但不宜过滤颗粒太小的沉淀和胶体沉淀。因颗粒太小的沉淀易堵滤纸或滤板口,而胶体沉淀易透滤。

（1）减压过滤装置　减压过滤装置如实验图 13 所示,它由吸滤瓶、过滤器、安全瓶和减压系统四部分组成。

① 过滤器和吸滤瓶　过滤器为布氏漏斗或玻璃砂芯滤器。布氏漏斗是瓷质的,耐腐蚀,耐高温,底部有很多小孔,使用时需衬滤纸或滤膜,且必须装在橡胶塞上,橡胶塞塞进吸滤瓶的部分一般不超过橡胶塞高度的 1/2。吸滤瓶用于承接滤液。玻璃砂芯滤器常用于烘干后需要称量的沉淀的过滤。不适合用于碱性溶液,因为碱会与玻璃作用而堵塞砂芯的微孔。玻璃砂芯滤器按其孔径的大小分为六级,1 号孔径最大,6 号孔径最小。在定量分析中,一般用 3～5 号（相当于中、慢速滤纸）过滤细晶沉淀。

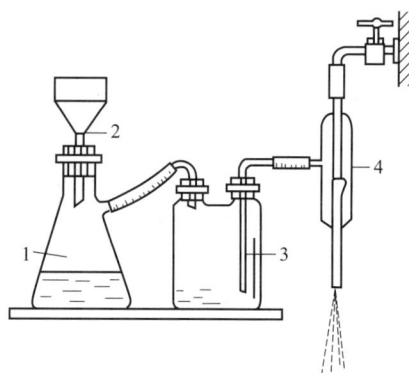

实验图 13　减压过滤装置
1—吸滤瓶;2—过滤器;
3—安全瓶;4—减压系统

② 安全瓶　安全瓶安装在水抽气泵与吸滤瓶之间,防止在关闭泵后,压力的改变引起自来水倒吸入吸滤瓶中,沾污滤液。

③ 减压系统　一般为水抽气泵（简称为水泵）。水泵一般安装在实验室的自来水龙头上。当水泵将空气抽走时,使吸滤瓶中形成负压,造成布氏漏斗的液面与吸滤瓶内具有一定的压力差,使滤液快速滤过。

（2）减压过滤操作方法

① 按实验图 13 安装好抽滤装置。注意将布氏漏斗插入吸滤瓶时,漏斗下端的斜面要对着滤瓶侧面的支管,以便吸滤。

② 将滤纸剪成较布氏漏斗内径略小的圆形，以全部覆盖漏斗小孔为准。把滤纸放入布氏漏斗内，用少量蒸馏水湿润滤纸，微开与水泵相连的水龙头，滤纸便吸紧在漏斗的底部。

③ 缓慢将水龙头开大，然后进行过滤。过滤时，也可采用倾注法，即先将上层清液滤后再转移沉淀。抽滤过程中要注意：溶液加入量不得超过漏斗总容量的 2/3；吸滤瓶中滤液要在其支管以下，否则滤液将被水泵抽出；不得突然关闭水泵，如欲停止抽滤，应先将吸滤瓶支管上的橡胶管拔下，再关水泵，否则水将倒灌入安全瓶中。

④ 洗涤沉淀时，先拔下吸滤瓶上的橡胶管，关掉水龙头，加入洗涤液湿润沉淀，再微开水龙头接上橡胶管，让洗涤液缓慢透过沉淀。最后开大水龙头抽吸干燥。重复上述操作洗至达到要求为止。若滤饼过实，可加溶剂至刚好覆盖滤饼，用玻璃棒搅松晶体（不要把滤纸捅破），使晶体湿润。为了更好地抽干漏斗上的沉淀，可用清洁的平顶玻璃塞在布氏漏斗上挤压晶体，再抽气把溶剂抽干，往复数次，即可将沉淀洗涤干净。

⑤ 过滤结束后，应先将吸滤瓶上的橡胶管拔下，关闭水龙头，再取下漏斗倒扣在清洁的滤纸或表面皿上，轻轻敲打漏斗边缘，或用洗耳球吹漏斗下口，使滤饼脱离漏斗而倾入滤纸或表面皿上。

⑥ 将滤液从吸滤瓶的上口倒入洁净的容器中，不可从侧面的支管倒出，以免污染滤液。

3. 热过滤

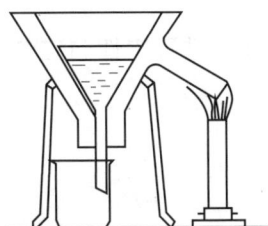

实验图 14　热水漏斗过滤装置

热过滤是将欲过滤的溶液加热后趁热用预热的漏斗或热水漏斗进行的过滤，常用于重结晶操作中。当溶液的量较少时，可将漏斗放在烘箱（或热水）中预热后进行热过滤。如果溶液的量较多，或某些溶质在温度降低时很容易析出结晶，为了防止溶质在过滤时析出，可用热水漏斗进行热过滤。热水漏斗是一种能减少散热的金属夹套式漏斗。使用时将热水注入夹套内，不要太满，加热侧管，如实验图 14 所示，把玻璃漏斗放在热水漏斗中，再把叠好的菊花形滤纸放在玻璃漏斗中，将已加热的溶液趁热过滤。

注意，对于易燃溶液，应先加热夹套，待明火熄灭后，才能过滤。热过滤的速率较慢，滤纸应采用菊花形滤纸折叠法折叠，如实验图 15 所示，其具体折叠方法如下。

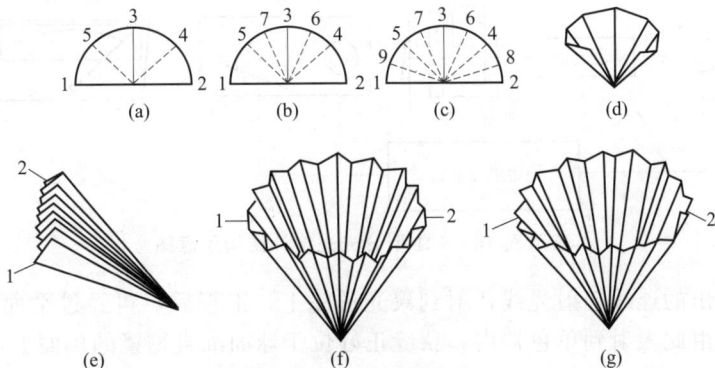

实验图 15　菊花形滤纸的折法

把滤纸折成对半，再折为四分之一，以 2 对 3 叠出 4，以 1 对 3 叠出 5，见实验图 15(a)；以 2 对 5 叠出 6，以 1 对 4 叠出 7，见实验图 15(b)；以 2 对 4 叠出 8，以 1 对 5 叠出 9，见实验图 15(c)。此时滤纸形状如实验图 15(d)。注意在折叠时不可将滤纸中心压得太紧，以防过滤时滤纸底部发生破裂。再将滤纸执于左手，在 2 与 8 间，8 与 4 间，4 与 6 间以及 6 与 3 间依次朝相反方向折叠，直叠到 9 与 1 间为止，如同折扇一样。并稍加压紧，见实验图 15(e)，然后将滤纸打开，注意观察 1 与 2 应有同样的折面，见实验图 15(f)。再将此两面向内方向对折，使每一面成为两个小折面，比其他折面浅一半，见实验图 15(g)。最后再将各折叠处重新轻轻压叠，然后打开即可放入漏斗中使用。

第十节　分光光度计

一、原理

分光光度计的工作原理是基于物质对不同波长光的吸收具有选择性，即由钨丝灯发射出的白色光，通过透镜成为平行光，进入棱镜色散后得到单色光，经狭缝选择某一波长的光，照射入盛被测溶液的吸收池上，经吸收而强度减弱后的透射光经过检流计将光电流转化为电信号，最后记录吸光度结果。本仪器是根据相对测量原理工作的，即选定某一溶剂（蒸馏水、空气或试样）作为参比溶液，并设定它的透射比（即透光率 T）为 100%，而被测试样的透射比是相对于该参比溶液而得到的。透射比（透光率 T）的变化和被测物质的浓度有一定的函数关系，在一定范围内，符合朗伯-比尔定律。

分光光度计可通过对吸收光谱分析，判断物质的结构及化学组成，进行定性和定量分析。这里主要介绍 721 型分光光度计和 722 型分光光度计。

二、721 型分光光度计

1. 构造

721 型分光光度计是在可见光谱区域内使用的一种单光束型仪器，其允许的测定波长范围为 360~800nm。721 型分光光度计采用钨丝白炽灯为光源，棱镜为单色器，采用自准时式光路，用 GD-7 型真空光电管作为光电转换器，以场效应管作为放大器，微电流用微安表显示。721 型分光光度计结构示意图见实验图 16。

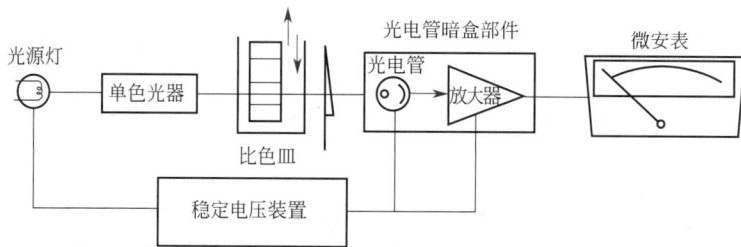

实验图 16　721 型分光光度计结构示意图

从光源灯发出的连续辐射光线，射到聚光透镜上，汇聚后，再经过平面镜转角 $90°$，反射至入射狭缝。由此入射到单色器内，狭缝正好位于球面准直物镜的焦面上，当入射光线经过准直物镜反射后，就以一束平行光射向棱镜。光线进入棱镜后，进行色散。色散后回来的光线，再经过准直镜反射，就汇聚在出光狭缝上，再通过聚光镜后进入比色皿，光线一部分被吸收，透过的光进入光电管，产生相应的光电流，经放大后在微安表上读出。

2. 721 型分光光度计的使用方法

（1）在接通电源之前，电表的指针必须位于 0 刻度上。若不是这种情况，要先进行机械调零。

（2）接通电源开关，指示灯亮。打开试样室盖，预热 20min。

（3）旋动波长旋钮，调到所需的单色光波长下，用灵敏度选择钮选择所需的灵敏度。选择调 "0" 旋钮调零，使微安表指针指向透射比 "0" 处。

（4）将吸收池放入吸收池座架，合上试样室盖。推进吸收池座架拉杆，使参比吸收池处于空白校正位置。使光电管见光，旋转光量调节旋钮，使微安表指针准确处于 100％。按上述方法依次调整 "0" 位和 "100％" 位，直到稳定不变，即可进行测定。

（5）将待测溶液推入光路，即可在微安表上直接读出溶液的吸光度或投射比。

三、722 型分光光度计的使用方法

（1）连接仪器电源线，确保仪器供电电源有良好的接地性能。

（2）接通电源，使仪器预热 30min。

（3）用＜MODE＞键或功能键设置测试方式：透射比（T），吸光度（A），已知标准样品浓度值方式（C）和已知标准样品斜率（F）方式。

（4）用波长选择旋钮设置您所需的分析波长。

（5）将参比样品溶液和被测样品溶液分别倒入比色皿中，打开样品室盖，将盛有溶液的比色皿分别插入比色皿槽中（参比样品溶液放在紧靠黑体的第一个槽位中），盖上样品室盖。

（6）将 0％T 校具（黑体）置入光路中，在 T 方式下按 "0％" 键，此时显示器显示 "000.0"。

（7）将参比样品拉入光路中，按 "0A/100％T" 键调 0A/100％T，此时显示器显示 "BLA"，直至显示 "100.0" ％T 或 "0.000" A 为止。

（8）当仪器显示器显示 "100.0" ％T 或 "0.000" A 后，将被测样品拉入光路，这时，便可从显示器读到被测样品的透射比或吸光度。

四、分光光度计的维护和保养

（1）该仪器应放在干燥的房间内，使用温度为 5～35℃，相对湿度不超过 85％。

（2）仪器应放置在坚固平稳的工作台上，且避免日光的直接照射。热天时不能用电扇直接向仪器吹风，防止灯泡灯丝发亮不稳定。

（3）仪器接地良好，否则显示数字不稳定。

（4）不使用仪器时，尽量不要开光源，以延长仪器的使用寿命。仪器的连续使用时间也不应超过 3h，长期使用时可间隔 30min。

（5）选择波长应轻轻地转动，不应用力过猛。

（6）必须及时更换色散器盒内的干燥剂，以免色散原件受潮生霉。

（7）使用本仪器前，使用者应该首先了解本仪器的结构和工作原理，以及各个操纵旋钮的功能。在未通电源之前，应该对仪器的安全性能进行检查，电源接线应牢固，通电也要良好，各个调节旋钮的起始位置应该正确，然后再按通电源开关。

（8）仪器使用时，注意每次改变波长时都要用 0％T 校具按 "0％" 键调节显示器显示 "000.0"，用参比样品溶液调节 "0A/100％T" 键至显示 "100.0" ％T。

（9）仪器所附的比色皿，其透射比是经过配对测试的，未经配对处理的比色皿将影响样品的测试精度，操作者请小心使用。

（10）比色皿透光部分表面不能有指印、刮痕，被测溶液不能有气泡、悬浮物。

（11）比色皿装液不易过满，液体量为比色皿容量的 3/4，使用时手拿比色皿磨砂玻璃面。

（12）比色皿使用完毕后，用蒸馏水洗净，磨砂玻璃面向上放入比色皿盒内。

（13）比色皿选择拉杆操作时需轻而缓，以免拉杆脱落。

（14）仪器不能受潮，长期不用时，放入硅胶保持干燥，并定期更换硅胶。

（15）比色皿不能用碱溶液或氧化性强的洗涤液洗涤，也不能用毛刷清洗。

（16）比色皿外壁附着的水或溶液应用擦镜纸吸干，不能擦拭，以免损伤比色皿的光学表面。

第十一节　萃取与洗涤

萃取与洗涤是利用物质在不同溶剂中的溶解度不同来进行分离和提纯的一种操作。通过萃取，能从液体或固体混合物中提取出所需的化合物。这里仅介绍液-液萃取。

一、萃取原理——相似相溶规则

萃取和洗涤的原理是相同的，只是目的不同。应用萃取可以从固体混合物或液体混合物中提取出所需要的物质，而洗涤则是除去物质中的杂质。

萃取方法的主要理论依据是分配定律，前面第一部分中已详细讲解。

二、萃取溶剂的选用

用于萃取的溶剂又叫萃取剂，常用的萃取剂有水、有机溶剂等。有机溶剂可将混合物中的有机产物提取出来，主要有苯、乙醇、乙醚和石油醚等。水可用来提取混合物中的水溶性产物，可根据具体需求加以选择。

用有机溶剂从水溶液中萃取有机物是有机实验用得最多的萃取。好的萃取剂是萃取成功的关键因素，它应具有以下条件：①与水不能互溶，也不能发生反应；②被萃取物质在萃取剂中的溶解度要比在水中大；③沸点比较低，用蒸馏方法容易除去；④毒性小，价格低。

三、萃取方法

1. 分液漏斗使用前的准备

将分液漏斗洗净后，取下旋塞，用滤纸吸干旋塞及旋塞孔道中的水分，在旋塞微孔的两侧涂上薄薄一层凡士林，然后小心将其插入孔道并旋转几周，直到凡士林分布均匀透明为止。在旋塞细端伸出部分的圆槽内，套上一个橡胶圈，以防操作时旋塞脱落。

关好旋塞，在分液漏斗中装上水，观察旋塞两端有无渗漏现象，再打开旋塞，看液体是否能通畅流下，然后，盖上顶塞，用手指抵住，倒置漏斗，检查严密性。确保分液漏斗旋塞关闭时严密，旋塞开启后畅通的情况下方可使用。使用前须关闭旋塞。

2. 萃取（或洗涤）操作

由分液漏斗上口倒入待萃取溶液和萃取剂，盖好顶塞。取下分液漏斗，用右手握住顶塞并抵住顶塞，左手持旋塞部位（用拇指和食指压紧旋塞，中指和无名指分叉在漏斗两侧），倾斜漏斗并振摇，使两层液体充分接触，如实验图 17。振摇几下后，应注意及时打开旋塞，排出因振摇而产生的气体。如果漏斗中盛有挥发性的溶剂或用碳酸钠溶液中和酸液时，更应注意排放气体。反复振摇几次后，将分液漏斗放在铁圈上静置分层。

3. 两相液体分离操作

当两层液体界面清晰后，便可进行分液操作。先打开顶塞，使漏斗与大气相通，再把分液漏斗下端紧靠在接收器的内壁上，然后缓慢打开旋塞，放出下层液体（如实验图 18）。当液面间的界线接近旋塞处时，暂时关闭旋塞，将分液漏斗轻轻振摇一下，再静置片刻，使下层液聚集多一些，然后打开旋塞，仔细放出下层液体。当液面间的界线移至旋塞小孔的中心时，关闭旋塞。最后把漏斗中的上层液体从上口倒入另一个容器中，切勿从旋塞放出，以免被残留在漏斗颈上的液体所沾污。

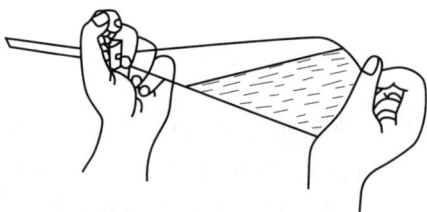

实验图 17　分液漏斗的振摇

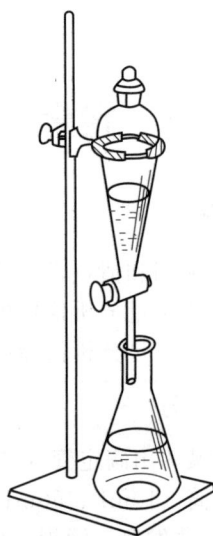

实验图 18　分离两相液体

将水层倒回分液漏斗中，再加新的萃取剂萃取，一般萃取次数 3～5 次。在实验结束前，不要把萃取后的溶液轻易倒掉，以免万一搞错无法挽救。

模块二
实训内容

实训项目一　定量分析仪器的认识和洗涤

一、目的要求

1. 认识、领用和清点常用的分析玻璃仪器。
2. 掌握常用定量分析仪器的洗涤方法。
3. 掌握常用定量分析仪器的操作方法。

二、仪器与试剂

仪器：酸碱两用滴定管（25mL）、移液管（25mL）、锥形瓶（250mL，3 个）、容量瓶（250mL）、量筒（10mL、50mL 各 1 个）、试剂瓶（500mL）、烧杯（100mL、500mL 各 1个）、玻璃棒、蒸发皿、滴板、碘量瓶、胶头滴管、洗瓶、洗耳球、洗瓶刷、坩埚等。

试剂：蒸馏水。

三、实验步骤

(1) 清点仪器。
(2) 锥形瓶和烧杯的洗涤及使用。
(3) 移液管的洗涤及正确使用。
(4) 容量瓶的洗涤及移液操作。
(5) 酸碱两用滴定管的检漏、洗涤、排气泡、调零和读数等。

四、实验指导

1. 锥形瓶内壁应洗至不挂水珠。
2. 移液管、容量瓶和滴定管不能用洗瓶刷刷洗。当比较脏时，可吸取洗液浸泡一段时间，再用蒸馏水清洗至不挂水珠。
3. 酸碱两用滴定管要注意排气泡。
4. 用蒸馏水洗的原则是少量多次。

实训项目二　铬酸洗液的配制

一、目的要求

正确使用托盘天平、烧杯和量筒配制铬酸洗液。

二、原理

铬酸洗液的配制浓度各有不同，从 $5\%\sim12\%$ 的都有。根据文献得知，重铬酸钾∶水∶硫酸＝1∶2∶20 的配方去污效果最好。配制方法大致相同，取一定量的 $K_2Cr_2O_7$，先用约 $1\sim2$ 倍的水溶解，稍冷后，将工业浓硫酸所需体积慢慢加入工业 $K_2Cr_2O_7$ 溶液中。边倒，边注意搅拌，注意不要溅出。混合均匀，冷却后，装入洗液瓶备用。

三、仪器与试剂

仪器：烧杯（300mL）、量筒（100mL）、玻璃棒、托盘天平（台称）、橡胶手套。
试剂：$K_2Cr_2O_7$（C.P.）、浓 H_2SO_4（C.P.）。

四、实验步骤

（1）称取样品　称取 8g $K_2Cr_2O_7$ 于 300mL 烧杯中。
（2）加水溶解　加 16mL 水（加水量不是固定不变，以溶解为度），加热溶解。
（3）加入硫酸　冷却后，沿玻璃棒慢慢加入 144mL 浓硫酸，边加边搅拌。
（4）装瓶备用　冷却后，转移至 250mL 小口试剂瓶中，贴上标签标示，放置备用。

五、实验指导

1. 新配制的洗液为红褐色，氧化能力很强。当洗液变为绿色时，无氧化性，不能继续使用，可加入高锰酸钾氧化重生。
2. 在配制铬酸洗液时，千万不能将水加入浓硫酸中。
3. 注意防止铬酸洗液腐蚀皮肤和衣服。
4. 铬酸废洗液应用硫酸亚铁处理后再排放。
5. 铬酸洗液应尽量少用。

实训项目三　称量练习

一、目的要求

1. 熟练掌握电子天平的基本操作。
2. 掌握样品的称量方法：直接称量法、固定质量称量法和减量称量法等。

二、原理

根据不同的称量对象，须采用相应的称量方法。常用的称量方法有直接称量法、固定质量称量法和减量称量法。

1. 直接称量法

天平零点调定后，将被称物直接放在称量盘上，所得读数即为被称物的质量。这种称量方法适用于洁净干燥的器皿、棒状或块状的金属等。注意不能用手直接取放被称物，而应采用垫纸条、用镊子等方法取放被称物。

2. 固定质量称量法

又称为增量法，适于称量某一固定质量的试剂，例如直接法配制标准溶液时，需准确称取基准物质的质量，可采用此称量方法。这种称量法的操作速率很慢，适用于不易吸湿的颗粒状或粉末状样品的称量。

3. 减量称量法

该方法用于称量一定质量范围的样品或试剂。这种称量方法适用于一般的颗粒状、粉状及液态样品。由于称量瓶和滴瓶都有磨口瓶塞，适于称量较易吸湿、氧化、挥发的试样。

三、仪器与试剂

仪器：电子天平、称量瓶、干燥器、纸条、镊子、洁净干燥的小烧杯。

试剂：无水碳酸钠、硬脂酸。

电子天平
的使用

四、实验步骤

1. 电子天平称量步骤

（1）检查电子天平水平仪，若不水平，调节水平调节脚至水平。

（2）接通电源，预热 30min。

（3）按天平"POWER"键（或"ON"键），等显示器出现"0.0000"后，方可称量。

（4）将称量物放在秤盘中央，等显示器上数字稳定并出现质量单位 g 后，即可读数。

2. 称量方法

（1）**直接称量法**　采用直接称量法称量一洁净干燥的小烧杯，并记录其质量。

（2）**固定质量称量法**　准确称量 0.1245g 无水碳酸钠样品。

① 将一结晶干燥的小烧杯放于称量盘中央，待准确显示读数后，按去皮键"TAR"（或"O/T"键），天平显示器显示为"0.0000"。

② 用药匙向小烧杯中慢慢加入无水碳酸钠样品，直到天平显示为 0.1245g。

（3）**减量称量法**　采用减量称量法称取三份 0.5500～0.6500g 的硬脂酸样品。

① 从干燥器中取出装有硬脂酸样品的称量瓶，并准确称其质量，记录为 m_1。

② 用纸条套住称量瓶从天平上取出，打开称量瓶盖。用瓶盖轻敲称量瓶口，使硬脂酸样品落入到准备好的一干净的烧杯中。当倒出的样品接近需要量时，将称量瓶直立，并将沾在瓶盖上的样品敲回称量瓶。

③ 再称量称量瓶，记录为 m_2。当 $m_1 - m_2$ 的值在 0.5500～0.6500g 范围内时，则倒出到小烧杯的硬脂酸即为称量的样品。

④ 按照上述步骤，再称量两份样品。

五、数据记录与结果处理

1. 直接称量法

小烧杯质量为：_____g。

2. 减量称量法

将实验数据与处理结果填入项目表 1。

项目表 1　称量练习

项　　目	1	2	3
（称量瓶＋试样）质量 m_1/g			

续表

项　目	1	2	3
（称量瓶＋试样）质量 m_2/g			
倾出试样的质量 $(m_1-m_2)/g$			

六、实验指导

1. 实验前预习有关电子天平及称量方法的相关内容。
2. 为避免手上的油污污染，不能用手直接拿称量瓶，而应用纸条或镊子。
3. 称量未知样品应在托盘天平上粗称。
4. 天平放样前应先调零。
5. 天平应先预热才能使用。
6. 一般同一个实验应用同一台天平，以减少测量误差。
7. 称取易挥发或易与空气反应的物质时，必须使用称量瓶。
8. 天平读数时，应关闭左右门。
9. 天平内的干燥剂变色硅胶失效后应及时更换。
10. 过冷过热的物质恢复室温后方可称量。

七、思考题

1. 何时采用直接称量法？何时采用减量称量法？何时采用固定质量称量法？
2. 称量时，称量物质为何放在天平盘的中央？

实训项目四　移液管和滴定管的洗涤和操作练习

一、目的要求

1. 掌握移液管和滴定管的洗涤方法。
2. 掌握移液管和滴定管的基本操作。

二、仪器与试剂

仪器：烧杯（50mL、250mL）、移液管（10mL）、酸碱两用滴定管（25mL）、锥形瓶、洗耳球、毛刷和洗瓶。

试剂：蒸馏水、去污粉、铬酸洗液。

三、实验步骤

1. 移液管和滴定管的洗涤

洗涤顺序为：用铬酸洗液洗涤（特别脏时采用铬酸洗液洗涤，尽量避免使用，避免对环境污染）→用自来水冲洗→用蒸馏水洗三次→用待装溶液润洗三次。

洗涤标准：内壁不挂水珠。

2. 移液管操作练习

操作步骤：按上述步骤洗涤干净→吸取溶液（可用烧杯中的自来水练习）→

移液管的
操作技术

调节液面至刻度线→放液到锥形瓶。

3. 滴定管的操作练习

操作步骤：试漏→洗涤（自来水洗、蒸馏水洗、润洗）→装液（以自来水练习）→排气泡→调"0"→滴定练习（练习 1 滴、半滴操作）→读数（练习读数）。

滴定管的操作技术

四、实验指导

1. 实验前扫描二维码打开微课预习移液管和滴定管的操作技术。

2. 移液管和滴定管是检验工作必备的玻璃仪器，它们的操作直接影响到结果的准确度和精密度，因此练习好移液管和滴定管的标准操作是非常重要的。

五、思考题

1. 移取溶液时，左手拿洗耳球还是移液管？

2. 移液管和滴定管为什么必须润洗？可以不润洗吗？

实训项目五　溶液的配制和稀释

一、目的要求

1. 掌握移液管、容量瓶、电子天平的使用。

2. 掌握溶液稀释的基本操作。

二、原理

在化学实验中常需要配制各种溶液来满足不同的实验要求，因此溶液的配制和稀释是化学工作者必须掌握的基本操作。在配制溶液时，首先应根据所需配制溶液的浓度、体积，计算出溶质和溶剂的用量，如固体试剂的质量或液体试剂的体积，然后再进行配制。如果实验对溶液浓度的准确性要求不高，一般利用台秤、量筒、带刻度烧杯等低准确度的仪器配制就能满足需要。如果实验对溶液浓度的准确性要求较高，如定量分析实验，就需使用分析天平、移液管、容量瓶等高准确度的仪器配制溶液。无论是粗配还是准确配制一定体积、一定浓度的溶液，首先要计算所需试剂的用量。

在用固体物质配制溶液时，如果物质含结晶水，则应将结晶水计算进去。稀释浓溶液时，应根据稀释前后溶质的量不变的原则，计算出所需浓溶液的体积，然后加水稀释。

三、仪器与试剂

仪器：烧杯（50mL、250mL）、移液管（10mL）、容量瓶（100mL、250mL 各 1 个）、量筒（10mL、200mL 各 1 个）、试剂瓶（500mL）、玻璃棒、洗瓶。

试剂：Na_2CO_3。

四、实验步骤

1. 配制 250mL 0.1000mol·L^{-1} Na_2CO_3 溶液

（1）计算　先计算配制 250mL 0.1mol·L^{-1} Na_2CO_3 溶液所需 Na_2CO_3 的质量。

（2）配制 用电子天平称量所需质量的 Na_2CO_3。将 Na_2CO_3 置于小烧杯中溶解后，用玻璃棒引流转移至 250mL 容量瓶中，再用少量蒸馏水洗涤烧杯和玻璃棒 3 次，将洗涤液也转移入容量瓶中。加蒸馏水到 3/4 体积时，初步混匀。当加到液面刻度线约 1cm 处，改用胶头滴管加水至刻度线，摇匀（容量瓶的使用方法参见模块一第七节容量瓶的使用）。

溶液的配制

2. 将上述配制的 Na_2CO_3 溶液稀释到原浓度的 1/10

用 10mL 移液管移取 Na_2CO_3 溶液 1 份，移入 100mL 容量瓶中，加蒸馏水到 3/4 体积时，初步混匀。当加蒸馏水到液面刻度线约 1cm 处，改用胶头滴管加水至刻度线。摇匀后，转移入试剂瓶，贴好标签。

五、实验指导

实验前预习容量瓶和电子天平的相关内容。

六、思考题

1. 配制准确浓度的溶液时，固体物质是用托盘天平还是电子天平称量？
2. 用容量瓶配制溶液时，是否需要把容量瓶干燥？是否用待稀释溶液润洗？

实验项目六 酸碱滴定练习

一、目的要求

1. 掌握滴定管和移液管的标准操作。
2. 掌握 HCl 滴定 NaOH 终点的判断。
3. 掌握 NaOH 滴定 HCl 终点的判断。

酸碱滴定

二、原理

NaOH 与 HCl 反应的化学计量点是 pH＝7.0。$0.1mol \cdot L^{-1}$ HCl 溶液与 $0.1mol \cdot L^{-1}$ NaOH 溶液反应时，计量点附近 pH 值的滴定突跃范围是 pH＝4.3～9.7。

用 HCl 滴定 NaOH 时，可用甲基橙作指示剂，终点颜色由黄色变为橙色。用 NaOH 滴定 HCl 时，用酚酞作指示剂，终点颜色由无色变为微红色。

三、仪器与试剂

仪器：酸碱两用滴定管（25mL）、锥形瓶（250mL）、移液管（20mL，2 支）、量筒（10mL）、烧杯（100mL、500mL 各 1 个）、洗耳球、玻璃棒、胶头滴管、洗瓶。

试剂：氢氧化钠固体、浓盐酸、酚酞指示剂（0.1%）、甲基橙指示剂（0.1%）。

四、实验步骤

1. 酸碱溶液的配制

（1）$0.1mol \cdot L^{-1}$ HCl 溶液的配制 计算配制 500mL $0.1mol \cdot L^{-1}$ HCl 溶液所需浓盐酸的体积，用洁净的 10mL 量筒量取所需浓盐酸倒入预先装有 200mL 水的 500mL 烧杯中，加蒸馏水稀释至 500mL，搅匀后，转移至 500mL 试剂瓶中保存。

（2）0.1mol·L^{-1} NaOH 溶液的配制　计算配制 500mL 0.1mol·L^{-1} NaOH 溶液所需 NaOH 固体的质量，在托盘天平上于一洁净 100mL 烧杯内称取所需 NaOH 固体的质量，加蒸馏水溶解，待溶解后将溶液倒入 500mL 塑料试剂瓶中，用蒸馏水稀释至 500mL，充分摇匀，备用。

2. 0.1mol·L^{-1} HCl 溶液滴定 0.1mol·L^{-1} NaOH 溶液

（1）滴定管的准备　滴定管首先进行检漏，然后先后用自来水、蒸馏水洗涤，再用少量 0.1mol·L^{-1} HCl 溶液润洗 3 次。装入 HCl 溶液，排除气泡，调整液面刻度至"0.00mL"处。

（2）取洗净的 20mL 移液管 1 支（经过自来水、蒸馏水洗涤），用少量 0.1mol·L^{-1} NaOH 溶液润洗 3 次，移取 20.00mL NaOH 溶液置于 250mL 锥形瓶中，加蒸馏水 20mL，加甲基橙指示剂 2～3 滴。然后，用 0.1mol·L^{-1} HCl 溶液滴定至溶液由黄色变为橙色即为终点。记下消耗 HCl 标准溶液的体积，平行滴定 3 次。

3. 0.1mol·L^{-1} NaOH 溶液滴定 0.1mol·L^{-1} HCl 溶液

（1）滴定管准备　同上，用自来水和蒸馏水洗涤后，用少量 0.1mol·L^{-1} NaOH 溶液润洗 3 次。装入 NaOH 溶液，排除气泡，调整液面刻度至"0.00mL"处。

（2）取洗净的 20mL 移液管 1 支，用少量 0.1mol·L^{-1} HCl 溶液润洗 3 次，移取 20.00mL HCl 溶液置于 250mL 锥形瓶中，加蒸馏水 20mL，加酚酞指示剂 2～3 滴。然后，用 0.1mol·L^{-1} NaOH 溶液滴定至溶液显微红色，30s 不褪即为终点。记下消耗的 NaOH 溶液体积，平行滴定 3 次。

实训项目七　粗食盐的提纯

一、目的要求

1. 学会称量（托盘天平）、研磨、溶解、搅拌、pH 试纸使用、过滤、蒸发、浓缩、结晶和干燥等化学基本操作。
2. 了解粗食盐提纯原理。

二、原理

粗食盐中除含有少量泥砂等不溶性杂质和有机物外，通常还含有 K$^+$、Ca^{2+}、Mg^{2+}、Fe^{2+}、SO$_4^{2-}$、CO$_3^{2-}$、K$^+$、Br$^-$、I$^-$、NO$_3^-$ 等可溶性杂质离子。可通过下列方法依次除去：

（1）加热灼烧破坏有机物等杂质。

（2）溶解过滤除去泥沙等不溶性杂质。

（3）加入化学试剂除去 Ca^{2+}、Mg^{2+}、SO$_4^{2-}$ 等可溶性杂质。

① 加 BaCl$_2$ 除 SO$_4^{2-}$

$$Ba^{2+} + SO_4^{2-} \xrightarrow{\quad\quad} BaSO_4 \downarrow （白色）$$

② 加 NaOH、Na$_2$CO$_3$ 除 Ca^{2+}、Mg^{2+}、Ba^{2+}、Fe^{2+}

$$2Mg^{2+} + 2OH^- + CO_3^{2-} \xrightarrow{\quad\quad} Mg_2(OH)_2CO_3 \downarrow （白色）$$

③ 加 HCl 除过量 OH$^-$、CO$_3^{2-}$

$$OH^- + H^+ \mathop{=\!=}\limits H_2O$$
$$CO_3^{2-} + 2H^+ \mathop{=\!=}\limits CO_2 \uparrow + H_2O$$

（4）由于钾盐的溶解度比 NaCl 的溶解度大，故在 NaCl 蒸发结晶时，可溶性杂质如 K^+、Br^-、I^-、NO_3^- 留在母液中而与 NaCl 分离。

三、仪器与试剂

仪器：托盘天平、烧杯（100mL、200mL 各 1 个）、试管、玻璃棒、酒精灯（两盏）、洗瓶、点滴板、石棉网、三脚架、漏斗（长、短各 1 个）、布氏漏斗、抽滤瓶、蒸发皿、保温漏斗、铁架台、铁夹、铁圈、研钵、药匙、坩埚钳、镊子、真空泵（每室 4 台）等。

试剂：NaOH（$2mol \cdot L^{-1}$）、HCl（$2mol \cdot L^{-1}$）、$BaCl_2$（$1mol \cdot L^{-1}$）、粗食盐、饱和碳酸钠、乙醇（95%）。

其他：滤纸（中速 9cm、11cm）、pH 试纸、称量纸。

四、实验步骤

1. 称量、研磨和炒盐

称取粗食盐 10.0g，置于研钵中研细后转移至蒸发皿中，用小火炒至无爆裂声，冷却。

2. 溶解和热过滤

将上述粗食盐转移至盛有 40mL 蒸馏水的 100 mL 烧杯中，加热并搅拌使其溶解。然后，用热过滤以除去不溶性杂质，保留滤液。

3. 沉淀和减压过滤

边搅拌边逐滴加入 $1mol \cdot L^{-1}$ $BaCl_2$ 溶液约 1.5～2 mL 后，加热并继续搅拌滤液至近沸，停止加热和搅拌，待沉淀沉降溶液变清后，沿烧杯壁加 1 滴 $BaCl_2$ 溶液，观察上清液是否有浑浊。如有浑浊，表明 SO_4^{2-} 尚未除尽，继续滴加 $BaCl_2$ 溶液，直至上层清液在加入 1 滴 $BaCl_2$ 溶液无浑浊为止。沉淀完全后继续加热 5min，使沉淀颗粒长大而易于沉降，用减压过滤，除去 $BaSO_4$ 沉淀，滤液转移至干净的烧杯中。

4. 再沉淀和普通过滤

边搅拌边滴加饱和 Na_2CO_3 溶液约 1.5～2mL 后，加热至沸，使 Ca^{2+}、Mg^{2+}、Fe^{2+} 和过量的 Ba^{2+} 生成沉淀并沉降。用上述检验 SO_4^{2-} 是否除尽的方法检验 Ca^{2+}、Mg^{2+}、Fe^{2+}、Ba^{2+} 沉淀是否完全。在此过程中注意补充蒸馏水，保持原体积，防止 NaCl 晶体析出。加入 $2mol \cdot L^{-1}$ NaOH 调节溶液 pH 为 10～11。继续煮沸 2～3min，冷却后，用普通过滤，除去 $CaCO_3$、$BaCO_3$、$Mg_2(OH)_2CO_3$、$Fe(OH)_3$ 等沉淀，滤液转移至蒸发皿中。

5. 中和

在滤液中滴加 $2mol \cdot L^{-1}$ HCl 调节溶液 pH 为 4～5，以除去过量的 OH^- 和 CO_3^{2-}。

6. 蒸发浓缩

加热蒸发浓缩至液面出现一层结晶膜时，改用小火加热并不断搅拌，以免溶液溅出。当蒸发至糊状时，停止加热（切勿蒸干）。冷却后用减压抽滤至干，用少量 95%乙醇淋洗产品 2～3 次。将晶体转移到蒸发皿中，加热炒干（不冒水气，呈粉状，无噼啪响声）。冷却后称重，计算产率。

五、思考题

1. 在除去 Ca^{2+}、Mg^{2+}、SO_4^{2-} 时，为什么要先加 $BaCl_2$ 溶液，然后再加 Na_2CO_3 溶

液，最后再加 HCl 呢？能否改变加入的先后次序？

2. 为什么在溶液中加入沉淀剂（$BaCl_2$ 或 Na_2CO_3）后要加热至沸？

3. 原料中所含的 K^+、Br^-、I^-、NO_3^- 等离子是怎样除去的？

4. 热过滤时要用_____漏斗，它的外壳是金属做的，内放一个_____漏斗，滤纸要折成_____形，热过滤的优点是 _____ 。

5. 减压过滤的主要仪器有哪些？它有哪些特点？

实训项目八　缓冲溶液的配制和酸度计的使用

一、目的要求

1. 掌握缓冲溶液的配制方法。
2. 掌握缓冲溶液的性质和缓冲容量的测定方法。
3. 掌握测定溶液 pH 的方法。
4. 了解复合电极以及酸度计的测定原理。

pHs-3EpH 计
的操作

二、原理

在一定程度上能抵抗外加少量酸、碱或稀释，而保持溶液 pH 基本不变的作用称为缓冲作用。具有缓冲作用的溶液称为缓冲溶液。缓冲溶液一般是由共轭酸碱对组成的，其中弱酸为抗碱成分，其共轭碱为抗酸成分。当配制缓冲溶液所用的弱酸和其共轭碱的浓度相等时，公式为：

$$pH = pK_a + \lg \frac{V_{B^-}}{V_{HB}}$$

计算出所需弱酸 HB 溶液和其共轭碱 B^- 溶液的体积，将所需体积的弱酸溶液和其共轭碱溶液混合即得所需缓冲溶液。由上式计算所得的 pH 为近似值，再利用酸或碱调整溶液 pH。

缓冲溶液的缓冲能力用缓冲容量来衡量，缓冲容量越大，其缓冲能力就越大。缓冲容量与总浓度及缓冲比有关，当缓冲比一定时，总浓度越大，缓冲容量就越大；当总浓度一定时，缓冲比越接近 1，缓冲容量就越大（缓冲比等于 1 时，缓冲容量最大）。

三、仪器与试剂

仪器：试管（6 支）、试管架、玻璃棒、胶头滴管、洗瓶、吸量管（1mL、10mL、20mL）、100mL 烧杯、洗耳球、塑料小烧杯（50mL，3 个）、精密 pH 试纸、HS-3C 型酸度计、50mL 塑料小烧杯（3 个）。

试剂：HAc（$0.1mol \cdot L^{-1}$）、HAc（$2mol \cdot L^{-1}$）、NaAc（$0.1mol \cdot L^{-1}$）、Na_2HPO_4（$0.2mol \cdot L^{-1}$）、NaH_2PO_4（$0.2mol \cdot L^{-1}$）、NaH_2PO_4（$2mol \cdot L^{-1}$）、HCl（$0.1mol \cdot L^{-1}$）、NaOH（$0.1mol \cdot L^{-1}$）、NaOH（$2mol \cdot L^{-1}$）。

四、实验步骤

1. 缓冲溶液的配制

（1）计算配制 20mL pH＝5.00 的缓冲溶液所需 $0.1mol \cdot L^{-1}$ HAc（$pK_a = 4.74$）溶液和 $0.1mol \cdot L^{-1}$ NaAc 溶液的体积。根据计算用量，用吸量管分别吸取 HAc 溶液和 NaAc

溶液，置于 50mL 烧杯中摇匀。用酸度计测定其 pH，并用 $2mol \cdot L^{-1}$ NaOH 或 $2mol \cdot L^{-1}$ HAc 调节使其 pH 为 5.00，保存备用。

（2）计算配制 20mL pH＝7.00 的缓冲溶液所需 $0.2mol \cdot L^{-1}$ NaH_2PO_4（$pK_a = 7.20$）溶液和 $0.2mol \cdot L^{-1}$ Na_2HPO_4 溶液的体积。根据计算用量，用吸量管分别吸取 NaH_2PO_4 溶液和 Na_2HPO_4 溶液，置于 50mL 烧杯中摇匀。用酸度计测定其 pH，并用 $2mol \cdot L^{-1}$ NaOH 或 $2mol \cdot L^{-1}$ NaH_2PO_4 调节使其 pH 为 7.00，保存备用。

2. 缓冲溶液的性质

（1）缓冲溶液的抗酸作用　取 3 支试管，分别加入 3mL 上述配制的 pH 为 5.00、7.00 的缓冲溶液和蒸馏水，各加入 2 滴 $0.1mol \cdot L^{-1}$ HCl 溶液，用精密 pH 试纸分别测定其 pH。解释上述实验现象。

（2）缓冲溶液的抗碱作用　取 3 支试管，分别加入 3mL 上述配制的 pH 为 5.00、7.00 的缓冲溶液和蒸馏水，各滴入 2 滴 $0.1mol \cdot L^{-1}$ NaOH 溶液，用精密 pH 试纸分别测定其 pH。解释上述实验现象。

（3）缓冲溶液的抗稀释作用　取 2 支试管，分别加入 0.5mL pH 为 5.00、7.00 的缓冲溶液，各加入 5mL 蒸馏水，振荡试管，用精密 pH 试纸分别测量其 pH。与 HCl 溶液和 NaOH 溶液的稀释相比较，解释上述实验现象。

五、实验指导

1. 实验前预习酸度计的相关内容。
2. 电极在每次插入溶液中前，要先用蒸馏水洗涤。

六、数据记录与结果处理

将实验数据与处理结果分别填入项目表 2～项目表 4。

项目表 2　缓冲溶液的抗酸作用

缓冲溶液(pH)	5.00	7.00	蒸馏水
加入 2 滴 $0.1mol \cdot L^{-1}$ HCl 后 pH			
结论			

项目表 3　缓冲溶液的抗碱作用

缓冲溶液(pH)	5.00	7.00	蒸馏水
加入 2 滴 $0.1mol \cdot L^{-1}$ NaOH 后 pH			
结论			

项目表 4　缓冲溶液的抗稀释作用

缓冲溶液(pH)	5.00	7.00
加入 5mL 蒸馏水后 pH		
结论		

七、思考题

1. 用酸度计测定 pH 时为什么必须用标准缓冲溶液校正仪器？校正时应注意什么？
2. 复合电极使用前应该如何处理？使用和安装时，应注意哪些问题？

3. 为什么定位时应使用与被测溶液 pH 接近的标准缓冲溶液？

4. 如果被测溶液温度和定位标准缓冲溶液温度不相同时，应如何操作？

实训项目九　餐具洗涤剂 pH 的测定

一、目的要求

1. 熟练掌握 pH 计测定溶液 pH 的方法。

2. 学会正确地校准和使用 pH 计。

3. 学会用两次测量法测定溶液的 pH。

4. 了解缓冲溶液的作用和配制方法。

二、原理

直接电位法测定溶液 pH 通常以玻璃电极为指示电极，以饱和甘汞电极为参比电极，浸入被测溶液中组成原电池。25℃时，该电池的电动势 E 为：

$$E = E_{正} - E_{负} = E_{甘汞} - E_{玻} = 0.2412 - (K - 0.059\mathrm{pH}) = 0.2412 - K + 0.059\mathrm{pH}$$

由于 K 为玻璃电极的性质常数，因此将 0.2412 和 K 合并得一新常数 K'，故有：

$$E = K' + 0.059\mathrm{pH}$$

由上式可知，常数 K' 包括饱和甘汞电极的电位、玻璃电极的性质常数 K。在玻璃电极的 K 已知并且固定不变时，测得电动势 E，便可求得待测溶液的 pH。但实际上 K 值常随玻璃电极的不同和溶液组成的不同而发生变化，甚至随电极使用时间的长短而发生微小变动，其变动值又不易准确测定，并且每一支玻璃电极的不对称电位也不相同。为消除上述因素的影响，测定溶液 pH 时，需用标准 pH 缓冲溶液进行对照，即采用两次测量法。

两次测量法可消除玻璃电极的不对称电位和公式中的常数值。其方法为：先测量已知 pH 的标准缓冲溶液（$\mathrm{pH_s}$）的电池电动势，记为 E_s，然后再测量未知 pH 的待测溶液（pH_x）的电池电动势，记为 E_x。25℃时，根据电池电动势与 pH 之间的关系，有：

$$E_x = K' + 0.059\mathrm{pH}_x$$
$$E_s = K' + 0.059\mathrm{pH_s}$$

将两式相减并整理，得：

$$\mathrm{pH}_x - \mathrm{pH_s} = (E_x - E_s)/0.059$$

因此，用两点测量法测 pH 时，只要使用同一对玻璃电极和饱和甘汞电极，在温度相同的条件下，无须知道公式中的常数 K' 和玻璃电极的不对称电位，就可求出待测溶液的 pH。注意，由于饱和甘汞电极在标准缓冲溶液和待测溶液中产生的液接电位不相同，由此会引起测定误差。若两者的 pH 极为接近（$\Delta\mathrm{pH} < 3$），则液接电位不同引起的误差可忽略。所以，测量时选用的标准缓冲溶液与样品溶液的 pH 应尽量接近。部分标准缓冲溶液在不同温度时的 $\mathrm{pH_s}$ 值见项目表 5。

三、仪器与试剂

仪器：酸度计（分度值为 0.02pH）、复合 pH 玻璃电极、电子天平（最大负荷 100g，分度值为 0.01g）、小烧杯（50mL）、温度计、洗瓶、容量瓶（250mL）。

试剂：邻苯二甲酸盐标准缓冲溶液（浓度为 $0.05\mathrm{mol \cdot L^{-1}}$）、磷酸盐标准缓冲溶液（浓度为 $0.025\mathrm{mol \cdot L^{-1}}$）、硼酸钠标准缓冲溶液 [称 3.81g 硼酸钠（$\mathrm{Na_2B_4O_7 \cdot 10H_2O}$）

溶于水中，并稀释至 100mL]、餐具洗涤剂、蒸馏水。

四、实验步骤

（1）称取 2.5g 餐具洗涤剂试样（称准至 0.01g），用蒸馏水溶解，置于 250mL 容量瓶中，稀释至刻度，摇匀，作为待测溶液备用。

（2）接通酸度计电源，预热仪器 20min。

（3）校正　根据实际情况，选用与被测溶液 pH 较接近的缓冲溶液对仪器进行校正。酸度计的校正分为一点校正（用一种缓冲溶液定位，一般用于粗略测量）、两点校正（用两种缓冲溶液定位，一般用于精确测量）。如下是两点校正的操作步骤。

① 将功能选择钮调到 pH 挡，温度补偿旋钮调至与待测溶液温度一致，斜率补偿调节旋钮顺时针旋到底（调到 100％位置）。

② 取下电极套，先用蒸馏水洗瓶冲洗复合电极，再用 pH＝6.86（25℃时）的标准缓冲溶液洗瓶冲洗复合电极。

③ 将复合电极插入 pH＝6.86（25℃时）的标准缓冲溶液中，稳定后，调节定位调节旋钮，使仪器显示 pH 与该温度下标准缓冲溶液的 pH 一致。

④ 取出电极，先用蒸馏水洗瓶冲洗复合电极，再用 pH＝4.01（25℃时）的标准缓冲溶液洗瓶冲洗复合电极（根据待测溶液的酸碱性确定用 pH＝4.01 的标准缓冲溶液还是 pH＝9.18 的标准缓冲溶液来冲洗）。

⑤ 将复合电极插入 pH＝4.01（25℃时）的标准缓冲溶液中，仪器显示数值应是当时温度下的 pH，否则调节斜率补偿调节旋钮，使仪器显示 pH 与该温度下标准缓冲溶液 pH 一致。

（4）测定　取出电极，用蒸馏水和待测溶液分别冲洗电极后，将电极插入待测溶液中，轻轻摇动小烧杯使溶液均匀，然后静置读数。平行测定两次，记录数据。

项目表 5　标准缓冲溶液在不同温度时的 pH_s 值

温度/℃	邻苯二甲酸盐标准缓冲溶液	磷酸盐标准缓冲溶液	硼酸盐标准缓冲溶液
0	4.00	6.98	9.46
5	4.00	6.95	9.40
10	4.00	6.92	9.33
15	4.00	6.90	9.28
20	4.00	6.88	9.22
25	4.01	6.86	9.18
30	4.02	6.85	9.14
35	4.02	6.84	9.10
40	4.04	6.84	9.07

五、数据记录与结果处理

将实验数据与处理结果填入项目表 6。

项目表 6　餐具洗涤剂 pH 的测定

项　　目	1	2
水样温度/℃		
pH		
测定结果		
平行测定结果的极差		

六、实验指导

1. 电极在测量前，必须用标准缓冲溶液校正，标准缓冲溶液 pH 与被测溶液 pH 越接近越好。

2. 经校正后，斜率和定位调节旋钮不应有变动。

3. 测量时，电极的引入线需保持静止，否则测量不稳定。

4. 使用复合电极时，应避免电极下部的玻璃泡与硬物或污物接触。

5. 复合电极使用后应清洗干净，套上保护套。保护套加少量补充液以保持球泡的湿润。

6. 使用新的或长久不用的复合电极前，应将电极浸泡在 $3mol \cdot L^{-1}$ 的氯化钾溶液中活化 24h。

七、思考题

1. 为什么要用两次测量法测定洗涤剂的 pH？

2. 为什么用标准缓冲溶液校正时，标准缓冲溶液的 pH 与被测溶液的 pH 越接近越好？

实训项目十　$0.1mol \cdot L^{-1}$ HCl 标准溶液的配制与标定

一、目的要求

1. 熟练酸式滴定管的操作和滴定终点的判断。

2. 掌握用无水碳酸钠作基准物质标定盐酸溶液的方法。

3. 掌握盐酸标准溶液的配制和标定方法。

HCl 标准溶液
的配制与标定

二、原理

市售盐酸容易挥发，且含有杂质，因此不能直接配制成标准溶液，应采用间接法（标定法）配制，即先配制成近似浓度的溶液，然后用基准物质进行标定。

标定盐酸的基准物质常见的有无水碳酸钠和硼砂等，本实验采用无水碳酸钠为基准物质。无水碳酸钠容易提纯，价格便宜，但具有吸湿性，因此 Na_2CO_3 固体需先在烘箱中于 270～300℃ 干燥至恒重，然后置于干燥器中冷却后备用。Na_2CO_3 与 HCl 的反应如下：

$$2HCl + Na_2CO_3 \longrightarrow 2NaCl + H_2O + CO_2 \uparrow$$

计量点时溶液的 pH 约为 4，可选用甲基橙作指示剂。滴定到溶液由黄色变为橙色，即为终点。根据 Na_2CO_3 的质量和所消耗的 HCl 的体积，即可计算出 HCl 标准溶液的准确浓度。

计算公式：

$$c_{HCl} = \frac{2}{1} \times \frac{m_{Na_2CO_3} \times 1000}{M_{Na_2CO_3} V_{HCl}}$$

三、仪器与试剂

仪器：电子天平、酸碱两用滴定管（25mL）、锥形瓶（250mL，3 个）、量筒（10mL、50mL 各 1 个）、试剂瓶（500mL）、电热套、烧杯（100mL、500mL 各 1 个）、玻璃棒、胶头滴管、洗瓶。

试剂：浓盐酸（A.R.）、无水 Na_2CO_3（A.R.）、甲基橙指示剂。

四、实验步骤

1. 浓度约 0.1mol·L⁻¹ HCl 溶液的配制

用洁净量筒量取浓盐酸 3.6mL 倒入预先装有 200mL 水的 500mL 烧杯中，加蒸馏水稀释至 400mL，搅匀后，转移至 500mL 试剂瓶中保存备用。

2. 标定

（1）配制 精密称取无水碳酸钠基准物质 3 份，每份 0.1000～0.1200g，分别置于 250mL 锥形瓶中，分别加 50mL 蒸馏水溶解后，再各加甲基橙指示剂 2～3 滴。

（2）酸碱两用滴定管的准备 检查酸碱两用滴定管是否漏水，不漏水方可使用。洗净酸碱两用滴定管，用配好的 HCl 溶液润洗 3 次，装入 HCl 溶液，排气泡，调液面在 "0.00" 刻度。

（3）滴定 用 HCl 溶液滴定锥形瓶中的 Na_2CO_3 溶液，当溶液由黄色变为橙色时，煮沸约 2min。冷却至室温（或旋摇 2min），继续滴定至橙色，记下所消耗的标准溶液的体积。如此，平行滴定三次。

五、数据记录与结果处理

将实验数据与处理结果填入项目表 7。

项目表 7　0.1mol·L⁻¹ HCl 标准溶液的配制与标定

项　　目	1	2	3
无水碳酸钠质量/g			
消耗 HCl 体积/mL			
HCl 的浓度/mol·L⁻¹			
平均值/mol·L⁻¹			
平均偏差			
相对平均偏差/%			

六、实验指导

1. 实验前预习电子天平和滴定分析的相关内容。

2. 配制 0.1mol·L⁻¹ HCl 溶液时，因为浓盐酸易挥发，应在通风橱中操作。

3. 反应本身产生 H_2CO_3 会使指示剂颜色变化不够敏锐，因此，在接近滴定终点之前，最好把溶液加热煮沸，并摇动以赶走 CO_2，冷却后再滴定。

4. 平行测定三次，每次滴定前都要把滴定管装至零刻度附近。

5. 注意滴定终点的判断，终点为刚刚发生颜色变化的那一点，否则影响结果。

七、思考题

1. 为什么 HCl 标准溶液不能用直接法配制？

2. 滴定管在装溶液前为什么要用所装溶液润洗？用于滴定的锥形瓶或烧杯是否也要润洗，为什么？

3. 基准物质称完后，需用 50mL 蒸馏水溶解，水的体积是否需用移液管准确量取，为什么？

4. 为什么无水碳酸钠要灼烧至恒重？

实验项目十一　0.1mol·L^{-1} NaOH标准溶液的配制与标定

一、目的要求

1. 掌握酸碱两用滴定管的使用和酚酞指示剂滴定终点的判断。
2. 掌握容量分析的基本操作及容量仪器的使用方法。
3. 掌握 NaOH 标准溶液的配制和标定方法。

NaOH 标准溶液
的配制与标定

二、原理

NaOH 具有很强的吸湿性，也易吸收空气中的 CO_2，因此市售 NaOH 中常含有 Na_2CO_3，应设法除去。除去 Na_2CO_3 最常用的方法是将 NaOH 先配成饱和溶液（质量分数约 52%），由于 Na_2CO_3 在饱和 NaOH 溶液中几乎不溶解，会慢慢沉淀出来。待 Na_2CO_3 沉淀后，吸取一定量的上层清液，稀释至所需浓度即可。此外，用来配制 NaOH 溶液的蒸馏水，也应加热煮沸放冷，以除去其中的 CO_2。

配制 NaOH 标准溶液不能采用直接法，而是先配制成近似浓度的溶液，然后进行标定。常用来标定 NaOH 溶液的基准物质有草酸($H_2C_2O_4 \cdot 2H_2O$)、邻苯二甲酸氢钾（$C_6H_4COOHCOOK$）等，本实验选用邻苯二甲酸氢钾。

滴定反应为：

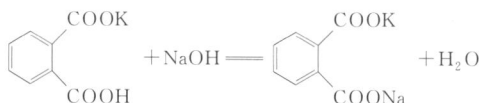

化学计量点时溶液 pH 值约为 9.1，可用酚酞作指示剂。

三、仪器与试剂

仪器：电子天平、酸碱两用滴定管、容量瓶（100mL）、移液管（20mL）、玻璃棒、洗耳球、胶头滴管、锥形瓶（250mL，3 个）、量筒、烧杯（400mL）、试剂瓶。

试剂：饱和氢氧化钠溶液（质量分数约 52%，配好）、酚酞指示剂（0.1%）、邻苯二甲酸氢钾（于 110～120℃干燥 2h）。

四、实验步骤

1. 浓度约 0.1mol·L^{-1} 氢氧化钠溶液的配制

（1）NaOH 饱和溶液的配制　称取 NaOH 约 120g，倒入装有 100mL 蒸馏水的烧杯中，搅拌使其溶解，得到 NaOH 饱和溶液。冷却后，储存于塑料瓶中，静置数日，澄清后备用。

（2）浓度约 0.1mol·L^{-1} NaOH 溶液的配制　用量筒（或吸量管）量取 NaOH 饱和溶液 2.8mL，倒入装有 500mL 新煮沸并冷却的蒸馏水的试剂瓶中，用橡胶塞塞好瓶口，摇匀。

2. 0.1mol·L^{-1} 氢氧化钠溶液的标定

（1）称取邻苯二甲酸氢钾　精密称取基准邻苯二甲酸氢钾三份（每份 0.3600～0.4000g），分别置于 3 个锥形瓶中，各加入 50mL 蒸馏水和 2～3 滴酚酞指示剂。

（2）氢氧化钠溶液的标定　用待标定的氢氧化钠溶液滴定邻苯二甲酸氢钾溶液，滴定至溶液由无色变为微红色，30s 不褪色即为终点。记录所耗用的氢氧化钠溶液的体积，平行测定 3 次。

做空白实验，记录读数。

3. 计算 NaOH 溶液的准确浓度

计算公式：

$$c_{NaOH} = \frac{m_{邻苯二甲酸氢钾} \times 1000}{M_{邻苯二甲酸氢钾}(V_{NaOH} - V_{空白})}$$

式中 c_{NaOH}——NaOH 标准溶液的浓度，$mol \cdot L^{-1}$；

$m_{邻苯二甲酸氢钾}$——邻苯二甲酸氢钾的质量，g；

$M_{邻苯二甲酸氢钾}$——邻苯二甲酸氢钾的摩尔质量，$204.2 g \cdot mol^{-1}$；

V_{NaOH}——滴定消耗 NaOH 溶液的体积，mL；

$V_{空白}$——空白实验消耗 NaOH 溶液的体积，mL。

五、实验指导

1. 实验前预习电子天平的相关内容和滴定分析仪器（包括容量瓶、移液管和滴定管）的基本操作。

2. 配制 $0.1 mol \cdot L^{-1}$ 氢氧化钠溶液时，要用较干燥的 10mL 量筒量取饱和氢氧化钠水溶液，并立即倒入水中，随即盖紧，以防吸收二氧化碳。

六、思考题

1. 配制标准碱溶液时，用台秤称取固体氢氧化钠是否会影响溶液浓度的准确度？能否用纸称取固体氢氧化钠？为什么？

2. 本实验中氢氧化钠和邻苯二甲酸氢钾两种标准溶液的配制方法有何不同？为什么？

3. 在配制 $0.1 mol \cdot L^{-1}$ NaOH 溶液时，为什么选用新煮沸并冷却的蒸馏水稀释饱和 NaOH？

实训项目十二 混合碱中各组分含量的测定

一、目的要求

1. 掌握双指示剂法测定混合碱中 NaOH 和 Na_2CO_3 含量的原理。

2. 掌握移液管、容量瓶的使用方法。

二、原理

工业混合碱通常是 NaOH 和 Na_2CO_3 或 Na_2CO_3 和 $NaHCO_3$ 的混合物，本实验采用双指示剂法测定混合碱中 NaOH 和 Na_2CO_3 的含量。在同一份试样中用两种不同的指示剂来测定其含量，即为"双指示剂法"。

常用的两种指示剂是酚酞和甲基橙。测定由 NaOH 和 Na_2CO_3 组成的混合碱时，先在试样中加入酚酞指示剂，用盐酸标准溶液滴定至红色刚褪去，为第一计量点。由于酚酞的变色范围是 pH＝8～10，此时 NaOH 完全被中和，Na_2CO_3 被中和成 $NaHCO_3$，记下此时消耗 HCl 标准溶液的体积为 V_1。反应为：

$$NaOH + HCl \Longrightarrow NaCl + H_2O$$
$$Na_2CO_3 + HCl \Longrightarrow NaHCO_3 + NaCl$$

再加入甲基橙指示剂，溶液呈现黄色，继续滴定至溶液呈橙色，即为第二计量点。此时 $NaHCO_3$ 被滴定成 H_2CO_3，这部分 HCl 标准溶液的耗用量为 V_2，则 NaOH 共消耗 HCl 的体积为 $(V_1 - V_2)$，而 Na_2CO_3 共消耗 HCl 的体积为 $2V_2$。可计算出试样中 NaOH 和 Na_2CO_3 的含量，如下：

$$w_{NaOH} = \frac{c_{HCl}(V_1 - V_2)M_{NaOH} \times 10^{-3}}{m_s} \times 100\%$$

$$w_{Na_2CO_3} = \frac{1}{2} \times \frac{2c_{HCl}V_2 M_{Na_2CO_3} \times 10^{-3}}{m_s} \times 100\%$$

式中　m_s——试样的质量，g；

　　　c_{HCl}——HCl 标准溶液的浓度，$mol \cdot L^{-1}$；

　M_{NaOH}——NaOH 的摩尔质量，$g \cdot mol^{-1}$；

$M_{Na_2CO_3}$——Na_2CO_3 的摩尔质量，$g \cdot mol^{-1}$；

　w_{NaOH}——NaOH 的质量分数，%；

$w_{Na_2CO_3}$——Na_2CO_3 的质量分数，%。

三、仪器与试剂

仪器：电子天平、称量瓶、酸碱两用滴定管（25mL）、移液管（20mL）、容量瓶（250mL）、烧杯（200mL）、锥形瓶（250mL，3 个）、洗耳球。

试剂：混合碱（s）、HCl 标准溶液（$0.1mol \cdot L^{-1}$）、酚酞指示剂、甲基橙指示剂。

四、实验步骤

1. 混合碱溶液的配制

准确称取混合碱 2～2.2g，倒入 250mL 烧杯中，加大约 50mL 蒸馏水溶解后，转移至 250mL 容量瓶中，定容，摇匀。

2. 混合碱溶液的测定

用 20mL 移液管准确移取碱液三份，并分别置于三个干净的锥形瓶中，并在每个锥形瓶中各加 2 滴酚酞指示剂。用 $0.1mol \cdot L^{-1}$ HCl 标准溶液滴定，边滴边充分摇动，滴至红色恰好消失为止，此时即为终点，记下消耗 HCl 标准溶液的体积 V_1。然后，再在锥形瓶中加 2 滴甲基橙指示剂，继续用 HCl 标准溶液滴定至溶液呈橙色，记下所用 HCl 标准溶液的体积 V_2。

平行测定三次，记录每次消耗的 HCl 标准溶液的体积。

3. 计算混合碱中 NaOH 和 Na_2CO_3 的含量

五、数据记录与结果处理

将实验数据填在项目表 8 中，并进行相关计算。

项目表 8　混合碱含量测定

项　　目		1	2	3
混合碱样品的质量 $m_{混合碱}$/g				
第一计量点	HCl 标准溶液初读数/mL			
	HCl 标准溶液终读数/mL			
	消耗 HCl 体积 V_1/mL			

续表

项 目		1	2	3
第二计量点	HCl 标准溶液初读数/mL			
	HCl 标准溶液终读数/mL			
	消耗 HCl 体积 V_2/mL			
混合碱中 NaOH 含量				
混合碱中 Na_2CO_3 含量				
混合碱中 NaOH 含量平均值				
混合碱中 Na_2CO_3 含量平均值				

六、实验指导

1. 第一计量点的滴定速率应慢，近终点时，一定要充分摇动，以防止形成 CO_2 的过饱和溶液而使终点提前到达。

2. 因第一计量点终点颜色是从红色变为无色，人眼睛不敏感，可以浅红色为终点。但应保持每次滴定的颜色控制一致。

七、思考题

1. 简述混合碱中 NaOH 及 Na_2CO_3 含量测定的原理。

2. 有一碱液，可能为 NaOH 或 $NaHCO_3$ 或 Na_2CO_3 或共存物质的混合液。用标准溶液滴定至酚酞终点时，耗去酸 V_1（mL），继续以甲基橙为指示剂滴定至终点时又耗去酸 V_2（mL）。根据 V_1 与 V_2 的关系判断该碱液的组成。

关 系	组 成
$V_1 > V_2$	
$V_1 < V_2$	
$V_1 = V_2$	
$V_1 = 0$　$V_2 > 0$	
$V_1 > 0$　$V_2 = 0$	

3. 测定混合碱含量，当滴定到第一个化学计量点前，由于滴定速率过快，摇动不均匀，对混合碱组分含量的测定结果将会带来什么影响？

实训项目十三　容量仪器的校准

一、目的要求

1. 理解容量仪器校准的意义。
2. 学习滴定管、移液管和容量瓶的校准。
3. 进一步练习电子天平的称量。

二、原理

滴定管、移液管和容量瓶是实验室常用的容量仪器，这些仪器上面标有刻度和标示容量。容量仪器上面的标示容量是 20℃ 时以水的体积来标定的，而实际容量与上面的标示并不完全相符，对于准确度要求较高的检验工作使用前必须对容量仪器进行校准。校准容器的方法有相对校准法和绝对校准法。

这里采用称量法，即用天平称量量器所容纳或放出的纯水的质量，根据水在室温下的密度计算出该量器在20℃时的容积，计算公式如下：

$$V_{20℃} = \frac{m_t}{\rho_t}$$

式中　$V_{20℃}$——容器在20℃时的容积；

　　　m_t——量器所容纳或放出的纯水在温度 t 的质量；

　　　ρ_t——水在温度 t 时的密度。

不同温度下纯水密度见项目表9。

项目表9　不同温度下纯水的密度

温度/℃	密度 ρ_t/g·mL^{-1}	温度/℃	密度 ρ_t/g·mL^{-1}	温度/℃	密度 ρ_t/g·mL^{-1}
10	0.9984	17	0.9977	24	0.9964
11	0.9983	18	0.9975	25	0.9962
12	0.9982	19	0.9974	26	0.9959
13	0.9981	20	0.9972	27	0.9957
14	0.9980	21	0.9970	28	0.9954
15	0.9979	22	0.9968	29	0.9952
16	0.9978	23	0.9966	30	0.9949

三、仪器与试剂

仪器：分析天平（或电子天平）、酸碱两用滴定管（50mL）、移液管（25mL）、容量瓶（250mL）、烧杯、干燥的磨口锥形瓶（50mL）、干燥的具塞锥形瓶（50mL）、洗耳球。

试剂：蒸馏水。

四、实验步骤

1. 滴定管校准

（1）准备一支洗净的酸碱两用滴定管，装满蒸馏水并调至"0"刻度。

（2）准备一个洁净且干燥的50mL磨口锥形瓶，准确称重并记录其质量。

（3）从滴定管中以10mL·min^{-1}的流速放出10mL蒸馏水到上述磨口锥形瓶中，盖紧瓶塞并准确称重。

然后依次放出10mL水，每次放出水后，都称量锥形瓶和水的质量，并记录数据，直到放出50mL水。

（4）相邻两次质量之差为放出水的质量，根据项目表9中水的密度就可算出各段水在20℃的实际容积。

（5）用滴定管各段的真实体积减去滴定管各段放出的纯水体积，即为滴定管各段的校准值。然后，计算出滴定管的总校准值。

（6）以总校准值为纵坐标，以对应放出水的总体积为横坐标在坐标纸上作图，可得到滴定管的校准曲线。可查校准曲线来校准滴定用去溶液的体积。

（7）重复一次，两次校准值之差不能超过0.02mL。

2. 容量瓶校准

这里采用相对校准法校准容量瓶。

（1）取一洁净的已校准的 25mL 移液管，移取蒸馏水至待校准的洁净且干燥的容量瓶中。

（2）移取 10 次后，观察容量瓶中溶液的弯月面是否和标线相切。若不相切，重新做一个标记。

经过校准的容量瓶和移液管配套使用时，以新的标线为准。

3. 移液管的校准

用称量法校准移液管。

（1）取一干燥的 50mL 具塞锥形瓶，准确称量，并记录 $m_{瓶}$。

（2）用待校准的移液管移取蒸馏水至上述锥形瓶中，并准确称量 $m_{（瓶+水）}$。

（3）按照下式计算：以纯水的质量除以该温度时的密度即为该移液管的真实体积，并将校准后的体积写在上面。

$$V_{实} = \frac{m_{（瓶+水）} - m_{瓶}}{\rho_t}$$

$$校准值\ \Delta V = V_{实} - V$$

式中 V——移液管的标示体积。

（4）平行测定两次，取其平均值。

五、数据记录与结果处理

1. 滴定管校准

水温：_____℃；校准时水的密度：_____ g·mL^{-1}。

将数据填入项目表 10 中。

2. 移液管校准

（1）50mL 具塞锥形瓶的质量 $m_{瓶}$ 为：_____ g。

（2）用移液管转移蒸馏水到锥形瓶，此时锥形瓶质量 $m_{（瓶+水）}$ 为：_____ g。

（3）计算：$V_{实际}$ = _____ mL。

项目表 10 滴定管校准数据记录表

滴定管读数	滴定管各段放出水的体积/mL	瓶与水的质量/g	水的质量/g	实际体积/mL	校准值/mL	总校准值/mL
0.00	—		—	—	—	—

六、实验指导

1. 滴定管校准时，水不能碰到锥形瓶的瓶口。

2. 实验需要的干燥仪器应提前干燥好。

七、思考题

1. 容量仪器为何要校准？
2. 校准滴定管时，若内部有气泡是否有影响？如何除去气泡？
3. 滴定管每次放出溶液的体积是否必须为整数？
4. 为何校准滴定管的称量只要称到 0.001g？

实训项目十四　硬脂酸酸值的测定

一、目的要求

1. 熟练使用电子天平和滴定管等仪器。
2. 熟练使用减量法进行称量。
3. 掌握硬脂酸酸值测定的原理及方法。
4. 学会用酚酞指示剂确定滴定终点。
5. 正确记录与处理实训结果数据。

硬脂酸酸值的
测定

二、原理

酸值是指中和 1g 硬脂酸试样消耗的 KOH 质量（mg）。本实验参照 GB/T 9104—2008 工业硬脂酸的试验方法，采用酸碱滴定分析法测定工业硬脂酸的酸值。本标准适用于由动物、植物油脂经水解后用压榨法或蒸馏法精制生产的工业用硬脂酸（主要成分为十八烷酸和十六烷酸）的测定。

酸值的测定原理是酸碱中和原理，即：

$$RCOOH + KOH \Longrightarrow RCOOK + H_2O$$

三、仪器与试剂

仪器：电子天平、酸碱两用滴定管（50mL）、称量瓶、托盘天平、量筒、洗耳球、锥形瓶（3个）、药匙、洗瓶、水浴锅。

试剂：中性乙醇（95%）、酚酞指示剂、KOH（$0.2 mol \cdot L^{-1}$）、硬脂酸（2g）。

四、实验步骤

（1）准确称取硬脂酸 0.5500～0.6500g，加入 35mL 中性乙醇，加热使其溶解并充分摇匀。

（2）趁热滴加 6～10 滴酚酞溶液，迅速以 $0.2 mol \cdot L^{-1}$ KOH 标准滴定溶液滴定至呈现粉红色，30s 内不褪为止。

平行测定三次，同时做空白试验。

五、数据记录与结果处理

将数据记录在项目表 11 中。

项目表 11　硬脂酸酸值的测定

项　　目	1	2	3
称量瓶和试样的质量(第一次读数)			

项　目		1	2	3
称量瓶和试样的质量(第二次读数)				
试样的质量 m/g				
KOH 标准滴定溶液的浓度 c/mol·L^{-1}				
试样试验	滴定消耗 KOH 溶液的体积/mL			
	滴定管校正值/mL			
	溶液温度校正值/mL			
	实际滴定消耗 KOH 溶液的体积 V_1/mL			
空白试验	滴定消耗 KOH 溶液的体积/mL			
	滴定管校正值/mL			
	溶液温度校正值/mL			
	实际滴定消耗 KOH 溶液的体积 V_2/mL			
试样的酸值				
测定结果				
平行测定结果的极差				

计算公式：

$$酸值 = \frac{cV \times 56.1}{m}$$

式中　c——氢氧化钾标准溶液的实际浓度，mol·L^{-1}；

　　　V——滴定消耗的氢氧化钾标准溶液的体积，mL；

　56.1——氢氧化钾的摩尔质量，g·mol^{-1}；

　　　m——试样的质量，g。

其中，实际滴定消耗 KOH 溶液的体积 V_1(mL)＝滴定消耗 KOH 溶液的体积(mL)＋滴定管校正值＋标准溶液温度校正值

$$标准溶液温度校正值 = 温度补正值 \times \frac{滴定消耗 KOH 的体积(mL)}{1000}$$

（注意有效数字的修约及运算规则）

六、实验指导

1. 预习实训项目"容量仪器的校准"，理解滴定管的校正原理。

2. 应待硬脂酸完全溶解后再开始滴定，若滴定过程中出现浑浊，应加热至澄清后再继续滴定。

3. 滴定速率应开始快，近终点时慢，注意滴定时不能成线。

4. 反复练习一滴、半滴和读数等操作，至熟练掌握。

5. 溶液温度校正值（mL）的用法，见项目表12。

项目表 12　1000mL 不同浓度标准溶液的温度补正值　　　　单位：mL

温度补正值/溶液浓度	水和0.05mol·L^{-1}以下的各种水溶液	0.1mol·L^{-1}和0.2mol·L^{-1}各种水溶液	盐酸溶液 $c_{HCl}=$ 0.5mol·L^{-1}	盐酸溶液 $c_{HCl}=$ 1mol·L^{-1}	1mol·L^{-1}硫酸溶液 0.5mol·L^{-1}氢氧化钠溶液	2mol·L^{-1}硫酸溶液 1mol·L^{-1}氢氧化钠溶液
5	+1.38	+1.7	+1.9	+2.3	+2.4	+3.6
6	+1.38	+1.7	+1.9	+2.2	+2.3	+3.4
7	+1.36	+1.6	+1.8	+2.2	+2.2	+3.2
8	+1.33	+1.6	+1.8	+2.1	+2.2	+3.0

续表

温度补正值/溶液浓度	水和0.05mol·L⁻¹以下的各种水溶液	0.1mol·L⁻¹和0.2mol·L⁻¹各种水溶液	盐酸溶液 $c_{HCl}=$0.5mol·L⁻¹	盐酸溶液 $c_{HCl}=$1mol·L⁻¹	1mol·L⁻¹硫酸溶液 0.5mol·L⁻¹氢氧化钠溶液	2mol·L⁻¹硫酸溶液 1mol·L⁻¹氢氧化钠溶液
9	+1.29	+1.5	+1.7	+2.0	+2.1	+2.7
10	+1.23	+1.5	+1.6	+1.9	+2.0	+2.5
11	+1.17	+1.4	+1.5	+1.8	+1.8	+2.3
12	+1.10	+1.3	+1.4	+1.6	+1.7	+2.0
13	+0.99	+1.1	+1.2	+1.4	+1.5	+1.8
14	+0.88	+1.0	+1.1	+1.2	+1.3	+1.6
15	+0.77	+0.9	+0.9	+1.0	+1.1	+1.3
16	+0.64	+0.7	+0.8	+0.8	+0.9	+1.1
17	+0.50	+0.6	+0.6	+0.6	+0.7	+0.8
18	+0.34	+0.4	+0.4	+0.4	+0.5	+0.6
19	+0.18	+0.2	+0.2	+0.2	+0.2	+0.3
20	0.00	0.00	0.00	0.0	0.00	0.00
21	−0.18	−0.2	−0.2	−0.2	−0.2	−0.3
22	−0.38	−0.4	−0.4	−0.5	−0.5	−0.6
23	−0.58	−0.6	−0.7	−0.7	−0.8	−0.9
24	−0.80	−0.9	−0.9	−1.0	−1.0	−1.2
25	−1.03	−1.1	−1.1	−1.2	−1.3	−1.5
26	−1.26	−1.4	−1.4	−1.4	−1.5	−1.8
27	−1.51	−1.7	−1.7	1.7	−1.8	−2.1
28	−1.76	−2.0	−2.0	−2.0	−2.1	−2.4
29	−2.01	−2.3	−2.3	−2.3	−2.4	−2.8
30	−2.30	−2.5	−2.5	−2.6	−2.8	−3.2
31	−2.58	−2.7	−2.7	−2.9	−3.1	−3.5
32	−2.86	−3.0	−3.0	−3.2	−3.4	−3.9
33	−3.04	−3.2	−3.3	−3.5	−3.7	−4.2
34	−3.47	−3.7	−3.6	−3.8	−4.1	−4.6
35	−3.78	−4.0	−4.0	−4.1	−4.4	−5.0
36	−4.10	−4.3	−4.3	−4.4	−4.7	−5.3

注：1. 本表数值是以20℃为标准温度以实测法测出。

2. 表中带有"+""−"号的数值是以20℃为分界。室温低于20℃的补正值均为"+"，高于20℃的补正值均为"−"。

3. 本表的用法：如1L硫酸溶液（$c_{H_2SO_4}=2mol·L^{-1}$）由25℃换算为20℃时，其体积修正值为−1.5mL，故40.00mL换算为20℃时的体积为$V_{20}=40.00-1.5×40.00/1000=39.94$（mL）。

七、思考题

1. 硬脂酸酸值测定中，能否用NaOH为标准溶液？

2. 硬脂酸酸值的测定与温度有关系吗？若有关系，温度是如何影响酸值的大小的？

实训项目十五　高锰酸钾法测定过氧化氢的含量

一、目的要求

1. 掌握高锰酸钾法测定过氧化氢含量的原理和操作方法。

2. 学会$KMnO_4$自身指示剂的终点判断。

高锰酸钾法测定
过氧化氢的含量

二、原理

H$_2$O$_2$ 分子中有一个过氧键—O—O—，在酸性溶液中它是一个强氧化剂，但遇 KMnO$_4$ 时为还原剂。在稀 H$_2$SO$_4$ 溶液中，H$_2$O$_2$ 在室温条件下能定量地被 KMnO$_4$ 氧化。因此，可用高锰酸钾法测定过氧化氢的含量。其反应如下：

$$5H_2O_2 + 2MnO_4^- + 6H^+ = 2Mn^{2+} + 5O_2 + 8H_2O$$

反应在开始时比较慢，生成的 Mn^{2+} 起自身催化作用，故随着 Mn^{2+} 的生成，反应速率逐渐加快。化学计量点后，滴定剂 KMnO$_4$ 稍过量，溶液呈微红色，即为终点。

三、仪器与试剂

仪器：吸量管（1mL）、锥形瓶（250mL）、量筒、棕色滴定管。

试剂：KMnO$_4$ 标准溶液（0.005mol·L^{-1}）、H$_2$SO$_4$ 溶液（3mol·L^{-1}）、H$_2$O$_2$（约 3%）样品。

四、实验步骤

1. H$_2$O$_2$ 溶液的稀释

用吸量管移取 1.00mL 消毒液样品，置于 100mL 容量瓶中，加水稀释并定容到刻度，摇匀。用移液管从容量瓶中量取 10.00mL 稀释液，置于 250mL 锥形瓶中。在锥形瓶中加入 10 mL H$_2$SO$_4$ 和 20mL 蒸馏水。

2. 滴定管的准备

滴定管经洗涤和润洗后，装入 KMnO$_4$ 标准溶液，排气泡，调 "0"，备用。

3. 滴定

用 KMnO$_4$ 标准溶液滴定锥形瓶中的溶液至微红色，30s 不褪色，即为终点。记录消耗的 KMnO$_4$ 体积，平行滴定 3 次。

做空白实验，记录读数。

4. 计算

根据 KMnO$_4$ 的浓度和消耗的体积，计算试样中 H$_2$O$_2$ 的含量。

$$w_{H_2O_2} = \frac{5}{2} \times \frac{c_{KMnO_4} V_{KMnO_4} M_{H_2O_2} \times 10^{-3}}{1.00 \times \frac{10.00}{100.00}}$$

五、实验指导

开始滴定时加入的 KMnO$_4$ 不能立即褪色，滴定速度要慢。但反应生成 Mn^{2+} 后，由于 Mn^{2+} 对反应有催化作用，反应速率加快，滴定速度可稍快。终点时，滴定速度要慢。即滴定速度先慢、后快、终点前再慢。

六、思考题

1. 用高锰酸钾法测定 H$_2$O$_2$ 含量时，能否用 HNO$_3$ 或 HCl 来控制酸度？

2. 用高锰酸钾法测定 H$_2$O$_2$ 时，为何不能通过加热来加速反应？

实训项目十六　硫代硫酸钠标准溶液的配制和标定

硫代硫酸钠
标准溶液的
配制与标定

一、目的要求

1. 掌握硫代硫酸钠标准溶液的配制和标定方法。
2. 掌握淀粉指示剂滴定终点的判断。
3. 掌握碘量瓶的使用。

二、原理

结晶硫代硫酸钠（$Na_2S_2O_3 \cdot 5H_2O$）一般都含有少量 S、Na_2SO_3、Na_2SO_4、Na_2CO_3、NaCl 等杂质，此外，还容易风化和潮解，因此不能用直接法配制标准溶液，需采用间接法配制。

$Na_2S_2O_3$ 不稳定，易受空气中的 O_2、溶解在水中的 CO_2、微生物和光照等作用而分解，因此配制标准溶液时，应用新煮沸的冷蒸馏水配制，以赶走溶解在水中的 CO_2 并杀死水中的微生物。$Na_2S_2O_3$ 在微碱性介质中稳定，可加入少量浓度约为 0.02% 的 Na_2CO_3，以维持溶液的微碱性，防止 $Na_2S_2O_3$ 分解。日光能促使 $Na_2S_2O_3$ 溶液分解，因此 $Na_2S_2O_3$ 溶液应贮存于棕色瓶中，放置暗处 7～14 天后再标定。长期使用时，应每隔一定时期重新标定。

标定 $Na_2S_2O_3$ 溶液常用的基准物是强氧化剂 KIO_3、$KBrO_3$ 或 $K_2Cr_2O_7$ 等。标定采用置换滴定法，先在酸性溶液中用 $K_2Cr_2O_7$ 将 KI 定量氧化成 I_2，反应如下：

$$Cr_2O_7^{2-} + 6I^- + 14H^+ = 3I_2 + 2Cr^{3+} + 7H_2O$$

然后以淀粉为指示剂，用 $Na_2S_2O_3$ 标准溶液滴定析出的 I_2，滴定到蓝色消失即为终点。

$$I_2 + 2S_2O_3^{2-} = S_4O_6^{2-} + 2I^-$$

三、仪器与试剂

仪器：电子天平、托盘天平、碘量瓶（250mL）、酸碱两用滴定管（50mL）、烧杯（250mL）、移液管（25mL）、容量瓶（250mL）、量筒、试剂瓶、洗耳球等。

试剂：基准试剂 $K_2Cr_2O_7$、KI（A.R.）、$Na_2S_2O_3 \cdot 5H_2O$（A.R.）、$Na_2S_2O_3$（0.1mol·L^{-1}）、Na_2CO_3（A.R.）、HCl（4mol·L^{-1}）、淀粉（0.2%，配制方法：称取可溶性淀粉 0.2g，加少量水搅拌成悬浮状，然后在搅拌下，将此悬浮液逐渐滴加到 100mL 沸水中，继续煮沸 1～2min 至透明为止，冷却后使用。淀粉溶液易腐败，最好临时配制，也可加少量防腐剂 HgI_2、$ZnCl_2$ 等）。

四、实验步骤

1. 0.1mol·L^{-1} $Na_2S_2O_3$ 溶液的配制

称量 6.2g $Na_2S_2O_3 \cdot 5H_2O$，溶于 250mL 烧杯中。加入 100mL 新煮沸的冷蒸馏水中，待溶解后，加入约 0.1g Na_2CO_3，搅拌使其完全溶解。用新煮沸的冷蒸馏水稀释至 250mL。摇匀后保存于棕色试剂瓶中，在暗处放置 7～14 天后再标定。

2. $Na_2S_2O_3$ 标准溶液的标定

（1）准确称取 $K_2Cr_2O_7$ 基准物 1.0000～1.2000g，置于小烧杯中，加适量水溶解，定量转移至 250mL 容量瓶中，定容，摇匀。

（2）用 25.00mL 移液管移取 3 份 $K_2Cr_2O_7$ 溶液，分别放在三个碘量瓶中。在每个锥形瓶中各加入 25mL 蒸馏水、5mL HCl 溶液和 2g KI。盖上塞子，摇匀，封水，在暗处放置大约 10min 左右。

（3）在 3 个碘量瓶中各加 50mL 蒸馏水稀释，用配制的 $Na_2S_2O_3$ 标准溶液滴定至近终点时，再加 2mL 淀粉指示剂，继续滴至溶液由蓝色变为亮绿色，即为终点。

平行滴定 3 次，记录消耗 $Na_2S_2O_3$ 溶液的体积。

五、数据记录与结果处理

将实验数据及处理结果填入项目表 13。

项目表 13　硫代硫酸钠标准溶液的标定

项　　目		1	2	3
$K_2Cr_2O_7$ 质量 $m_{K_2Cr_2O_7}$/g				
$Na_2S_2O_3$ 溶液的标定	$Na_2S_2O_3$ 标准溶液初读数/mL			
	$Na_2S_2O_3$ 标准溶液终读数/mL			
	消耗 $Na_2S_2O_3$ 溶液的体积 V_1/mL			
$Na_2S_2O_3$ 标准溶液的浓度 $c_{Na_2S_2O_3}$/mol·L^{-1}				
$Na_2S_2O_3$ 的平均浓度 $c_{Na_2S_2O_3}$/mol·L^{-1}				
平均偏差				
相对平均偏差/%				

计算公式：

$$c_{Na_2S_2O_3} = \frac{6 \times \dfrac{m_{K_2Cr_2O_7}}{M_{K_2Cr_2O_7}} \times \dfrac{25}{250}}{V_{Na_2S_2O_3} \times 10^{-3}}$$

其中，$M_{K_2Cr_2O_7} = 294.18g \cdot mol^{-1}$。

六、实验指导

1. 因 I_2 容易挥发损失，在碘量法实验中，最好使用碘量瓶。

2. 标定 $Na_2S_2O_3$ 时，生成的 Cr^{3+} 呈蓝绿色，妨碍终点观察，因此滴定前应加蒸馏水将溶液稀释以降低 Cr^{3+} 浓度，便于观察终点颜色变化。同时，稀释也可降低溶液酸度，避免因酸度过大导致 I^- 被空气中的 O_2 氧化。

3. 淀粉指示剂不能开始加入，应近终点时加入，否则大量的 I_2 将与淀粉结合成蓝色物质，影响滴定，产生误差。

七、思考题

1. 配制 $Na_2S_2O_3$ 标准溶液时，为何所用的蒸馏水要先煮沸并冷却后才能使用？

2. 以 $K_2Cr_2O_7$ 标定 $Na_2S_2O_3$ 溶液时，为何要加入 KI？又为何要在暗处放置 5min？

3. 滴定前为何要稀释？

4. 淀粉指示剂为何要在近终点时加入？

实训项目十七　直接碘量法测定药片中维生素 C 的含量

一、目的要求

1. 掌握碘标准溶液的配制注意事项。
2. 理解直接碘量法的原理。

二、原理

维生素 C 又叫抗坏血酸，分子式 $C_6H_8O_6$，摩尔质量为 $176.12g \cdot mol^{-1}$。维生素 C 可用于防治坏血病及各种慢性传染病的辅助治疗。由于维生素 C 分子中的烯二醇基具有强的还原性，能被 I_2 定量地氧化成二酮基，因此可用直接碘量法测定维生素 C 药品中抗坏血酸的含量，其反应式为：

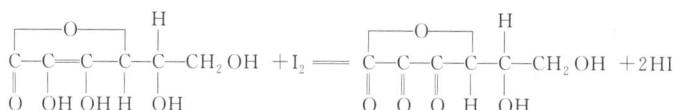

$$\underset{O\;\;OH\;OH\;H\;\;OH}{C-C-C-C-C-CH_2OH} + I_2 = \underset{O\;\;\;O\;\;\;O\;\;H\;\;OH}{C-C-C-C-C-CH_2OH} + 2HI$$

碱性条件下可使反应向右进行完全，但因维生素 C 还原性很强，在碱性溶液中尤其易被空气氧化，在酸性介质中较为稳定，故反应应在稀酸（如稀乙酸、稀硫酸或偏磷酸）溶液中进行，并在样品溶于稀酸后，立即用碘标准溶液进行滴定。

由于碘的挥发性和腐蚀性，不宜在分析天平上直接称取，需采用间接配制法；通常用基准 As_2O_3 对 I_2 溶液进行标定。As_2O_3 不溶于水，溶于 NaOH：

$$As_2O_3 + 6NaOH = 2Na_3AsO_3 + 3H_2O$$

由于滴定不能在强碱性溶液中进行，需加 H_2SO_4 中和过量的 NaOH，并加入 $NaHCO_3$ 使溶液的 pH=8。I_2 与亚砷酸之间的反应为：

$$AsO_3^{3-} + I_2 + H_2O = AsO_4^{3-} + 2I^- + 2H^+$$

三、仪器与试剂

仪器：电子天平、托盘天平、酸碱两用滴定管、锥形瓶（250mL，3 个）、表面皿、玻璃漏斗、棕色试剂瓶。

试剂：$NaHCO_3$（A.R.）、KI（A.R.）、I_2（A.R.）、As_2O_3（于 105℃干燥至恒重）、NaOH（$6mol \cdot L^{-1}$）、H_2SO_4（$0.5mol \cdot L^{-1}$）、HAc（10%）、淀粉溶液（1%）、维生素 C 片剂。

四、实验步骤

1. $0.1mol \cdot L^{-1} I_2$ 标准溶液的配制

称取 10.8g KI，放于烧杯中，加 10mL 蒸馏水，溶解。再用表面皿称取 I_2 约 6.5g，溶于上述 KI 溶液。加 1 滴浓盐酸，加水稀释至 300mL，摇匀，用玻璃漏斗过滤，贮存于棕色试剂瓶中并置于暗处。

2. $0.1mol \cdot L^{-1} I_2$ 标准溶液的标定

准确称取基准 As_2O_3 0.15g，加 $6mol \cdot L^{-1}$ NaOH 溶液 10mL，微热使其溶解。加水

20mL，加甲基橙指示剂 1 滴，加 $0.5mol \cdot L^{-1}$ H_2SO_4 试液至溶液由黄色变为粉红，再加 $NaHCO_3$ 2g、水 30mL、淀粉指示剂 2mL，用碘标准溶液滴定至蓝色，0.5min 内不褪色，计算 I_2 的准确浓度。

3. 维生素 C 含量的测定

量取 100mL 新煮沸并冷却的蒸馏水，移入烧杯，再加 10mL 稀乙酸，混合均匀。准确称取维生素 C 样品 0.2g，溶于混合液中，加 1mL 淀粉指示剂。立即用上述配制的 I_2 标准溶液滴定至溶液呈持续蓝色，记录数据，计算维生素 C 的含量。同上，平行滴定 3 次。

五、数据记录与结果处理

将实验数据及处理结果填入项目表 14。

项目表 14　维生素 C 含量测定

项　　　目	1	2	3
$V_{样品}$/mL			
消耗 I_2 标准溶液的体积 V_{I_2}/mL			
$w_{维生素C}$/%			
$w_{维生素C}$ 平均值/%			
相对偏差/%			
相对平均偏差/%			

计算公式：

$$w_{维生素C} = \frac{c_{I_2} V_{I_2} \times \dfrac{M_{C_6H_8O_6}}{1000}}{0.2} \times 100\%$$

六、实验指导

1. 滴定时，碘量瓶不能剧烈摇动。

2. I_2 微溶于水，易溶于 KI 溶液，因此在溶解时要加 KI。

3. 维生素 C 还原性很强，在空气中极易被氧化，尤其在碱性介质中。测定时加入 HAc 使溶液呈酸性，可减少副反应的发生。

七、思考题

1. 配制 I_2 标准溶液时，为什么要加过量 KI？

2. 溶解样品时，为什么要用新煮沸并冷却的蒸馏水？

实训项目十八　EDTA 标准溶液的配制和标定

一、目的要求

1. 掌握 EDTA 标准溶液的配制和标定方法。

2. 掌握配位滴定的原理。

3. 会判断配位滴定终点。

二、原理

乙二胺四乙酸，简称 EDTA，常用 H_4Y 表示，难溶于水。因 EDTA 溶解度较小，常使用其二钠盐 $EDTA \cdot 2Na \cdot 2H_2O$ 配制其标准溶液。$EDTA \cdot 2Na \cdot 2H_2O$ 为白色结晶或结晶型粉末，室温下溶解度约为 $0.3 mol \cdot L^{-1}$。因二钠盐含有杂质并且会吸附水分，因此通常采用间接法配制 EDTA 标准溶液。即先把 EDTA 配制成近似浓度，再用基准物质标定。

标定 EDTA 溶液可选用的基准物有 Zn、ZnO、$CaCO_3$、Cu、$MgSO_4 \cdot 7H_2O$、Hg、Bi、Ni、Pb 等。通常选用其中与被测物组分相同的物质作基准物，这样可避免引起系统误差。本实验选用 ZnO 为基准物标定 EDTA 浓度。标定时，加入 $NH_3 \cdot H_2O$-NH_4Cl 缓冲溶液（pH＝10），以铬黑 T 为指示剂，滴定至由酒红色变为纯蓝色，即为终点。反应如下：

滴定前：

$$HIn^{2-}（纯蓝色）+Zn^{2+} \rightleftharpoons ZnIn^{-}（酒红色）+H^{+}$$

终点前：

$$Zn^{2+} + H_2Y^{2-} \rightleftharpoons ZnY^{2-} + 2H^{+}$$

终点时：

$$ZnIn^{-} + H_2Y^{2-}（酒红色） \rightleftharpoons ZnY^{2-} + HIn^{2-}（纯蓝色）+H^{+}$$

三、仪器与试剂

仪器：电子天平、托盘天平、酸碱两用滴定管（25mL，棕色）、量杯（500mL）、烧杯（500mL）、锥形瓶（250mL，3 个）、硬质玻璃瓶或聚乙烯塑料瓶（500mL）、量筒（5mL、10mL、25mL）。

试剂：乙二胺四乙酸二钠盐（固体，A. R.）、ZnO（基准物质）、HCl（1＋1）、铬黑 T 指示剂、甲基红指示剂、氨试液、$NH_3 \cdot H_2O$-NH_4Cl 缓冲溶液（pH＝10）、EDTA 标准溶液（$0.05 mol \cdot L^{-1}$）。

四、实验步骤

1. $0.05 mol \cdot L^{-1}$ EDTA 标准溶液的配制

称取 EDTA 3.8～4.0g，置于 500mL 烧杯中，加大约 100mL 蒸馏水使其溶解，稀释至 200mL。摇匀，移入硬质玻璃瓶或聚乙烯塑料瓶中。

2. $0.05 mol \cdot L^{-1}$ EDTA 标准溶液的标定

（1）在电子天平上准确称取 0.0800～0.1000g 已于 800℃下灼烧至恒重的 ZnO 3 份，置于 3 个锥形瓶中。

（2）在每个锥形瓶中各加 3mL 稀 HCl 使其溶解，再加入 25mL 蒸馏水和 1 滴甲基红指示剂，滴加氨试液至微黄色。再加 25mL 蒸馏水、10mL $NH_3 \cdot H_2O$-NH_4Cl 缓冲溶液和 3 滴铬黑 T 指示剂。用待标定的 EDTA 滴定至溶液由酒红色变为纯蓝色，即为终点。

（3）记录消耗的 EDTA 标准溶液的体积，平行滴定 3 次。

（4）计算 EDTA 标准溶液的准确浓度。

五、数据记录与结果处理

将实验数据及处理结果填入项目表 15。

项目表 15　用 ZnO 为基准物标定 EDTA

项　　目	1	2	3
称得 ZnO 的质量 m_{ZnO}			
消耗 EDTA 的体积 V_{EDTA}/mL			
EDTA 的浓度 c_{EDTA}/mol·L^{-1}			
c_{EDTA} 平均值/mol·L^{-1}			
相对偏差/%			
相对平均偏差/%			

计算公式：

$$c_{EDTA} = \frac{\dfrac{m_{ZnO}}{M_{ZnO}}}{V_{EDTA} \times 10^{-3}}$$

其中，$M_{ZnO} = 81.38g \cdot mol^{-1}$。

六、实验指导

1. 市售的 EDTA·2Na·2H$_2$O 有粉末和结晶型两种，其中粉末的较易溶解，结晶型的可加热溶解。

2. 贮存 EDTA 的试剂瓶应选用硬质玻璃瓶或聚乙烯塑料瓶，以避免 EDTA 与玻璃中的金属离子反应。

3. 加入指示剂的量要恰当，否则影响终点观察。

4. 配位滴定反应的速率没有酸碱滴定快，因此滴定时滴入 EDTA 溶液的速率不能太快。尤其在近终点时，应逐滴加入，并充分摇动。

七、思考题

1. 配制 EDTA 标准溶液为何采用乙二胺四乙酸二钠盐来配制，为何不选用乙二胺四乙酸？

2. EDTA 为何要贮存在硬质玻璃瓶或聚乙烯塑料瓶中？

3. 配位滴定法与酸碱滴定法相比有哪些不同？操作中应注意哪些问题？

实训项目十九　自来水的总硬度测定

一、目的要求

1. 掌握配位滴定法中以 EDTA 为滴定剂测定水的硬度的原理。

2. 掌握金属指示剂 EBT 滴定终点的判断。

3. 练习移液管和滴定管的使用。

二、原理

1. 水的硬度

水的硬度一般由 Ca^{2+}、Mg^{2+} 来决定，水中 Ca^{2+}、Mg^{2+} 等盐的含量称为水的硬度，硬度是衡量水质好坏的重要指标之一。水的硬度的测定即是测定水中 Ca^{2+}、Mg^{2+} 的总量。

硬度的表示方法有两种：①1L 水中含有 10mg CaO 为 1 度；②以每升水中所含 $CaCO_3$ 的质量（mg）表示（$mg \cdot L^{-1}$）。

生活饮用水的硬度过高会影响肠胃的消化功能，我国生活饮用水卫生标准中规定硬度（以 $CaCO_3$ 计）不得超过 $450 mg \cdot L^{-1}$。

2. 水的硬度测定原理

按国际标准方法测定水的总硬度：在 pH = 10 的 NH_3-NH_4Cl 缓冲溶液中，以铬黑 T（EBT）为指示剂，用 EDTA 标准溶液滴定至待测溶液由酒红色变为纯蓝色即为终点。滴定反应如下：

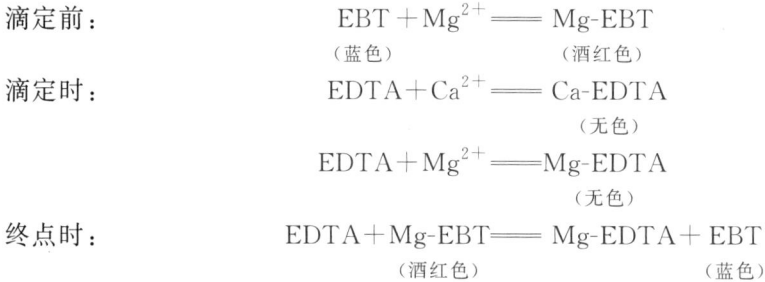

滴定前：$\qquad\qquad EBT + Mg^{2+} = Mg\text{-}EBT$
$\qquad\qquad\qquad$（蓝色）$\qquad\qquad$（酒红色）

滴定时：$\qquad\qquad EDTA + Ca^{2+} = Ca\text{-}EDTA$
$\qquad\qquad\qquad\qquad\qquad\qquad$（无色）

$\qquad\qquad\qquad\qquad EDTA + Mg^{2+} = Mg\text{-}EDTA$
$\qquad\qquad\qquad\qquad\qquad\qquad$（无色）

终点时：$\qquad\qquad EDTA + Mg\text{-}EBT = Mg\text{-}EDTA + EBT$
$\qquad\qquad\qquad\qquad$（酒红色）$\qquad\qquad\qquad$（蓝色）

3. 计算公式

$$硬度（CaCO_3 \, mg \cdot L^{-1}）= \frac{c_{EDTA} V_{EDTA} M_{CaCO_3} \times 10^3}{V_{水样}}$$

三、仪器与试剂

仪器：酸碱两用滴定管（25mL）、锥形瓶（250mL）、移液管（50mL）、烧杯（500mL）、量筒。

试剂：EDTA 标准溶液（$0.0100 mol \cdot L^{-1}$）、$NH_3 \cdot H_2O$-NH_4Cl 缓冲溶液（pH = 10）、铬黑 T 指示剂（固体）。

四、实验步骤

1. 自来水水样采集

打开自来水水龙头，先放水数分钟，接着用水样洗涤干净的取样瓶及塞子（无色具塞硬质玻璃瓶或具塞乙烯瓶）2～3 次。最后，将取样瓶装满水样，盖好塞子。

2. 硬度测定

用 50mL 移液管移取水样 100mL 于锥形瓶中（分两次），再加入 10mL $NH_3 \cdot H_2O$-NH_4Cl 缓冲溶液和少量铬黑 T 指示剂。用 EDTA 标准溶液滴定至溶液由酒红色刚好变为纯蓝色即为终点。

平行滴定 3 次，记录滴定消耗的 EDTA 的体积。

3. 计算水的总硬度

根据记录体积，计算自来水的硬度（以 $CaCO_3$ 计），并判断是否符合生活饮用水标准。

五、数据记录与结果处理

将实验数据与处理结果填入项目表 16。

项目表 16 自来水的总硬度测定

项 目	1	2	3
水样体积/mL			
EDTA 浓度/mol·L^{-1}			
消耗 EDTA 体积/mL			
总硬度/$CaCO_3$ mg·L^{-1}			
平均值/$CaCO_3$ mg·L^{-1}			
相对平均偏差/%			

其中，硬度计算公式：

$$硬度(以\ CaCO_3\ 计,mg\cdot L^{-1})=\frac{c_{EDTA}V_{EDTA}M_{CaCO_3}\times 10^3}{V_{水样}}$$

六、实验指导

1. 实验前预习滴定分析仪器的相关内容。
2. 本次实验要注意滴定终点的判断，颜色刚刚变为蓝色的那一点即为终点。若过量，影响结果。
3. 注意酸碱两用滴定管的准备，包括检漏、润洗、排气泡等。

七、思考题

1. 用移液管取水样时，应用什么来润洗移液管？自来水还是蒸馏水？
2. 配位滴定为什么要使用缓冲溶液？
3. 实验中所用的锥形瓶等仪器，是否需用待测水样润洗？为什么？

实训项目二十 紫外可见分光光度计的结构及工作原理

一、目的要求

1. 了解紫外可见分光光度计的基本原理。
2. 掌握可见分光光度计的组成结构。
3. 掌握 721 型可见分光光度计的内部结构的工作原理。
4. 理解可见分光光度计的维护和故障维修。

二、原理

1. 721 型分光光度计的仪器结构

721 型分光光度计是目前国内最常见、应用较广的一种可见分光光度计，其外形如项目图 1 所示，主要由光源系统、分光系统、测量系统和接收显示系统四部分组成。

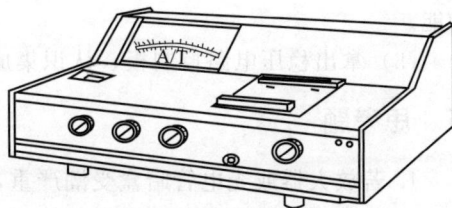

项目图 1 721 型分光光度计外形

该仪器的俯视图和后视图分别见项目图 2 和项目图 3。

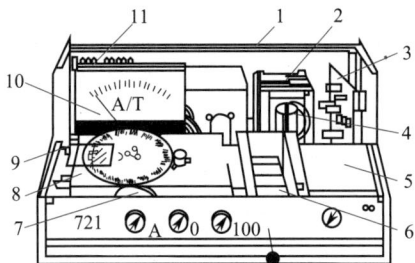

项目图 2　721 型分光光度计内部
结构示意图（俯视图）

1—光源灯室；2—电源变压器；3—稳压电路控制板；

4—滤波电解电容；5—光电管盒；6—比色部分；

7—波长选择摩擦轮机构；8—单色光器组件；

9—"0"粗调节电位器；10—读数电表；

11—稳压电源大功率调整管（3DD15）

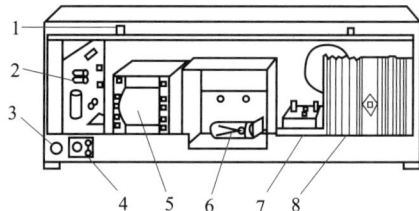

项目图 3　721 型分光光度计内部
结构示意图（后视图）

1—上盖板固定螺钉；2—稳压电路控制板；3—保险丝座；

4—电源输入插座；5—电源变压器；6—光源灯

（12V，25W）；7—稳压电源大功率整流管；

8—稳压电源大功率调整管 3DD102（3DD15）

2. 721 型分光光度计的结构方框图

721 型分光光度计的结构方框图如项目图 4 所示。

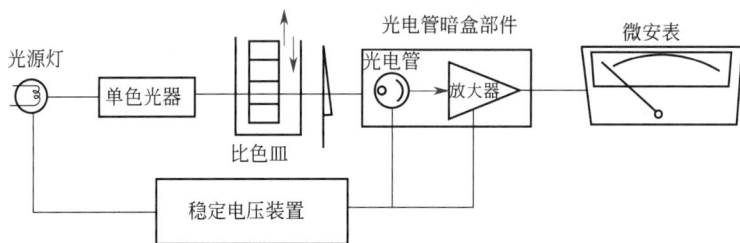

项目图 4　721 型分光光度计的结构方框图

三、仪器

721 型分光光度计、扳手、开刀、钳子、万用表。

四、实验内容及步骤

（1）打开 721 型分光光度计的外壳，认识内部电源系统、分光系统、测量系统和接收显示系统，并画出各部件的连接示意图。

（2）打开光源系统，绘图指出各部分的名称及功能。

（3）打开分光系统，找到单色器部件、入出射光调节部件，绘图指出各部件的功能。

（4）打开测量系统，认识光电管暗盒（放大器电路板）、光门部件，绘图指出各部件的功能。

（5）拿出稳压电路控制板，认识集成板的各电路元件，了解电子元件的连接方式。

五、思考题

1. 若放大器或光电管暗盒受潮严重，应如何进行处理？

2. 分光光度计如何达到光波长选择的目的？

3. 721 型分光光度计应如何进行维护？

实训项目二十一　邻菲罗啉（邻二氮菲）分光光度法测定微量铁

一、目的要求

1. 掌握 721 型或 722 型分光光度计的使用方法。
2. 掌握吸收曲线的绘制方法及最大吸收波长的确定。
3. 掌握分光光度法测定物质含量的方法。

二、原理

在可见光分光光度法的测定中，通常将被测物与显色剂反应，使之生成有色物质，然后测其吸光度，进而求得被测物质的含量。

用分光光度法测定试样中的微量铁，目前一般采用邻菲罗啉法，该法具有高灵敏度、高选择性，且稳定性好、干扰易消除等优点。

在 pH＝2～9 的溶液中，邻菲罗啉（邻二氮菲）与 Fe^{2+} 反应生成稳定的橙红色配合物。

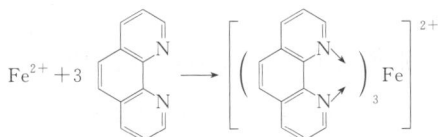

$$Fe^{2+}+3\ \text{（邻菲罗啉）} \longrightarrow \left[\left(\text{（邻菲罗啉）}\right)_3 Fe\right]^{2+}$$

此配合物的 $\lg K_{稳}=21.3$，摩尔吸光系数 $\varepsilon_{510}=1.1\times10^4\,L\cdot mol^{-1}\cdot cm^{-1}$，而 Fe^{3+} 能与邻菲罗啉生成 3∶1 配合物，呈淡蓝色。所以在加入显色剂之前，应用盐酸羟胺（$NH_2OH\cdot HCl$）将 Fe^{3+} 还原为 Fe^{2+}，其反应式如下：

$$2Fe^{3+}+2NH_2OH\cdot HCl =\!=\!= 2Fe^{2+}+N_2+2H_2O+4H^++2Cl^-$$

三、仪器与试剂

仪器：722 型或 WFJ2000 型分光光度计、电子天平、容量瓶（1000mL，2 个）、容量瓶（50mL，7 个）、1cm 吸收池、吸量管（50mL，1 支）、吸量管（5mL，4 支）、吸量管（10mL，1 支）。

试剂：铁标准溶液（$10\mu g\cdot mL^{-1}$）、盐酸羟胺（10%，新鲜配制）、邻菲罗啉溶液（0.15%，新配，可先用少量酒精溶解，再用水稀释）、NaAc 溶液、铁试样溶液 [含铁 0.04～0.08mg・$(10mL)^{-1}$]。

其中，$10\mu g\cdot mL^{-1}$ 的铁标准溶液的配制：精密称取 0.8634g $NH_4Fe(SO_4)_2\cdot 12H_2O$ 于烧杯中，加入 $6mol\cdot L^{-1}$ HCl 溶液 20mL 和适量水溶解后，转移至 1000mL 容量瓶，加水稀释至刻度，摇匀。吸取该溶液 100mL 置于另一 1000mL 容量瓶中，然后加入 $1mol\cdot L^{-1}$ HCl 溶液 100mL，用水稀释至刻度，摇匀。

四、实验步骤

1. 显色溶液的配制（实验室可提前配制好）

取 7 个容量瓶（50mL），用吸量管吸取铁标准溶液（$10\mu g\cdot mL^{-1}$）0.00、2.00mL、

4.00mL、6.00mL、8.00mL、10.00mL 及试样溶液 10.00mL，分别加入各容量瓶中。再各加入 10% 盐酸羟胺溶液 1mL，摇匀后，再各加 0.15% 邻菲罗啉溶液 2.0mL 和 NaAc 溶液 5mL。注意每加一种试剂后摇匀再加另一种试剂，最后加水稀释至刻度，摇匀。

2. 绘制吸收曲线并选定测量波长

在 722 型或 WFJ2000 型分光光度计上，在波长 450～550nm 范围内，用 1cm 吸收池，以空白溶液（不含铁的试剂溶液）为参比溶液，测定加有 10.00mL 铁标准溶液的显色溶液的吸光度。在最大吸收波长附近，每隔 5nm 各测一次（注意：每改变一次波长，均需用参比溶液将透光率调到 100%，才能测量吸光度）。

数据记录在表中，以波长为横坐标，吸光度为纵坐标，绘制吸收曲线。吸收曲线的峰值波长即是最大吸收波长，并作为本实验的测定波长。

3. 标准显色溶液和样品显色溶液的吸光度的测定

把波长选定为最大吸收波长处，用 1cm 吸收池，以空白试剂为参比溶液，分别测量各标准显色溶液和待测样品显色溶液的吸光度，记录在表中。

以各标准显色溶液的含铁量（μg）为横坐标，以测得的各标准显色溶液的吸光度为纵坐标，绘制标准曲线。

通过标准曲线求试样溶液的总含铁量（μg）。

五、数据记录与结果处理

将实验数据及处理结果分别填入项目表 17 及项目表 18。

项目表 17　吸收曲线的绘制

波长/nm	480	490	500	505	507	510	513	515	520	530	540
吸光度											

绘制吸收曲线（用坐标纸画成平滑曲线），并找出最大吸收波长为＿＿＿＿＿＿ nm。

项目表 18　标准曲线的绘制（以最大吸收波长作为测定波长）

铁含量/μg·mL^{-1}	空白	0.4	0.8	1.2	1.6	2.0	样品
吸光度	0.000						

绘制标准曲线（用坐标纸画），并从标准曲线上查得待测样品含铁量（μg·mL^{-1}）为：＿＿＿＿＿。

六、实验指导

1. 预习紫外-可见分光光度计的相关内容。

2. 使用分光光度计时，注意每改变一次波长，均需用参比溶液将透光率调到 100%，才能测量吸光度。

七、思考题

1. 邻菲罗啉分光光度法测定微量铁时为什么要加入盐酸羟胺溶液？

2. 吸收曲线与标准工作曲线有何区别？各有何实际意义？

3. 在绘制标准曲线时，各点不一定全部在同一直线上，你应该怎样作图？把所有点连在一起可以吗？

4. 为什么绘制标准曲线和测定试样应在相同条件下进行？

实训项目二十二　萃取

一、目的要求

1. 掌握萃取的基本原理。
2. 掌握萃取的基本操作技术。

萃取操作

二、实验原理

萃取原理是利用化合物在两种互不相溶（或微溶）的溶剂中溶解度或分配系数的不同，使化合物从一种溶剂内转移到另一种溶剂中。经过反复多次萃取，可将绝大部分的化合物分离出来。

三、仪器与试剂

仪器：分液漏斗、铁架台、烧杯、点滴板。

试剂：苯酚（5%）、乙酸乙酯、$FeCl_3$ 溶液。

四、实验步骤

1. 分液漏斗的准备

洗干净分液漏斗，装入水检查是否漏水。

2. 萃取

在分液漏斗中分别加入 20mL 5% 苯酚水溶液和 10mL 乙酸乙酯，盖上塞子。按照前面相关内容所述方法振摇和放气。

3. 分液

静置，当两层液体界面清晰后，开始分液操作。先打开顶塞，再把分液漏斗下端紧靠在接收器的内壁上，然后缓慢打开活塞，放出下层液体。当液面间的界线移至活塞小孔的中心时，关闭旋塞。最后把漏斗中的上层液体从上口倒入另一个容器中。

4. 重复萃取

乙酸乙酯改为 10mL，重复萃取 3～5 次。

5. 对比

分别在未萃取的苯酚水溶液中、第一次萃取后的水层和第二次萃取后的水层中滴加 $FeCl_3$，观察现象。

五、数据记录与结果处理

将实验数据及处理结果填入项目表 19。

项目表 19　$FeCl_3$ 与各种水样的颜色反应现象

水样	5% 苯酚	第一次萃取后的水样	第二次萃取后的水样
颜色			

六、实验指导

1. 分液漏斗使用前应先检漏。

　　2. 打开顶塞后，才能旋转分液漏斗活塞分液。

　　3. 分液漏斗的塞子和活塞必须原配。

　　4. 振摇时要开启旋塞放气，以防止分液漏斗内压力过高冲开漏斗塞，造成溶液损失。放气时尾部不要对着人。

　　5. 了解清楚哪一层是需要的产品，以免误将产品放掉。

　　6. 分液漏斗使用完毕，要在活塞处放一纸片。

七、思考题

　　1. 本实验用乙酸乙酯萃取苯酚水溶液中的苯酚，当分层后，上层是什么？

　　2. 使用分液漏斗进行萃取应注意什么？

　　3. 萃取时为什么要开启旋塞放气？

　　4. 怎样用简便的方法判定哪一层是水层，哪一层是有机层？

　　5. 为何上层液体要从分液漏斗上口放出，而下层液体要从下部放出？

模块三
技能考核试题

技能考核试题一　NaOH 标准溶液的标定

一、考核说明

1. 考核形式：实操。考核时间 90 分钟，不得超时。
2. 本题满分 100 分，合格线是 60 分，低于 60 分的判为操作技能不合格。
3. 考核成绩为操作过程评分、测定结果评分和考核时间评分之和。

二、原理或内容

NaOH 具有很强的吸湿性，也易吸收空气中的 CO_2，因此市售 NaOH 中常含有 Na_2CO_3，应设法除去。除去 Na_2CO_3 最常用的方法是将 NaOH 先配成饱和溶液（质量分数约 52%），由于 Na_2CO_3 在饱和 NaOH 溶液中几乎不溶解，会慢慢沉淀出来。待 Na_2CO_3 沉淀后，吸取一定量的上层清液，稀释至所需浓度即可。此外，用来配制 NaOH 溶液的蒸馏水，也应加热煮沸放冷，以除去其中的 CO_2。

配制 NaOH 标准溶液不能采用直接法，而是先配制成近似浓度的溶液，然后进行标定。常用来标定 NaOH 溶液的基准物质有草酸（$H_2C_2O_4 \cdot 2H_2O$）、邻苯二甲酸氢钾（$C_6H_4COOHCOOK$）等，本实验选用邻苯二甲酸氢钾。

滴定反应为：

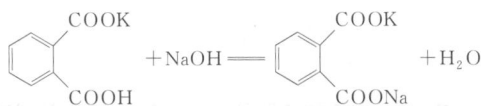

化学计量点时溶液 pH 值约为 9.1，可用酚酞作指示剂。

三、仪器与试剂

仪器：电子天平、酸碱两用滴定管、移液管（20mL）、玻璃棒、洗耳球、胶头滴管、锥形瓶（250mL，3 个）、量筒、烧杯（400mL）、试剂瓶。

试剂：氢氧化钠溶液（浓度约 $0.1mol \cdot L^{-1}$）、酚酞指示剂（0.1%）、邻苯二甲酸氢钾（于 110 ～ 120℃干燥 2h）。

四、实验步骤

1. 称取邻苯二甲酸氢钾

精密称取基准邻苯二甲酸氢钾三份（每份 0.3600～0.4000g），分别置于 3 个锥形瓶中，各加入 50mL 蒸馏水和 2～3 滴酚酞指示剂。

2. 滴定管的准备

滴定管洗涤后，用 NaOH 润洗 3 次，然后装入 NaOH 溶液，排气泡，并调"0"。

3. 氢氧化钠溶液的标定

用待标定的氢氧化钠溶液滴定邻苯二甲酸氢钾溶液，至溶液由无色变为微红色，30s 不褪色即为终点。记录所耗用的氢氧化钠溶液的体积，平行测定 3 次。

做空白实验，记录读数。

4. 计算 NaOH 溶液的准确浓度

计算公式：

$$c_{NaOH} = \frac{m_{邻苯二甲酸氢钾} \times 1000}{M_{邻苯二甲酸氢钾}(V_{NaOH} - V_{空白})}$$

式中　c_{NaOH}——NaOH 标准溶液的浓度，$mol \cdot L^{-1}$；

$m_{邻苯二甲酸氢钾}$——邻苯二甲酸氢钾的质量，g；

$M_{邻苯二甲酸氢钾}$——邻苯二甲酸氢钾的摩尔质量，$204.2g \cdot mol^{-1}$；

V_{NaOH}——滴定消耗 NaOH 溶液的体积，mL；

$V_{空白}$——空白试验消耗 NaOH 溶液的体积，mL。

五、数据记录与结果处理

测定次数	1	2	3
邻苯二甲酸氢钾质量/g			
消耗 NaOH 溶液体积/mL			
空白试验消耗 NaOH 体积/mL			
NaOH 溶液浓度/$mol \cdot L^{-1}$			
NaOH 浓度平均值/$mol \cdot L^{-1}$			
平均偏差			
相对平均偏差/%			

试题一《NaOH 标准溶液的标定》 评分记录表

考核形式：实操

考核时间：90 分钟，不得超时

配分：100 分，合格线 60 分，低于 60 分的判为操作技能不合格

开始时间：　　　　结束时间：　　　　日期：　　年　　月　　日

序号	考核内容	配分	评分标准	扣分	得分
1	天平准备	3	未检查调节水平，扣 1 分 未清扫，扣 1 分 未调零或调零不正确，扣 1 分		

序号	考核内容		配分	评分标准	扣分	得分
2	称量操作		10	称量瓶取放不正确，扣 2 分 物品摆放不正确，扣 2 分 未关天平门读数，扣 2 分 称量结束后未整理，扣 2 分 超出称量质量范围，扣 2 分		
3	溶解操作		2	试样溶解不完全，扣 2 分		
4	滴定					
(1)	滴定管润洗		2	溶液润洗方法不正确，扣 1 分 润洗次数不够，扣 1 分		
(2)	零点调节		3	管尖有气泡，扣 1 分 零点调节不正确，扣 1 分 管尖残液处理不正确，扣 1 分		
(3)	滴定操作		10	滴定速度不适当，扣 2 分 不是半滴操作到达终点，扣 2 分 滴定操作姿势不对，扣 2 分 终点颜色控制不对，扣 2 分 读数不正确，扣 2 分		
5	原始数据记录		5	数据没有及时、直接填在报告单上，扣 5 分		
6	文明操作		5	台面未及时清洁，扣 0.5 分 废纸/废液乱扔乱倒，扣 1 分 仪器、试剂未归位，扣 0.5 分 损坏玻璃仪器，扣 2 分		
7	报告与数据处理					
(1)	报告		5	报告不整洁或有空项，扣 1 分 单位不全或错误，扣 1 分 有效数字位数错误，扣 1 分		
(2)	数据处理		15	数据有效数字记录不正确，扣 5 分 数据计算不正确，扣 10 分		
8	结果评价					
(1)	精密度		10	相对平均偏差 RAD $RAD \leqslant 0.2\%$，扣 0 分 $0.2\% < RAD \leqslant 0.5\%$，扣 2 分 $RAD > 0.5\%$，扣 5 分		
(2)	准确度		30	相对误差 RE $\mid RE \mid \leqslant 0.2\%$，扣 0 分 $0.2\% < \mid RE \mid \leqslant 0.5\%$，扣 4 分 $0.5\% < \mid RE \mid \leqslant 0.8\%$，扣 9 分 $\mid RE \mid > 0.8\%$，扣 15 分		
	合计		100			

评分人： 核分人：

技能考核试题二 餐具洗涤剂 pH 的测定

一、考核说明

1. 本试题满分为 40 分，完成时间 40min。
2. 考核成绩为操作过程评分、测定结果评分和考核时间评分之和。

二、操作步骤

1. 称取 2.5g 餐具洗涤剂试样（称准至 0.01g），用蒸馏水溶解后，转移到 250mL 容量瓶中，并稀释至刻度，摇匀，备用。

2. 用邻苯二甲酸盐标准缓冲溶液和硼酸盐标准缓冲溶液校正酸度计，将温度补偿旋钮调至标准缓冲溶液的温度处，按照项目表 5 所标明的数据依次检查仪器和电极。用接近于试样 pH 的标准缓冲溶液定位。

3. 将酸度计的温度补偿旋钮调至所测水样的温度。浸入电极，摇匀，测定，记录数据。平行测定 2 次。

有关内容参见本书模块二中实训项目九。

试题二　《餐具洗涤剂 pH 的测定》评分记录表

系别：_____　　班级名称：_____　　学号：_____　　姓名：_____

开始时间：　　　　　　　　　结束时间：　　　　　　　　　时期：

序号	评分点	配分	评分标准	扣分	得分
1	操作过程	23	没有检查读数电表，扣 1 分； 电极选择、安装不正确，扣 2 分； 校正不正确，扣 4 分； 定位不正确，扣 3 分； 电极使用不正确，扣 2 分； 测量操作不正确，扣 3 分； 读数不准确，扣 1 分； 按键（开关）操作不当，扣 1 分； 未切断电源，扣 1 分； 电极未清洁及保存，扣 3 分； 台面不清洁，扣 1 分； 没有盖好酸度计，扣 1 分		
2	测定结果	5	考生平行结果大于允差，小于或等于 1/2 倍允差，扣 2 分； 考生平行结果大于 1/2 倍允差，扣 5 分		
		12	考生测定结果与参照值对比大于 1 倍小于或等于 2 倍允差，扣 4 分； 考生测定结果与参照值对比大于 2 倍小于或等于 3 倍允差，扣 8 分； 考生平均结果与参照值对比大于 3 倍允差，扣 12 分		
3	考试时间		考核时间为 60min，超过 5min 扣 2 分，超过 10min 扣 4 分，超过 15min 扣 8 分，……依此类推，扣完本题分数为止		
	合计	40			

注：1. 以鉴定站所测结果为参照值，允许差为不大于 0.5%。

2. 平行测定结果的绝对值差不大于 0.02pH 单位。

考评负责人：

技能考核试题三　硬脂酸酸值的测定

一、考核说明

1. 本试题满分为 60 分，完成时间 90 分钟。
2. 考核成绩为操作过程评分、测定结果评分和考核时间评分之和。
3. 操作全过程的时间和结果处理时间计入完成时间的限额内。

二、操作步骤

1. 准确称取硬脂酸 0.55000～0.6500g，加入 35mL 中性乙醇，加热使其溶解并充分摇匀。
2. 在上述溶液中滴加 6～10 滴酚酞溶液，并趁热迅速以 $0.2mol \cdot L^{-1}$ KOH 标准滴定溶液滴定至呈现粉红色，以 30s 内不褪色为准。

平行测定 3 次，同时做空白试验。

有关内容参见本书模块二中实训项目十四。

试题三　《硬脂酸酸值的测定》评分记录表

系别：_____　班级名称：_____　学号：_____　姓名：_____

开始时间：_____　结束时间：_____　时期：_____

序号	评分点	配分	评分标准	扣分	得分
一、称样					
1	台秤的使用	2	未调零,扣 0.5 分; 称量操作不对,扣 1 分; 读数错误,扣 0.5 分		
2	分析天平称量前准备	2	未检查天平、砝码完好情况,扣 0.5 分; 未调零,扣 1 分;天平内外不洁净,扣 0.5 分		
3	分析天平称量操作	7	称量瓶放置不当,扣 1 分; 开启升降枢不当,扣 2 分; 倾出试样不合要求,扣 1 分; 加减砝码操作不当,扣 1 分; 开关天平门操作不当,扣 1 分; 读数或记录不正确,扣 1 分		
4	称量后处理	3	砝码不回位,扣 1 分; 不关天平门,扣 1 分; 天平内外不清洁,扣 0.5 分; 未检查零点,扣 0.5 分		
二、前处理					
1	试样溶解	5	加入溶剂操作不当,扣 1 分; 加热操作不当,扣 1 分; 摇匀操作不当,扣 1 分; 加热后电炉不及时断电,扣 2 分		

序号	评分点	配分	评分标准	扣分	得分
三、滴定					
1	滴定前准备	5	洗涤不合要求,扣 0.5 分; 没有试漏,扣 0.5 分; 没有润洗,扣 1 分; 装液操作不正确,扣 1 分; 未排空气,扣 1 分; 没有调零,扣 1 分		
2	滴定操作	12	加指示剂操作不当,扣 1 分; 滴定姿势不正确,扣 1 分; 滴定速率控制不当,扣 2 分; 摇瓶操作不正确,扣 1 分; 半滴溶液的加入控制不当,扣 2 分; 终点判定不准确,扣 2 分; 数据记录不正确,扣 2 分; 平行操作的重复性不好,扣 1 分		
3	滴定后处理	4	不洗涤仪器,扣 1 分; 台面、卷面不整洁,扣 1 分; 仪器破损,扣 2 分		
四、分析结果					
1	极差	5	平行测定结果极差与平均值之比大于允差小于1/2倍允差,扣 2 分; 平行测定结果极差与平均值之比大于1/2倍允差,扣 5 分		
2	测定结果	15	测定结果与参照值对比大于参照值小于 1 倍允差,扣 4 分; 测定结果与参照值对比大于 1 倍小于或等于 2 倍允差,扣 9 分;测定结果与参照值对比大于 2 倍允差,扣 15 分		
五	考核时间		考核时间为 100min,超过 5min 扣 2 分,超过 10min 扣 4 分,超过 15min 扣 8 分,……依此类推,扣完本题分数为止		
	合计	60			

注：1. 以鉴定站所测结果为参照值，允差为不大于 0.1%。

2. 平行测定结果允差为不大于 0.2%。

考评负责人：

技能考核试题四　洗发液 pH 的测定

一、考核说明

1. 本试题满分为 100 分，完成时间 100min。

2. 考核成绩为操作过程评分、测定结果评分和考核时间评分之和。

3. 操作全过程的时间和结果处理时间计入完成时间的限额内。

二、仪器与试剂

仪器：pHS-3C 型 pH 计、复合 pH 玻璃电极、小烧杯（50mL），洗瓶。

试剂：pH＝4.01 标准 pH 缓冲溶液、pH＝6.86 标准 pH 缓冲溶液、pH＝9.18 标准缓冲溶液、洗发液（显弱酸性）、蒸馏水。

三、实验步骤

1. 接通酸度计电源，预热仪器 20min。

2. 校正

仪器附有 3 种标准缓冲溶液，可根据实际情况，选用与被测溶液 pH 较接近的缓冲溶液对仪器进行校正。操作步骤如下。

（1）将功能选择钮调到 pH 挡，温度补偿旋钮调至与待测溶液温度一致，斜率补偿调节旋钮顺时针旋到底（调到 100％位置）。

（2）取下电极套，先用蒸馏水洗瓶冲洗复合电极，再用 pH＝6.86（25℃时）的标准缓冲溶液洗瓶冲洗复合电极。

（3）将复合电极插入 pH＝6.86（25℃时）的标准缓冲溶液中，调节定位调节旋钮，使仪器显示 pH 与该温度下标准缓冲溶液的 pH 一致。

（4）取出电极，先用蒸馏水洗瓶冲洗复合电极，再用 pH＝4.01（25℃时）的标准缓冲溶液洗瓶冲洗复合电极（根据待测溶液的酸碱性确定用 pH＝4.01 的标准缓冲溶液还是 pH＝9.18 的标准缓冲溶液来冲洗）。

（5）将复合电极插入 pH＝4.01（25℃时）的标准缓冲溶液中，仪器显示数值应是当时温度下的 pH 值，否则调节斜率补偿调节旋钮，使仪器显示 pH 与该温度下标准缓冲溶液 pH 一致。

（6）取出电极，先用蒸馏水洗瓶冲洗复合电极，再用 pH＝9.18（25℃时）的标准缓冲溶液洗瓶冲洗复合电极。将复合电极插入 pH＝9.18（25℃时）的标准缓冲溶液中，轻轻摇动小烧杯使溶液均匀，然后静置读数。

（7）用蒸馏水和待测洗发液溶液分别冲洗电极后，将电极插入被测洗发液溶液中，轻轻摇动小烧杯使溶液均匀，然后静置读数。平行测定两次，记录数据。

四、数据记录与结果处理

把三个标准缓冲溶液在测试温度下的标准值 X_i 与相应的 pH 读数值 Y_i 按公式（2）及公式（3）求出回归方程式（1）：

$$\hat{y} = a + b\hat{x} \tag{1}$$

$$b = \frac{\sum X_i Y_i - \frac{1}{n}(\sum X_i)(\sum Y_i)}{\sum X_i^2 - \frac{1}{n}(\sum X_i)^2} \tag{2}$$

$$a = \frac{\sum Y_i - b \sum X_i}{n} \tag{3}$$

$$i = 1, 2, \cdots, n$$

式中　X_i——标准缓冲溶液在测试温度下的 pH 标准值；

　　　　Y_i——标准缓冲溶液在 pH 计上相应的 pH 读数值；

n——测试的次数；

$\hat{y}$——未知水样在 pH 计上的 pH 读数值；

$\hat{x}$——未知水样在经回归计算后相应的回归值。

若由三个读数值 Y_i（$i=1,2,3$），按式（1）求出的回归值与标准值 X_i 之差，都不大于 0.04pH 单位，可以认为电极及仪器正常，可进行水样的 pH 测定。

将 a、b 值的计值数据填入考核表 1 中。

考核表 1　a、b 值的计算

序号	X_i	Y_i	X_iY_i	X_i^2
1				
2				
3				
Σ				

则：$a=$　　　　　　　　　　　　　　　　　　$b=$

将实验数据及处理结果填入考核表 2。

考核表 2　洗发液 pH 的测定

项目	1	2	3
标准缓冲溶液标示 pH（X_i）			
标准缓冲溶液测定 pH（Y_i）			
回归方程			
标准溶液回归值 $\hat{X}_i$			
$\|\hat{X}_i-X_i\|$			
未知样 pH 计测定读数值 $\hat{y}$			
未知样回归值 $\hat{x}$			
未知样测定平均值 $\overline{y}$			
极差			

技能考核试题五　冷烫液中溴酸钠含量的测定

一、考核说明

1. 本方法（引用 QB/T 2285—1997）是测定头发用冷烫液定型剂中溴酸钠含量。

2. 所用试剂的纯度应在分析纯以上；所用水应为蒸馏水或同等纯度的水；所用滴定管需校正；若温度不为 20℃，滴定结果需进行温度补正。

3. 本试题满分为 100 分，考试成绩是过程评分、分析结果评分和考核时间评分之和。

4. 考试时间为 100min。

5. 将数据记录和结果处理填在表格中。

二、仪器与试剂

仪器：电子天平，50mL 酸碱两用滴定管，500mL 碘量瓶（4 个），托盘天平，100mL

量筒，50mL 量筒，10mL 量筒，称量瓶。

试剂：溴酸钠固体，硫酸溶液（1+8），硫代硫酸钠标准溶液（浓度由考评员提供），淀粉指示剂（0.5%），称量纸若干。

三、实验步骤

1. 减量法：准确称取 0.14~0.16g 溴酸钠放于 500mL 碘量瓶中，加碘化钾 3g、蒸馏水 50mL，轻轻振摇使之溶解。

2. 再加入 15mL 硫酸（1+8），密塞，摇匀，水封碘量瓶塞后放置在暗处 5min。

3. 取出碘量瓶后用 200mL 蒸馏水稀释。用硫代硫酸钠标准溶液滴定至溶液呈浅黄色，再加入约 3mL 淀粉指示剂，继续滴定至无色。读数，记录滴定消耗硫代硫酸钠的体积。

平行测定三次，并做空白试验。

四、数据记录与结果处理

将数据记录在考核表 3 中。

考核表 3　溴酸钠的含量测定

项　　目		1	2	3
称量瓶和试样的质量(倾样前)				
称量瓶和试样的质量(倾样后)				
试样的质量 m/g				
试样试验	滴定消耗硫代硫酸钠用量/mL			
	滴定管校正值/mL			
	溶液温度校正值/mL			
	实际消耗硫代硫酸钠用量 V_1/mL			
空白试验	滴定消耗硫代硫酸钠用量/mL			
	滴定管体积校正值/mL			
	溶液温度校正值/mL			
	实际消耗硫代硫酸钠用量 V_2/mL			
溴酸钠含量 X(质量分数) $X = c(V_1 - V_2) \times 0.02515 \times 100/m$ c 为硫代硫酸钠标准溶液的实际浓度/mol·L^{-1}				
平均值 $\overline{X}$(质量分数)				
平行测定结果的极差/%				
极差与平均值之比/%				

注：数据记录中，溶液的体积、极差保留小数点后两位，溴酸钠的质量 m、溴酸钠含量 X、平均值 $\overline{X}$ 都保留 4 位有效数字，极差与平均值之比保留 2 位有效数字。

此外，溶液温度校正值（mL）的用法见考核表 4。

考核表 4　1000mL 不同浓度标准溶液的温度补正值　　　　单位：mL

温度补正值 /℃	水和 0.05 mol·L^{-1} 以下的各种水溶液	0.1mol·L^{-1} 和 0.2mol·L^{-1} 各种水溶液	盐酸溶液 $c_{HCl}=$ 0.5mol·L^{-1}	盐酸溶液 $c_{HCl}=$ 1mol·L^{-1}	1mol·L^{-1} 硫酸溶液 0.5mol·L^{-1} 氢氧化钠溶液	2mol·L^{-1} 硫酸溶液 1mol·L^{-1} 氢氧化钠溶液
5	+1.38	+1.7	+1.9	+2.3	+2.4	+3.6
6	+1.38	+1.7	+1.9	+2.2	+2.3	+3.4

温度补正值/℃	水和 0.05 mol·L^{-1} 以下的各种水溶液	0.1mol·L^{-1} 和 0.2mol·L^{-1} 各种水溶液	盐酸溶液 $c_{HCl}=$ 0.5mol·L^{-1}	盐酸溶液 $c_{HCl}=$ 1mol·L^{-1}	1mol·L^{-1} 硫酸溶液 0.5mol·L^{-1} 氢氧化钠溶液	2mol·L^{-1} 硫酸溶液 1mol·L^{-1} 氢氧化钠溶液
7	+1.36	+1.6	+1.8	+2.2	+2.2	+3.2
8	+1.33	+1.6	+1.8	+2.1	+2.2	+3.0
9	+1.29	+1.5	+1.7	+2.0	+2.1	+2.7
10	+1.23	+1.5	+1.6	+1.9	+2.0	+2.5
11	+1.17	+1.4	+1.5	+1.8	+1.8	+2.3
12	+1.10	+1.3	+1.4	+1.6	+1.7	+2.0
13	+0.99	+1.1	+1.2	+1.4	+1.5	+1.8
14	+0.88	+1.0	+1.1	+1.2	+1.3	+1.6
15	+0.77	+0.9	+0.9	+1.0	+1.1	+1.3
16	+0.64	+0.7	+0.8	+0.8	+0.9	+1.1
17	+0.50	+0.6	+0.6	+0.6	+0.7	+0.8
18	+0.34	+0.4	+0.4	+0.4	+0.5	+0.6
19	+0.18	+0.2	+0.2	+0.2	+0.2	+0.3
20	0.00	0.00	0.00	0.0	0.00	0.00
21	-0.18	-0.2	-0.2	-0.2	-0.2	-0.3
22	-0.38	-0.4	-0.4	-0.5	-0.5	-0.6
23	-0.58	-0.6	-0.7	-0.7	-0.8	-0.9
24	-0.80	-0.9	-0.9	-1.0	-1.0	-1.2
25	-1.03	-1.1	-1.1	-1.2	-1.3	-1.5
26	-1.26	-1.4	-1.4	-1.4	-1.5	-1.8
27	-1.51	-1.7	-1.7	1.7	-1.8	-2.1
28	-1.76	-2.0	-2.0	-2.0	-2.1	-2.4
29	-2.01	-2.3	-2.3	-2.3	-2.4	-2.8
30	-2.30	-2.5	-2.5	-2.6	-2.8	-3.2
31	-2.58	-2.7	-2.7	-2.9	-3.1	-3.5
32	-2.86	-3.0	-3.0	-3.2	-3.4	-3.9
33	-3.04	-3.2	-3.3	-3.5	-3.7	-4.2
34	-3.47	-3.7	-3.6	-3.8	-4.1	-4.6
35	-3.78	-4.0	-4.0	-4.1	-4.4	-5.0
36	-4.10	-4.3	-4.3	-4.4	-4.7	-5.3

注：1. 本表数值是以 20℃ 为标准温度以实测法测出。

2. 表中带有"＋""－"号的数值是以 20℃ 为分界。室温低于 20℃ 的补正值均为"＋"，高于 20℃ 的补正值均为"－"。

3. 本表的用法：如 1L 硫酸溶液（$c_{H_2SO_4}=2mol·L^{-1}$）由 25℃ 换算为 20℃ 时，其体积修正值为 $-1.5mL$，故 40.00mL 换算为 20℃ 时的体积为 $V_{20}=40.00-1.5×40.00/1000=39.94mL$。

附 录

一、常见化合物的分子量

分子式	分子量	分子式	分子量	分子式	分子量
AgBr	187.77	$BaCl_2 \cdot 2H_2O$	244.27	H_2SO_4	98.07
AgCl	143.22	$BaCO_3$	197.34	Hg_2Cl_2	472.09
AgI	234.77	BaO	155.33	$HgCl_2$	271.50
AgCN	133.89	$Ba(OH)_2$	171.34	$KAl(SO_4)_2 \cdot 12H_2O$	474.38
Ag_2CrO_4	331.73	$BaSO_4$	233.39	$C_4H_6O_3$(醋酐)	102.09
$AgNO_3$	169.87	BaC_2O_4	225.35	$C_7H_6O_2$(苯甲酸)	122.12
AgSCN	165.95	$BaCrO_4$	253.32	FeO	71.85
Al_2O_3	101.96	CaO	56.08	Fe_2O_3	159.69
$Al(OH)_3$	78.00	$CaCO_3$	100.09	Fe_3O_4	231.54
$Al_2(SO_4)_3$	342.14	CaC_2O_4	128.10	$Fe(OH)_3$	106.87
As_2O_3	197.84	$CaCl_2$	110.99	$FeSO_4$	151.90
As_2O_5	229.84	$CaCl_2 \cdot H_2O$	129.00	$FeSO_4 \cdot H_2O$	169.92
As_2S_3	246.02	$CaCl_2 \cdot 6H_2O$	219.08	$FeSO_4 \cdot 7H_2O$	278.01
As_2S_5	310.14	$Ca(NO_3)_2$	164.09	$Fe_2(SO_4)_3$	299.87
CuSCN	121.62	CaF_2	78.08	$FeSO_4 \cdot (NH_4)_2SO_4 \cdot 6H_2O$	392.13
$C_6H_{12}O_6 \cdot H_2O$(葡萄糖)	198.18	$Ca(OH)_2$	74.09	H_3BO_3	61.83
$C_{10}H_{10}O_2N_4S$(磺胺嘧啶)	250.27	$CaSO_4$	136.14	HCOOH	46.03
$C_{11}H_{12}O_2N_4S$(磺胺甲基嘧啶)	264.30	$Ca_3(PO_4)_2$	310.18	$H_2C_2O_4$	90.04
$C_{11}H_{12}O_3N_4S$(磺胺甲氧嗪)	280.30	CO_2	44.01	$H_2C_2O_4 \cdot 2H_2O$	126.07
$C_7H_{10}O_2N_4S \cdot H_2O$(磺胺脒)	232.26	CCl_4	153.82	$HC_2H_3O_2$(HAc)	60.05
$C_9H_9O_2N_3S_2$(磺胺噻唑)	255.31	Cr_2O_3	151.99	HCl	36.46
$C_6H_7O_3NS$(对氨基苯磺酸)	173.19	CuO	79.55	H_2CO_3	62.03
$C_{15}H_{21}ON_3 \cdot 2H_3PO_4$(磷酸伯氨喹)	455.34	CuS	95.61	$HClO_4$	100.46
$C_{13}H_{20}O_2N \cdot HCl$(盐酸普鲁卡因)	272.77	$CuSO_4$	159.60	HNO_2	47.01
$C_{10}H_{13}O_2N$(非那西丁)	179.22	$CuSO_4 \cdot 5H_2O$	249.68	HNO_3	63.01
$C_{10}H_{15}ON \cdot HCl$(盐酸麻黄碱)	201.70	HI	127.91	H_2O	18.02
$C_6H_5O_7Na_3 \cdot 2H_2O$(枸橼酸钠)	294.10	HBr	80.91	H_2O_2	34.02
$C_8H_9O_2N \cdot H_2O$(对羧基苄胺)	169.18	HCN	27.03	H_3PO_4	98.00
$BaCl_2$	208.24	H_2SO_3	82.07	H_2S	34.08

续表

分子式	分子量	分子式	分子量	分子式	分子量
HF	20.01	K_2O	92.20	$NaNO_2$	69.00
MnO_2	86.94	KOH	56.11	$NaNO_3$	85.00
$Na_2B_4O_7 \cdot 10H_2O$	381.37	KSCN	97.18	NH_3	17.03
NaBr	102.89	K_2SO_4	174.26	NH_4Cl	53.49
$NaBiO_3$	279.97	KNO_2	85.10	$NH_4Fe(SO_4)_2 \cdot 12H_2O$	482.18
Na_2CO_3	105.99	KNO_3	101.10	$NH_3 \cdot H_2O$	35.05
$Na_2C_2O_4$	134.00	$MgCl_2$	95.21	NH_4SCN	76.12
$NaC_2H_3O_2(NaAc)$	82.03	$MgCO_3$	84.31	$(NH_4)_2SO_4$	132.14
$NaC_7H_5O_2$(苯甲酸钠)	144.13	MgO	40.30	$(NH_4)_2C_2O_4 \cdot H_2O$	142.11
KBr	119.00	$Mg(OH)_2$	58.32	$(NH_4)_2HPO_4$	132.06
$KBrO_3$	167.09	$MgNH_4PO_4$	137.32	$(NH_4)_3PO_4 \cdot 12MoO_3$	1876.35
KCl	74.55	$Mg_2P_2O_7$	222.55	P_2O_5	141.95
$KClO_3$	122.55	$MgSO_4 \cdot 7H_2O$	246.47	PbO	223.20
$KClO_4$	138.55	MnO	70.94	PbO_2	239.20
K_2CO_3	138.21	SO_3	80.06	$PbCl_2$	278.11
KCN	65.12	NaCl	58.44	$PbSO_4$	303.26
K_2CrO_4	194.19	NaCN	49.01	$PbCrO_4$	323.19
$K_2Cr_2O_7$	294.18	$Na_2H_2Y \cdot 2H_2O$ (EDTA 钠盐)	372.24	$Pb(CH_3COO)_2 \cdot 3H_2O$	379.34
$KHC_2O_4 \cdot H_2O$	146.14	$NaHCO_3$	84.01	SiO_2	60.08
$KHC_2O_4 \cdot H_2C_2O_4 \cdot 2H_2O$	254.19	NaI	149.89	SO_2	64.06
$KHC_8H_4O_4$(邻苯二甲酸氢钾)	204.22	Na_2O	61.98	WO_3	231.85
$KHCO_3$	100.12	NaOH	40.00	SnO_2	150.69
KH_2PO_4	136.09	Na_2S	78.04	$SnCl_2$	189.60
$KHSO_4$	136.16	Na_2SO_3	126.04	$SnCO_3$	178.71
KI	166.00	Na_2SO_4	142.04	ZnO	81.38
KIO_3	214.00	$Na_2S_2O_3$	158.10	$ZnSO_4$	161.44
$KIO_3 \cdot HIO_3$	389.91	$Na_2S_2O_3 \cdot 5H_2O$	248.17	$ZnSO_4 \cdot 7H_2O$	187.55
$KMnO_4$	158.03	$Na_2HPO_4 \cdot 12H_2O$	358.14		

二、常见弱酸和弱碱的解离常数

名　　称	温度/℃	解离常数 K_a（或 K_b）	pK_a 或 pK_b
砷酸（H_3AsO_4）	18	$K_{a1}=5.6\times10^{-3}$	2.25
		$K_{a2}=1.7\times10^{-7}$	6.77
		$K_{a3}=3.0\times10^{-12}$	11.50
亚砷酸（H_3AsO_3）	25	$K_a=6.0\times10^{-10}$	9.23
硼酸（H_3BO_3）	20	$K_a=7.3\times10^{-10}$	9.14
醋酸（CH_3COOH）	25	$K_a=1.76\times10^{-5}$	4.75
甲酸（$HCOOH$）	20	$K_a=1.77\times10^{-4}$	3.75
碳酸（H_2CO_3）	25	$K_{a1}=4.30\times10^{-7}$	6.37
		$K_{a2}=5.61\times10^{-11}$	10.25
铬酸（H_2CrO_4）	25	$K_{a1}=1.8\times10^{-1}$	0.74
		$K_{a2}=3.2\times10^{-7}$	6.49
氢氟酸（HF）	25	$K_a=3.53\times10^{-4}$	3.45
氢氰酸（HCN）	25	$K_a=6.2\times10^{-10}$	9.21
氢硫酸（H_2S）	18	$K_{a1}=9.5\times10^{-8}$	7.02
		$K_{a2}=1.3\times10^{-12}$	11.89
次溴酸（$HBrO$）	25	$K_a=2.06\times10^{-9}$	8.69
次氯酸（$HClO$）	18	$K_a=2.95\times10^{-8}$	7.53
次碘酸（HIO）	25	$K_a=2.3\times10^{-11}$	10.64
碘酸（HIO_3）	25	$K_a=1.69\times10^{-1}$	0.77
高碘酸（HIO_4）	25	$K_a=2.3\times10^{-2}$	1.64
亚硝酸（HNO_2）	12.5	$K_a=4.6\times10^{-4}$	3.37
磷酸（H_3PO_4）	25	$K_{a1}=7.52\times10^{-3}$	2.21
		$K_{a2}=6.23\times10^{-8}$	7.21
		$K_{a3}=2.2\times10^{-13}$	12.67
硫酸（H_2SO_4）	25	$K_{a2}=1.2\times10^{-2}$	1.92
亚硫酸（H_2SO_3）	18	$K_{a1}=1.54\times10^{-2}$	1.81
		$K_{a2}=1.02\times10^{-7}$	6.91
草酸（$H_2C_2O_4$）	25	$K_{a1}=5.9\times10^{-2}$	1.23
		$K_{a2}=6.4\times10^{-5}$	4.19
柠檬酸（$H_3C_6H_5O_7$）	18	$K_{a1}=7.10\times10^{-4}$	3.14
		$K_{a2}=1.68\times10^{-5}$	4.77
		$K_{a3}=6.4\times10^{-6}$	6.39
酒石酸（$H_2C_4H_4O_6$）	25	$K_{a1}=1.04\times10^{-3}$	2.98
		$K_{a2}=4.55\times10^{-5}$	4.34
苯甲酸（C_6H_5COOH）	25	$K_a=6.46\times10^{-5}$	4.19
氨水（$NH_3\cdot H_2O$）	25	$K_b=1.76\times10^{-5}$	4.75
氢氧化银（$AgOH$）	25	$K_b=1.1\times10^{-4}$	3.96
氢氧化钙[$Ca(OH)_2$]	25	$K_{b2}=4.55\times10^{-5}$	
氢氧化锌[$Zn(OH)_2$]	25	$K_b=9.6\times10^{-4}$	3.02

三、常用难溶电解质的溶度积（298K）

难溶电解质	K_{sp}	难溶电解质	K_{sp}
AgCl	1.77×10^{-10}	$CaCO_3$	3.36×10^{-9}
AgBr	5.35×10^{-13}	CaF_2	3.45×10^{-11}
AgI	8.52×10^{-17}	$CaC_2O_4 \cdot H_2O$	2.32×10^{-9}
AgCN	5.97×10^{-17}	$CaSO_4$	4.93×10^{-5}
AgSCN	1.03×10^{-12}	ZnF_2	3.04×10^{-2}
Ag_2CrO_4	1.12×10^{-12}	ZnS	2.93×10^{-25}
Ag_2SO_4	1.20×10^{-5}	$Mg_3(PO_4)_2$	1.04×10^{-24}
Ag_2S	6.3×10^{-50}	$MgCO_3$	6.82×10^{-6}
$Al(OH)_3$	1.1×10^{-33}	$Mg(OH)_2$	5.61×10^{-12}
$Fe(OH)_2$	4.87×10^{-17}	$PbSO_4$	2.53×10^{-8}
$Fe(OH)_3$	2.79×10^{-39}	PbS	9.04×10^{-29}
CuCl	1.72×10^{-7}	$BaCO_3$	2.58×10^{-9}
CuBr	6.27×10^{-9}	$BaSO_4$	1.08×10^{-10}
CuI	1.27×10^{-12}	HgS	6.44×10^{-53}
CuS	1.27×10^{-36}	$Mn(OH)_2$	2.06×10^{-13}
CuOH	1×10^{-14}	MnS	4.65×10^{-14}

注：本表数据摘自 Weast RC. CRC Handbood of Chemistry and Physics，80th ed. CRC Press，1999—2000.

四、标准电极电位（298K）

1. 在酸性溶液中

物　质	电　极　反　应	$\varphi^{\ominus}/V$
Ag	$Ag^+ + e \rightleftharpoons Ag$	$+0.7996$
	$AgCl + e \rightleftharpoons Ag + Cl^-$	$+0.2223$
	$AgBr + e \rightleftharpoons Ag + Br^-$	$+0.07133$
	$AgI + e \rightleftharpoons Ag + I^-$	-0.15224
	$Ag_2S + 2e \rightleftharpoons 2Ag + S^{2-}$	-0.691
As	$H_3AsO_4 + 2H^+ + 2e \rightleftharpoons HAsO_2 + 2H_2O$	$+0.560$
	$HAsO_2 + 3H^+ + 3e \rightleftharpoons As + 2H_2O$	$+0.248$
	$As + 3H^+ + 3e \rightleftharpoons AsH_3$	-0.608
Al	$Al^{3+} + 3e \rightleftharpoons Al$	-1.662
Br	$Br_2 + 2e \rightleftharpoons 2Br^-$	$+1.065$
	$BrO_3^- + 6H^+ + 5e \rightleftharpoons 1/2Br_2 + 3H_2O$	$+1.482$
Ca	$Ca^{2+} + 2e \rightleftharpoons Ca$	-2.868
Cl	$Cl_2 + 2e \rightleftharpoons 2Cl^-$	$+1.3583$
	$ClO_3^- + 3H^+ + 2e \rightleftharpoons HClO_2 + H_2O$	$+1.21$
	$ClO_3^- + 6H^+ + 6e \rightleftharpoons Cl^- + 3H_2O$	$+1.451$
Co	$Co^{3+} + e \rightleftharpoons Co^{2+}$	$+1.83$
Cr	$Cr^{2+} + 2e \rightleftharpoons Cr$	-0.913
	$Cr^{3+} + 3e \rightleftharpoons Cr$	-0.744
	$Cr^{3+} + e \rightleftharpoons Cr^{2+}$	-0.407
Cu	$Cu^+ + e \rightleftharpoons Cu$	$+0.521$
	$Cu^{2+} + 2e \rightleftharpoons Cu$	$+0.337$
	$Cu^{2+} + e \rightleftharpoons Cu^+$	$+0.153$
	$Cu^{2+} + I^- + e \rightleftharpoons CuI$	$+0.86$

物　质	电　极　反　应	$\varphi^{\ominus}/V$
Fe	$Fe^{2+}+2e=\!=\!=Fe$	-0.447
	$Fe^{3+}+e=\!=\!=Fe^{2+}$	$+0.771$
	$Fe^{3+}+3e=\!=\!=Fe$	-0.037
H	$2H^{+}+2e=\!=\!=H_2$	0.0000
Hg	$2Hg^{2+}+2e=\!=\!=Hg_2^{2+}$	$+0.920$
	$Hg^{2+}+2e=\!=\!=Hg$	$+0.851$
	$Hg_2Cl_2+2e=\!=\!=2Hg+2Cl^-$	$+0.26808$
I	$I_2+2e=\!=\!=2I^-$	$+0.5355$
	$I_3^-+2e=\!=\!=3I^-$	$+0.536$
	$IO_3^-+6H^++6e=\!=\!=I^-+3H_2O$	$+1.805$
K	$K^++e=\!=\!=K$	-2.931
Li	$Li^++e=\!=\!=Li$	-3.0401
Mg	$Mg^++e=\!=\!=Mg$	-2.70
	$Mg^{2+}+2e=\!=\!=Mg$	-2.372
Mn	$Mn^{2+}+2e=\!=\!=Mn$	-1.185
	$MnO_2+4H^++2e=\!=\!=Mn^{2+}+2H_2O$	$+1.224$
	$MnO_4^-+8H^++5e=\!=\!=Mn^{2+}+4H_2O$	$+1.507$
Na	$Na^++e=\!=\!=Na$	-2.71
N	$N_2O_4+2H^++2e=\!=\!=2HNO_2$	$+1.065$
	$NO_3^-+3H^++2e=\!=\!=HNO_2+H_2O$	$+0.934$
	$NO_3^-+4H^++3e=\!=\!=NO+2H_2O$	$+0.957$
Ni	$Ni^{2+}+2e=\!=\!=Ni$	-0.257
O	$O_2+2H^++2e=\!=\!=H_2O_2$	$+0.695$
	$H_2O_2+2H^++2e=\!=\!=2H_2O$	$+1.776$
	$O_2+4H^++4e=\!=\!=2H_2O$	$+1.229$
P	$H_3PO_2+H^++e=\!=\!=P+2H_2O$	-0.508
	$H_3PO_3+2H^++2e=\!=\!=H_3PO_2+H_2O$	-0.499
	$H_3PO_4+2H^++2e=\!=\!=H_3PO_3+H_2O$	-0.276
Pb	$Pb^{2+}+2e=\!=\!=Pb$	-0.1262
	$PbCl_2+2e=\!=\!=Pb+2Cl^-$	-0.2675
	$PbO_2+4H^++2e=\!=\!=Pb^{2+}+2H_2O$	$+1.455$
S	$S+2e=\!=\!=S^{2-}$	-0.47627
	$S_2O_8^{2-}+2e=\!=\!=2SO_4^{2-}$	$+2.010$
	$S_4O_6^{2-}+2e=\!=\!=2S_2O_3^{2-}$	$+0.08$
Sb	$Sb_2O_5+6H^++4e=\!=\!=2SbO^++3H_2O$	$+0.581$
Sc	$Sc^{3+}+3e=\!=\!=Sc$	-2.077
Se	$Se+2e=\!=\!=Se^{2-}$	-0.924
Sn	$Sn^{2+}+2e=\!=\!=Sn$	-0.1375
	$Sn^{4+}+2e=\!=\!=Sn^{2+}$	$+0.151$
Sr	$Sr^{2+}+2e=\!=\!=Sr$	-2.899
Ti	$Ti^{2+}+2e=\!=\!=Ti$	-1.630
Zn	$Zn^{2+}+2e=\!=\!=Zn$	-0.7618

2. 在碱性溶液中

物 质	电 极 反 应	$\varphi^{\ominus}/V$
Ag	$Ag_2O + H_2O + 2e \Longrightarrow 2Ag + 2OH^-$	$+0.342$
	$Ag_2CO_3 + 2e \Longrightarrow 2Ag + CO_3^{2-}$	$+0.47$
Al	$Al(OH)_3 + 3e \Longrightarrow Al + 3OH^-$	-2.31
	$H_2AlO_3^- + H_2O + 3e \Longrightarrow Al + 4OH^-$	-2.33
As	$AsO_2^- + 2H_2O + 3e \Longrightarrow As + 4OH^-$	-0.68
	$AsO_4^{3-} + 2H_2O + 2e \Longrightarrow AsO_2^- + 4OH^-$	-0.71
Br	$BrO_3^- + 3H_2O + 6e \Longrightarrow Br^- + 6OH^-$	$+0.61$
	$BrO^- + H_2O + 2e \Longrightarrow Br^- + 2OH^-$	$+0.761$
Cl	$ClO^- + H_2O + 2e \Longrightarrow Cl^- + 2OH^-$	$+0.81$
	$ClO_2^- + 2H_2O + 4e \Longrightarrow Cl^- + 4OH^-$	$+0.76$
	$ClO_2^- + H_2O + 2e \Longrightarrow ClO^- + 2OH^-$	$+0.66$
	$ClO_3^- + H_2O + 2e \Longrightarrow ClO_2^- + 2OH^-$	$+0.33$
	$ClO_4^- + H_2O + 2e \Longrightarrow ClO_3^- + 2OH^-$	$+0.36$
Co	$Co(OH)_2 + 2e \Longrightarrow Co + 2OH^-$	-0.73
	$Co(NH_3)_6^{3+} + e \Longrightarrow Co(NH_3)_6^{2+}$	$+0.108$
	$Co(OH)_3 + e \Longrightarrow Co(OH)_2 + OH^-$	$+0.17$
Cr	$CrO_2^- + 2H_2O + 3e \Longrightarrow Cr + 4OH^-$	-1.2
	$CrO_4^{2-} + 4H_2O + 3e \Longrightarrow Cr(OH)_3 + 5OH^-$	-0.13
	$Cr(OH)_3 + 3e \Longrightarrow Cr + 3OH^-$	-1.48
Cu	$Cu_2O + H_2O + 2e \Longrightarrow 2Cu + 2OH^-$	-0.360
Fe	$Fe(OH)_3 + e \Longrightarrow Fe(OH)_2 + OH^-$	-0.56
H	$2H_2O + 2e \Longrightarrow H_2 + 2OH^-$	-0.8277
Hg	$Hg_2O + H_2O + 2e \Longrightarrow 2Hg + 2OH^-$	$+0.123$
I	$IO_3^- + 3H_2O + 6e \Longrightarrow I^- + 6OH^-$	$+0.26$
	$IO^- + H_2O + 2e \Longrightarrow I^- + 2OH^-$	$+0.485$
Mg	$Mg(OH)_2 + 2e \Longrightarrow Mg + 2OH^-$	-2.690
Mn	$Mn(OH)_2 + 2e \Longrightarrow Mn + 2OH^-$	-1.56
	$MnO_4^- + 2H_2O + 3e \Longrightarrow MnO_2 + 4OH^-$	$+0.60$
N	$NO_3^- + H_2O + 2e \Longrightarrow NO_2^- + 2OH^-$	$+0.01$
O	$O_2 + 2H_2O + 4e \Longrightarrow 4OH^-$	$+0.401$
S	$S + H_2O + 2e \Longrightarrow SH^- + OH^-$	-0.478
	$2SO_3^{2-} + 3H_2O + 4e \Longrightarrow S_2O_3^{2-} + 6OH^-$	-0.571
	$SO_4^{2-} + H_2O + 2e \Longrightarrow SO_3^{2-} + 2OH^-$	-0.93
Si	$SiO_3^{2-} + 3H_2O + 4e \Longrightarrow Si + 6OH^-$	-1.697
Zn	$Zn(OH)_2 + 2e \Longrightarrow Zn + 2OH^-$	-1.249
	$ZnO + H_2O + 2e \Longrightarrow Zn + 2OH^-$	-1.260

注：本表摘自 Weast R C. CRC Handbook of Chemistry and Physics. 80th ed. CRC Press，1999—2000.

参考文献

[1] 倪哲明，陈爱民. 无机及分析化学. 北京：化学工业出版社，2009.

[2] 司文会，等. 无机及分析化学. 北京：科学出版社，2009.

[3] 伍伟杰，等. 药用无机化学. 2版. 北京：中国医药科技出版社，2013.

[4] 刘冬莲，等. 无机与分析化学. 北京：化学工业出版社，2009.

[5] 伍伟杰，等. 分析化学. 北京：中国医药科技出版社，2008.

[6] 张方钰，等. 无机及分析化学学习指导. 2版. 北京：科学出版社，2017.

[7] 张天蓝，等. 无机化学. 6版. 北京：人民卫生出版社，2011.

[8] 奚立民. 无机及分析化学. 2版. 杭州：浙江大学出版社，2013.

[9] 苏候香，等. 无机及分析化学实训. 武汉：华中科技大学出版社，2010.

[10] 徐春霞. 无机与分析化学. 西安：西安交通大学出版社，2014.

元素周期表

IUPAC 2013

图例说明：

氧化态(单质的氧化态为0, 未列入;常见的为红色)
以 ¹²C=12 为基准的原子量
(注◆的是半衰期最长同位素的原子量)

示例：
95 — 原子序数
Am — 元素符号(红色的为放射性元素)
镅 — 元素名称(注▲的为人造元素)
5f⁷7s² — 价层电子构型
243.06138(2)◆ — 原子量
氧化态：+2 +3 +4 +5 +6

分区：
s区元素 | p区元素 | ds区元素
d区元素 | f区元素 | 稀有气体

电子层：K L M N O P Q

周期\族	1 IA	2 IIA	3 IIIB	4 IVB	5 VB	6 VIB	7 VIIB	8	9 VIIIB(VIII)	10	11 IB	12 IIB	13 IIIA	14 IVA	15 VA	16 VIA	17 VIIA	18 VIIIA(0)
1	1 H 氢 1s¹ 1.008																	2 He 氦 1s² 4.002602(2)
2	3 Li 锂 2s¹ 6.94	4 Be 铍 2s² 9.0121831(5)											5 B 硼 2s²2p¹ 10.81	6 C 碳 2s²2p² 12.011	7 N 氮 2s²2p³ 14.007	8 O 氧 2s²2p⁴ 15.999	9 F 氟 2s²2p⁵ 18.998403163(6)	10 Ne 氖 2s²2p⁶ 20.1797(6)
3	11 Na 钠 3s¹ 22.98976928(2)	12 Mg 镁 3s² 24.305											13 Al 铝 3s²3p¹ 26.9815385(7)	14 Si 硅 3s²3p² 28.085	15 P 磷 3s²3p³ 30.973761998(5)	16 S 硫 3s²3p⁴ 32.06	17 Cl 氯 3s²3p⁵ 35.45	18 Ar 氩 3s²3p⁶ 39.948(1)
4	19 K 钾 4s¹ 39.0983(1)	20 Ca 钙 4s² 40.078(4)	21 Sc 钪 3d¹4s² 44.955908(5)	22 Ti 钛 3d²4s² 47.867(1)	23 V 钒 3d³4s² 50.9415(1)	24 Cr 铬 3d⁵4s¹ 51.9961(6)	25 Mn 锰 3d⁵4s² 54.938044(3)	26 Fe 铁 3d⁶4s² 55.845(2)	27 Co 钴 3d⁷4s² 58.933194(4)	28 Ni 镍 3d⁸4s² 58.6934(4)	29 Cu 铜 3d¹⁰4s¹ 63.546(3)	30 Zn 锌 3d¹⁰4s² 65.38(2)	31 Ga 镓 4s²4p¹ 69.723(1)	32 Ge 锗 4s²4p² 72.630(8)	33 As 砷 4s²4p³ 74.921595(6)	34 Se 硒 4s²4p⁴ 78.971(8)	35 Br 溴 4s²4p⁵ 79.904	36 Kr 氪 4s²4p⁶ 83.798(2)
5	37 Rb 铷 5s¹ 85.4678(3)	38 Sr 锶 5s² 87.62(1)	39 Y 钇 4d¹5s² 88.90584(2)	40 Zr 锆 4d²5s² 91.224(2)	41 Nb 铌 4d⁴5s¹ 92.90637(2)	42 Mo 钼 4d⁵5s¹ 95.95(1)	43 Tc 锝▲ 4d⁵5s² 97.90721(3)◆	44 Ru 钌 4d⁷5s¹ 101.07(2)	45 Rh 铑 4d⁸5s¹ 102.90550(2)	46 Pd 钯 4d¹⁰ 106.42(1)	47 Ag 银 4d¹⁰5s¹ 107.8682(2)	48 Cd 镉 4d¹⁰5s² 112.414(4)	49 In 铟 5s²5p¹ 114.818(1)	50 Sn 锡 5s²5p² 118.710(7)	51 Sb 锑 5s²5p³ 121.760(1)	52 Te 碲 5s²5p⁴ 127.60(3)	53 I 碘 5s²5p⁵ 126.90447(3)	54 Xe 氙 5s²5p⁶ 131.293(6)
6	55 Cs 铯 6s¹ 132.90545196(6)	56 Ba 钡 6s² 137.327(7)	57~71 La~Lu 镧系	72 Hf 铪 5d²6s² 178.49(2)	73 Ta 钽 5d³6s² 180.94788(2)	74 W 钨 5d⁴6s² 183.84(1)	75 Re 铼 5d⁵6s² 186.207(1)	76 Os 锇 5d⁶6s² 190.23(3)	77 Ir 铱 5d⁷6s² 192.217(3)	78 Pt 铂 5d⁹6s¹ 195.084(9)	79 Au 金 5d¹⁰6s¹ 196.966569(5)	80 Hg 汞 5d¹⁰6s² 200.592(3)	81 Tl 铊 6s²6p¹ 204.38	82 Pb 铅 6s²6p² 207.2(1)	83 Bi 铋 6s²6p³ 208.98040(1)	84 Po 钋 6s²6p⁴ 208.98243(2)◆	85 At 砹 6s²6p⁵ 209.98715(5)◆	86 Rn 氡 6s²6p⁶ 222.01758(2)◆
7	87 Fr 钫 7s¹ 223.01974(2)◆	88 Ra 镭 7s² 226.02541(2)◆	89~103 Ac~Lr 锕系	104 Rf 𬬻▲ 6d²7s² 267.122(4)◆	105 Db 𬭊▲ 6d³7s² 270.131(4)◆	106 Sg 𬭳▲ 6d⁴7s² 269.129(3)◆	107 Bh 𬭛▲ 6d⁵7s² 270.133(2)◆	108 Hs 𬭶▲ 6d⁶7s² 270.134(2)◆	109 Mt 鿏▲ 6d⁷7s² 278.156(5)◆	110 Ds 𫟼▲ 281.165(4)◆	111 Rg 𬬭▲ 281.166(6)◆	112 Cn 鿔▲ 285.177(4)◆	113 Nh 鿭▲ 286.182(5)◆	114 Fl 𫓧▲ 289.190(4)◆	115 Mc 镆▲ 289.194(6)◆	116 Lv 𫟷▲ 293.204(4)◆	117 Ts 鿬▲ 293.208(6)◆	118 Og 鿫▲ 294.214(5)◆

镧系 ★

57 La 镧 5d¹6s² 138.90547(7)	58 Ce 铈 4f¹5d¹6s² 140.116(1)	59 Pr 镨 4f³6s² 140.90766(2)	60 Nd 钕 4f⁴6s² 144.242(3)	61 Pm 钷▲ 4f⁵6s² 144.91276(2)◆	62 Sm 钐 4f⁶6s² 150.36(2)	63 Eu 铕 4f⁷6s² 151.964(1)	64 Gd 钆 4f⁷5d¹6s² 157.25(3)	65 Tb 铽 4f⁹6s² 158.92535(2)	66 Dy 镝 4f¹⁰6s² 162.500(1)	67 Ho 钬 4f¹¹6s² 164.93033(2)	68 Er 铒 4f¹²6s² 167.259(3)	69 Tm 铥 4f¹³6s² 168.93422(2)	70 Yb 镱 4f¹⁴6s² 173.045(10)	71 Lu 镥 4f¹⁴5d¹6s² 174.9668(1)

锕系 ★

89 Ac 锕 6d¹7s² 227.02775(2)◆	90 Th 钍 6d²7s² 232.0377(4)	91 Pa 镤 5f²6d¹7s² 231.03588(2)	92 U 铀 5f³6d¹7s² 238.02891(3)	93 Np 镎▲ 5f⁴6d¹7s² 237.04817(2)◆	94 Pu 钚▲ 5f⁶7s² 244.06421(4)◆	95 Am 镅▲ 5f⁷7s² 243.06138(2)◆	96 Cm 锔▲ 5f⁷6d¹7s² 247.07035(3)◆	97 Bk 锫▲ 5f⁹7s² 247.07031(4)◆	98 Cf 锎▲ 5f¹⁰7s² 251.07959(3)◆	99 Es 锿▲ 5f¹¹7s² 252.0830(3)◆	100 Fm 镄▲ 5f¹²7s² 257.09511(5)◆	101 Md 钔▲ 5f¹³7s² 258.09843(3)◆	102 No 锘▲ 5f¹⁴7s² 259.1010(7)◆	103 Lr 铹▲ 5f¹⁴6d¹7s² 262.110(2)◆